Lambacher Schweizer 8
Mathematik für Gymnasien

Bayern

Lösungen und Materialien

erarbeitet von
Christine Kestler, Holzkirchen
Felizitas Novotný, München
Anita Petersen, München

Ernst Klett Verlag
Stuttgart • Leipzig

Bildquellenverzeichnis:

Klett-Archiv, Stuttgart.

1. Auflage 1 10 9 8 7 | 2017 2016 2015 2014

Alle Drucke dieser Auflage können im Unterricht nebeneinander benutzt werden,
sie sind untereinander unverändert. Die letzte Zahl bezeichnet das Jahr dieses Druckes.

Internetadresse: www.klett.de

Redaktion: Dr. U. Weiser, Hartmut Günthner
Zeichnungen: dtp-studio Andrea Eckhardt, Göppingen;
R. Hungreder, Leinfelden;
Umschlaggestaltung: S. Glauner, Stuttgart
Satz: dtp-studio Andrea Eckhardt, Göppingen
Druck: Medienhaus Plump GmbH, Rheinbreitbach

ISBN 978-3-12-731663-6

Inhaltsverzeichnis

Bedeutung der Symbole im Lehrerband

Lambacher Schweizer 8
Lehrerband

Erläuterung	Symbol	Bedeutung
Im Schülerbuch wurden nur solche Aufgaben mit * versehen, bei denen vielleicht nicht auf den ersten Blick ersichtlich ist, dass die Aufgabe schwer oder zeitaufwändig in der Bearbeitung ist. Damit soll „unbedachten Hausaufgabenstellungen“ vorgebeugt werden. Aus pädagogischen Gründen sind weitere Kennzeichnungen im Schülerbuch unterblieben. Im Lehrerband sind nun schwierige und zeitaufwändige Aufgaben als solche gekennzeichnet.		schwierige Aufgabe
		zeitaufwändige Aufgabe
Die Aufgabe erfordert in besonderem Maße das Verbalisieren mathematischer Sachverhalte.		Verbalisieren
Zur Bearbeitung der Aufgabe sind Kenntnisse aus verschiedenen Teilbereichen der Mathematik nötig. Die Vernetzung mit arithmetischen Grundfertigkeiten wird jedoch nicht gekennzeichnet.		vernetzende Aufgabe
Aufgabenstellung oder Lösungsstrategien sind offen oder zur Öffnung gut geeignet. In diesem Fall sind im Lehrerband häufig Hinweise zur Öffnung gegeben.		offene / zu öffnende Aufgabe
Aufgaben, die ein besonderes Maß an Eigeninitiative erfordern, die „aus dem Klassenzimmer hinausführen“, die sich zu einem Projekt eignen, die umfangreichere Recherchen voraussetzen etc.		den üblichen Rahmen sprengend
		fächerübergreifende Aufgabe
		Partnerarbeit
		(Klein-) Gruppenarbeit
		zusätzliches Material / Werkzeug nötig
		Taschenrechner sinnvoll / erforderlich
		PC-Einsatz sinnvoll / erforderlich
	@	Internet-Einsatz sinnvoll / erforderlich
Kopiervorlagen im Buch oder weitere Informationsquellen, die dann im Text genannt werden.	→	Verweis auf andere Materialien
		Spiel
		Zaubertrick
		Historisches
Informationen, die hier angegeben sind, um Eigenrecherche zu ersparen; Hintergrundinformationen für die Lehrerin / den Lehrer	i	(Hintergrund-) Information

hier ausschneiden und – am besten foliert – als Lesezeichen verwenden →

Klett

Vorwort

Zum Lehrplan

Die Intentionen des neuen Lehrplanes lassen sich mit „Weniger Kalkül, mehr Mathematisierung“ gut zusammenfassen.
Die Themenkreise sollen durch stetiges Wiederaufgreifen und Weitervertiefen der Inhalte spiralförmig behandelt werden. In Jahrgangsstufe 8 wird der in Jahrgangsstufe 7 vorbereitete Zuordnungsbegriff systematisiert (Kapitel I) und zum Funktionsbegriff entwickelt (Kapitel II). Das Lösen von Gleichungen wird nun auf die Betrachtung von Gleichungssystemen ausgeweitet (Kapitel IV). Bereits in Jahrgangsstufe 5 wurde am Baumdiagramm abgezählt und in Jahrgangsstufe 6 der Wahrscheinlichkeitsbegriff eingeführt. Dies wird nun zum Laplace-Wahrscheinlichkeitsbegriff weiter entwickelt (Kapitel V). Die Dreieckslehre des vorausgehenden Schuljahres wird mit Strahlensatz und Ähnlichkeit fortgeführt (Kapitel VII).
Vielfältige Vernetzungen und häufiges Zurückgreifen auf Grundlegendes sollen die Fertigkeiten der Schüler festigen.
Um die Souveränität der Schüler zu fördern, spielen offenere Aufgabenstellungen und Unterrichtsformen eine größere Rolle.
Im Schülerbuch befindet sich hierzu neben vielen entsprechend gestalteten Aufgaben z. B. auch das fächerübergreifende Projekt „Perspektivisches Zeichnen nach Dürer“ (Seite 150 f.)

In der Reihenfolge der Themen hält sich das Schülerbuch eng an den Lehrplan, lediglich die Betrachtung des Kreisumfangs wird in Kapitel II verlagert, wo er dann gemeinsam mit dem Flächeninhalt behandelt werden kann. Dabei tritt die Abhängigkeit des Flächeninhalts vom Radius als Beispiel nicht proportionaler Zuordnungen deutlich hervor. Auch lässt sich so die Betrachtung der beiden Formeln für den Kreis prominenter gestalten.

Konzeption des Lehrerbandes

Mit diesem Lehrerband geben wir Ihnen eine praktikable Hilfe für den Unterricht und den Umgang mit unserem Schülerbuch an die Hand. Sie erhalten hilfreiche Hinweise zur Verwendung der Aufgaben im Buch und gelegentlich Erläuterungen zu den Intentionen des Lehrplanes und deren Umsetzung im Schülerbuch.

Lösungen
Die Lösungen zu den Aufgaben sind möglichst knapp gehalten; wesentliche Lösungsschritte, die auch von den Schülern erwartet werden, sind festgehalten. Aus den Lösungen lässt sich, zusammen mit den Symbolen 🌐 und 🕒, der Bearbeitungsaufwand der Aufgaben schnell einschätzen. Bei Aufgaben, die aktuelle Recherchen erfordern, geben wir häufig geeignete Quellen an. Selbstverständlich bietet sich an vielen Stellen die Internetrecherche an; oft ist jedoch bei der Integrität der gefundenen Daten Vorsicht geboten, auch veralten Internetadressen erfahrungsgemäß sehr schnell.

Weitere Hinweise zu den Aufgaben
Alle weiteren Informationen und Hinweise zu den Aufgaben finden Sie direkt bei den Lösungen. Um eine schnelle Orientierung zu bieten und den Text knapp zu halten, werden hierfür Symbole verwendet, die in die Randspalte vor die jeweilige Aufgabennummer gesetzt sind.
Werden ergänzende Aufgabenstellungen vorgeschlagen, so befindet sich in der Spalte der Aufgabennummer ein +.

Bei offenen Aufgaben können z. B. besonders kreative (nicht rezeptartig abarbeitbare) Lösungsstrategien erforderlich sein, verschiedene Lösungen möglich sein oder die konkrete Fragestellung offen bleiben. Solche Aufgaben sind im Lehrerband mit ▣ gekennzeichnet. Das Öffnen von Aufgaben und das Variieren von Fragestellungen sollte Schülern und Lehrern als selbstverständlich vertraut werden, da hierbei auf kreative Weise und mit hoher Eigenmotivation besonders effektiv gelernt werden kann. Diesem Ziel widerspräche aber eine Ausformulierung aller solcher Öffnungsmöglichkeiten im Schülerbuch. Im Lehrerband sind nun (ebenso mit ▣ gekennzeichnete) weitere Anregungen gegeben, welche Aufgaben sich gut zum Öffnen eignen. Der eigenen Kreativität sollen hier aber ausdrücklich keine Grenzen gesetzt werden.

Darüber hinaus sind Aufgaben gekennzeichnet, die den korrekten Umgang mit der Fachsprache trainieren, vernetzende Aufgaben, Aufgaben, die „den üblichen Rahmen sprengen“ – also z. B. ein besonderes Maß an Eigeninitiative erfordern, fächerübergreifende Aufgaben und Aufgaben, die sich gut für Partner- bzw. Gruppenarbeit eignen.
Werden zusätzliche Materialien oder Werkzeuge benötigt, so ist dies mit gekennzeichnet; ist der Einsatz eines Taschenrechners, des PC oder des Internets sinnvoll oder geboten, weisen, bzw. @ darauf hin.
Dateien, die bei der Bearbeitung der DGS-Aufgaben hilfreich sind, sind downloadbar im Internetauftritt. Die Dateien verraten in der Regel noch nicht die Lösungen, vielmehr kann der Schüler damit entdeckend arbeiten. Bei den Lösungen befindet sich an entsprechender Stelle ein Verweis auf diese Dateien.
Historische Informationen sind mit, sonstige Informationen mit **i** gekennzeichnet.
Die Bedeutung aller Symbole finden Sie auf Seite 5 (Lesezeichen zum Ausschneiden) zusammengefasst.

Alternative Einstiege
Für einige Lerneinheiten werden alternative Einstiege angeboten. In der Spalte für die Aufgabennummern wird dann **A1**, **A2** ... notiert. Solche Alternativen nehmen z. B. Bezug zu Themenseiten oder Aufgaben im Schülerbuch oder auf Kopiervorlagen hier im Lehrerband. Häufig bieten diese Vorschläge einen offenen Zugang zu dem jeweiligen Problemkreis an.

Sonstige Informationen
Manchen Kapiteln oder Lerneinheiten sind Informationen zu den Inhalten, den Intentionen des Lehrplanes bzw. der Konzeption des Schülerbuches vorangestellt.

Zusatzmaterial
Im zweiten Teil des Lehrerbandes finden Sie umfangreiches Material als Kopiervorlagen zum direkten Einsatz im Unterricht.
Auf dieses Zusatzmaterial wird im Lösungsteil des Lehrerbandes am Ende der entsprechenden Lerneinheiten verwiesen. Gegebenenfalls findet sich auch ein zusätzlicher Verweis bei den alternativen Einstiegen oder bei den Aufgaben, soweit sie Bezug auf dieses Zusatzmaterial nehmen.

- **Arbeitsblätter** zum Ausfüllen ergänzen die Möglichkeiten des Schülerbuches. Auch finden Sie solche Aufgabenstellungen aus dem Schülerbuch als Kopiervorlage, die besonders aufwändig ins Heft zu übertragen wären.
- Bei einigen elementaren Techniken ist es für manche Schüler hilfreich, umfangreiches Trainingsmaterial zu bearbeiten. Um im Schülerbuch kein falsches Signal zu geben und gemäß den Intentionen des Lehrplanes dem bloßen Kalkül nicht zuviel Platz einzuräumen, haben wir dort auf große „Aufgabenplantagen“ verzichtet. Die **Trainingsblätter** eignen sich nun besonders für diese Differenzierung nach unten.
- **Spiele**, **Rätsel** und **Zaubertricks** bieten ein reichhaltiges und motivierendes Aufgabenangebot, insbesondere für offenere Unterrichtssituationen. Hinweise zum Einsatz finden sich im Lösungsteil des Buches, Anleitungen für die Schüler sind auf den Kopiervorlagen mit abgedruckt.
- Kopiervorlagen mit **historischen** Informationen zu einigen Themen runden das Zusatzmaterial ab.

Die **Lösungen** zu den Zusatzmaterialien sind ebenfalls als Kopiervorlage beigefügt oder befinden sich im Lösungsteil an entsprechender Stelle.

Internetauftritt
Der Lehrerband wird durch den Internetauftritt zum Buch unter
www.klett-verlag.de/mathematik/lambacher-schweizer-extra/
ergänzt. Hier werden weitere Materialien, wie z. B. Tabellenkalkulationsdateien, Animationen für den PC-Einsatz, DGS-Dateien und weitere Kopiervorlagen angeboten. Verweise auf die Materialien im Internetauftritt finden Sie im Lehrerband an entsprechender Stelle.

Viel Erfolg und Freude beim Einsatz der Begleitmaterialien wünschen Autorenteam und Verlagsredaktion.

I Proportionalität

A **Alternative zum Einstieg in das Kapitel:** Lesetext: Alles hat seinen Preis; *Schülerbuch S. 21*

1 Proportionale Zuordnungen

Die Bezeichnung „direkt" proportional erfährt ihre Bedeutung erst in der Abgrenzung zur „indirekten" Proportionalität (vgl. Vorbemerkung zu Lerneinheit 3). Daher wird – wie auch im Sprachgebrauch üblich – auf den Vorsatz „direkt" in der Regel verzichtet.

In dieser Lerneinheit soll der Nachweis von Proportionalität noch über die Definition erfolgen. Die Quotientengleichheit, d. h., die Existenz eines Proportionalitätsfaktors soll erst in Lerneinheit 2 ausgenutzt werden.

Ein wichtiges Anliegen dieser Lerneinheit ist u. a., aufzuzeigen, dass alternativ zu Schlussrechnungen mit dem Dreisatz auch geeignete Gleichungen aufgestellt und gelöst werden können. Die Definition der proportionalen Zuordnung legt einen solchen Ansatz mit einer Verhältnisgleichung nahe. Die Gleichung in Bruchform macht zugleich die Zuordnung der Größen deutlich.

A **Alternative zum Einstieg:**
✂ Messzylinder, kegelförmiges Gefäß, Maßstab und eine nicht zu große Tasse zum Einfüllen von Wasser in beide Gefäße.
Erstellen und Auswerten einer Wertetabelle der Zuordnung:
Anzahl n der Tassen $\mapsto$ Höhe h des Wasserspiegels
Beschreibe eine evtl. erkannte Gesetzmäßigkeit beider Zuordnungen.

S. 8 **1** a) Man liest ab: 0,2 *l* bei 2 cm; 1-*l*-Marke bei 10 cm
Da das Gefäß von Anke zylindrisch ist (Querschnitt ist in jeder Höhe gleich), verändert sich die Füllhöhe im gleichen Verhältnis wie das Volumen.
Bsp.: Für das doppelte Volumen 0,4 *l* erhält man die doppelte Füllhöhe 4 cm.

Volumen in *l*	0,2	0,4	0,8	0,1	1,0
Füllhöhe in cm	2	4	8	1	10

b)

Füllhöhe in cm	1	3	6
Volumen in *l*	0,1	0,3	0,6

c) Bei Svens Gefäß ist der Querschnitt nicht in jeder Höhe gleich. Es öffnet sich nach oben, d. h. am Anfang wächst die Füllhöhe schneller an und nimmt dann ab.
Die Füllhöhe verändert sich also nicht im gleichen Verhältnis wie das Volumen.

2 Die erste und die zweite Rolle könnten von der gleichen Sorte sein, da zur halben Länge die halbe Masse gehört.
Die dritte Rolle kann sicher nicht von der gleichen Sorte sein, da zur dreifachen Länge weniger als die dreifache Masse (4,2 kg) gehört.

S. 9 **3** a) Proportionale Zuordnung.
Druckerpapier ist genormt (z. B. 80-g-Papier), daher sind alle Blätter gleich dick.
b) $a \mapsto U = 4a$ Proportional. Dem r-fachen von a wird das r-fache von U zugeordnet.
c) $a \mapsto A = a^2$ Nicht proportional.
Dem Doppelten von a wird das Vierfache von A zugeordnet.
d) Nicht proportional. $2x \mapsto 2(2x) + 10 = 4x + 10 \neq 2 \cdot (2x + 10)$
e) Proportional. $2z \mapsto 2{,}5(2z) = 5z = 2 \cdot (2{,}5z)$
f) $a \mapsto V = a^3$ Nicht proportional
Dem Doppelten von a wird das Achtfache von V zugeordnet.

+ Finde weitere proportionale Zuordnungen.

4 a) Alle Schritte haben die gleiche Länge.
b) Jede Person zahlt den gleichen Fahrpreis (z. B. keine Gruppenermäßigung; keine Kinderermäßigung)
c) Die Geschwindigkeit ist auf der ganzen Strecke konstant.
d) Alle Äpfel sind gleich schwer.
e) Der Prozentsatz bleibt gleich.
f) Der Grundwert bleibt gleich.
g) Der Wasserfluss (Volumen pro Zeit) ist konstant.

S. 10

5 a) Keine proportionale Zuordnung.

x	0,25	$\mathbf{2} \cdot 0{,}25 = 0{,}5$	$\mathbf{4} \cdot 0{,}25 = 1$	$\mathbf{10} \cdot 0{,}25 = 2{,}5$	$\mathbf{12} \cdot 0{,}25 = 3$	$\mathbf{14} \cdot 0{,}25 = 3{,}5$
y	3	$\mathbf{2} \cdot 3 = 6$	$\mathbf{4} \cdot 3 = 12$	$\mathbf{10} \cdot 3 = 30$	$\mathbf{12} \cdot 3 = 36$	$\mathbf{14} \cdot 3 = 42 \neq 45$

b) Tabelle kann zu einer proportionale Zuordnung gehören.

x	1,2	$\mathbf{3} \cdot 1{,}2 = 3{,}6$	$\mathbf{8} \cdot 1{,}2 = 9{,}6$	$\mathbf{12} \cdot 1{,}2 = 14{,}4$	$\mathbf{15} \cdot 1{,}2 = 18$	$\mathbf{25} \cdot 1{,}2 = 30$
y	0,3	$\mathbf{3} \cdot 0{,}3 = 0{,}9$	$\mathbf{8} \cdot 0{,}3 = 2{,}4$	$\mathbf{12} \cdot 0{,}3 = 3{,}6$	$\mathbf{15} \cdot 0{,}3 = 4{,}5$	$\mathbf{25} \cdot 0{,}3 = 7{,}5$

6 a)

x	$\mathbf{0{,}5} \cdot 7 = 3{,}5$	$\mathbf{0{,}5} \cdot 14 = 7$	$\mathbf{3} \cdot 3{,}5 = 10{,}5$	14	$\mathbf{2} \cdot 14 = 28$	$\mathbf{10} \cdot 3{,}5 = 35$
y	$\mathbf{0{,}5} \cdot 22 = 11$	$\mathbf{0{,}5} \cdot 44 = 22$	$\mathbf{3} \cdot 11 = 33$	44	$\mathbf{2} \cdot 44 = 88$	$\mathbf{10} \cdot 11 = 110$

b)

x	0,02	0,05	0,1	0,5	1,0	8,5
y	25	62,5	125	625	1250	10 625

7 a) Nur in Gefäß (2) ist die Zuordnung proportional. Die Kugeln sind alle gleich groß, ihr Durchmesser entspricht ungefähr dem der Röhre. Die Höhe der Abdeckung wächst daher mit jeder Kugel um den Durchmesser der Kugel an.
In Röhre (1) sind die Kugeln nicht gleich groß, Röhre (3) hat einen viel größeren Durchmesser als den Kugeldurchmesser. Beides führt zu einem unterschiedlichen Höhenzuwachs pro Kugel, die Zuordnung ist damit nicht proportional.

8 a) $a \mapsto A = 6a$
$ra \mapsto 6(ra) = r \cdot 6a = r \cdot A$, also ist die Zuordnung proportional.
b) $a \mapsto V = 6a^2$
Dem Doppelten von a wird das Vierfache des Volumens zugeordnet, also ist die Zuordnung nicht proportional.

9 a) Zucker: $63\,\% \cdot 250\,\text{g} = 157{,}5\,\text{g}$
Früchte: $50\,\% \cdot 250\,\text{g} = 125\,\text{g}$
b) Addiert man Zucker- und Fruchtmenge, kommt man auf 282,5 g – mehr als im Glas enthalten ist. Jedoch dürfen diese Werte nicht addiert werden, da in den Früchten auch Zucker enthalten ist.

10 Schlussrechnung:
$250\,€ \mapsto 300\,\$$
$50\,€ \mapsto \frac{300\,\$}{5} = 60\,\$$
$350\,€ \mapsto 60\,\$ \cdot 7 = 420\,\$$

Gleichung:
B = Dollarbetrag für 350 €
$\frac{B}{300\,\$} = \frac{350\,€}{250\,€}$
$B = \frac{350\,€}{250\,€} \cdot 300\,\$ = 420\,\$$

11 a) $6\text{ Seiten} \mapsto 1\,\text{min}$ (mindestens)
$1\text{ Seite} \mapsto \frac{1\,\text{min}}{6}$
$20\text{ Seiten} \mapsto \frac{1\,\text{min}}{6} \cdot 20 = 3\,\text{min}\ 20\,\text{sec}$
b) $1\,\text{min} \mapsto 6\text{ Seiten}$
$15\,\text{min} \mapsto 6\text{ Seiten} \cdot 15 = 90\text{ Seiten}$
c) $2{,}54\,\text{cm} \mapsto 600\text{ Punkte}$
$1\,\text{cm} \mapsto \frac{600\text{ Punkte}}{2{,}54}$
$21\,\text{cm} \mapsto \frac{600\text{ Punkte}}{2{,}54} \cdot 21 = 4960{,}6\text{ Punkte}$

12 Man nimmt an, dass sich die Regenmenge gleichmäßig auf die Ortschaft verteilt.
R: Regenmenge auf $5\,km^2$

$\frac{R}{180\,cm^3} = \frac{5\,km^2}{900\,cm^2} \Rightarrow R = \frac{5 \cdot 10^{10}\,cm^2}{900\,cm^2} \cdot 180\,cm^3 = 1{,}0 \cdot 10^{10}\,cm^3 = 10\,000\,m^3$

13 t: Zeit für 12 000 m

$\frac{t}{48\,s} = \frac{12\,000\,m}{400\,m} \Rightarrow \frac{12\,000\,m}{400\,m} \cdot 48\,s = 1440\,sec = 24\,min$

Bei dieser Aufgabe sieht man allerdings, dass für diesen Fall eine Verhältnisrechnung nicht sinnvoll ist. 48 s auf 400 m ist eine sehr gute Zeit (Weltrekord Männer: 43,10 s) die auch ein Spitzenläufer auf 12 000 m nicht durchhalten kann. Der tatsächliche Wert für 12 000 m liegt also deutlich höher als die errechneten 24 min.

14 (1) Man kann genauso weit sehen wie aus einem Fenster.

(2) x: Zahl der Eier für 1 €

$\frac{x}{5} = \frac{100\,ct}{90\,ct} \Rightarrow x = \frac{100\,ct}{90\,ct} \cdot 5 = 5{,}55$

Es werden natürlich nur ganze Eier verkauft; exakter Wert ist also unsinnig.

(3) Es gibt keinen Grund, für das Niesen eine Proportionalität zur Zeit anzunehmen.

Beim Erfinden eigener Aufgabenstellungen sollte herausgearbeitet werden, dass manche Sachverhalte (bei oberflächlichem Blick) nur proportional erscheinen.

15

x	−3	−2	−1	0	1	2	3	4
a) T(x)	$-1\frac{1}{4}$	$-\frac{1}{2}$	$+\frac{1}{4}$	1	$1\frac{3}{4}$	$2\frac{1}{2}$	$3\frac{1}{4}$	4
b) T(x)	−5	0	3	4	3	0	−5	−12

a)

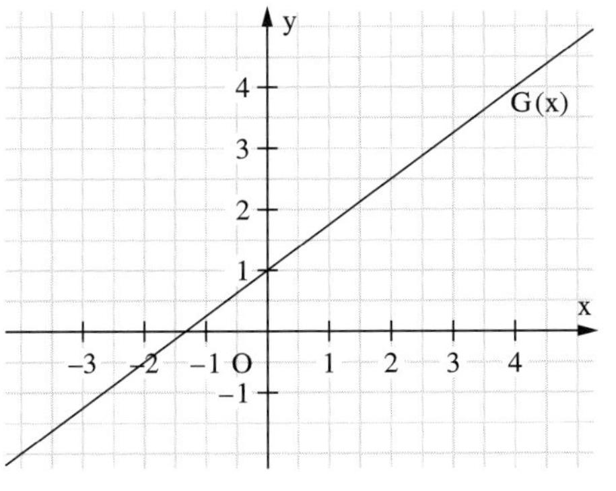

b)

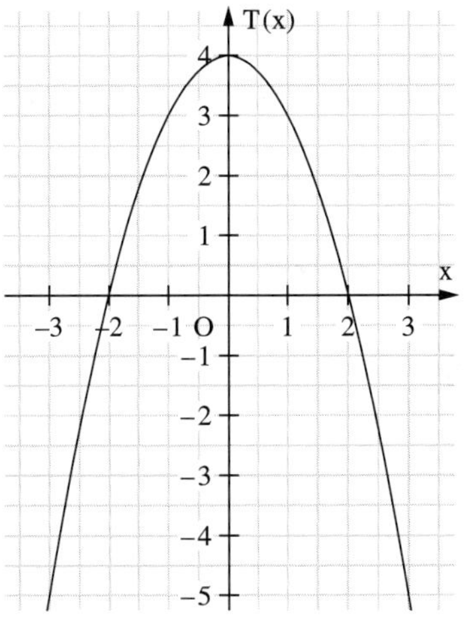

2 Quotientengleichheit, Proportionalitätsfaktor und Graph

S. 11

1 a) P: Preis für 700 g; $\frac{P}{6{,}80\,€} = \frac{0{,}7\,kg}{1{,}0\,kg} \Rightarrow P = 6{,}80\,€ \cdot 0{,}7 = 4{,}76\,€$

Anzeige: € 6,80 (Preis pro kg)
kg 0,7 (Masse)
€ 4,76 (Preis)

b) P: Preis für 1000 g; $\frac{P}{2{,}36\,€} = \frac{1000\,g}{368\,g} \Rightarrow P = 6{,}41\,€$

Anzeige: € 6,41
kg 0,368
€ 2,36

2 a)

V in cm^3	m in g	$\frac{m}{V}$ in $\frac{g}{cm^3}$
4	35,6	8,9
7	62,3	8,9
13	115,7	8,9
15	133,5	8,9

Der Quotient der zugeordneten Größen Masse und Volumen ist konstant. $\frac{m}{V}$ gibt das Verhältnis von Masse zu Volumen an. Man bezeichnet dieses Verhältnis als Dichte ϱ.

b)

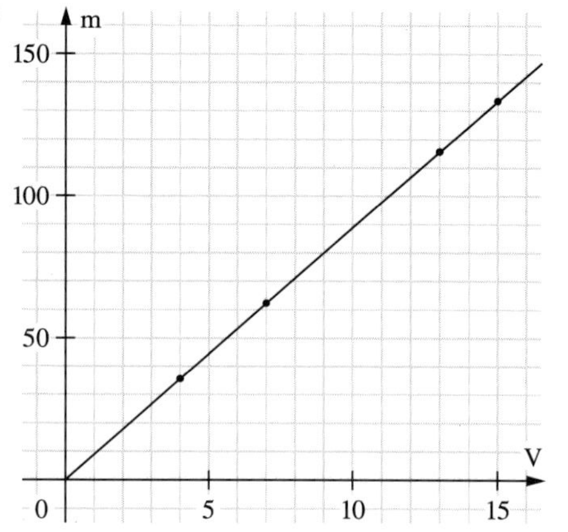

S. 13

3 a) Keine proportionale Zuordnung; $21 \mapsto 38{,}8$ fällt heraus
Bsp.: $\frac{27}{15} = \frac{19{,}8}{11} = 1{,}8$ $\frac{38{,}8}{21} = 1{,}85$

b) Keine proportionale Zuordnung; $10\,km \mapsto 25{,}2\,s$ fällt heraus
Bsp.: $\frac{13{,}8\,s}{6\,km} = \frac{20{,}7\,s}{9\,km} = 2{,}3\,\frac{s}{km}$ $\frac{25{,}2\,s}{10\,km} = 2{,}52\,\frac{s}{km}$

4 a)

	Masse m	Preis	$\frac{P}{m}$
Bergkäse (1)	0,25 kg	2 €	8,00 $\frac{€}{kg}$
Brie (2)	0,3 kg	1,26 €	4,20 $\frac{€}{kg}$
Emmentaler (3)	0,4 kg	3,96 €	9,90 $\frac{€}{kg}$

b) $m \mapsto m \cdot \frac{P}{m}$
(1) $0{,}35\,kg \mapsto 2{,}80\,€$
(2) $0{,}35\,kg \mapsto 1{,}46\,€$
(3) $0{,}35\,kg \mapsto 3{,}49\,€$

5 a)

m in kg	0,5	1,2	4,3
P in €	1,50	**3,6**	**12,9**

$\frac{P}{m} = 3\,\frac{€}{kg}$ ist der Kilopreis
$m \mapsto 3\,\frac{€}{kg} \cdot m$

b)

t in h	0,5	1,2	4,3
s in km	**38**	91,2	**326,8**

$\frac{s}{t} = 76\,\frac{km}{h}$ ist die Geschwindigkeit v
$t \mapsto = 76\,\frac{km}{h} \cdot t$

6 Individuelle Lösungen
Bsp.: Zahl der Schritte $\mapsto$ zurückgelegter Weg
könnte als Experiment auf einer 400 m-Bahn durchgeführt werden.
Die Zuordnung ist nur bei gleichbleibender Schrittlänge (Proportionalitätsfaktor; abhängig von Körpergröße, Fitness) proportional.

7 a) $12{,}5\,\frac{m}{s}$ b) $2{,}52\,\frac{km}{h}$ c) $35\,\frac{m}{s}$ d) $625\,\frac{m}{s}$ e) $1{,}25\,\frac{m}{s}$ f) $14{,}4\,\frac{km}{h}$

8 a) Der Quotient $\frac{m}{V}$ schwankt zwischen $1{,}78\,\frac{g}{cm^3}$ und $1{,}81\,\frac{g}{cm^3}$, ist also in guter Näherung konstant. Die Zuordnung $V \mapsto m$ ist daher proportional.

b) $\frac{m}{V}$ gibt die Dichte ρ eines Materials an. Wenn $\frac{m}{V}$ bei einer solchen Probe konstant ist, bedeutet dies, dass das Material gleichmäßig durchmischt und verdichtet ist.

9 a) Figur: $\frac{m}{V} \approx 16{,}9\,\frac{g}{cm^3}$; Gold: $\frac{m}{V} = 19{,}25\,\frac{g}{cm^3}$
Die Dichten weichen stark voneinander ab, die Figur ist nicht aus reinem Gold.

b) Man bestimmt die Masse m des Schmuckstücks mit einer Waage, das Volumen V mit dem Überlaufgefäß. Die Dichte für Silber liegt bei etwa $10{,}5\,\frac{g}{cm^3}$ und sollte annähernd mit dem Quotienten $\frac{m}{V}$ des Schmuckstücks übereinstimmen.

S. 14

10 a) Beim Anhängen gleicher Gewichte dehnt sich die rechte Feder deutlich weiter als die linke. Die Feder in der Mitte wird durch Anhängen eines deutlich schwereren Gewichts nur ebenso ausgedehnt wie die linke Feder. In den Tabellen könnte man z. B. die Wertepaare 3,1 cm; 1,9 N (Tabelle 1) und 0,4 cm; 2 N (Tabelle 2) bzw. 2,0 cm; 10 N (Tabelle 2) und 2,1 cm; 25 N (Tabelle 3) vergleichen. Somit ergibt sich:
Tabelle 1 → rechte Feder; Tabelle 2 → linke Feder; Tabelle 3 → mittlere Feder.

b) Die Quotienten $\frac{G}{s}$ streuen eng um die Mittelwerte $0{,}61\,\frac{N}{cm}$ (Tabelle 1); $5{,}0\,\frac{N}{cm}$ (Tabelle 2) und $11{,}9\,\frac{N}{cm}$ (Tabelle 3). Alle drei Zuordnungen sind also proportional.

c) Individuelle Lösungen
Federn (Kugelschreiber, Fahrradspiralschloss, Spannfeder einer Schreibtischlampe, Telefonschnur, ...), Aufhängevorrichtung, Gewichte, ggf. Waage erforderlich.

11 a) Man misst die Zeit t (Stoppuhr) und die ausgelaufene Wassermenge V in einem Gefäß und betrachtet die Quotienten $\frac{V}{t}$. Hat das Gefäß in jeder Höhe den gleichen Querschnitt A (z. B. Messzylinder), so ist das Volumen nur von der Höhe h abhängig. Wenn für die gemessenen Wertepaare (t; h) gilt, dass der Quotient $\frac{h}{t}$ annähernd konstant ist, ist die Zuordnung $t \mapsto V = A \cdot h$ proportional.

b) Bedingungen wie der Wasserdruck oder die Beschaffenheit der Dichtung des Hahnes sollten während des Experimentes gleich bleiben.
Der Proportionalitätsfaktor ist die Abflussgeschwindigkeit; je größer er ist, desto höher ist der Wasserverlust pro Zeiteinheit.

c), d) Individuelle Lösungen

12 a) $\frac{V}{t} = \frac{5\,l}{10\,s} = 1{,}8\,\frac{m^3}{h}$

13 a) Wenn $x \mapsto y$ proportional ist, dann gilt $\frac{y}{x} = \text{const.}$

Damit ist auch $\frac{x}{y} = \text{const.}$, daraus folgt die Proportionalität von $y \mapsto x$.

14 a) $\frac{y}{x} = \frac{a^2 \cdot x}{x} = a^2$

$\frac{y}{x}$ ist (bei variablem x) konstant und damit die Zuordnung $x \mapsto a^2x$ proportional.

b) $\frac{y}{x} = \frac{ax^2}{x} = a \cdot x$

Da x variabel ist, ist $\frac{y}{x} = ax$ nicht konstant. Daher ist $x \mapsto ax^2$ keine proportionale Zuordnung.

15 a) Die den Messwerten zugeordneten Punkte liegen alle auf einer Geraden durch den Ursprung. Daher ist die Zuordnung $I \mapsto U$ proportional.

b) Beispielwerte (am Graph abgelesen): I = 0,8 A; U = 30 V
$\frac{U}{I} = \frac{30\,V}{0{,}8\,A} = 37{,}5\,\frac{V}{A}\ (= 37{,}5\,\Omega)$
i Der Proportionalitätsfaktor $\frac{U}{I}$ ist der elektrische Widerstand R. Er wird in Ohm (Ω) gemessen.

c) $U = R \cdot I = 37{,}5\,\frac{V}{A} \cdot 0{,}6 = 22{,}5\,V$
Dieser Wert kann auch am Graph abgelesen werden.

d) Wenn der Proportionalitätsfaktor $\frac{U}{I}$ doppelt so groß ist, muss man die doppelte Spannung U anlegen, um die gleiche Stromstärke I zu erhalten. Das Bauelement besitzt den doppelten elektrischen Widerstand.

16 300 g Schinken kosten $0{,}3\,kg \cdot \frac{15\,€}{kg} = 4{,}50\,€$
Kilopreis der teureren Sorte: $15\,€ \cdot 1{,}25 = 18{,}75\,€$
Menge Schinken der teureren Sorte für 4,50 €: $\frac{4{,}50\,€}{18{,}75\,\frac{€}{kg}} = 0{,}24\,kg$

Frau Huber würde 240 g teureren Schinken erhalten.

Bastelvorschlag:
Proportionalzirkel (altes Hilfsmittel zum Verkleinern und Vergrößern von Strecken)

Material:
Eine Rundkopfklammer und zwei Kartonstreifen (20 cm × 2 cm); dicke Nadel oder Lochzange

Anleitung:
Schneide die beiden Kartonstreifen an den Enden spitz zu.
Stich mit einer dicken Nadel oder einer Lochzange Löcher im Abstand von je 2 cm. Verbinde die beiden Kartonstreifen beweglich mit der Rundkopfklammer.
So wird der Zirkel beispielsweise auf das Verhältnis 7 : 3 (d. h. den Proportionalitätsfaktor $\frac{7}{3}$) eingestellt:

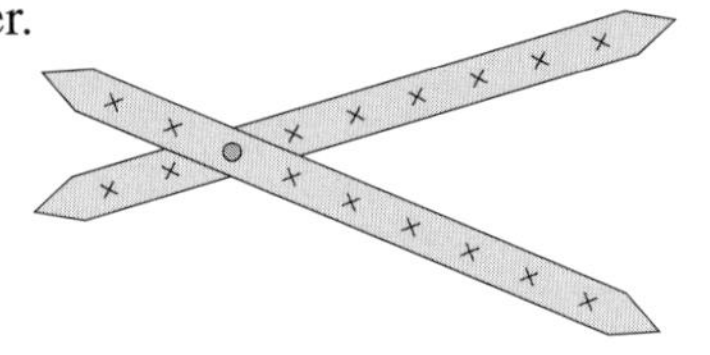

3 Umgekehrt proportionale Zuordnungen

Die Bezeichnung „umgekehrt“ proportional hat den Vorteil, fast selbsterklärend zu sein. Sie kann sogar wörtlich verstanden werden (eine Größe ist umgekehrt – d. h. ihre Kehrzahl – proportional).

In dieser Lerneinheit soll der Nachweis der umgekehrten Proportionalität noch über die Definition erfolgen. Die Produktgleichheit kann erst in Lerneinheit 4 ausgenutzt werden.

S. 15

1 a) $360° : 12 = 30°$

b)

Zahl der Speichen	24	36	6	4
Winkel	15°	10°	60°	90°

Bsp.: $\frac{360°}{24} = 15°$

c)

Winkel	40°	12°	20°	45°
Zahl der Speichen	9	30	18	8

Bsp.: $\frac{360°}{40°} = 9$

2 a)

Anzahl Schüler	10	20	30	15
Zettel pro Schüler	240	120	80	160

Bsp.: $\frac{2400}{10} = 240$

b)

Zettel pro Schüler	100	200	50	150
Anzahl Schüler	24	12	48	16

S. 16

3 a) Für die Gesamtzahl der Fahrten ist die Anzahl an LKW nicht entscheidend. Die Zuordnung Anzahl LKW ↦ Anzahl Fahrten **eines** LKW ist aber umgekehrt proportional, da z. B. bei doppelt so vielen LKW jeder nur halb so viele Fahrten unternehmen muss.

b) Die Zuordnung ist nicht proportional, da das Porto in Stufen steigt:
0 g–20 g: 55 ct; 20 g – 50 g; etc.

c) Die Zuordnung ist weder direkt noch umgekehrt proportional:

Bsp.:

Entfernung vom Start:	20 m	40 m
Entfernung vom Ziel:	80 m	60 m

(oben: $\cdot 2$; unten: $\cdot \frac{3}{4}$ $\left(\neq 2, \neq \frac{1}{2}\right)$)

d) Bei doppelter Schnittbreite halbiert sich die Mähzeit etc. Also ist die Zuordnung umgekehrt proportional.

e) Die Zuordnung ist weder direkt noch umgekehrt proportional:

Bsp.:

Betrag	4 ct	8 ct
Anzahl Münzen	2 (2 × 2 ct)	3 (1 × 5 ct; 1 × 2 ct; 1 × 1 ct)

(oben: $\cdot 2$; unten: $\cdot \frac{3}{2}$ $\left(\neq 2, \neq \frac{1}{2}\right)$)

4 a) Die Zuordnung ist umgekehrt proportional: Bei doppeltem Umfang ist nur die Hälfte der Umdrehungen für 100 m nötig.
b) Umgekehrt proportional, da bei doppeltem Gläservolumen nur halb so viele Gläser gefüllt werden können, etc.
c) Die Zuordnung ist nicht umgekehrt proportional:

Bsp.: Monat mit 30 Tagen:

Vergangene Tage	5	10
Resttage	25	20

$\cdot 2$; $\cdot \frac{4}{5}$ $\left(\neq \frac{1}{2}\right)$

d) Individuelle Lösungen

5 a) Die Schrittlänge ist bei jedem Schritt gleich.
b) Die Maschinen stanzen gleich schnell (gleiche Leistung).
c) Die Leitungen liefern pro Zeiteinheit die gleiche Menge an Flüssigkeit.
d) Nicht umgekehrt proportional. Normalerweise gilt: Je größer ein Mensch ist, desto größere Schritte macht er.
e) Individuelle Lösungen

6 a) y ändert sich mit dem Kehrwert des Verhältnisses, mit dem sich x ändert. Die Tabelle könnte zu einer umgekehrt proportionalen Zuordnung gehören.
b) Die Tabelle kann nicht zu einer umgekehrt proportionalen Zuordnung gehören:

Bsp.:

x	1	32
y	144	3

$\cdot 32$; $\cdot \frac{1}{48}$ $\left(\neq \frac{1}{32}\right)$

c) analog a)

S. 17

7 Die Abstände a sind umgekehrt proportional zu ihrer Anzahl.
$\frac{a}{1{,}50\,m} = \frac{4}{6} \quad \Rightarrow \quad a = \frac{4}{6} \cdot 1{,}50\,m = 1\,m$ Bei fünf Pfosten beträgt der Abstand 1 m.

8

x	2,5	5	10	12,5	25	40
y	**20**	**10**	**5**	4	**2**	**1,25**

9 a)

Seitenlänge Platten in cm	20	25	40	50
Anzahl Platten	600	384	150	96

$\cdot 2$; $\cdot \frac{1}{4}$ $\left(\neq \frac{1}{2}\right)$

Die Zuordnung ist nicht umgekehrt proportional.

b)

Flächeninhalt der Platten in m^2	0,04	0,0625	0,16	0,25
Anzahl Platten	600	384	150	96

$24\,m^2 : 0{,}04\,m^2 = 600$

Die Anzahl der Platten ändert sich mit dem Kehrwert des Verhältnisses der Flächeninhalte; die Zuordnung ist also umgekehrt proportional.

Randspalte: Die Firma gewährt einen Mengenrabatt; d. h. der Preis pro Pflanze wird geringer. Die Zuodnung ist aber sicher nicht umgekehrt proportional, denn beim Kauf von z. B. doppelt so vielen Pflanzen halbiert sich nicht der Preis pro Pflanze, da sonst der Gesamtpreis unabhängig von der Zahl der Pflanzen wäre.

10 a) Individuelle Lösungen
b) Blattgold kann bis zu $\frac{1}{10000}$ mm dünn sein!
A: Flächeninhalt der Goldfolie $\frac{A}{1\,cm^2} = \frac{5\,mm}{0{,}0001\,mm} \Rightarrow A = \frac{5\,mm}{0{,}0001\,mm} \cdot 1\,cm^2 = 50\,000\,cm^2$
Die Folie hat einen maximalen Flächeninhalt von $5\,m^2$.

11 Jürgen wird die 5-kg-Kugel vermutlich weiter stoßen, Masse und Weite sind aber sicher nicht umgekehrt proportional.

12 (1) Vielleicht kommen zwei Schüler gemeinsam schneller zur Lösung, aber vermutlich nicht in der halben Zeit.
(2) 35 + 35 = 70 Stufen ⇒ Sie muss noch 70 – 50 = 20 steigen.
(3) Die Länge des Marsches sollte nicht von der Zahl der Musiker abhängen.
Beim Erfinden eigener Aufgabenstellungen sollte deutlich werden, dass der Zusammenhang „je mehr, desto weniger“ kein hinreichendes Erkennungsmerkmal für umgekehrt proportionale Zuordnungen ist.

13 $A = \frac{a+c}{2} \cdot h$; $8000\,m^2 = \frac{125\,m + c}{2} \cdot 32\,m \Rightarrow c = 375\,m$

14 a)

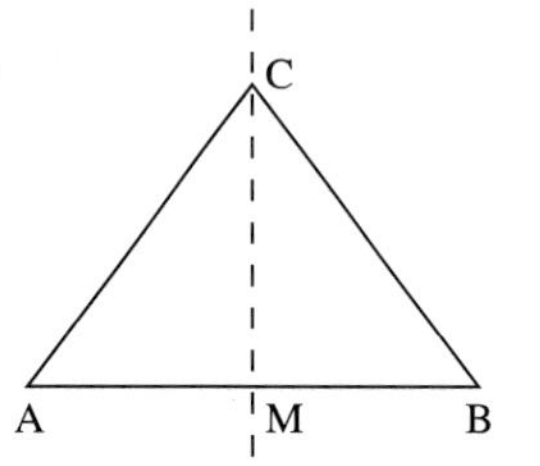

$\Delta AMC \cong \Delta MBC$
da (1) $\overline{AC} = \overline{CB}$ } gleichschenkliges Dreieck
(2) $\sphericalangle MAC = \sphericalangle CBM$ } gleichschenkliges Dreieck
(3) $\overline{AM} = \overline{MB}$ Symmetrieeigenschaft
(SWS-Satz)

b)

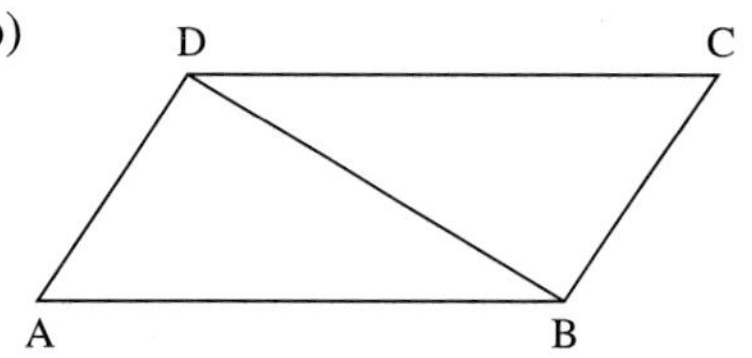

$\Delta ABD \cong \Delta BCD$
da (1) $\overline{AB} = \overline{CD}$ } Parallelogramm
(2) $\overline{AD} = \overline{BC}$ } Parallelogramm
(3) $\overline{BD} = \overline{BD}$
(SSS-Satz)

c)

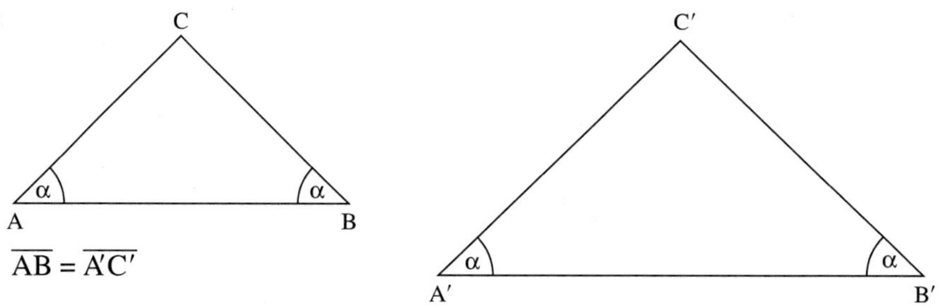

$\overline{AB} = \overline{A'C'}$

→ TB Trainingsblatt: Textaufgaben zu proportionalen Zuordnungen; Kopiervorlage S. 101 f.

→ Spiel: Der Lebenslauf von Mr. Proportional; Kopiervorlage S. 103 f.

4 Produktgleichheit, Zuordnungsvorschrift und Graph

S. 18 **1** a)

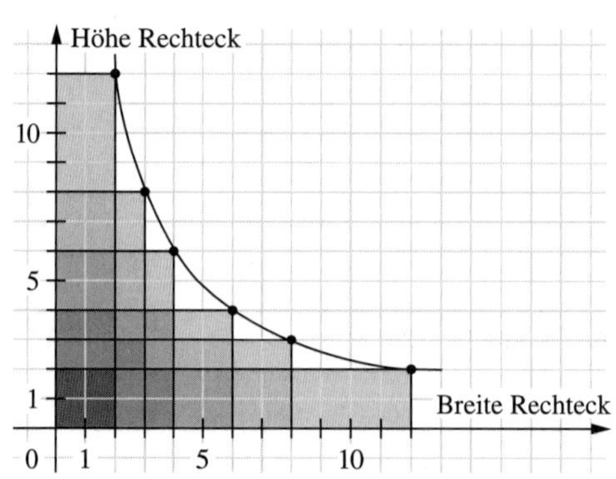

Karopapier und Schere werden benötigt.

b) Breite Rechteck ↦ Höhe Rechteck (oder umgekehrt)
Die Rechtecke haben alle den gleichen Flächeninhalt.

2

Länge l eines Steines in m	0,4	0,5	0,75	1	2
Anzahl z der Steine	**600**	480	**320**	240	120
Produkt l · z	240	240	240	240	240

Das Produkt l · z ist konstant 240 m und gibt an, wie lang der Straßenrand ist.

S. 19

3 a), b)

Verbrauch V	Zeit t
$3\frac{l}{h}$	8 h
$4\frac{l}{h}$	**6 h**
$5\frac{l}{h}$	**4 h 48 min**

$3\frac{l}{h} \cdot 8\,h = 24\,l$

$V \mapsto t = \frac{24\,l}{V}$

V · t entspricht dem verbrauchten Gesamtvolumen in *l*

Geschwindigkeit v	Zeit t
$60\frac{km}{h}$	2 h
$80\frac{km}{h}$	**1 h 30 min**
$100\frac{km}{h}$	**1 h 12 min**

$60\frac{km}{h} \cdot 2\,h = 120\,km$

$v \mapsto t = \frac{120\,km}{v}$

v · t = s (zurückgelegter Weg)

4 a) proportionale Zuordnung

x	5	**8**	10	15	20	25
y	**7,5**	12	15	**22,5**	**30**	**37,5**

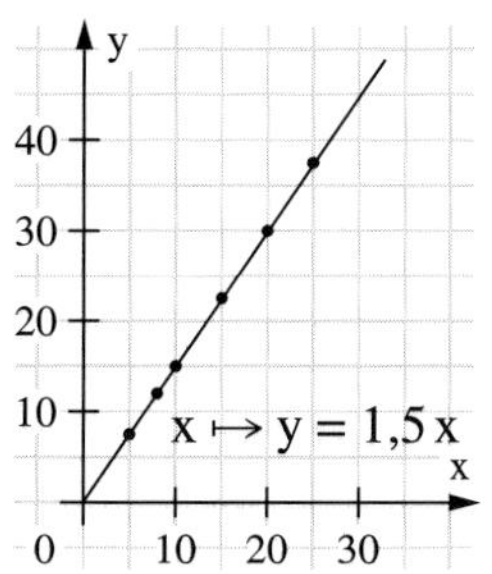

umgekehrt proportionale Zuordnung

x	5	**12,5**	10	15	20	25
y	**30**	12	15	**10**	**7,5**	**6**

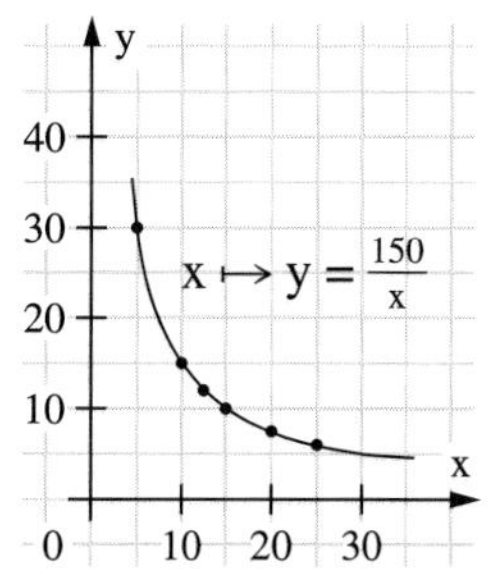

b) proportionale Zuordnung

x	0,4	0,72	**0,96**	1,2	2,5	**5,4**
y	**1,0**	**1,8**	2,4	3,0	**6,25**	13,5

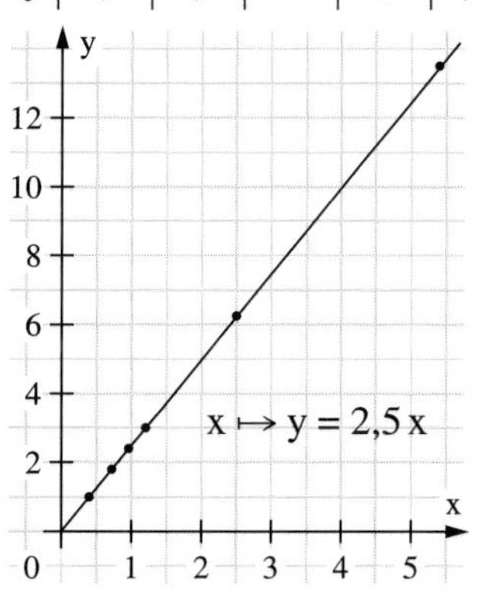

umgekehrt proportionale Zuordnung

x	0,4	0,72	**1,5**	1,2	2,5	**$0{,}2\overline{6}$**
y	**9,0**	**5,0**	2,4	3,0	**1,44**	13,5

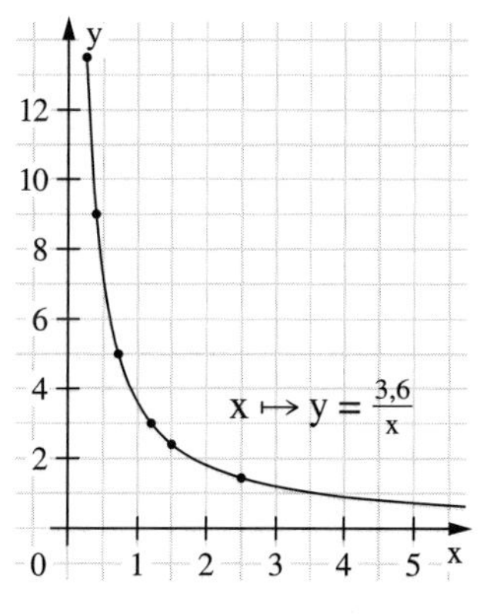

5

a) x-Wert	1	1,5	2	3	4	6	8	12
y-Wert abgelesen	6	3,5	3	2	1,5	1	0,8	0,6
b) x-Wert · y-Wert	6	5,25	6	6	6	6	6,4	7,2
y-Wert korrigiert		4					0,75	0,5

S. 20

6 a) grün: $1 \mapsto 2$ blau: $1 \mapsto 3$ rot: $1 \mapsto 4$

b)

x	1	2	3	4	5	6	
y (grün)	2	1	$0,\overline{6}$	0,5	0,4	$0,\overline{3}$	$x \mapsto y = \frac{2}{x}$
y (blau)	3	1,5	1	0,75	0,6	0,5	$x \mapsto y = \frac{3}{x}$
y (rot)	4	2	$1,\overline{3}$	1	0,8	$0,\overline{6}$	$x \mapsto y = \frac{4}{x}$

Die errechneten und die markierten Punkte stimmen überein, also gehören alle drei Graphen zu umgekehrt proportionalen Zuordnungen.

c) $x \cdot y$ ist der Flächeninhalt des Rechtecks, das durch die Achsen und durch zwei Parallelen zu den Achsen durch die markierten Punkte gebildet wird (vgl. *S. 18, Aufgabe 1*)
Alle Rechtecke mit gleichem Flächeninhalt gehören zum gleichen Graphen.

7 a)

V in cm^3	125	120	110	100	90
p in hPa	1000	1040	1140	1250	1390
$p \cdot V$ in cm^3hPa	125 000	124 800	125 400	125 000	125 100

$p \cdot V$ ist annähernd konstant, die Zuordnung $V \mapsto p$ ist daher umgekehrt proportional.
b) Individuelle Lösungen, Luftpumpe mit Manometer erforderlich.

8 An einem Wertebeispiel erkennt man:

x	1	2
y	4	3

(x: $\cdot 2$; y: $\cdot \frac{3}{4}$ $\left(+\frac{1}{2}\right)$)

Also ist die Zuordnung nicht umgekehrt proportional.
(Dies hätte man auch bereits daran erkennen können, dass sich als Graph keine Hyperbel ergibt.)

9 a)

t in min	1	2	2,5	3,5
T in °C	81	70	65	55

b)

T in °C	75	70	60
t in min	1,5	2	3

c) Für die Messwerte aus a) und b) liegt für $t \cdot T$ keine Produktgleichheit vor, die Zuordnung ist daher nicht umgekehrt proportional.

10 a) Herr Wolters bekommt bei hohem Benzinpreis weniger Benzin für 30 € als bei niedrigem (Die Zuordnung *Benzinpreis* $\mapsto$ *Menge* ist umgekehrt proportional).

b)

Literpreis p in €	1,15	1,20	1,25
Benzinmenge V in *l*	≈ 26,1	25	24

c) $V_1 = \frac{30€}{p}$; $V_2 = \frac{30€}{1,25p}$; $\frac{V_2}{V_1} = \frac{30€}{1,25p} \cdot \frac{p}{30€} = \frac{1}{1,25} = 0,8$
Bei einer Benzinpreiserhöhung um 25 % sinkt die für den gleichen Geldbetrag erhältliche Benzinmenge um 20 %.

11 t: Dauer bei $75\frac{km}{h}$

(1) Ansatz mit einer Verhältnisgleichung:

$$\frac{t}{156\,min} = \frac{60\frac{km}{h}}{75\frac{km}{h}}$$

$\Rightarrow$ $t = 2\,h\,4\,min\,48\,s$

(2) Ansatz mit Hilfe der Produktgleichheit:

$$t \cdot 75\frac{km}{h} = 60\frac{km}{h} \cdot 156\,min$$

Alternativ hätte man auch eine Schlussrechnung vornehmen können.

12 Um die Frage beantworten zu können, müsste der Grundwert, nämlich die relative Häufigkeit der Sonnentage im vergangenen Jahr bekannt sein.
(Lediglich die Frage, um wie viele Prozent**punkte** die relative Häufigkeit der Sonnentage angewachsen ist, wäre beantwortbar: $\frac{15\,d}{365\,d} = 0,041 = \mathbf{4,1}$ Prozentpunkte

→ TB

Trainingsblatt: Proportionalität: Zuordnungsvorschrift und Graph; Kopiervorlage S. 105 f.

→

Spiel: Propopartner – bitte melden!; Kopiervorlage S. 107
Spiel für die ganze Klasse (Spieldauer: beliebig)
Spiel zum Finden proportionaler Zahlenpaare

Material:
Kopiervorlage „Zahlenkarten“ auf eine Overheadfolie kopieren. Dieselben Zahlen auf einzelne Karteikarten (DIN A6) schreiben oder die Overheadfolie vergrößern (jeweils linke und rechte Hälfte 330 % auf DIN A3), eventuell Schülerliste zum Verbuchen der Punkte.

Spielvorbereitung:
Die Overheadfolie mit den Zahlen wird projiziert, so dass jeder Schüler weiß, welche Zahlen im Spiel sind. Jeder Schüler erhält eine Zahlenkarte oder schreibt auf eine Karteikarte eine der Zahlen. Die Zahlen, die an keinen Schüler vergeben wurden, werden auf der Folie gestrichen oder abgedeckt.

Spielregel:
Der Spielleiter gibt einen Sachverhalt (siehe Liste) vor, z. B. „100 g Käse kosten 150 Cent“. Meint ein Schüler, dass es zu der Zahl auf seiner Karte eine passende Zahl gibt (mit der sich dieselbe proportionale bzw. umgekehrt proportionale Zuordnung ergeben kann), so steht er auf, geht nach vorne und zeigt seine Karte. Stellt ein anderer Schüler fest, dass er die passende Karte dazu hat, geht er ebenfalls nach vorne; bei obigem Beispiel wären 20 und 30 oder 40 und 60 passende Zahlenpaare. Findet sich so ein korrektes Paar, so bekommen beide Spieler einen Punkt; steht ein Spieler fälschlicherweise vorne, so erhält er einen Minuspunkt. Zu jedem Sachverhalt gibt es mehrere Zahlenpaare; nur das zuerst gebildete Paar wird gewertet. Nach der Punktewertung setzen sich alle wieder und der Spielleiter liest einen neuen Sachverhalt vor. Die Punkte können für einzelne Schüler, Sitzreihen oder Gruppen verteilt werden. Über den aktuellen Punktestand kann gegebenenfalls auch an der Tafel Buch geführt werden.

Lesetext: Alles hat seinen Preis

S. 21

Der Lesetext und die dazu gruppierten Sprichworte machen deutlich, wie sehr der Begriff der proportionalen Zuordnung im Alltagsleben verankert ist.
Es könnte diskutiert werden, wo Gemeinsamkeiten, wo Abweichungen zur mathematischen Begrifflichkeit vorliegen.

II Funktionen

In der ersten Lerneinheit dieses Kapitels werden zwei zentrale Gedanken verfolgt: Zum einen sollen die Schülerinnen und Schüler ihre bereits in der 6. und 7. Jahrgangsstufe erworbenen Kenntnisse zum Thema Diagramm/Graph auffrischen bzw. vertiefen, indem sie Graphen beschreiben und interpretieren bzw. auch selbst Graphen erstellen. Zum anderen soll der fundamentale Begriff „Funktion als eindeutige Zuordnung" verankert werden. In der zweiten Lerneinheit werden den Schülern verschiedene Beschreibungsmöglichkeiten für Funktionen (Zuordnungsvorschrift, Funktionsterm, Funktionsgleichung, Wertetabelle und Graph) vermittelt. Sie sollen lernen, die verschiedenen Darstellungsformen parallel zu betrachten. Dadurch kann sich ihr Denken in Funktionen Stück für Stück festigen. Die Betrachtungen beschränken sich dabei bewusst nicht nur auf lineare Funktionen: Die Schülerinnen und Schüler sollen von Anfang an mit unterschiedlichen Beispielen von Funktionen umgehen, um einer einseitigen Besetzung des Funktionsbegriffs (zum Beispiel durch lineare Funktionen) frühzeitig entgegenzuwirken. Eine systematische Behandlung der dabei verwendeten quadratischen oder auch gebrochen rationalen Funktionen findet hier aber nicht statt. Um die Graphen solcher Funktionen effizient zeichnen zu können, werden die Schüler auf das Instrument „Funktionsplotter" oder Tabellenkalkulationsprogramm verwiesen. (vgl. dazu auch das Thema „Funktionsplotter" auf Seite 40). Er ist damit in der Lage, auf einfache Weise auch „komplexere" Funktionsgraphen zu erstellen. In der dritten Lerneinheit sollen die Schülerinnen und Schüler ihre Kenntnisse durch die Begriffe Nullstelle und Steigung erweitern und vertiefen. Ebenso sollen sie lernen, wie mit Hilfe von Funktionen Sachsituationen beschrieben werden können.

1 Funktionen als eindeutige Zuordnung

S. 24

1 Individuelle Lösungen
Z. B. Ich drehe den Wasserhahn auf und lasse Wasser zufließen. Da es mir nicht schnell genug geht, drehe ich den Hahn nach 5 min weiter auf. Nach weiteren 5 min drehe ich den Wasserhahn wieder ein Stück zu, so dass das Wasser genauso schnell wie in den ersten 5 min zufließt. Nachdem insgesamt 15 min lang Wasser zugelaufen ist, drehe ich den Hahn zu und steige selbst in die Wanne. Ich bade 25 min, ehe ich 5 min lang langsam Wasser aus der Wanne herauslasse. Dann lass ich 5 min lang warmes Wasser zulaufen. Ich bade weitere 10 min und lass dann erneut ein wenig Wasser ablaufen. Dann drehe ich den Verschluss ganz auf, damit das Wasser schnell abfließen kann. Ich bleibe bis zum Schluss in der Wanne und steige erst heraus, nachdem das Wasser abgeflossen ist.

2 a) ≈ 1900 m b) ≈ 11:15 Uhr
c) Man kann die Uhrzeit nicht eindeutig angeben, es könnte etwa um 11:45 Uhr, 14:00 Uhr oder 15:30 Uhr gewesen sein.

S. 26

3 a) und c) sind Funktionen, da jedem x-Wert nur ein einziger y-Wert zugeordnet wird.
b) ist keine Funktion, da einem x-Wert mehrere y-Werte zugeordnet werden.

+ Zeichne selbst Graphen und lass deinen Nachbarn entscheiden, welche zu einer Funktion gehören und welche nicht.

4 Unter Benzinverbrauch soll die verbrauchte Gesamtmenge (nicht der aktuelle Durchschnittsverbrauch) verstanden werden.

a) keine Funktion, da z. B. beim Warten an der Ampel weiter Benzin verbraucht wird.

b)

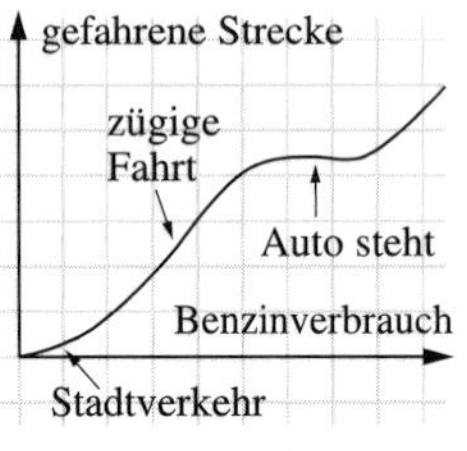

c)

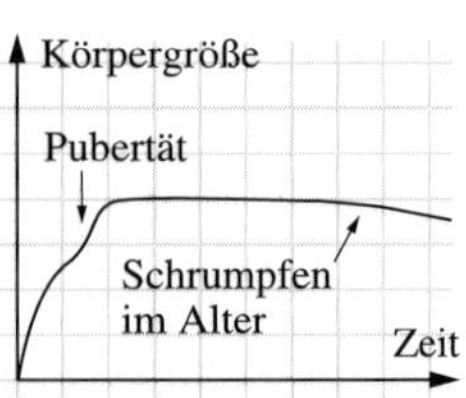

d) keine Funktion, da z. B. bei Wachstumsstillstand einer Körpergröße verschiedene Zeiten zuzuordnen wären.

e) keine Funktion, da z. B. 4 sowohl –2 als auch 2 zugeordnet werden können.

f)

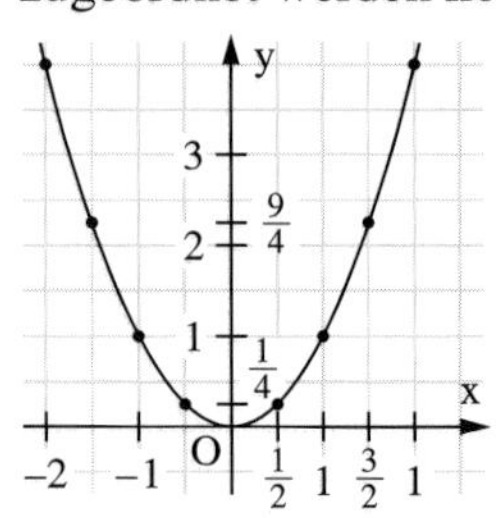

5 Individuelle Lösungen; Medien zur Recherche werden benötigt (Zeitungen, Bücher, Internet)
\+ Projektarbeit möglich.

6 Individuelle Lösungen
Bei den Begründungen soll erläutert werden, dass es zu jedem x-Wert nur einen y-Wert gibt.

7 a) Der Graph steigt gleichmäßig an, d. h. in jedem Zeitintervall läuft gleichmäßig viel Wasser in die Tonne.

b)

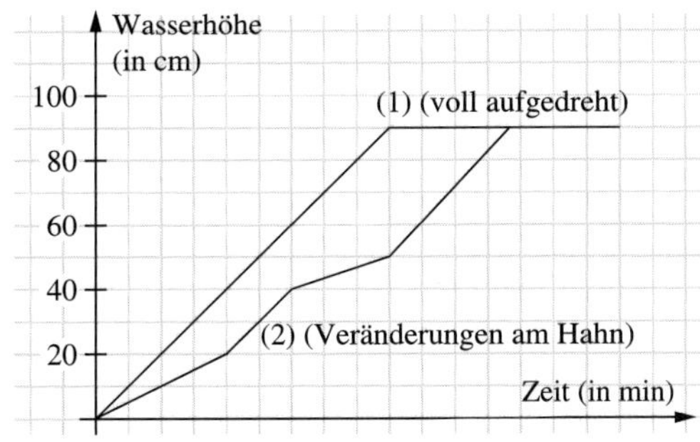

(bei (2) individuelle Lösung möglich)

Entscheidend ist, dass der zweite Graph immer unterhalb des ersten verläuft und dass die Steigung des zweiten Graphen immer kleiner (oder gleich) ist als die des ersten.
Im zweiten Fall darf die Tonne daher erst später voll werden.

S. 27 **8** a) tiefster Wert: 4 Uhr; höchster Wert: 13 Uhr – 14 Uhr; ungefähre Angabe wegen nur stündlicher Messung.

b) Um 0 Uhr hat es etwa –2 °C. Bis 4 Uhr sinkt die Temperatur und erreicht um 4 Uhr den Tiefstwert mit ca. –4 °C. Anschließend nimmt die Temperatur bis zum Höchstwert zwischen 13 Uhr und 14 Uhr (ca. 7 °C) zu. Danach nimmt die Temperatur wieder ab und erreicht um 24 Uhr –1 °C.

c) Von 0.00 Uhr bis 8.30 Uhr und von 22.00 Uhr bis 24.00 Uhr liegt die Temperatur unter dem Gefrierpunkt.

d) Individuelle Lösungen

9 (1) → d) Der Querschnitt des Gefäßes ist in jeder Höhe gleich, daher nimmt die Füllhöhe konstant zu.
(2) → b) Wie bei (1) steigt die Füllhöhe konstant, allerdings ab 25 min schneller, da die obere Hälfte des Gefäßes ein schmalerer Zylinder ist.
(3) → a) Das Gefäß wird nach oben breiter, daher steigt die Füllhöhe zunehmend langsamer.
(4) → c) Das Gefäß wird nach oben schmaler, daher steigt die Füllhöhe zunehmend schneller.

10 Individuelle Lösungen, etwa wie unten:

a)

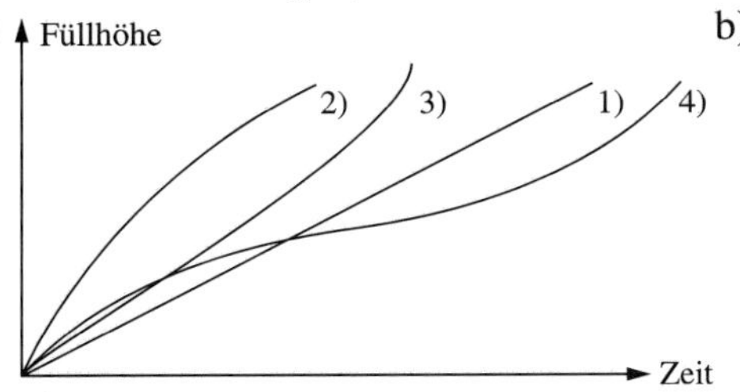

b)

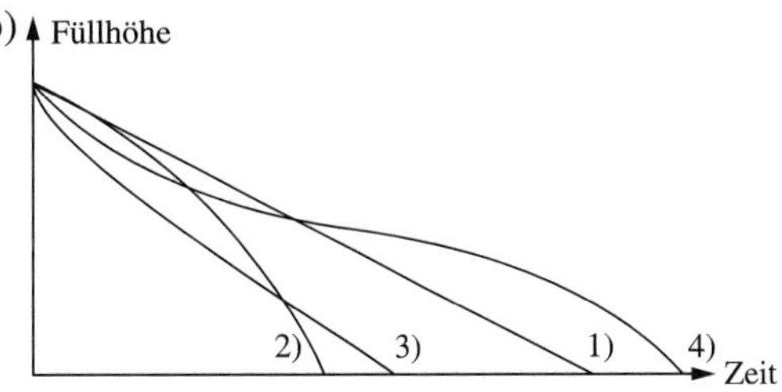

11 Individuelle Lösung, etwa wie unten:

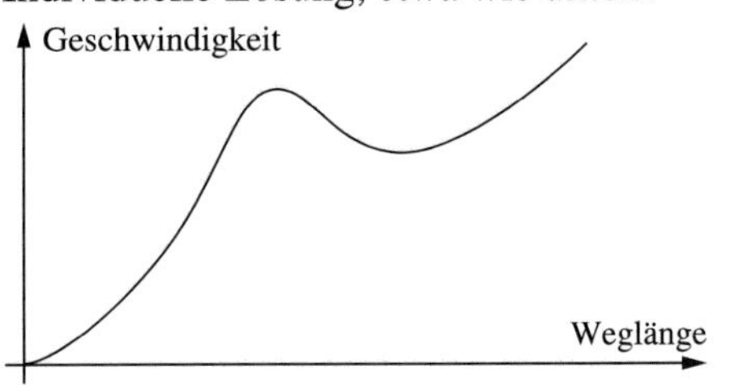

12 Individuelle Lösung, z. B.:

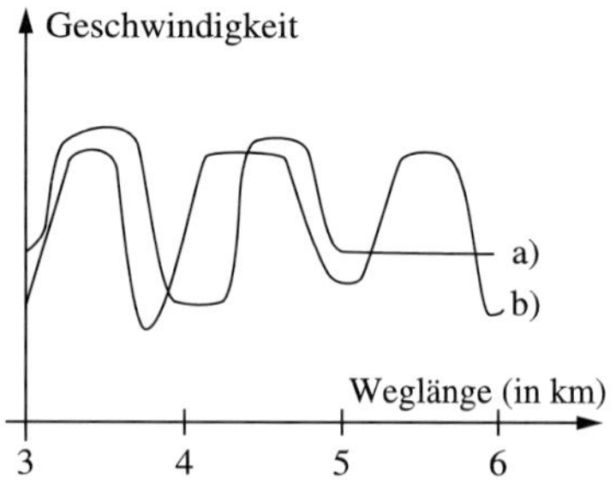

13

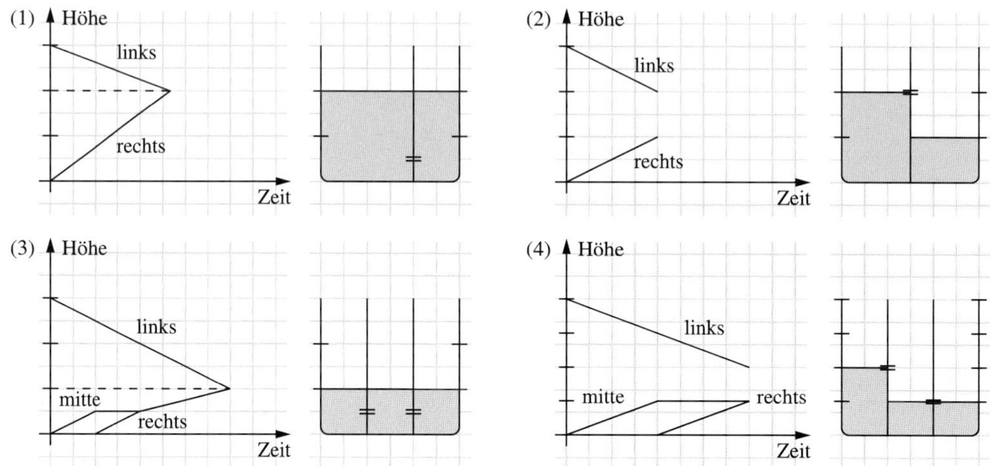

i Es soll hier genügen, die Graphen – wie beim Beispiel im Buch gezeigt – linear darzustellen. In der Realität sind die Graphen nicht geradlinig, da das Abflussvolumen pro Zeit von der Höhe der Wassersäule abhängig ist.

14 $-1{,}91$; weiterer Term: $\underbrace{\left(2\frac{1}{3}\cdot\underbrace{\left(0{,}5-\frac{1}{2}\right)}_{=0}\right):(-0{,}\overline{3})}_{=0}+(-0{,}3)^2=0{,}09$

→ Historisches zu Funktionen; Kopiervorlage S. 108

2 Funktion und Term

S. 28

1 a) Zum Zeichnen berechnet man für verschiedene x-Werte den Termwert.
b) Jedem x-Wert wird genau ein y-Wert zugeordnet, also handelt es sich um eine Funktion.
c) $A \notin G_t$, da $t(1{,}8) = 0{,}62 \neq 0{,}6$; $B \in G_t$, da $t(10) = 49$

S. 30

2 a) $g(x) = 3x$ $\quad D_{max} = \mathbb{Q}$

b) $h(x) = \frac{1}{2x}$ $\quad D_{max} = \mathbb{Q}\setminus\{0\}$

c) $t(x) = 2x - 1$ $\quad D_{max} = \mathbb{Q}$

d) $k(x) = (x-2)^2$ $\quad D_{max} = \mathbb{Q}$

e) $w(x) = \frac{1}{2x+1}$ $\quad D_{max} = \mathbb{Q}\setminus\left\{-\frac{1}{2}\right\}$

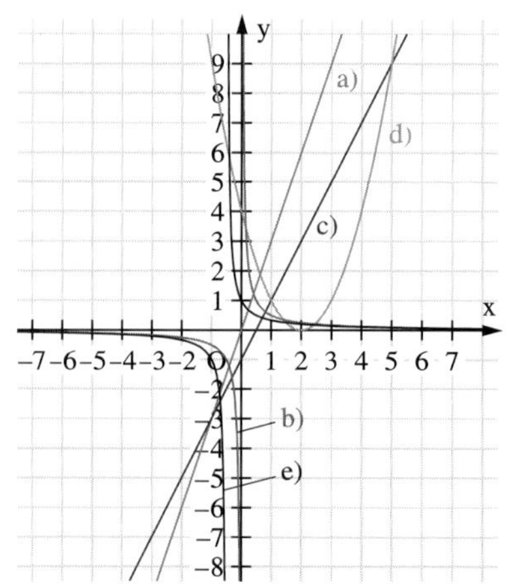

3 a) $D_{max} = \mathbb{Q}$; $P \in G_f$, $Q \in G_f$ b) $D_{max} = \mathbb{Q} \setminus \{0\}$; $P \notin G_g$, $Q \in G_g$

c) $D_{max} = \mathbb{Q} \setminus \left\{\frac{1}{2}\right\}$; $P \in G_w$, $Q \notin G_w$ d) $D_{max} = \mathbb{Q} \setminus \left\{\frac{3}{2}\right\}$; $P \in G_k$, $Q \in G_k$

e) $h(x) = x - 3$; $D_{max} = \mathbb{Q}$; $P \notin G_h$, $Q \notin G_n$

f) $v(t) = 0{,}5\,t - 1{,}5$; $D_{max} = \mathbb{Q}$; $P \notin G_v$, $Q \in G_v$

Die auf dem Rand angegebene Lösungskontrolle ergibt: A: ja, $v(1) = -1 \to$ Y; B: nein, $v(-3) = -3$; C: ja, $v(0) = -1{,}5 \to$ D; D: ja, $v(3{,}4) = 0{,}2 \to$ N; E: nein, $v(-2{,}2) = -2{,}6$; F: nein, $v(2{,}5) = -0{,}25$; G: ja, $v(-0{,}5) = -1{,}75 \to$ A; H: ja, $v(2{,}96) = -0{,}02 \to$ H;
Lösungswort: von hinten gelesen: HANDY

4 Verschiedene Lösungen sind denkbar; naheliegend sind die folgenden:

a) $f(x) = x - 1$ b) $f(x) = x^2$ c) $f(t) = 1{,}5\,t$; es fehlt $t = 4$ und $s = 10{,}5$

d) $f(a) = 1 - a$ e) $f(x) = -x^2$ f)

$y = 2x + 1$	für x =	-2	-1	0	1	2
$y = x + 2$	für x =	-5	-3	-1	1	3
$y = 3x$	für x =	-1	$-\frac{1}{3}$	$\frac{1}{3}$	1	$\frac{5}{3}$

5

Funktionsgl.	y(2)	Funktionseigenschaft	Graph	Lösung:
$y = 2x + 1$	5	Bei Zunahme der x-Werte um 1 nehmen die y-Werte um 2 zu.	S	HAUS
$y = \frac{1}{x}$	0,5	Dem doppelten x-Wert wird der halbe y-Wert zugeordnet.	F	GOLF
$y = 0{,}5\,x$	1	Dem doppelten x-Wert wird der doppelte y-Wert zugeordnet.	L	MÜLL
$y = -x + 4$	2	Bei Zunahme der x-Werte um 1 nehmen die y-Werte um 1 ab.	R	MEER

6 a) f(x) schwarz: z.B. gilt $A(4|2) \in G_f$ und $f(4) = 2$
g(x) rot: z.B. gilt $B(0|-1) \in G_g$ und $g(0) = -1$
h(x) gelb: z.B. gilt $C(-2|1) \in G_h$ und $h(-2) = 1$
k(x) blau: z.B. gilt $D(0|3) \in G_k$ und $k(0) = 3$

b) Individuelle Lösungen

7 Graphen zeichnen mit Hilfe einer Wertetabelle:

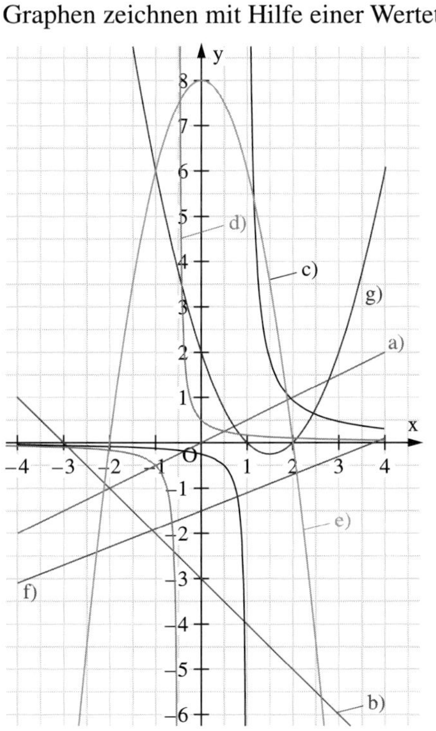

a) $D_{max} = \mathbb{Q}$; $h(x) > 0$ für $x > 0$

b) $f(x) = -x - 3$; $D_{max} = \mathbb{Q}$;
$f(x) > 0$ für $x < -3$

c) $D_{max} = \mathbb{Q} \setminus \{1\}$; $q(x) > 0$ für $x > 1$

d) $D_{max} = \mathbb{Q} \setminus \left\{-\frac{1}{2}\right\}$; $s(x) > 0$ für $x > -\frac{1}{2}$

e) Fehler im *Schülerbuch 1. Auflage*:
Es muss heißen:
$r\colon x \mapsto \frac{1}{4}x - \frac{1}{2}(0{,}5\,x + 2\,x^2) - (-2^3 + x^2)$
$D_{max} = \mathbb{Q}$;
$r(x) > 0$ für x zwischen -2 und 2

f) $m(x) = 0{,}4\,x - 1{,}5$; $D_{max} = \mathbb{Q}$;
$m(x) > 0$ für $x > 3{,}75$

g) $v(x) = x^2 - 3\,x + 2$; $D_{max} = \mathbb{Q}$;
$v(x) > 0$ für $x > 2$ und $x < 1$

8 Jeweils individuelle Lösungen.
Bei Begründung zur Anzahl der Terme wird keine Vollständigkeit erwartet. Man könnte z. B. so argumentieren: es gibt jeweils unendlich viele Terme, da man durch jeden Punkt unendlich viele Geraden unterschiedlicher Steilheit zeichnen kann und zu jeder dieser Geraden dann auch ein jeweils anderer Term gehört.

a) z. B. $f(x) = 3$ oder $f(x) = x + 3$ oder $f(x) = x^2 + 3$ oder $f(x) = x^3 + 3$ oder $f(x) = x^n + 3$
Hier kann man mit den Termen $x^n + 3$ ($n \in \mathbb{N}$) auch gut argumentieren, dass es unendlich viele Terme durch $A(0|3)$ gibt.

b) z. B. $f(x) = 0$ oder $f(x) = x + 2$ oder $f(x) = -x - 2$
Hier könnte man z. B. von der Bedingung $0 = x + 2$ ausgehen. Formt man algebraisch so um, dass links die Zahl 0 stehen bleibt, erhält man weitere Lösungen, z. B. $f(x) = -x - 2$ (Multiplikation mit -1) oder $f(x) = 0{,}5\,x + 1$ (Multiplikation mit 0,5) usw. Dies geht mit unendlich vielen verschiedenen rationalen Zahlen.

c) z. B. $f(x) = x - 3$ oder $f(x) = 2x - 5$ oder $f(x) = 3x - 7$ oder $f(x) = 4x - 9$
Auch hier kommt man ausgehend von $-1 = x - 3$ durch algebraische Umformung auf weitere Lösungen. Man muss nur sicherstellen, dass am Schluss auf der linken Seite wieder -1 steht. Oder man überlegt sich systematisch, wie man t variieren muss, wenn man in $m \cdot x + t$ den Faktor m schrittweise um 1 erhöht (hier muss dann t immer um 2 kleiner werden, damit die Bedingung $f(2) = -1$ gilt.

S. 31

9

		x	−2	−1	0	1	2
schwarz:	$f(x) = 2{,}5\,x$	y	−5	−2,5	0	2,5	5
blau:	$f(x) = 0{,}75\,x$	y	−1,5	−0,75	0	0,75	1,5
rot:	$f(x) = \frac{1}{3}x$	y	$-\frac{2}{3}$	$-\frac{1}{3}$	0	$\frac{1}{3}$	$\frac{2}{3}$
grün:	$f(x) = -0{,}5\,x$	y	1	0,5	0	−0,5	−1

10
a) Für steigende x-Werte steigt auch der y-Wert.
b) Für steigende x-Werte fällt der y-Wert.
c) Für $-3 < x < 1$ fallen die y-Werte bei steigendem x-Wert, für $x = 1$ erreicht der Graph einen tiefsten Punkt. Für $1 < x < 3$ steigen die y-Werte mit zunehmendem x-Wert.
d) Für jeden x-Wert ist der y-Wert gleich fünf.
e) Für $-3 < x < 0{,}5$ fallen die y-Werte bei steigendem x-Wert. Für $x = 0{,}5$ ist die Funktion nicht definiert, der Graph hat eine Lücke. Für $0{,}5 < x < 3$ fallen die y-Werte erneut mit zunehmendem x-Wert.
f) Für $-3 < x \lesssim -1$ steigen die y-Werte bei steigendem x-Wert, für $x \approx -1$ erreicht der Graph einen höchsten Punkt. Für $-1 \lesssim x \lesssim 1$ fallen die y-Werte mit zunehmendem x-Wert. Für $x \approx 1$ erreicht der Graph einen tiefsten Punkt. Für $1 \lesssim x < 3$ steigen die y-Werte mit zunehmendem x-Wert.

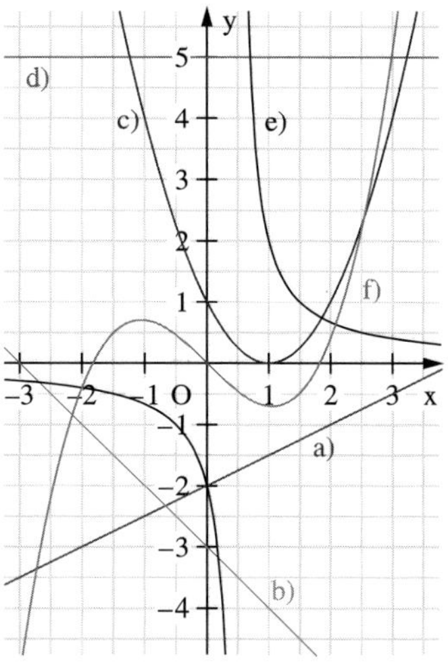

11 Fehler im *Schülerbuch 1. Auflage*: Auf der Kanne müsste 1,2 *l* stehen.

a)

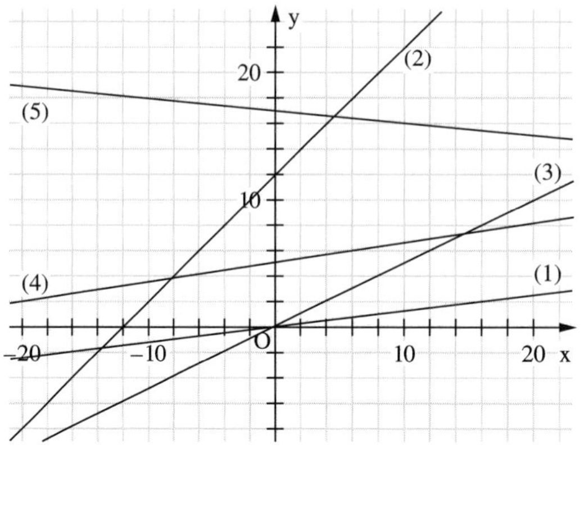

b) (1) $k(m) = 0{,}12\,\text{Liter} \cdot m$
(2) $l(w) = 12\,\text{mm} + 1\,\text{mm} \cdot w$
(3) $h(m) = 0{,}5\,\text{dm} \cdot m$
(4) $g(x) = 5\,€ + 0{,}15\,€ \cdot x$
(5) $l(d) = 17\,\text{cm} - 0{,}1\,\text{cm} \cdot d$

12 (1) $y(x) = 0$ für $x_1 = -2$, $x_2 = -1$, $x_3 = 1$ und $x_4 = 2$
(2) $y(x) < 0$ für $-2 < x < -1$ und $1 < x < 2$
$y(x) > 0$ für $x < -2$ und $-1 < x < 1$ und $x > 2$
(3) Zunahme der y-Werte für $-1{,}58 < x < 0$ und $x > 1{,}58$ (jeweils gerundet)
Abnahme der y-Werte für $x < -1{,}58$ und $0 < x < 1{,}58$ (jeweils gerundet)

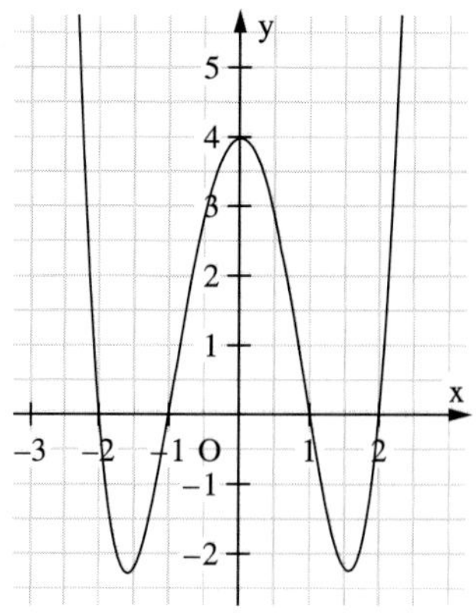

13 a) kleinster Funktionswert bei $T(1{,}68 \mid -0{,}8224)$
b) größter Funktionswert bei $H(-2{,}22 \mid 4{,}9284)$
c) kleinster Funktionswert bei $T(0{,}71 \mid 2{,}8285)$.
Einen größten Funktionswert kann man nicht bestimmen, da die Funktion gegen unendlich geht.
d) kleinste Funktionswerte bei $T_1(-0{,}64 \mid -1{,}0620)$ bzw. $T_2(1 \mid -1)$ und größter Funktionswert bei $H(0{,}39 \mid -0{,}9798)$

14 a) Die Steilheit/Steigung/Neigung der Geraden ändert sich. Für negative Werte fällt der Graph, für positive steigt er.
b) Die Geraden steigen alle gleich stark an, sie schneiden die y-Achse aber an unterschiedlichen Stellen.
c) Die „Breite" der Kurven ändert sich. Für negative Werte ist die Kurve an der x-Achse gespiegelt (im Vergleich zum entsprechenden positiven Wert).
d) Die Kurven verschieben sich in y-Richtung.

15

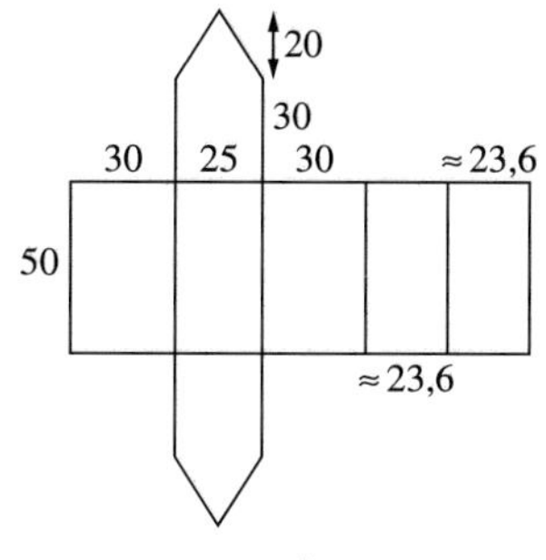

$A \approx 8610\,\text{mm}^2 \approx 86\,\text{cm}^2$
$V = 50 \cdot 25 \cdot 30\,\text{mm}^3 + \frac{1}{2} \cdot (50 \cdot 25 \cdot 20\,\text{mm}^3)$
$= 37\,500\,\text{mm}^3 + 12\,500\,\text{mm}^3$
$= 50\,000\,\text{mm}^3$
$= 50\,\text{cm}^3$

16

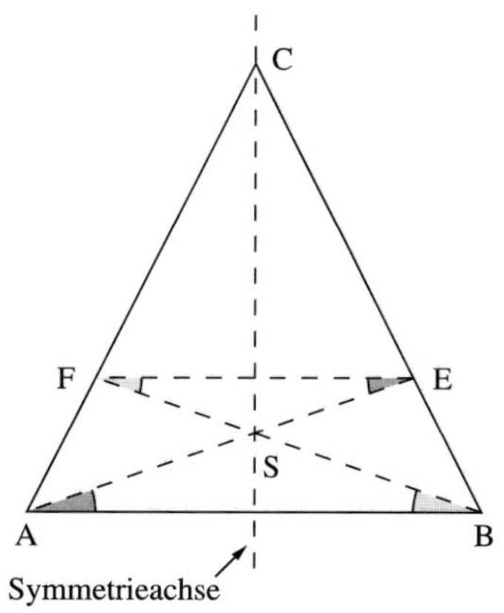

Im gleichschenkligen Dreieck ist die Mittelsenkrechte der Basis Symmetrieachse. Daher gilt:
Die Höhe [AE] ist symmetrisch zur Höhe [BF] und somit der Punkt E symmetrisch zum Punkt F. Die Verbindungsstrecke [EF] steht also senkrecht auf der Symmetrieachse und ist damit parallel zu [AB].
$\sphericalangle BAE = \sphericalangle FBA$ und $\sphericalangle BFE = \sphericalangle FEA$. Die Winkel $\sphericalangle ASB$ und $\sphericalangle ESF$ sind Scheitelwinkel und daher gleich groß.
$\Rightarrow \sphericalangle BAE = \sphericalangle FBA = \sphericalangle BFE = \sphericalangle FEA$, d. h. die Z-Winkeleigenschaft ist erfüllt (vgl. Zeichnung); da diese nur an parallelen Geraden gilt, folgt, dass $AB \parallel EF$.

→ TB Trainingsblatt: Funktionen: Wertetabelle, Graph, Definitionsmenge; Kopiervorlage S. 109 f.

→ AB Arbeitsblatt: Umgang mit dem Funktionsplotter; Kopiervorlage S. 119 f.

3 Funktion und Graph: Nullstellen und Steigung

S. 32

1 a) Die Kerze ist vollständig abgebrannt, wenn $k(x) = 0$ gilt. Also ist die Nullstelle von k (z. B. graphisch oder probeweises Einsetzen) zu bestimmen. Es ergibt sich $x = 12$
b) Werte $x < 0$ ergeben keinen Sinn, da mit dem Anzünden der Kerze die Zeitrechnung beginnt. Werte $x > 12$ ergeben keinen Sinn, da die Kerze für diese Zeitpunkte bereits vollständig abgebrannt ist.

2 a) G_f verläuft steiler als G_h und flacher als G_g.
b) Bei f hat der Zahlenfaktor vor x den Wert 1,5. Dieser liegt zwischen den entsprechenden Zahlenfaktoren von h bzw. g: $0{,}5 < 1{,}5 < 2{,}5$
c) individuelle Lösung, z. B. $r(x) = -2x$

S. 34

3 a) $x = 0$ b) $x = 10$ c) $x = -\frac{1}{3}$ d) $z_1 = -2$ und $z_2 = 0$
e) – f) $x = 0{,}5$ g) – h) $x = -0{,}8$

4 lila: $m = -\frac{1}{8}$; orange: $m = -1$; schwarz: $m = -2{,}5$; rot: $m = \frac{5}{4}$; grün: $m = \frac{2}{3}$; blau: $m = \frac{1}{6}$

5 a) Steigung $0{,}5 = \frac{1}{2}$

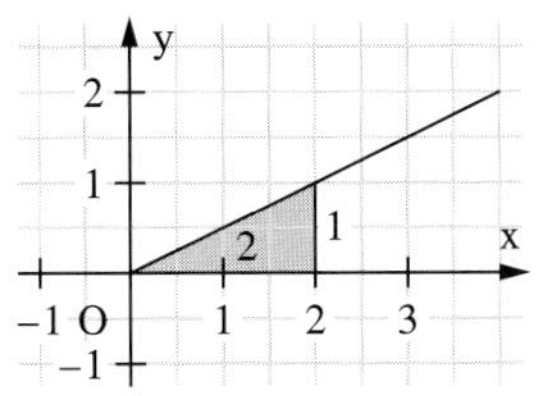

b) – f): analog

i 6 In der 6. Klasse wurde bereits z. B. die Straßenschildaufschrift „18 % Steigung“ erklärt. Darauf sollte anhand eines Steigungsdreiecks vor dem Bearbeiten der Aufgabe nochmals eingegangen werden.
Hinweis: Der Maßstab stellt eine nicht benötigte Angabe dar. Natürlich können die Schüler trotzdem die wahren Längen errechnen und damit den richtigen Umgang mit der Maßstabsangabe wiederholen.

Steigungsdreieck für A und B:
Steigung: $\frac{1{,}2}{3{,}7} \approx 0{,}324 \approx 32\,\%$

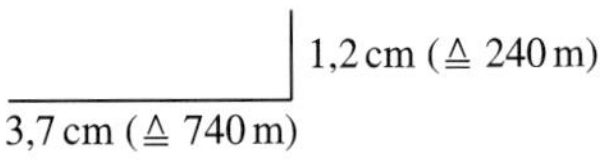

Steigungsdreieck für B und C:
Steigung: $\frac{1{,}3}{0{,}8} = 1{,}625 \approx 163\,\%$

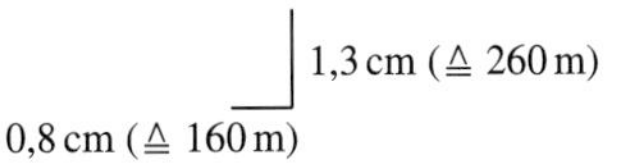

7 a) Individuelle Lösungen, z. B. $f(x) = 5$ oder $f(x) = x^2 + 1$
b) Individuelle Lösungen, z. B. $m_1 = 2$ und $m_2 = -2$

+ Erfinde ähnliche Fragestellungen und stelle sie deinem Nachbarn, z. B.:
- Gib drei verschiedene Funktionen an, die bei 1 eine Nullstelle besitzen.
- Gib zwei Funktionen an, die sich im Punkt $P(2\,|\,-2)$ schneiden.
- Gib zwei Funktionen an, die zwei Schnittpunkte besitzen.
- Gib eine Funktion an, deren Graph nur im II. und IV. Quadranten verläuft und nicht durch den Ursprung geht.

8 a) Falsch. Die Funktion $g: x \mapsto 0$ hat als Graph eine Gerade (x-Achse) und besitzt unendlich viele Nullstellen.
b) Falsch. Der Graph verläuft durch den I. und III. Quadranten.
c) Richtig, denn $\frac{1}{2} > \frac{1}{3}$

S. 35

9 a) nach 5 Stunden: 7,5 cm; nach 6 Stunden: 9 cm; nach 9 Stunden: 13,5 cm
b) $b(x) = 1{,}5\,\text{cm} \cdot x$
c) $k(x) = 15\,\text{cm} - 1{,}5\,\text{cm} \cdot x$
d) Nullstelle: $x = 10$; $D_k = [0;\, 10]$

10 Graphen analog zu d)
a) für kein x, G_h verläuft immer unterhalb von G_k
b) für $x < 1$ und $x > 1{,}5$
c) für $-1 < x < 2$
d) für $x > 1$

Graph zu d)

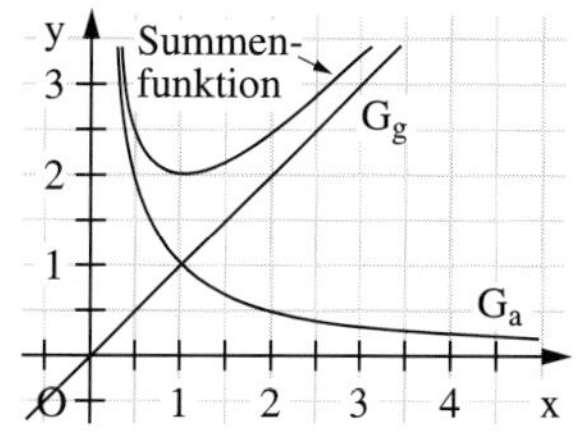

11 a)

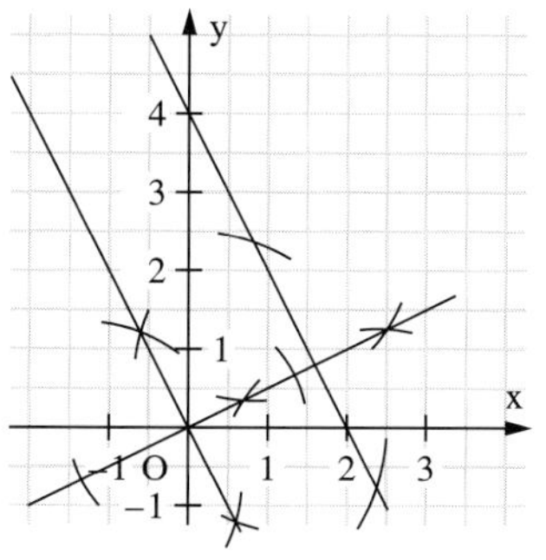

Term: $h(x) = -2x$; Vergleich:
Es fehlt nur die additive Konstante 4

b) $A = 0{,}5 \cdot 2 \cdot 4\,\text{cm}^2 = 4\,\text{cm}^2$
c) individuelle Lösung,
z. B. $f: x \mapsto 0{,}5x + 2$ oder
$k: x \mapsto -\frac{1}{8}x + 1$ oder
$h: x \mapsto -\frac{9}{8}x + 3$
d) Unendlich viele, da es zu jedem beliebigen x-Wert zwischen 0 und 8 einen Wert für y gibt, so dass gilt $0{,}5 \cdot x \cdot y = 4\,\text{FE}$ (unendlich viele Dreiecke mit gleichem Flächeninhalt). Je kleiner der y-Achsenabschnitt wird, desto weiter rechts muss die Nullstelle der zugehörigen Funktion sein.

12 a) „5 € monatliche Grundgebühr und pro Minute Gesprächsdauer 50 ct"
b)

Zeit in Minuten	0	5	10	15	20	25	30	35	40	45	50	55	60	65	70
P3-Kom in €	5	7,5	10	12,5	15	17,5	20	22,5	25	27,5	30	32,5	35	37,5	40
Emkotel in €	12	13,5	15	16,5	18	19,5	21	22,5	24	25,5	27	28,5	30	31,5	33

c) Lösung nicht eindeutig: 15 € oder 30 €.
d) Diese Frage kann pauschal nicht beantwortet werden, es hängt von der Anzahl der telefonierten Minuten ab. Telefoniert man in der Regel weniger als 35 min, so ist P3-Kom günstiger, andernfalls ist Emkotel günstiger.

\+ Mögliche Zusatzfrage: Im Mai zahlt Lea bei P3-Kom 5 € weniger als sie bei Emkotel zahlen würde. Wie lange hat sie telefoniert? (10 min)

13 a) Einsetzen ergibt: $h(-3) = h(3) = 0$.
b) Die y-Achse ist Symmetrieachse der Fläche, daher reicht es, z. B. den Inhalt des linken Teils der Fläche zu bestimmen und anschließend mit 2 zu multiplizieren:

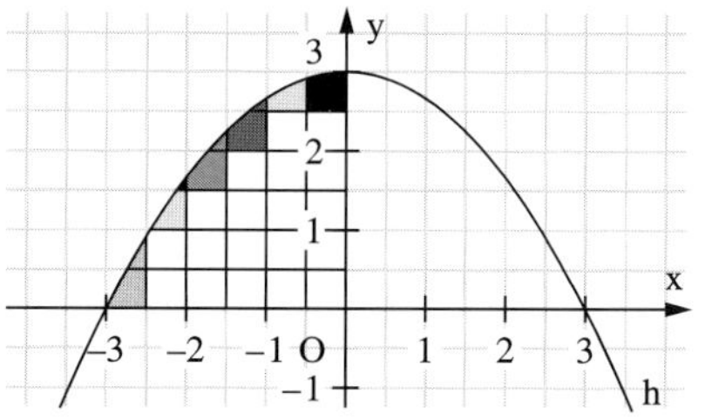

Man zählt zunächst die ganz (bzw. nahezu ganz) beinhalteten Karos: 19 Karos (in der Skizze weiß). Dann fasst man Flächen zusammen, die sich in etwa zu einem Karo ergänzen.

Also hat man insgesamt $2 \cdot (19 + 5)$ Karos = 48 Karos. Da ein cm^2 gerade 4 Karos umfasst, erhält man als Näherungswert $(48 : 4)\,\text{cm}^2 = 12\,\text{cm}^2$.
i Berechnet man den Flächeninhalt exakt, so zeigt sich, dass der abgeschätzte Wert von $12\,\text{cm}^2$ sogar genau dem exakten Wert entspricht.

S. 36 **14** s sei die Anzahl der Stunden. Dann beschreibt der Term $h(s) = \frac{11}{12}\text{cm} \cdot s$ den stündlichen Anstieg der Wasserhöhe h.

15 a), b) Individuelle Lösungen, z. B. f: $x \mapsto 4x$ zu a), b)
Zur Senkrechten gehöriger Funktionsterm:
$g(x) = -\frac{1}{4}x$
c) $4 \cdot (-\frac{1}{4}) = -1$. Vergleicht man die Ergebnisse mit denen der Mitschüler, so erkennt man, dass man unabhängig von der eingangs gewählten Funktion als Wert des Produktes der Steigungen immer -1 erhält.
d) Individuelle Lösungen, z. B. f: $x \mapsto 0{,}5x$ und
g: $x \mapsto -2x$

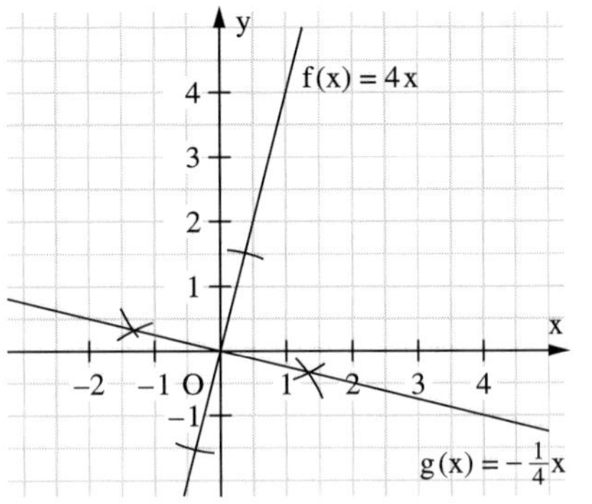

16 Nein, er hat nicht Recht. Man kann sich dies z. B. an folgendem Extrembeispiel klar machen: Für $\alpha = 45°$ hat man gerade die Steigung 1. Für $2\alpha = 90°$ hat man aber nicht die Steigung 2, sondern die Steigung „unendlich“. (Zusätzlich bietet es sich vielleicht noch an, ein Steigungsdreieck mit der Steigung 2 zu zeichnen. An diesem sieht man dann klar, dass der entsprechende Steigungswinkel deutlich kleiner ist als 90°.)

17 a) etwa 5,87 cm, d. h. etwa 2 % Fehler
b) $k(12) \approx -0{,}059$. Das Ergebnis ist negativ, d. h. dass die Kerze zum Zeitpunkt 12 h schon vollständig abgebrannt ist.
c) nach 11 Stunden
d)

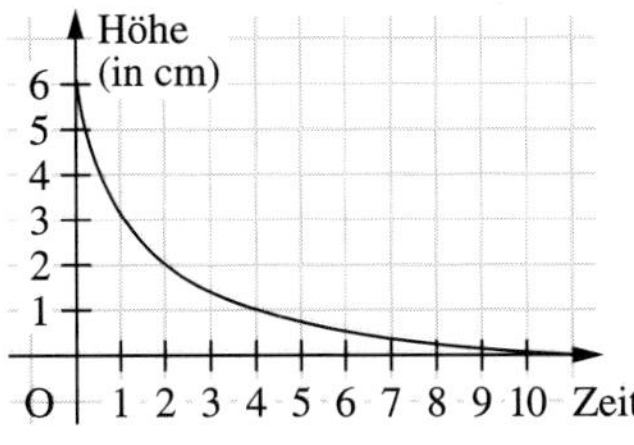

Graph zeichnen mit Wertetabelle oder ggf. Funktionsplotter. Die Kerze ist kegelförmig oder leicht trompetenförmig, auf jeden Fall wird sie nach unten hin breiter.

18 Pappe, Schere, evtl. Klebstoff werden benötigt
a) Individuelle Lösung. Idealwert $x = 0{,}33$ dm (siehe Teilaufgabe e)).
b) $f(x) = (2 - 2x)^2 \cdot x$;
$f(0{,}6)$ ist die Maßzahl des Volumens der Schachtel mit der Höhe $h = 0{,}6$ dm.
c) Prinzipiell könnte man $0 \leqq x \leqq 1$ wählen; wählt man jedoch $x = 0$ oder $x = 1$, so erhält man keine Schachtel mehr und hat somit das Volumen Null. Dies spiegelt sich bei der Funktion dadurch wider, dass $f(0) = f(1) = 0$ gilt.
d)

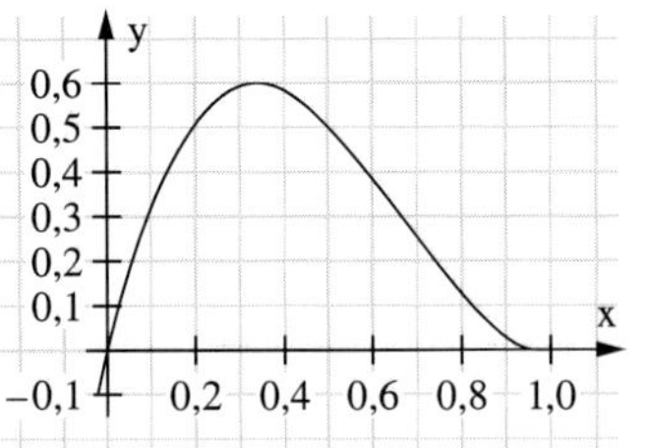

Interessant ist hier lediglich der Bereich zwischen 0 und 1. Zunächst wachsen die Funktionswerte an, erreichen für $x \approx 0{,}33$ einen Höchstwert und nehmen dann bis $x = 1$ wieder ab. Für $x = 1$ erhält man den y-Wert null.

e) $x = 0{,}33$ und $f(0{,}33) = 0{,}5925$, also etwa $0{,}59\,dm^3$ Schachtelvolumen.
Abweichung: individuelle Lösung.

19 a) $\delta = 135°$ b) $\beta = 148\frac{13}{30}°$ c) $\alpha = \gamma = 84°$
d) $\delta = 115°$, $\beta = 100°$, $\gamma = 50°$ e) $\alpha = 60°$, $\beta = 30°$, $\gamma = 120°$, $\delta = 150°$

→ TB Trainingsblatt: Funktion und Graph: Nullstellen und Steigung; Kopiervorlage S. 111 f.

→ AB Arbeitsblatt: Weg-Zeit-Diagramme – Schnittpunktbestimmung; Kopiervorlage S. 113 f.

4 Umfang und Flächeninhalt des Kreises

Vorbemerkung: Bei Berechnungen wurde für die Kreiszahl π der Näherungswert 3,14 verwendet.

S. 37

1 a) Individuelle Lösungen. $U : d \approx 3{,}1$.
b) Bei der Funktion U handelt es sich um eine proportionale Funktion.

2 Hier benötigt man den Wert für den halben Kreisumfang. Entweder (falls schon bekannt) rechnet man oder man bestimmt den Wert mit einer Zeichnung, Schere und Lineal.
Ergebnis: $A = 5\,cm \cdot 3{,}14 \cdot 5\,cm = 78{,}5\,cm^2$.

S. 38

3 Lösungsvorschläge von Aufgabe g) jeweils in Klammern
a) $U \approx 75{,}4\,cm$; $A \approx 452\,cm^2$ (z. B. Kochtopf)
b) wie a)
c) $U \approx 10{,}7\,cm$; $A \approx 9{,}1\,cm^2$ (z. B. Teelicht)
d) $U \approx 4{,}7\,m$; $A \approx 1{,}77\,m^2$ (z. B. Litfaßsäule)
e) $U \approx 6{,}6\,km$; $A \approx 3{,}46\,km^2$ (z. B. kreisförmiger See, etwa vulkanischen Ursprungs)
f) $U \approx 1{,}6\,cm$; $A \approx 0{,}20\,cm^2$ (z. B. Stift)

4 Es gilt z. B.: $2\,cm \mapsto 3{,}14 \cdot (2\,cm)^2 = 12{,}56\,cm^2$ und $4\,cm \mapsto 3{,}14 \cdot (4\,cm)^2 = 50{,}24\,cm^2 = 4 \cdot A(2\,cm)$
Dem doppelten Radius wird also nicht die doppelte, sondern die vierfache Fläche zugeordnet. Daher kann die Funktion A keine proportionale Funktion sein.

5 a) 28,26 cm
b) Individuelle Lösungen

S. 39

6 a) $U \approx 25{,}12\,cm$; $A \approx 25{,}12\,cm^2$
b) $U \approx 25{,}12\,cm$; $A \approx 21{,}98\,cm^2$
c) $U \approx 37{,}68\,cm$; $A \approx \frac{1}{2} \cdot 3{,}14 \cdot (4\,cm)^2 = 25{,}12\,cm^2$
d) $U \approx 18{,}85\,cm$; $A \approx 7{,}07\,cm^2$
e) $U = 2a + \pi a$; $A = a^2 - \left(\frac{a}{2}\right)^2 \cdot \pi$
f) $U = \pi a$; $A = \frac{1}{2} a^2 \cdot \pi - a^2$

+ Entwirf ähnliche Figuren mit Zirkel und Lineal und berechne entsprechende Flächen.

7

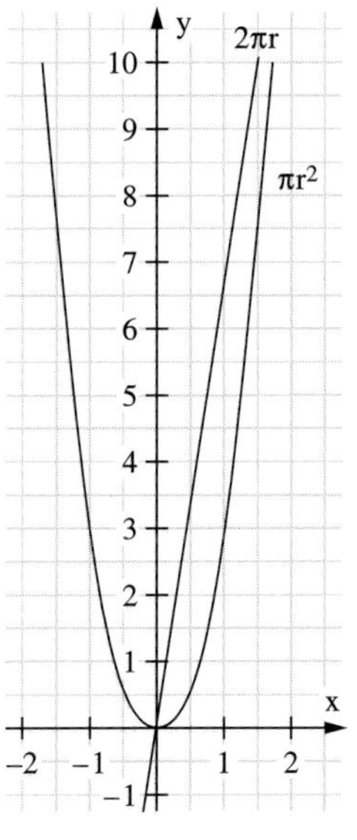

8 Länge des aufgewickelten Seils: $13 \cdot \pi \cdot 20\,cm \approx 816{,}4\,cm$
Also ist der Brunnen etwa 8 m tief.

9 a) Aus $d_{groß} = 2 \cdot d_{klein}$ folgt $r_{groß} = 2 \cdot r_{klein}$ und damit
$A_{groß} = \pi \cdot r_{groß}{}^2 = \pi \cdot (2 \cdot r_{klein})^2 = 4 \cdot \pi \cdot r_{klein}{}^2 = 4 \cdot A_{klein}$.
Die Fläche der großen Pizza ist also viermal so groß wie die der kleinen. Sie sollte daher auch für viermal so viele Leute reichen (damit aber natürlich auch für doppelt so viele).
b) Falsch. Wenn sich der Umfang verdoppelt, dann verdoppelt sich auch der Durchmesser. Nach a) vervierfacht sich dann die Fläche und ebenso die Masse.
c) Geht man davon aus, dass der Preis pro Fläche berechnet wird, dann ist es richtig; denn nach a) vervierfacht sich die Fläche beim Verdoppeln des Durchmessers. In der Realität dürfte die größere Pizza aber wohl eher weniger als das Vierfache kosten.

10 Die in der Aufgabe benötigten Münzendurchmesser bzw. Münzenhöhen wurden durch die Messung auf mm genau bestimmt.
a) Der Durchmesser errechnet sich zu ca. 2,1 cm. Also handelt es sich um ein 5ct-Stück.
b) $d_{1ct} \approx 1{,}6\,cm$ und $d_{2€} \approx 2{,}6\,cm$
Damit: $A_{1ct} \approx 2{,}0\,cm^2$ und $A_{2€} \approx 5{,}3\,cm^2$; $2{,}0\,cm^2 : 5{,}3\,cm^2 \approx 38\,\%$
Also ist die Fläche der 1ct-Münze etwa 62 % kleiner als die Fläche der 2€-Münze.
c) Um etwa 165 % größer, denn $5{,}3\,cm^2 : 2{,}0\,cm^2 = 2{,}65 = 265\,\%$
d) $h_{1€} = h_{2€} \approx 0{,}2\,cm$
$O_{1€} = 9{,}7\ldots\,cm^2 \approx 10\,cm^2$
$O_{2€} = 12{,}2\ldots\,cm^2 \approx 12\,cm^2$

11 Messung des Durchmessers ergibt Werte zwischen 1,8 cm und 2,0 cm. Legt man einen Durchschnittswert von 1,9 cm zu Grunde, so erhält man einen Pulvermaar-Durchmesser von ca. $1{,}9 \cdot 35\,000\,cm = 66\,500\,cm = 665\,m$. Damit ergibt sich ein Umfang von etwa 2100 m. Ein Fußgänger schafft eine Geschwindigkeit von ca. 6 km/h, die Strecke sollte man also in ca. 20 min. zurücklegen können.

12 Radius: $35\,900\,km + 6370\,km = 42\,270\,km$
In 24 h legt der Satellit also den Weg $U \approx 265\,455{,}6\,km$ zurück.
Daraus folgt: $v = \frac{265\,455{,}6\,km}{24\,h} = 11\,060{,}65\,\frac{km}{h} \approx 11\,000\,\frac{km}{h}\left(\approx 3\,\frac{km}{s}\right)$

13 $U = 2\pi r$
$U' = 2\pi r + 1\,m = 2\pi r' \Rightarrow 2\pi(r' - r) = 1\,m \Rightarrow r' - r = \frac{1\,m}{2\pi} \approx 15{,}9\,cm$
Dieses Ergebnis ist unabhängig vom Radius r der Kugel. Die Maus könnte also in beiden Fällen unter der Schnur durchlaufen.
(Hintergrund: $U: r \mapsto 2\pi r$ ist eine proportionale Funktion; vergrößert man r um 15,9 cm, so vergrößert sich U um 1 m.)

\+ Zusatzfrage (Zielrichtung: Proportionalität der Funktion $U = r \mapsto 2\pi r$):
Wie viele ganze Meter müsste das Seil verlängert werden, damit ein 1,70 m großer Schüler durchgehen kann? (Antwort: 11 m)

14 a) 0 b) –54

→ TB Trainingsblatt: Umfang und Flächeninhalt des Kreises – Stadtplan; Kopiervorlage S. 115 f.

→ AB Arbeitsblatt: Umfang und Flächeninhalt des Kreises – Muster; Kopiervorlage S. 117 f.

Thema: Funktionsplotter

S. 40

1 a) $-1{,}2x + x^2$ b) $\frac{1}{3}x(x-2)^2$ c) $\frac{(2x)^2}{x-1}$ d) $-\frac{2x}{x+\frac{1}{4}}$

2

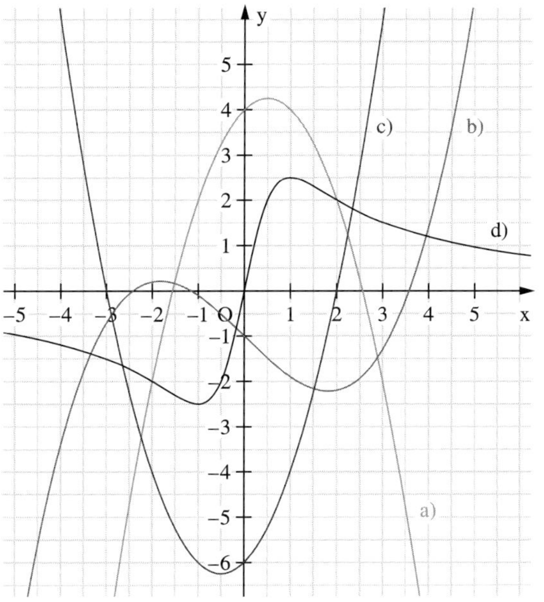

3 a) für $x \leqq -1{,}55$ und $x \geqq 1{,}55$
b) für $-4{,}54 \leqq x \leqq 1{,}54$
c) für $x \leqq -1{,}45$ und $x \geqq 3{,}45$
d) für $x \in \mathbb{Q}$
e) für $x \geqq -0{,}68$
f) für $-10{,}00 < x < 0{,}00$ und $x > 10{,}00$
g) für $0 < x < 0{,}40$
h) für $x < -3$ und $x > 0$

→ AB Arbeitsblatt: Umgang mit dem Funktionsplotter; Kopiervorlage S. 119 f.

Thema: Graphischer Fahrplan

S. 41

1 a) Sechs, wenn man nicht berücksichtigt, dass manche Züge nur an bestimmten Tagen fahren. Vier in Richtung Nürnberg, zwei in Richtung Würzburg.
Der ICE T-985 kommt nicht von Würzburg, sondern trifft erst in Fürth auf die Strecke. Er kommt wahrscheinlich aus Richtung Leipzig, Bamberg.
b) RB 34062; etwa bei Bhf Nürnberg-Doos um ca. 7:55 Uhr.
c) Werktags sieben, Sonntags vier. Dass mehr Züge nach Nürnberg fahren als von Nürnberg weg, liegt an der großen Zahl der Pendler, die in Nürnberg arbeiten und außerhalb wohnen.

2 a) Zwischen den senkrechten Linien (ihre Abstände sind nicht maßstabsgerecht zu den tatsächlichen Entfernungen!) ist der zeitliche Verlauf stets durch eine gerade Linie dargestellt. Im Vergleich mit ICE-T-985 fährt der ICE-W-985 die Strecke Doos – Neusündersbühl langsamer. Diese Geschwindigkeitsveränderung ergibt den Knick. Die Strecke Neusündersbühl – Rothenburger Str. wird in der gleichen Minute zurückgelegt, daher die waagrechte Linie.
b) Wenn die Linien der Züge parallel sind, sind sie etwa gleich schnell.
Bsp.: ICE A-926 und ICE A-886
FIR 51624 und TEC 42934
c) Wegen der nicht maßstäblichen Entfernungen kann aus der Steigung der Strecken nicht auf die Geschwindigkeit geschlossen werden. Ermittelt man aber in etwa die Entfernungen Nürnberg – Fürth, Fürth – Siegelsdorf und Siegelsdorf – Emskirchen (exakt: 7,8 km; 9,5 km; 14,3 km), so ergibt sich mit den abzulesenden Fahrzeiten als schnellste Teilstrecke die letztgenannte.

III Lineare Funktionen

1 Lineare Funktionen

S. 44

1 a) 50 m Kabel wiegen 9,5 kg – 1 kg = 8,5 kg
10 m Kabel wiegen 1,7 kg
20 m (30 m, 40 m) Kabel wiegen 3,4 kg (5,1 kg, 6,8 kg).
Also beträgt das Gesamtgewicht einer Trommel mit 20 m (30 m, 40 m) Kabel 4,4 kg (6,1 kg, 7,8 kg).

b) Es liegt nur eine Proportionalität vor für die Zuordnung
Kabellänge ↦ Gewicht des Kabels,
nicht aber für die Zuordnung
Kabellänge ↦ Gesamtgewicht der Trommel mit Kabel.

c)
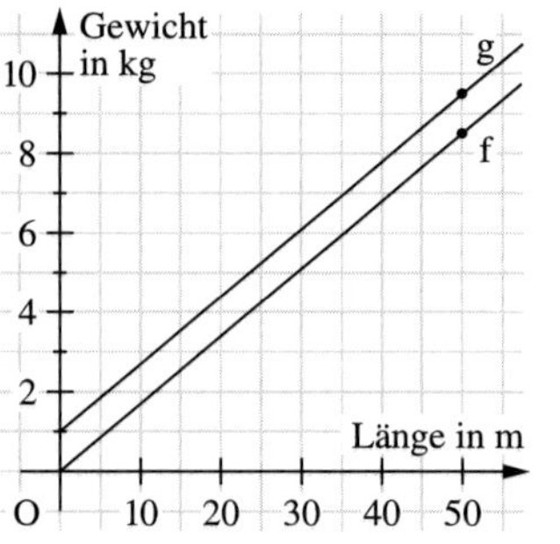

2 a)
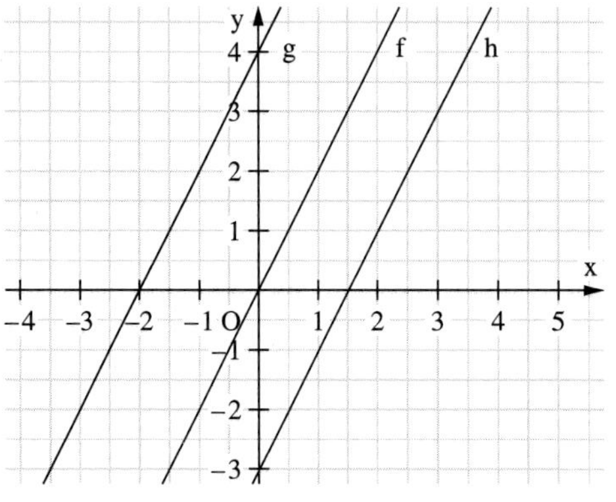

b) Die Graphen sind parallel und verlaufen gleich steil.
Sie sind parallel gegeneinander verschoben und haben verschiedene Nullstellen und sie schneiden die y-Achse in verschiedenen Punkten.

S. 46

3 a) $m = 0{,}5$; $P(0|3)$ b) $m = 2$; $P(0|-1)$ c) $m = 1$; $P(0|0)$
d) $m = 0$; $P(0|1)$ e) $m = -0{,}3$; $P(0|2{,}5)$ f) $m = 3$; $P(0|-1)$

4
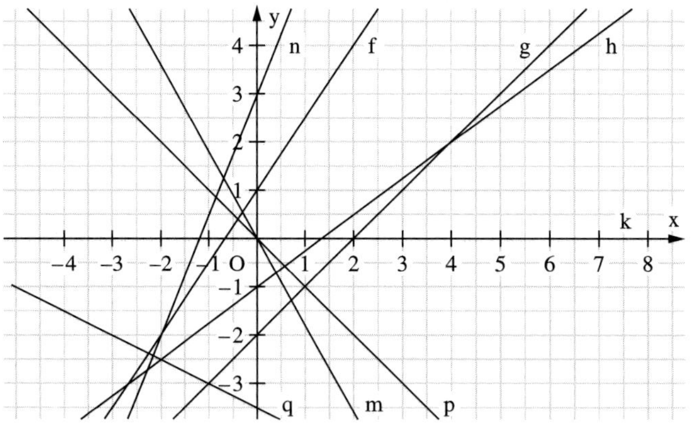

5
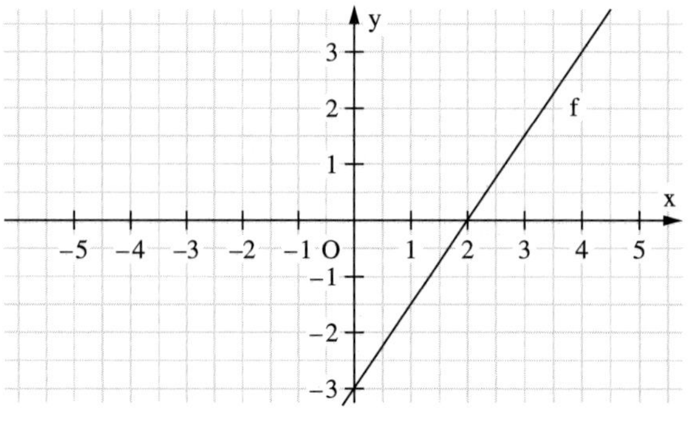

g: $x \mapsto 1{,}5x - 2$

6 Zu diesem Zeitpunkt ist es am einfachsten, wenn die Begründung zeichnerisch erfolgt
a) Kann zu keiner linearen Funktion gehören, da P(18|11) nicht auf der Geraden durch die anderen Punkte liegt.
b) Kann zu keiner linearen Funktion gehören, da P(3,5|−15) nicht auf der Geraden durch die anderen Punkte liegt.
c) Kann zu einer linearen Funktion gehören, da durch die Punkte eine Gerade gezeichnet werden kann.

7 Das Mädchen hat Recht, da der Graph jeder proportionalen Funktion eine Gerade durch den Ursprung ist und damit natürlich auch der Graph einer linearen Funktion ist.
Der Junge hat nicht Recht, da z. B. der Graph der linearen Funktion f: $x \mapsto 3x + 5$ keine Gerade durch den Ursprung ist und damit f keine proportionale Funktion ist.

8 a) Zum Beispiel: $x - 3{,}5$; $0{,}5x - 3{,}5$; $-x - 3{,}5$; $0{,}2x - 3{,}5$; $200x - 3{,}5$
b) An der Zeichnung erkennt man: Die Graphen sind parallel, sie haben die Steigung m = 2 und sie schneiden die y-Achse im Punkt P(0|t).

9 Das Prüfen kann rechnerisch oder graphisch erfolgen
a) ja b) nein c) ja d) nein

10

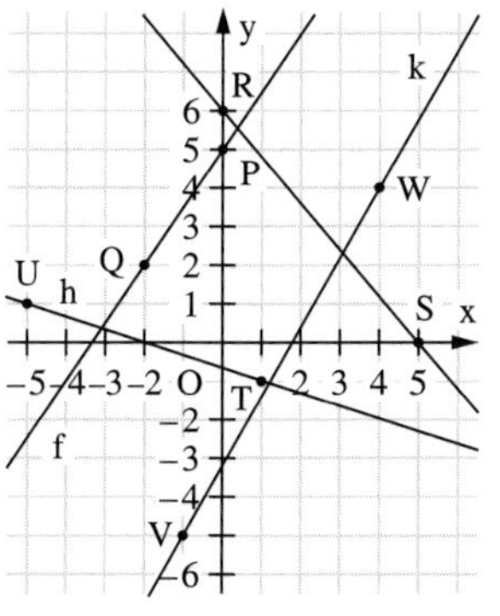

Suche $x \in \mathbb{Z}$ so, dass auch $m \cdot x \in \mathbb{Z}$ (ganzzahlig) ist.
Ganzzahlige Werte kann man besser in ein Koordinatensystem einzeichnen.
a) z. B. P(0|5), Q(−2|2)
b) z. B. R(0|6), S(5|0)
c) z. B. T(1|−1), U(−5|1)
d) z. B. V(− 1|−5), W(4|4)

11 a) f: $y = \frac{3}{8}x + 1{,}5$; g: $y = -\frac{2}{3}x + 2$; h: $y = -\frac{4}{3}x - 2$; k: $y = \frac{4}{7}x$
b) Die lineare Funktion f: $x \mapsto 0$ hat die x-Achse als Graphen. Jedem x-Wert wird genau ein y-Wert (nämlich null) zugeordnet.
Es gibt keine lineare Funktion, die die y-Achse als Graphen hat, da dem x-Wert 0 nicht nur ein einziger, sondern unendliche viele y-Werte zugeordnet werden.
c) Alle Geraden, die parallel zur y-Achse verlaufen.

12 Um die Linearität zu prüfen, kann man die Funktionen zeichnen oder untersuchen, ob sie auf die Form $y = mx + t$ zu bringen sind.
a) linear b) nicht linear c) nicht linear d) linear e) nicht linear f) linear

13 a) linear (zu diskutieren: Drehen sich die Spulen gleichmäßig?)
b) nicht linear (zu diskutieren: Zwischenstopps an Bahnhöfen; konstante Geschwindigkeit …)
c) Individuelle Lösungen

S. 47 **14** f: $x \mapsto 2{,}5x + 5$; f(4) = 15 Der Punkt (4|15) liegt auf dem Graphen.

15 a)

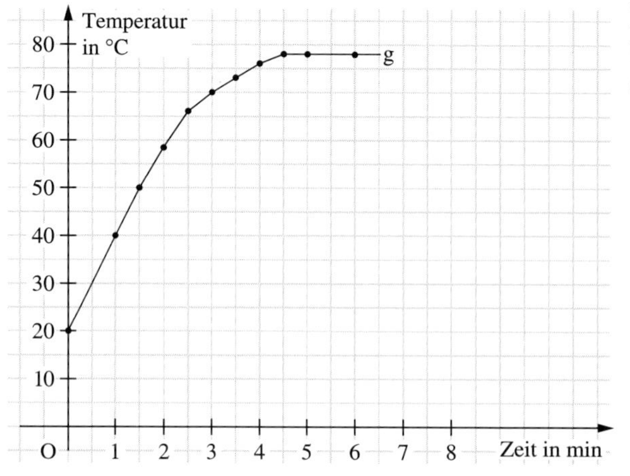

Ideal wäre Millimeterpapier.

b) Die Funktion g ist nicht linear.

c) Anfangs steigt die Temperatur pro gemessener Zeiteinheit schneller, später langsamer. Der Siedepunkt des Alkohols liegt bei 78 °C.

16 Begründung erfolgt durch Aufstellen des Funktionsterms.

a) Breite des Streifens x; Umfang des neuen Quadrats: $4(10 + 2x) = 8x + 40$
f: $x \mapsto 8x + 40$ ist lineare Funktion.

b) Breite des Streifens x; Flächeninhalt des Streifens: $2x(10 + 2x) + 2x \cdot 10 = 4x^2 + 40x$
g: $x \mapsto 4x^2 + 40x$ ist keine lineare Funktion.

c) Breite des Streifens x; Flächeninhalt des neuen Quadrats:
$(10 + 2x) \cdot (10 + 2x) = 4x^2 + 40x + 100$
h: $x \mapsto 4x^2 + 40x + 100$ ist keine lineare Funktion.

17 Individuelle Lösungen

18

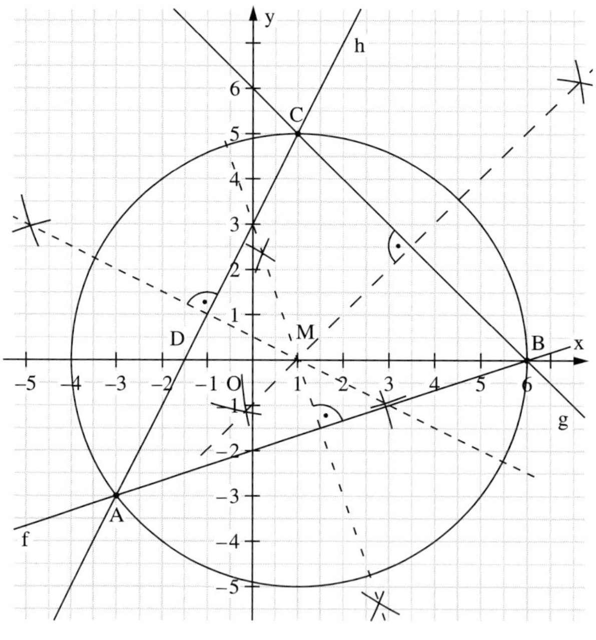

a) Schnittpunkte:
A(−3|−3)
B(6|0)
C(1|5)

b) Elegant lässt sich die Fläche berechnen, wenn man sie in die Flächen der Dreiecke ABD und DBC mit D(−1,5|0) zerlegt:

$A_{ABC} = A_{ABD} + A_{DBC}$
$= \frac{1}{2} \cdot 7{,}5\,\text{cm} \cdot 3\,\text{cm}$
$+ \frac{1}{2} \cdot 7{,}5\,\text{cm} \cdot 5\,\text{cm}$
$= \frac{1}{2} \cdot 7{,}5\,\text{cm} \cdot 8\,\text{cm} = 30\,\text{cm}^2$

c) Der Umkreismittelpunkt M(1|0) ist der Schnittpunkt der Mittelsenkrechten der Dreiecksseiten.

19 $a(x) = -2{,}5$; $d(x) = \frac{3}{8}x + 0{,}5$; $f(x) = -\frac{1}{3}x$ lineare Funktionen; $b(x) = \frac{4}{x}$ und $e(x) = -\frac{1}{x}$ sind die Graphen umgekehrt proportionaler Funktionen; f ist der Graph einer proportionalen Funktion.

20 a) f: $x \mapsto -x + \frac{3}{4}m$; die Länge einer Seitenkante ist $(3m - 4x) : 4$

b) g: $x \mapsto -x + \frac{3}{4}m$; die Länge einer Grundkante ist $(3m - 4x) : 4$

\+ Überlege, warum beide Funktionen gleich sind.
Antwort: Die Pyramide hat 4 Grund- und 4 Seitenkanten. Daher ist der Ansatz der Funktionen gleich. (Dies bedeutet natürlich nicht, dass die Länge von Grund- und Seitenkante gleich ist.)

21

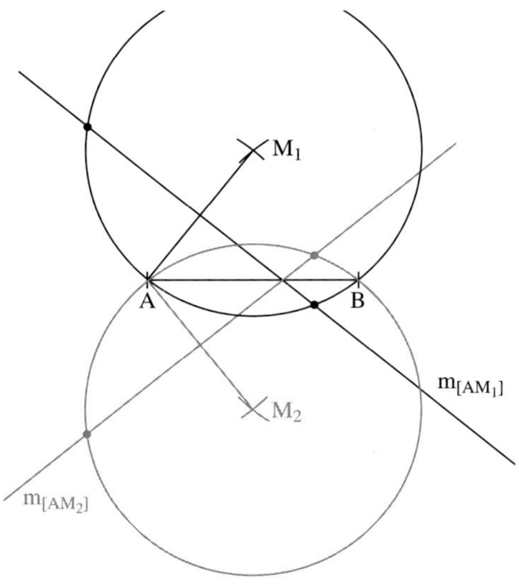

Wie die Konstruktion zeigt, gibt es zwei Kreise (mit den Mittelpunkten M_1 und M_2), die die Bedingungen erfüllen.
Die Punkte der Kreislinie, die von M und A gleich weit entfernt sind, liegen auf der Mittelsenkrechten von [AM].

→ AB Arbeitsblatt: Lineare Funktionen modellieren – Versorgungstarife; Kopiervorlage S. 121 f.

→ Spiel: Lineare Funktionen sortieren; Kopiervorlage S. 123 ff.
Spiel für 3 Personen (Spieldauer: 10–20 Minuten pro Spiel)

Spielbeschreibung:
Vorgegebene lineare Funktionen müssen bezüglich Steigung, Nullstelle und y-Achsenabschnitt sortiert in ein Mengendiagramm abgelegt werden. Es sollten immer drei Spiele gespielt werden, damit jeder Spieler einmal mit dem Ablegen der Karten beginnen kann.

2 Bestimmung des Funktionsterms

S. 48

1

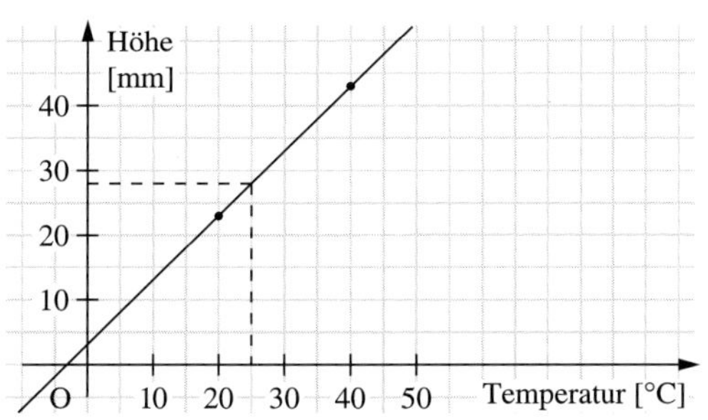

Bei 25 °C steht die Flüssigkeitssäule etwa 28 mm hoch.

2 a)

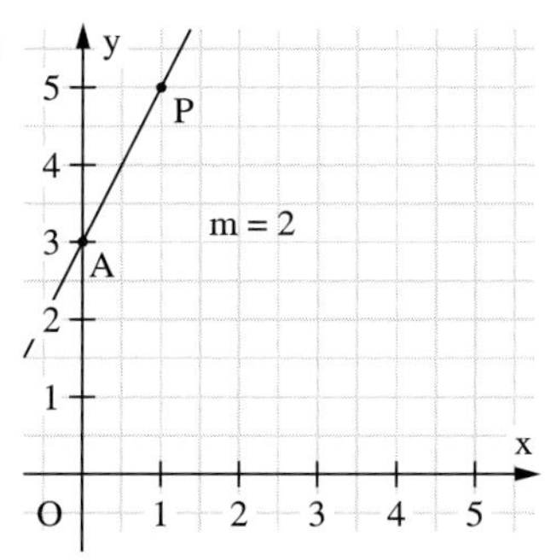

b)

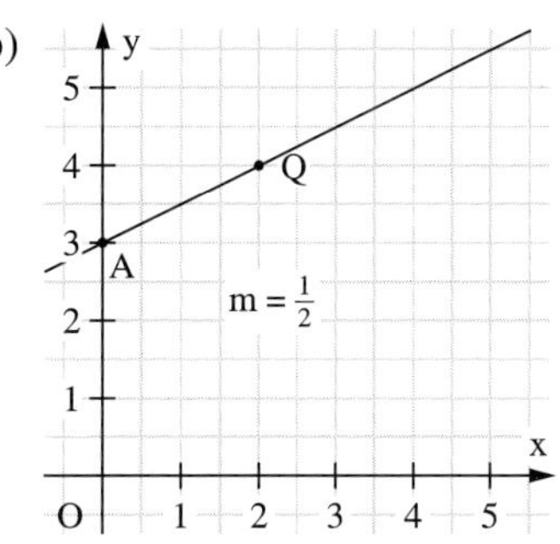

(Die Steigung wird durch die Angabe von 2 Punkten festgelegt.)

S. 49

3 a) $-3x + 19$ b) $-\frac{1}{3}x + 4\frac{1}{3}$ c) $2{,}1x - 1{,}8$ d) $2x - 9$

4 a) $x + 1$ b) $\frac{2}{3}x - \frac{1}{12}$ c) $\frac{1}{2}x + 3$ d) $-0{,}8x + 1{,}2$ e) $-x - 3$ f) $-\frac{1}{6}x + \frac{1}{2}$

5 Man bestimmt die Gleichung der Geraden, die durch zwei Punkte geht und prüft, ob der dritte Punkt auf der Geraden liegt.
a) ja b) nein c) ja

6 a: $y = -1{,}5x + 3$ b: $y = -\frac{2}{5}x - \frac{1}{5}$ c: $y = -\frac{2}{7}x - \frac{1}{7}$ d: $y = \frac{4}{3}x + \frac{2}{3}$ e: $y = -3x - 7$

7

	x	0	1	3	**–0,5**	
a)	f(x)	2	0	**–4**	3	f: $x \mapsto -2x + 2$
b)	g(x)	**–1**	1	**5**	–2	g: $x \mapsto 2x - 1$

S. 50

8 Zeichnungen individuell. Es fällt auf, dass das Produkt der Steigungen –1 ist.

9 Nach x Tagen geht die Uhr $2\,\text{min} \cdot x - 5\,\text{min}$ vor.

10 Rechnerische Lösung:

a) Da 1 mm nach durchschnittlich 8 000 km abgefahren ist, kann Herr Mittermaier mit diesen Reifen $24\,000\,\text{km} + 4 \cdot 8000\,\text{km} = 56\,000\,\text{km}$ fahren.

b) Wenn sie in 8 000 km um 1 mm abgefahren werden, werden sie in 10 000 km um $\frac{10}{8}\,\text{mm} = 1{,}25\,\text{mm}$ abgefahren.

c) Bei 16 000 km betrug die Profiltiefe 6 mm. Da in 8 000 km 1 mm Profil abgefahren wird, hatten die Reifen ursprünglich 8 mm Profil.

Eine rechnerische Lösung wäre auch möglich, wenn man mit der Funktion $x \mapsto -\frac{1}{8000}x + 8$ arbeitet. Das Aufstellen der Funktionsgleichung kann mit Hilfe der Punkte (16 000 | 6) und (24 000 | 5) erfolgen.

Zeichnerische Lösung:

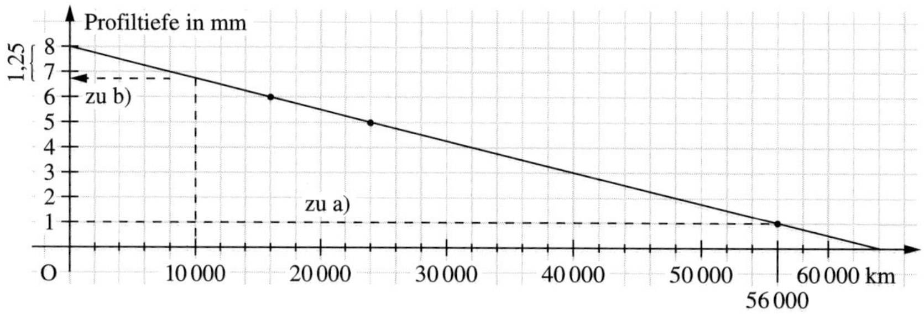

11 a)

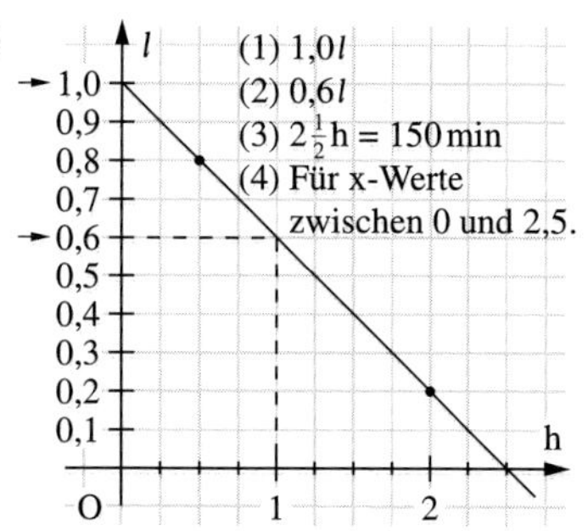

b) Die Punkte (0,5 | 0,8) und (2 | 0,2) liegen auf dem Graphen der gesuchten Funktion f: $x \mapsto mx + t$ (linear).
Zuerst bestimmt man $m = \frac{0{,}2 - 0{,}8}{2 - 0{,}5} = -\frac{2}{5}$ und dann aus $f(0{,}5) = 0{,}8$ den Wert $t = 1$.
Also: f: $x \mapsto -\frac{2}{5}x + 1$

12 a) $h(x) = mx$; $m = \frac{2-9}{1-8} = 1$, also $h(x) = x$

b) $p(x) = mx + t$, wobei $m = 1$, also $p(x) = x + t$; $p(1) = -4$, also $t = -5$ und $p(x) = x - 5$

13 a) Individuelle Lösungen

b) Am einfachsten zu bestimmen sind die Funktionsvorschriften, deren Graph durch mindestens zwei Gitterpunkte verläuft. Ideal wäre, wenn er auch durch den Punkt (0 | t), $t \in \mathbb{Z}$ geht.

c) Durch Einsetzen prüfen, ob zwei Punkte des Graphen die Funktionsgleichung erfüllen. Oder: An der Zeichnung prüfen, ob der y-Achsenabschnitt und die Steigung (Steigungsdreieck) stimmt.

14

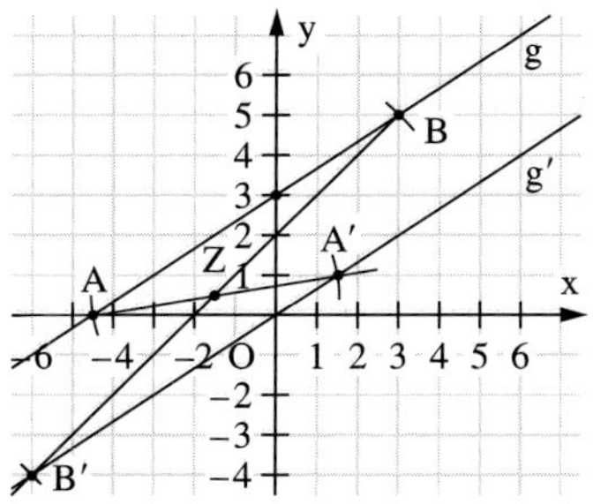

Man kann z. B. die Punkte A $(-4{,}5 \mid 0)$ und B $(3 \mid 5)$ an Z spiegeln.

$g'(x) = \frac{2}{3}x$

Die Steigung ist gleich, da die gespiegelte Gerade g' parallel zu g ist.

15 a) $P'(4 \mid 3)$

b) $g'(x) = 4x - 6$

c) Für den gespiegelten Graphen gilt allgemein:

Schnitt mit x-Achse: $(t \mid 0)$

Schnitt mit y-Achse: $\left(0 \mid -\frac{t}{m}\right)$

Also: $h': x \mapsto \frac{1}{m}x - \frac{t}{m}$

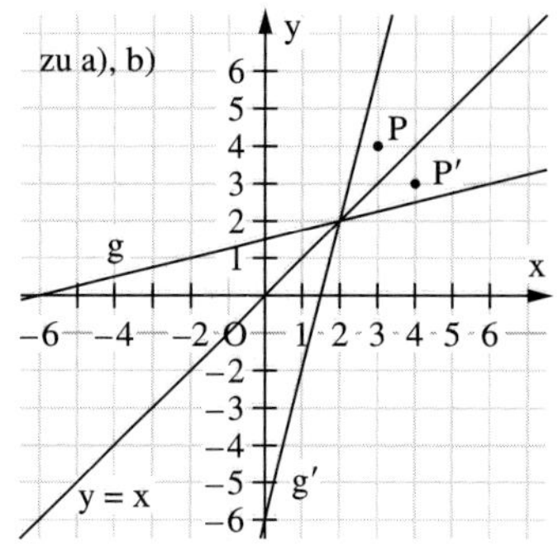

16

$$\left(\frac{92}{100}x + \frac{123}{100}x + 2890\right) : 3 = x$$

$$\frac{215}{100}x : 3 + 2890 : 3 = x$$

$$-\frac{85}{300}x = -\frac{2890}{3}$$

$$x = 3400$$

Es wurde mit 3400 Zuschauern pro Spiel geplant.

→ TB Trainingsblatt: Bestimmung linearer Funktionsterme; Kopiervorlage S. 126 f.

3 Lineare Funktionen und Gleichungen

S. 51

1 a) Nach etwa 12,8 Minuten ist das zulässige Gesamtgewicht erreicht.

b) Ausgehend von einer gleichmäßigen Schüttung, ist die Funktion linear.

Ansatz: $f(x) = mx + t$.

Leergewicht: 3 t, also $t = 3$. $\frac{40\,t}{1\,h} = \frac{\frac{2}{3}t}{min}$, also $m = \frac{2}{3}$: $f(x) = \frac{2}{3}x + 3$.

c) Es muss gelten: $f(x) = 11{,}5$; also $\frac{2}{3}x + 3 = 11{,}5$ und damit $x = 12{,}75$. Nach 12,75 Minuten ist das zulässige Gesamtgewicht erreicht.

2

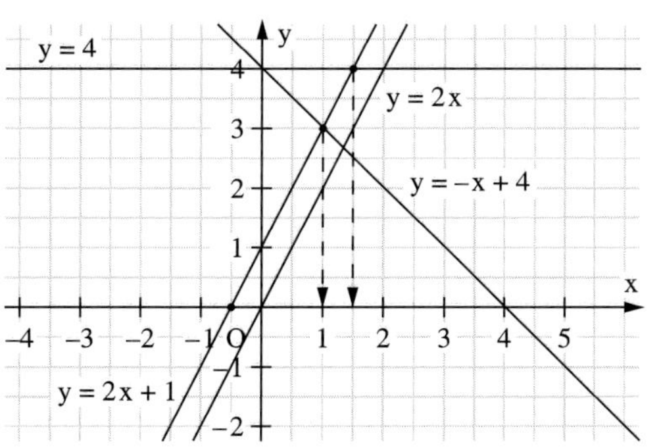

a) $x = 1$

b) $x = -0{,}5$

c) $x = 1{,}5$

d) keine Lösung

S. 52

3 a)

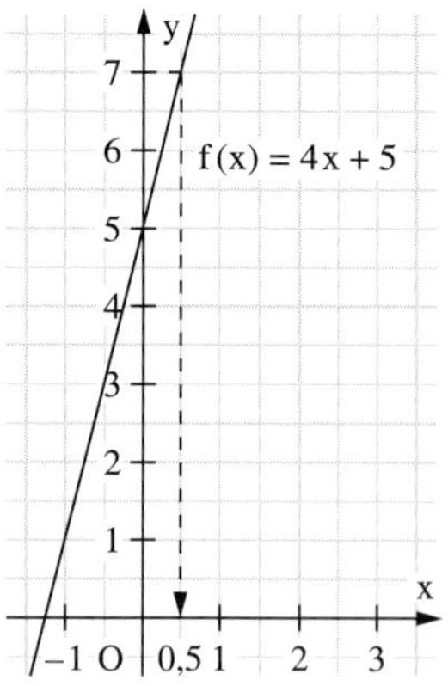

b)

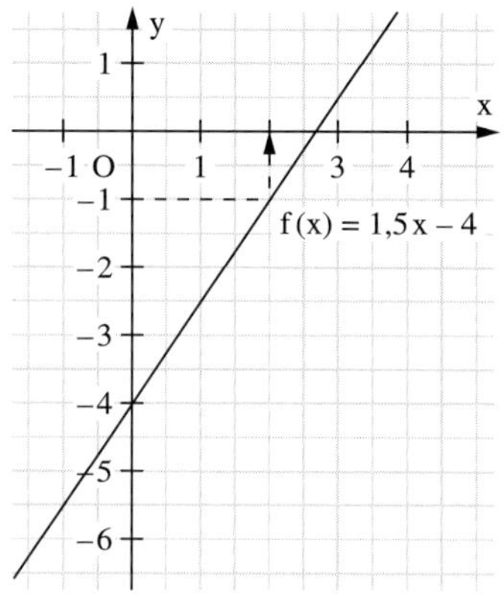

c)

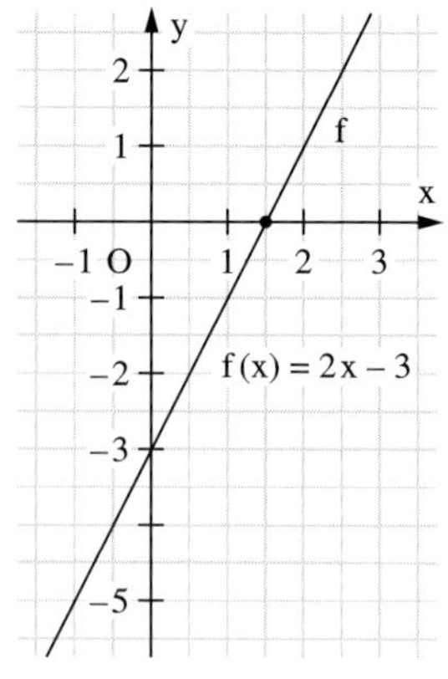

a) $4x + 5 = 7 \quad |-5$
$4x = 2 \quad |:4$
$x = 0{,}5$

b) $1{,}5x - 4 = -1 \quad |+4$
$1{,}5x = 3 \quad |:1{,}5$
$x = 2$

c) $-3 + 2x = 0 \quad |+3$
$2x = 3 \quad |:2$
$x = 1{,}5$

Zeichnerische Lösung zu Teilaufgaben d) bis h) analog zu a), b) und c).

d) $-6x + 2 = -1 \quad |-2$
$-6x = -3 \quad |:(-6)$
$x = 0{,}5$

e) $2 + \frac{1}{3}x = 3 \quad |-2$
$\frac{1}{3}x = 1 \quad |\cdot 3$
$x = 3$

f) $4\left(1 - \frac{1}{20}x\right) = 3$
$4 - \frac{1}{5}x = 3 \quad |-4$
$-\frac{1}{5}x = -1 \quad |\cdot(-5)$
$x = 5$

g) $-3x + 5 = -1 \quad |-5$
$-3x = -6$
$x = 2$

h) $3\frac{1}{3}x - 5 = 0 \quad |+5$
$3\frac{1}{3}x = 5 \quad |\cdot \frac{3}{10}$
$x = 1{,}5$

4 a) $x = 3$ b) $x = -\frac{8}{3}$ c) $x = 28$ d) $x = 5$
e) $x = -\frac{3}{8}$ f) $x = 5\frac{5}{7}$ g) $x = 2$; $x = -2$ h) $x = 0$; $x = 4$

Bei den Teilaufgaben g), h) ist es für den Schüler (ausgehend von der Definition der Nullstelle als x-Koordinate der Schnittstelle des Funktionsgraphen mit der x-Achse) am naheliegendsten, den Funktionsgraphen zu zeichnen und die Nullstellen abzulesen.

S. 53

5

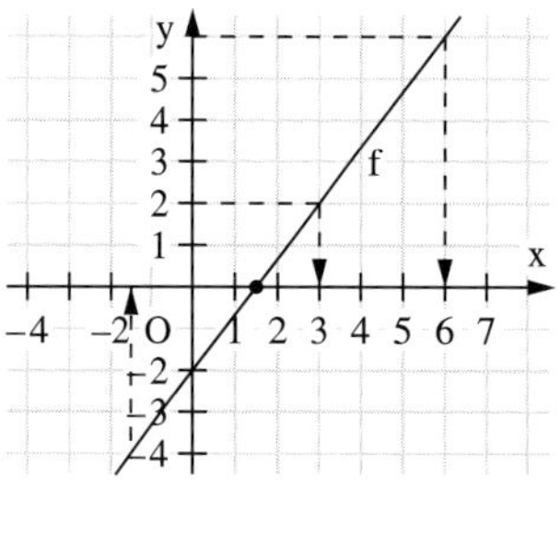

a) $x = 3$
b) $x = 1{,}5$
c) $x = 6$
d) $x = -1{,}5$

Die graphische Lösung ist zeitsparender, da nur der Graph von f: $x \mapsto \frac{4}{3}x - 2$ zu zeichnen ist.

6 Durch Einsetzen der x- und y-Koordinaten der angegebenen Punkte in die Funktionsgleichung erhält man eine Gleichung, mit deren Hilfe man die Parameter t bzw. m bestimmen kann. Bei d) berechnet man zuerst m mit Hilfe des Steigungsdreiecks.
Die Schnittstelle mit der x-Achse ist die Nullstelle, d. h. $f(x) = 0$ wird betrachtet. Den Schnittpunkt mit der y-Achse erhält man durch Einsetzen von 0 in die Funktionsvorschrift.

a) x-Achse: -1; y-Achse: 1
b) x-Achse: -4; y-Achse: -10
c) x-Achse: $-\frac{13}{9}$; y-Achse: $2{,}6$
d) x-Achse: 0; y-Achse: 0

7 a) Zeichnerische Lösung:

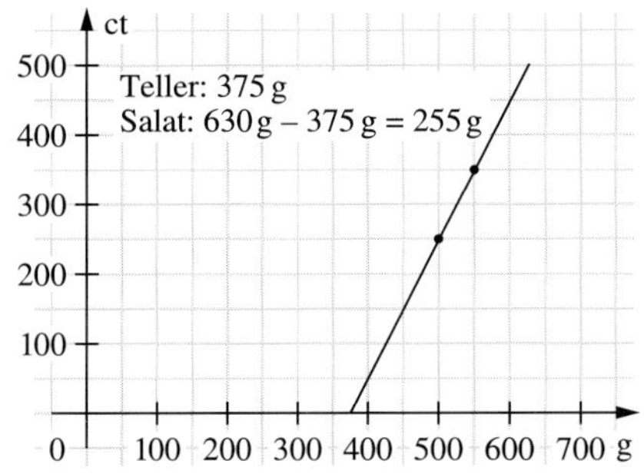

Rechnerische Lösung:
Aus der Tabelle an der Waage ist zu entnehmen, dass 10 g 20 Cent kosten.
Deshalb bekommt er für 510 Cent 255 g Salat.
630 g – 255 g = 375 g; der Teller wiegt 375 g.

b) Es ist also weniger Salat auf dem Teller als in a) bestimmt. Für 0 g Salat sind schon 70 ct zu zahlen, für 10 g Salat 90 ct usw. Vermutlich wird für die Bereitstellung und das Spülen des Tellers eine konstante Gebühr (von 70 ct) erhoben, die im Salatpreis „versteckt" enthalten ist.

8 Die fehlenden Werte können rechnerisch (durch Bestimmung von m und t in der Funktionsvorschrift) oder zeichnerisch (bei d) problematisch) bestimmt werden.

a)

x	0	1	**1,5**	**2,5**	**4,5**
f(x)	5	3	2	0	–4

$f(x) = -2x + 5$

b)

x	4	6	**4,8**	**6,8**	**4,4**
f(x)	–2	3	0	5	–1

$f(x) = 2{,}5x - 12$

c)

x	–2	–3	**6**	**2**	**0**
f(x)	4	5	–4	0	2

$f(x) = -x + 2$

d)

x	3	–4	**6,5**	**–0,5**	**353**
f(x)	0	–2	1	–1	100

$f(x) = \frac{2}{7}x - \frac{6}{7}$

9 a) Funktionen, deren Graph parallel zur x-Achse verläuft, d. h. Funktionen mit der Gleichung $f(x) = t$ mit $t \neq 0$.

b) Die Funktion mit der Gleichung $f(x) = 0$ hat als Graph die x-Achse und hat damit unendlich viele Nullstellen. (Sie ist die einzige lineare Funktion mit 2 Nullstellen.)

10 Ansatz: $f(x) = mx + t$, $m = \frac{y_2 - y_1}{x_2 - x_1}$ berechnet sich aus P und dem Punkt $N(5|0)$. Die Gleichung $f(5) = 0$ liefert t.

a) $f(x) = -x + 5$ b) $f(x) = \frac{1}{3}x - \frac{5}{3}$ c) $f(x) = -\frac{5}{7}x + \frac{25}{7}$ d) $f(x) = \frac{7}{9}x - \frac{35}{9}$

11 Rechnerische Lösung:
Ansatz: $f(x) = mx + t$;
aus $m = 2$ und $f(4) = 0$
folgt $f(x) = 2x - 8$;
$f(x) = 5$, falls $x = 6{,}5$

Zeichnerische Lösung:

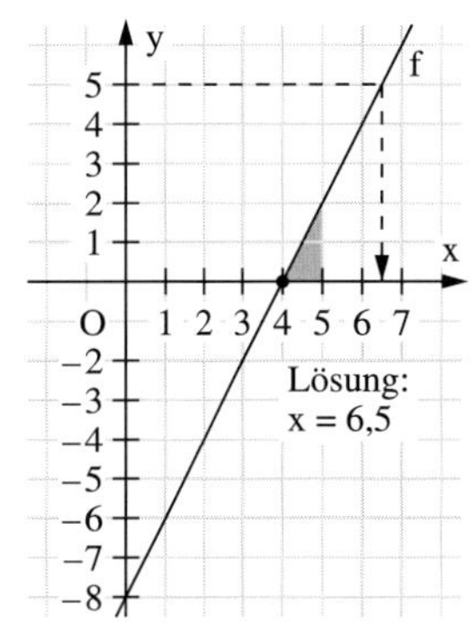

12 Ansatz: $f(x) = mx + t$ mit $m = \frac{p_2 - q_2}{p_1 - q_1}$ für $P(p_1|p_2)$ und $Q(q_1|q_2)$

a) $f(x) = -5x + 2$; Schnittpunkt mit x-Achse: $N(0{,}4|0)$; Schnittpunkt mit y-Achse: $T(0|2)$

b) $f(x) = \frac{5}{2}x - 3$; Schnittpunkt mit x-Achse: $N\left(\frac{6}{5}\middle|0\right)$; Schnittpunkt mit y-Achse: $T(0|-3)$

c) $f(x) = -x + \frac{4}{3}$; Schnittpunkt mit x-Achse: $N\left(\frac{4}{3}\middle|0\right)$; Schnittpunkt mit y-Achse: $T\left(0\middle|-\frac{4}{3}\right)$

d) $f(x) = 2x$; Schnittpunkt mit x-Achse: $N(0|0)$; Schnittpunkt mit y-Achse: $T(0|0)$

e) $f(x) = -x + \frac{6}{5}$; Schnittpunkt mit x-Achse: $N\left(\frac{6}{5}\middle|0\right)$; Schnittpunkt mit y-Achse: $T\left(0\middle|\frac{6}{5}\right)$

f) $f(x) = -6x + 4{,}2$; Schnittpunkt mit x-Achse: $N(0{,}7|0)$; Schnittpunkt mit y-Achse: $T(0|4{,}2)$

Die Aufgabe könnte auch zeichnerisch gelöst werden, was sich wegen der Bruchzahlen in c), e) und f) jedoch weniger anbietet.

13

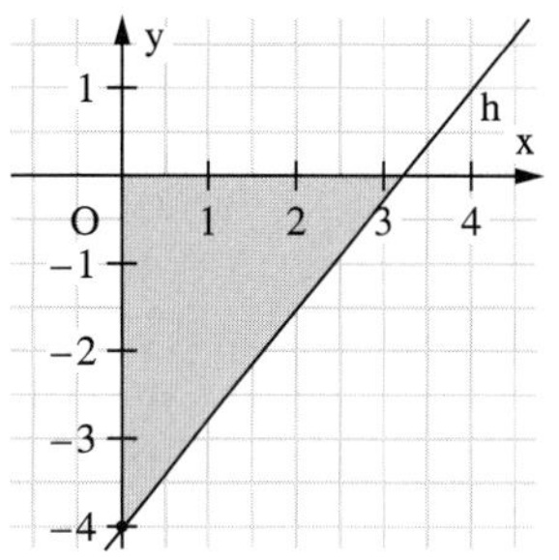

Aus $h(x) = 0$ folgt, $x = 3{,}2$ ist Nullstelle.

$A = \frac{1}{2} \cdot 4\,cm \cdot 3{,}2\,cm = 6{,}4\,cm^2$

14 a) Individuelle Lösungen, z. B. $f(x) = -x + 2$ b) Individuelle Lösungen, z. B. $f(x) = -3$
c) Individuelle Lösungen, z. B. $f(x) = 2x$ d) nicht möglich

15 Graphische Lösung

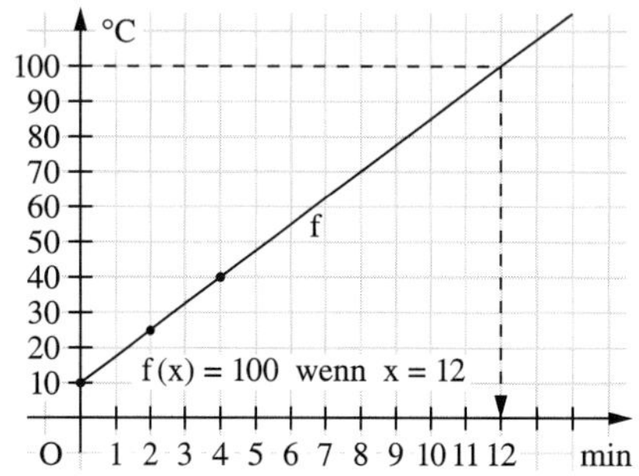

Rechnerische Lösung:
Ansatz: $f(x) = mx + t$
$f(0) = 10$; $f(2) = 25$, also $m = \frac{25-10}{2-0} = 7{,}5$; $t = 10$
$f(x) = 7{,}5x + 10$
Lösen der Gleichung $7{,}5x + 10 = 100$ führt zu $x = 12$.
Das Wasser kocht also nach 12 Minuten.

Die Lösung erhält man ebenso durch geschicktes Probieren.

i Strenggenommen müsste das Gefäß mit einem Deckel versehen sein, um als Graph eine Gerade zu erhalten. Dann könnte das Wasser aber nicht mit einem Tauchsieder erwärmt werden.

S. 54

16 Für die Fragestellung genügt es, sich mittels Skizzen einen groben Überblick zu verschaffen.
a) I. Quadrant b) II. Quadrant c) I. Quadrant d) IV. Quadrant

17 Graphische Lösung:
Graph zeichnen mit Hilfe der Punkte $(-20|70)$ und $(10|40)$. x-Wert bei $y = 45$ ablesen.
Rechnerische Lösung:
Ansatz: $f(x) = mx + t$
Mit $(-20|70)$ und $(10|40)$ ergibt sich $m = \frac{70-40}{-20-10} = -1$.
Aus $f(10) = -1 \cdot 10 + t = 40$ folgt $t = 50$.
Also $f(x) = -x + 50$. Lösen der Gleichung $-x + 50 = 45$ führt zu $x = 5$.
Die Außentemperatur beträgt also 5 °C.

18

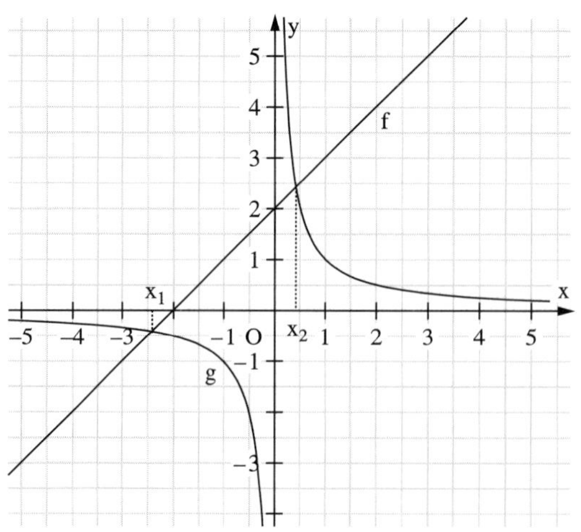

Lösung durch Bestimmung des Schnittpunktes von f und g.
Zeichnen des Graphen von g mit Hilfe einer Wertetabelle.
Die beiden Graphen schneiden sich etwa bei $x_1 = -2{,}4$ und $x_2 = 0{,}4$.

Nachprüfen der abgelesenen Lösungen $x_1 = -2{,}4$ und $x_2 = 0{,}4$:
$f(-2{,}4) = -0{,}4$ und $g(-2{,}4) \approx -0{,}42$;
$f(0{,}4) = 2{,}4$ und $g(0{,}4) = 2{,}5$.
Es zeigt sich, dass die abgelesenen Werte nur Näherungswerte sind.
Systematisches Probieren führt zu $x_1 \approx -2{,}414$ und $x_2 \approx 0{,}414$.

19 Zeichnen der Graphen von g und h mit Hilfe von Wertetabellen.

x	−2	−1,5	−1
g(x)	10	4,75	1
x	−0,5	0	0,5
g(x)	−1,25	−2	−1,25
x	1	1,5	2
g(x)	1	4,75	10

x	−3	−2	−1
h(x)	−3	−3,5	−5
x	0	0,25	0,5
h(x)	–	10	4
x	1	2	3
h(x)	1	−0,5	−1

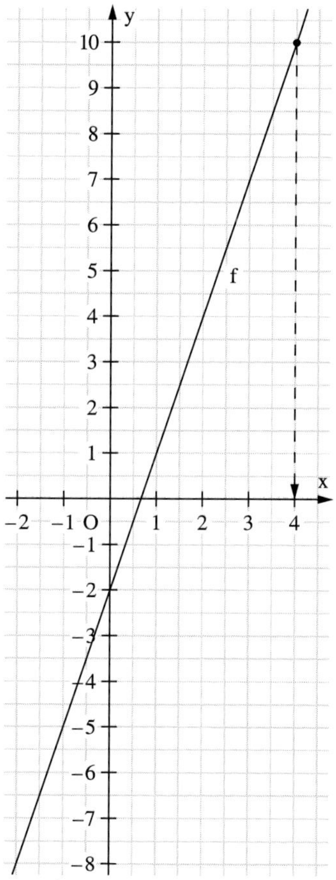

$x = 4$

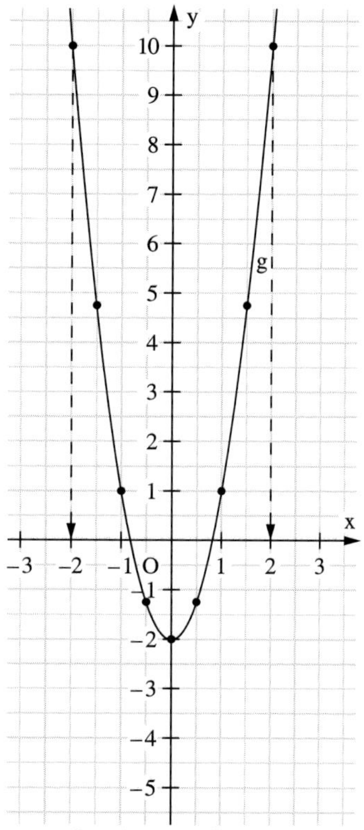

$x = -2$ oder $x = 2$

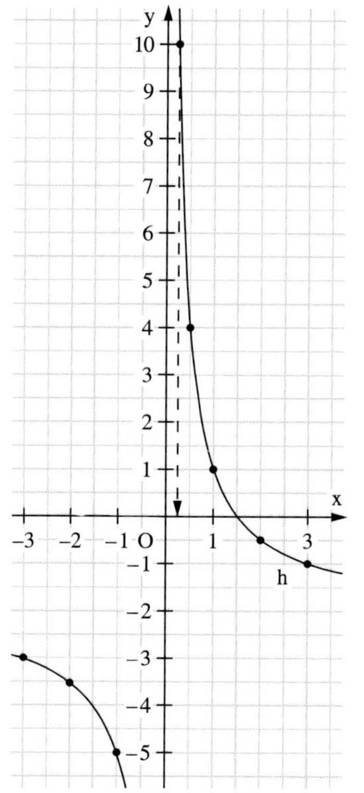

$x = 0{,}25$

i Hier erkennt man, dass das Lösen (ggf. sogar probierendes Einsetzen) einer Gleichung oftmals schneller zum Ziel führt als das umständliche Zeichnen von Graphen mittels Wertetabellen.

20 a) Ansatz: $f(x) = mx + t$ bzw. $g(x) = mx + t$
Aus $f(0) = 15$ und $f(10) = 0$ folgt $m = -1{,}5$; $t = 15$ und damit $f(x) = -1{,}5x + 15$
Aus $g(0) = 20$ und $g(8) = 0$ folgt $m = -2{,}5$; $t = 20$ und damit $g(x) = -2{,}5x + 20$.
Graphen mit Hilfe der Punkte $(0|15)$ und $(10|0)$ für $f(x)$ und $(0|20)$ und $(8|0)$ für $g(x)$ zeichnen.

b) Aus Zeichnung: Nach 5 Stunden sind die Kerzen gleich lang.
Oder rechnerische Lösung: $f(x) = g(x) \Rightarrow x = 5$

21

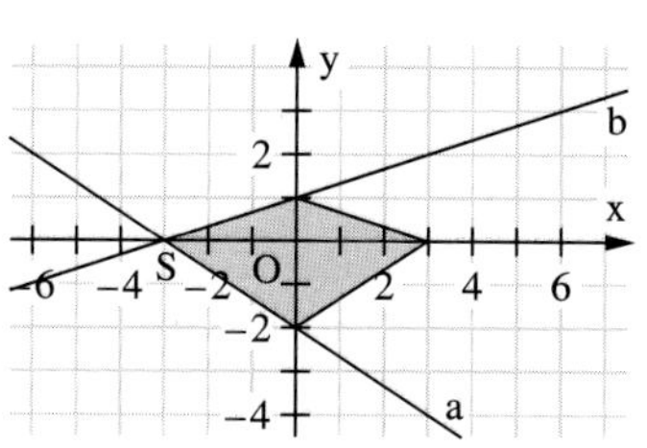

(Zeichnung verkleinert)

a) Aus $-\frac{3}{2}x - 2 = \frac{1}{3}x + 1$ folgt $x = -3$;
$b(-3) = 0$,
also Schnittpunkt $S(-3|0)$.

b) $\approx 52°$

c) $A = 2 \cdot \frac{1}{2} \cdot 3\,\text{cm} \cdot 3\,\text{cm} = 9\,\text{cm}^2$

22 Ein Spiel zur Bestimmung des Funktionsterms. Das Spiel kann in Kleingruppen oder mit der ganzen Klasse gespielt werden.
→ Kopiervorlage S. 130

23 a) > Begründung: (1) 3^4 steht in beiden Termen, kann daher unbeachtet bleiben
(2) $(-4)^2 > 0$ positive Zahl und $-4^2 < 0$ negative Zahl
b) = Begründung: (1) $|a - b| = |b - a|$
c) < Begründung: (1) $(-13) : (-15) = 13 : 15$
(2) Da im rechten Term 4 addiert wird, liefert dieser den höheren Wert.

24 Der Term ist ein Produkt. Der Wert des Produktes ist 0, da der zweite Faktor null ist.

→ TB Trainingsblatt: Lineare Funktionen und Gleichungen; Kopiervorlage S. 128 f.

→ Das Orakelspiel; Kopiervorlage *(zu Aufgabe 22 im Schülerbuch)* S. 130

→ Spiel: Bingo; Kopiervorlage S. 131 f.
Spiel für die ganze Klasse (Spieldauer: 20–30 Minuten)

Spielmaterial:
Bingo-Karten für die Schüler, Prüfbogen für Lehrer, eventuell Stoppuhr

Spielvorbereitung:
Jeder Spieler erhält eine Bingokarte (3×3 oder 4×4) und trägt in jedes Feld ein Zahlenpaar, z. B. $(4|3)$ ein. Das Zahlenpaar darf nur ganze Zahlen von -4 bis $+4$ enthalten. Alle Felder müssen mit unterschiedlichen Zahlenpaaren belegt werden.

Spielregel:
Der Lehrer schreibt eine Gleichung vom Bingo-Prüfbogen an die Tafel. Zur späteren Kontrolle wird diese Gleichung am Bingo-Prüfbogen nummeriert. Die Schüler haben nun 30 Sekunden Zeit, um zu prüfen, ob eines ihrer Zahlenpaare eine Lösung der angeschriebenen Gleichung ist. Ist dies der Fall, so markieren sie dieses Zahlenpaar durch ein Kreuz auf ihrer Bingokarte. Danach schreibt der Lehrer die nächste Gleichung an die Tafel.
Wer zuerst drei Zahlenpaare als Lösung in einer zusammenhängenden horizontalen, vertikalen oder diagonalen Reihe hat, muss „Bingo" rufen und hat, falls seine Zahlenreihe korrekte Lösungen darstellen, gewonnen.

Variante:
Die Variante mit den 4×4-Feldern erhöht die Chancen der Schüler, drei Kreuze in einer Reihe setzen zu können.

4 Lineare Ungleichungen

S. 55

1 a) $(2{,}7\,\text{m} - 0{,}8\,\text{m}) : 0{,}35\,\text{m} \approx 5{,}4$; er könnte 5 Getränkekisten übereinander laden.
b) $L(x) = 0{,}8 + x \cdot 0{,}35$ c) $0{,}8 + x \cdot 0{,}35 < 2{,}7$

2 $6 < 10$; $12 < 20$; $-6 > -10$; $-12 > -20$

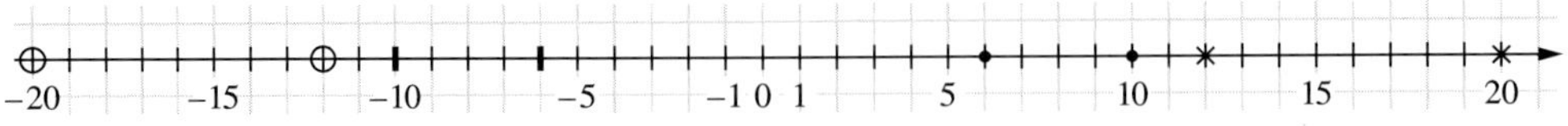

Es fällt auf, dass sich beim Multiplizieren der Ungleichung mit einer negativen Zahl das Ungleichungszeichen umkehrt.

S. 57

3 a) 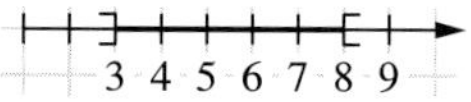 $L = \{x \mid 3 < x < 8\} =]3; 8[$

b) 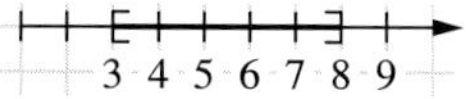 $L = \{x \mid 3 \leqq x \leqq 8\} = [3; 8]$

Zahlengeraden c) bis o) analog zu a) und b).

c) $L = \{y \mid 3 \leqq y < 8\} = [3; 8[$
d) $L = \{x \mid 3 < x \leqq 8\} =]3; 8]$
e) $L = \{x \mid x \leqq -2\} =]-\infty; -2]$
f) $L = \{z \mid z \geqq -2\} = [-2; \infty[$
g) $L = \{x \mid x < 10\} =]-\infty; 10[$
h) $L = \{y \mid y > -2\} =]-2; \infty[$
i) $L = \{x \mid x > -22\} =]-22; \infty[$
k) $L = \{z \mid z \leqq 2\} =]-\infty; 2]$
l) $L = \{a \mid a < 3\} =]-\infty; 3[$
m) $L = \{x \mid x > 0\} =]0; \infty[$
n) $L = \{t \mid t \geqq -0{,}5\} = [-0{,}5; \infty[$
o) $L = \{z \mid z < 1\} =]-\infty; 1[$

4 Zahl auf einer Kugel: x. Es muss gelten $5x + 7 < 40$, also $x < 6{,}6$.
Auf den Kugeln können die Zahlen 1, 2, 3, 4, 5 oder 6 stehen.

5 $x \cdot 39 < x \cdot 29 + 155 \Rightarrow 10x < 155 \Rightarrow x < 15{,}5$
Das Angebot B ist günstiger, wenn es maximal 15 Bilder sind.

6 Individuelle Lösungen, z. B.: $8 \cdot x < 24$

7

$$\begin{aligned} -3z - 6 &\leqq 15 \quad |+6 \\ -3z &\leqq 21 \quad |:(-3) \\ z &\geqq 7 \end{aligned}$$

$$\begin{aligned} -25x - 1 &> -1 \quad |+1 \\ -25x &> 0 \quad |:(-25) \\ x &< 0 \end{aligned}$$

$$\begin{aligned} \tfrac{1}{6}y + 8 &= \tfrac{1}{4}y \quad |-\tfrac{1}{4}y \\ -\tfrac{1}{12}y + 8 &= 0 \quad |-8 \\ -\tfrac{1}{12}y &= -8 \quad |\cdot(-12) \\ y &= 96 \end{aligned}$$

8 a) Fünf Freundinnen wollen sich gleiche T-Shirts kaufen. Wieviel darf ein T-Shirt maximal kosten, wenn sie weniger als 50 € bezahlen wollen?
Lösung: $k < 10$. Ein T-Shirt darf maximal 10 € kosten.
b) Jana möchte über eine 2,90 m hohe Mauer schauen. Ihre Augenhöhe ist 1,60 m. Wieviele Betonsteine mit 40 cm Höhe muss sie mindestens aufeinanderstapeln, um über diese Mauer schauen zu können?
Lösung: $a > 3{,}24$. Jana muss 4 Betonsteine aufeinanderstapeln.
c) Florian und Markus sollen täglich mindestens 4,6 *l* Flüssigkeit zu sich nehmen. Wieviel Liter muss jeder mindestens trinken?
Lösung: $s \geqq 2{,}3$; Jeder muss mindestens 2,3 *l* trinken.
d) Ein Gymnasium kann dieses Jahr höchstens 150 Schüler aufnehmen. Wie viele Schüler wären dann höchstens in einer Klasse, wenn 5 gleichstarke Klassen gebildet werden?
Lösung: $a \leqq 30$; Es wären höchstens 30 Schüler in einer Klasse.

9 a) Anzahl der Kisten: k; Gewicht im Fahrstuhl in kg: $175 + k \cdot 14$
Da das Gewicht höchstens 350 kg sein darf, muss gelten: $175 + k \cdot 14 \leqq 350$.
b) $14k \leqq 175$, $k \leqq 12{,}5$
Sie können höchstens 12 Getränkekisten mitnehmen.

S. 58

10 a) $x > -3$; $L =]-3; \infty[$, also R
b) $x \geqq -3$; $L =]-3; \infty[$, also E
c) $u < 8$; $L =]-\infty; 8[$, also L
d) $-3 < x \leqq 12$; $L =]-3; 12]$, also A
e) $y \geqq -\frac{1}{3}$; $L =]-\frac{1}{3}; \infty[$, also T
f) $x < 4$; $L =]-\infty; 4[$, also R
g) $x > 0$; $L =]0; \infty[$, also E
h) $y \leqq 35$; $L =]-\infty; 35[$, also D
i) $t \leqq -17$; $L =]-\infty; -17[$, also N
k) $(x-5)^2 = (x-5) \cdot (x-5)$, d. h. binomische Formel nicht notwendig
$x \leqq 3$; $L =]-\infty; 3[$, also A
l) $x \geqq -1$; $L =]-1; \infty[$, also E
m) $x > 6$; $L =]6; \infty[$, also N

Lösungswort: NEANDERTALER (rückwärts lesen)

11 $5x + 7 \leqq 50 \Rightarrow 5x \leqq 43 \Rightarrow x \leqq 8{,}6$
Man darf höchstens 8 Blatt Papier in den Umschlag stecken.

12 a) Graphisch:

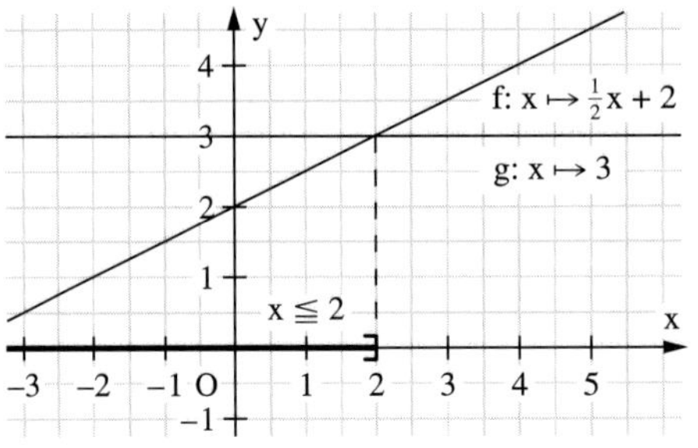

Rechnerisch:

$\frac{1}{2}x + 2 \leqq 3 \quad | -2$

$\frac{1}{2}x \leqq 1 \quad | :2$

$x \leqq 2$

$L = \{x | x \leqq 2\} =]-\infty; 2]$

b) Graphisch:

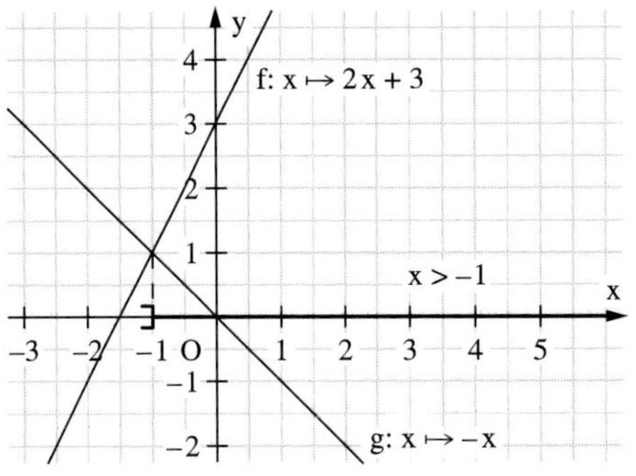

Rechnerisch:

$2x + 3 > -x \quad | +x$

$3x > -3 \quad | :3$

$x > -1$

$L = \{x | x \leqq -1\} =]-\infty; -1]$

Lösung der Teilaufgaben c) bis h) analog zu a) und b).

c) $L = \{x | x \geqq -1{,}5 = [-1{,}5; \infty[$ d) $L = \{x | x > -7{,}5\} =]-7{,}5; -\infty[$

e) $L = \mathbb{Q}$ f) $L = \{ \}$ g) $L = \{ \}$ h) $L = \{x | x > 0\} =]0; \infty[$

13 Ansatz: $120 + x \cdot 47{,}5 > 180 + x \cdot 40 \Rightarrow x > 8$
Der Flug lohnt sich ab 9 Übernachtungen.

14 a) $4a > 50 \Rightarrow a > 12{,}5$
a muss größer als 12,5 m sein.
b) $2[a + (a + 3)] > 50;\ 4a + 6 > 50 \Rightarrow a > 11$
a muss größer als 11 m sein.
c) $(a + 1) + a + a + 1 + 1 + (a + 1) > 50 \Rightarrow 4a + 4 > 50 \Rightarrow a > 11{,}5$
a muss größer als 11,5 m sein.
d) $(a + 1) + a + 3 + a > 50 \Rightarrow 3a + 4 > 50 \Rightarrow a > 15\frac{1}{3}$
a muss größer als $15\frac{1}{3}$ m sein.

15 $2(a + 3a) \leqq 60 \Rightarrow 8a \leqq 60 \Rightarrow a \leqq 7{,}5;\ 3 \cdot 7{,}5 = 22{,}5$
Die Rechtecksseiten sind höchstens 7,5 cm und 22,5 cm lang.

16 $(a + 3)(a + 3) < a^2 + 30 \Rightarrow 6a + 9 < 30 \Rightarrow a < 3{,}5$
Die Seiten des Quadrates müssen kürzer als 3,5 cm sein.

17

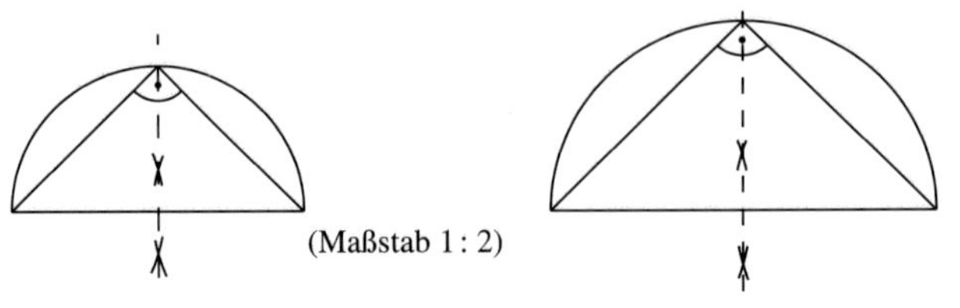

(Maßstab 1 : 2)

Konstruktionen erfolgen mit Hilfe des Thaleskreises.

18 Auf der Abbildung ist der Graph für rechtwinklige Dreiecke mit dem Flächeninhalt 3 cm² gezeichnet. Je größer die eine Kathete, desto kleiner ist die andere Kathete.

Wertetabellen für

$\frac{1}{2}xy = 4$ d. h.

x	1	8	2	4	2,5	3,2
$y = \frac{8}{x}$	8	1	4	2	3,2	2,5

$\frac{1}{2}xy = 1$ d. h.

x	1	2	4	0,5	8	0,25
$y = \frac{2}{x}$	2	1	0,5	4	0,25	8

$\frac{1}{2}xy = 2$ d. h.

x	1	4	2	8	0,5	10
$y = \frac{4}{x}$	4	1	2	0,5	8	0,4

$\frac{1}{2}xy = 5$ d. h.

x	1	10	2	5	4	2,5
$y = \frac{10}{x}$	10	1	5	2	2,5	4

Alle Zuordnungen $x \mapsto y$ sind umgekehrt proportionale Zuordnungen.

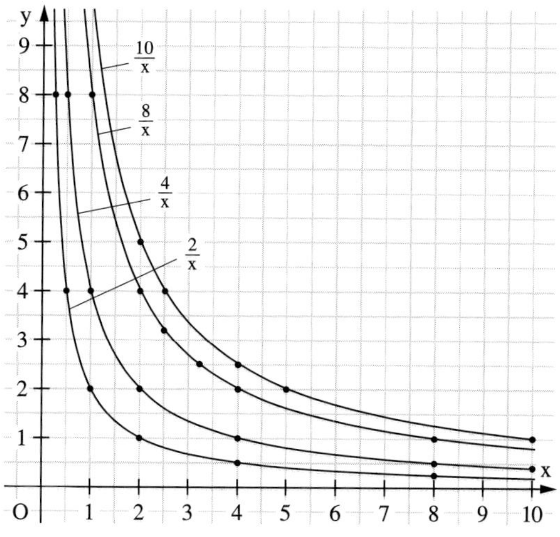

→ TB Trainingsblatt: Lineare Ungleichungen; Kopiervorlage S. 133 f.

→ Spiel: Glückliche Ungleichungen – ungleiches Glück; Kopiervorlage S. 135
Spiel für 2 Personen (Spieldauer: 25 Minuten)

Spielbeschreibung:
Aus je zwei linearen Funktionstermen der Spieler wird eine Ungleichung gebildet. Mit etwas Glück liegt ein vorher abgegebener Tipp innerhalb der Lösungsmenge.

Thema: Von der Messreihe zur Funktion

S. 59

1 Material: Messzylinder
a), b) Individuelle Lösungen
c) z. B. f: $x \mapsto \frac{5}{6}x$; Volumen eines Tropfens: f(1)

2 Material: Nägel, Briefwaage
a) Individuelle Lösungen; Die Messpunkte werden wahrscheinlich nicht auf einer Geraden liegen. Die Unterschiede können durch unterschiedliche Nagelgewichte, Messungenauigkeit aufgrund z. B. Reibung der Waage und Ableseungenauigkeit verursacht sein.
b) Individuelle Lösungen

3 Material: Schraube mitnehmen
a), b) Individuelle Lösungen
c) Länge des Schaftes: 16 mm; „Gewindesteigung“: 1,4 mm

4 Material: Gefäß mit warmem Wasser, Thermometer
a), b) Individuelle Lösungen
c) Der Graph der Funktion wird dann parallel zur x-Achse verlaufen.

IV Gleichungen und Gleichungssysteme

1 Lineare Gleichungen mit zwei Variablen

S. 62

1 (4|0); (3|2); (2|4); (1|6); (0|8)

Die Punkte liegen alle auf einer Geraden.

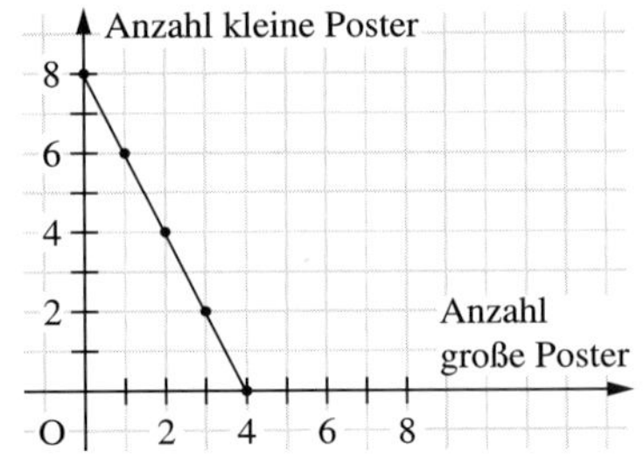

S. 63

2 Würfel erforderlich
a) Lösungen ergeben sich bei Würfeln von (4|1); (3|2); (2|3) oder (1|4).
b) (1|1); (2|2); (3|3); (4|4); (5|5); (6|6)
c) siehe b)
d) Man kann keine „Lösung“ der Gleichung würfeln.

3 $7 \cdot 0{,}5 + 4 \cdot \frac{1}{8} \neq 3$; P liegt also nicht auf der Geraden.

4 a)

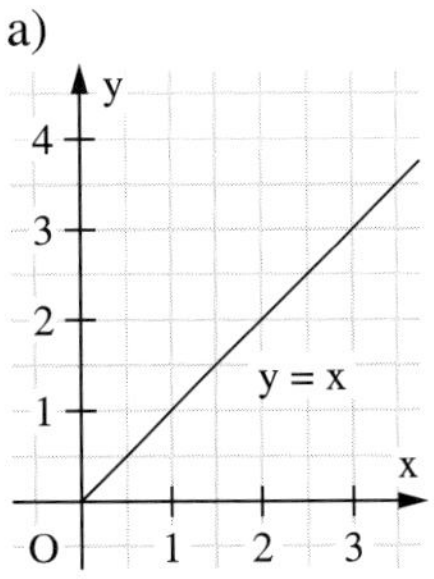

z. B.: (1|1); (2|2); (3|3)

b)

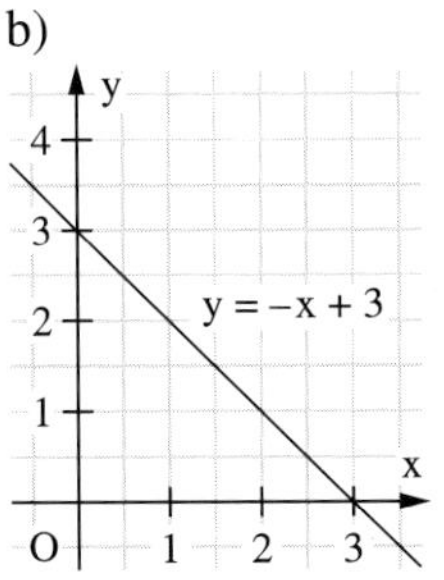

z. B.: (0|3); (1|2); (2|1)

c)

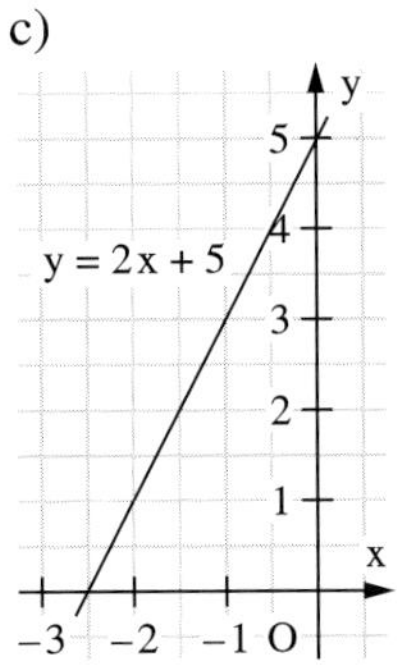

z. B.: (0|5); (−1|3); (−2|1)

d)

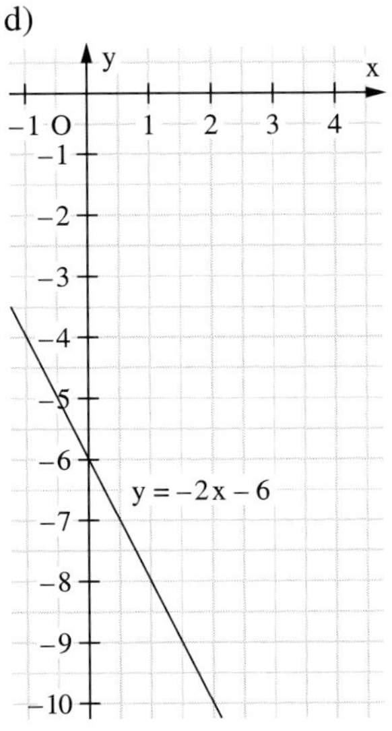

z. B.: (0|−6); (−1|−4); (1|−8)

5

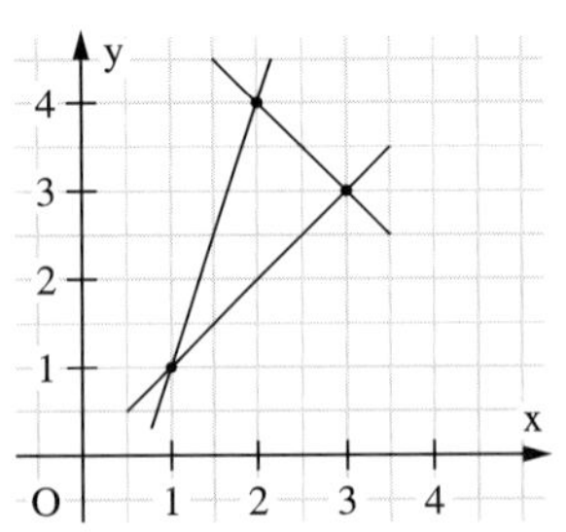

Die drei Punkte liegen nicht auf einer Geraden, also gehören sie nicht zu einer gemeinsamen linearen Gleichung mit zwei Variablen.

S. 64

6 a) (0|**−2**) b) $\left(\frac{2}{3}\middle|2\right)$ c) (3|**16**) d) $\left(-\frac{1}{3}\middle|-4\right)$ e) (−0,5|**−5**) f) (**0,2**|−0,8)

7 a) g: $y = \frac{1}{4}x + 2$; h: $y = -\frac{3}{4}x + 3$; k: $y = -2$; l: $x = -1$
b) Individuelle Lösungen

8 Individuelle Lösungen

9 I: Schaubild unten links; II: Schaubild unten mitte; III: Schaubild unten rechts; IV: Schaubild oben

10 a) $15 = 2x+y \Rightarrow y = -2x+15$ (y ist Basis);
Lösungen: $(4|7)$; $(5|5)$*; $(6|3)$; $(7|1)$
* Anmerkung: gleichseitiges Dreieck
b) $28 = 2x+2y \Rightarrow y = -x+14$;
Lösungen: $(1|13)$; $(2|12)$; $(3|11)$; $(4|10)$; …; $(13|1)$
c) $30 = 2x+2y \Rightarrow y = -x+15$;
Lösungen: $(1|14)$; $(2|13)$; $(3|12)$; $(4|11)$; …; $(14|1)$
d) $100 = 8a+4h \Rightarrow h = -2a+25$;
Lösungen: $(1|23)$; $(2|21)$; $(3|19)$; $(4|17)$; …; $(12|1)$

11 a) Individuelle Lösungen, z. B. $x-2y = 0$
b) Individuelle Lösungen, z. B. $x-y = 2{,}5$

12 a) $x+7y = -4 \Rightarrow$ ja (lineare Gleichung) b) nein
c) $\frac{1}{2}u-\frac{5}{4}v = -\frac{1}{2} \Rightarrow$ ja d) $a^2-4ab+4b^2 = 2 \Rightarrow$ nein

13 a) Gleichung: $\frac{1}{2}n + 10m = 60 \Rightarrow m = 6-\frac{1}{20}n$
Lösungen: $(20|5)$; $(40|4)$; $(60|3)$; $(80|2)$; $(100|1)$
b) Gleichung: $\frac{3}{4}m-(-n) = 6 \Rightarrow m = -\frac{4}{3}n+8$
Lösung: $(3|4)$

14 a)

	$y = x$	$x + y = 1$	$x = 3 - y$
$x + 3y = -6$	D	I	O
$2x + y = 3$	P		H
$3x - y = -1$	A	N	T

Lösung: DIOPHANT

b) Individuelle Lösungen

15 Wenn man eine Münze oft genug wirft, sollte sie etwa gleich oft auf der „Kopf“-Seite und auf der „Zahl“-Seite landen.

*2 Lineare Ungleichungen mit zwei Variablen

Diese Lerneinheit lässt sich in diesem Zusammenhang gut einfügen und bietet eine sinnvolle Ergänzung zum Lehrplan. Die Themenseiten 82 f. zur Linearen Optimierung bauen darauf auf.

S. 65

1 a) mögliche Veranschaulichung:

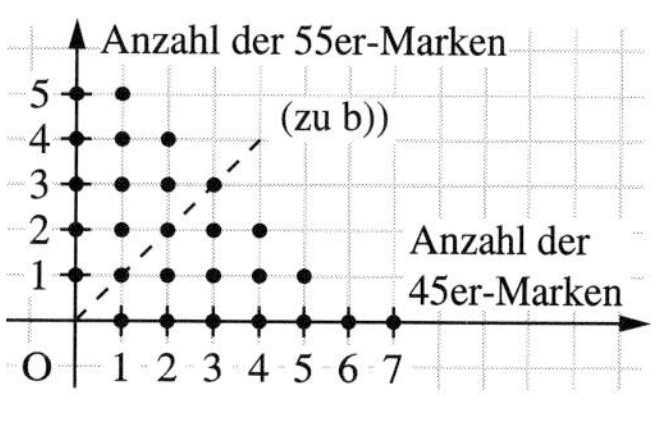

Es gibt 27 Möglichkeiten.

b) $(0|1)$, $(0|2)$, $(0|3)$, $(0|4)$, $(0|5)$, $(1|2)$, $(1|3)$, $(1|4)$, $(1|5)$, $(2|3)$, $(2|4)$
Im Diagramm zu a) liegen die entsprechenden Punkte oberhalb der Geraden mit der Gleichung $y = x$ (der Winkelhalbierenden des I. Quadranten).

S. 66

2 a) nein b) nein c) ja d) ja e) ja f) ja

3 a)

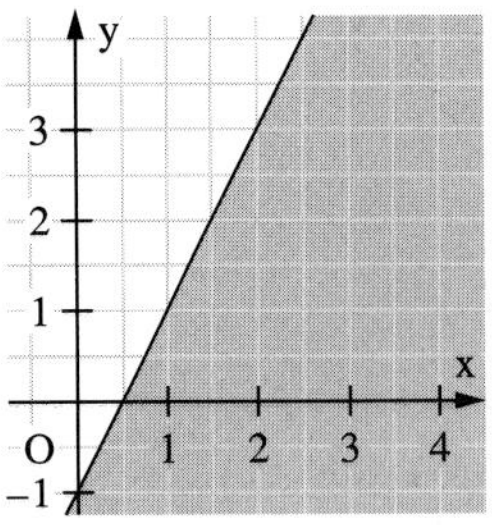

b)

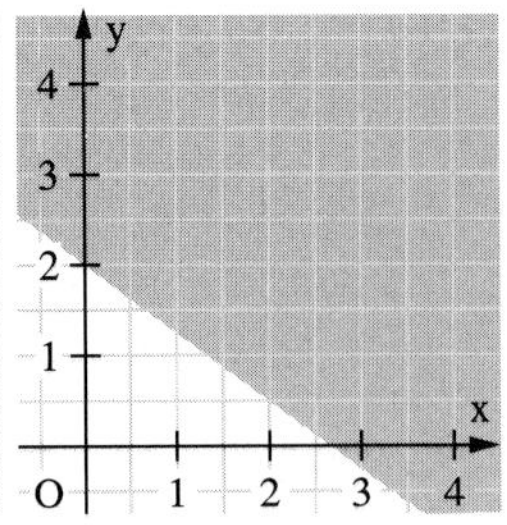

c)

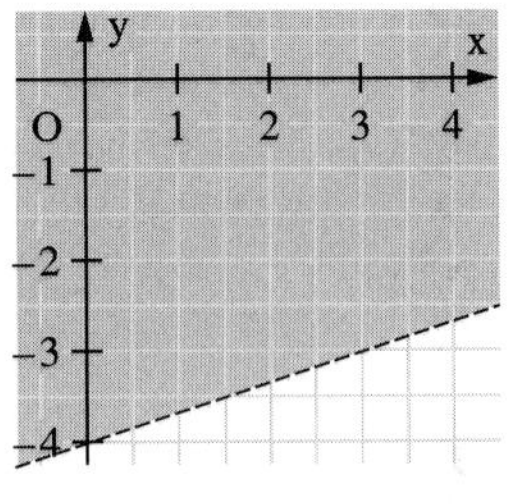

d)

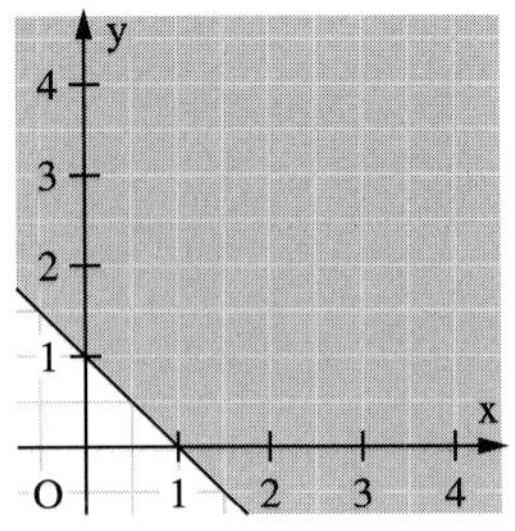

4

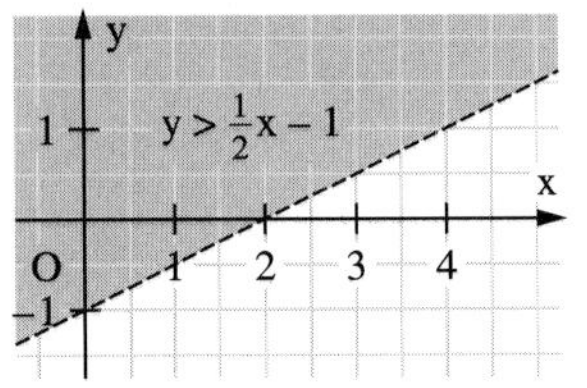

Alle Zahlen, die die Ungleichung $y \leqq \frac{1}{2}x - 1$ (bzw. $x - 2y \geqq 2$) erfüllen, gehören nicht zu L.

5

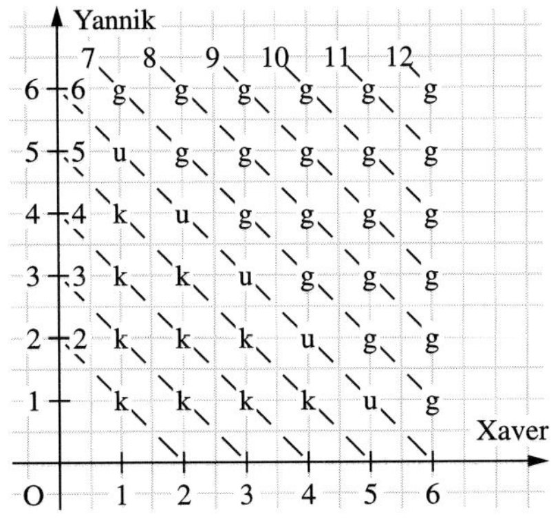

k: Punkte (Fälle), bei denen Yannik gewinnt.
g: Punkte (Fälle), bei denen Xaver gewinnt.
u: Unentschieden
Fälle, in denen Xaver gewinnt: $y \geqq -x + 7$
Xaver gewinnt in 21 Fällen, Yannik in 10 Fällen; 5 Fälle gehen unentschieden aus.
Das Spiel ist nicht fair!

6 a) grün: $y \leqq -x - 2$; blau: $y \geqq x$; lila: $x \geqq 4$
b) grün: $y < -3x - 18$; lila: $y \leqq -4$; blau: $y \leqq 5x - 15$

7 a) $6x + 4y \leqq 100 \Rightarrow y \leqq -\frac{3}{2}x + 25$

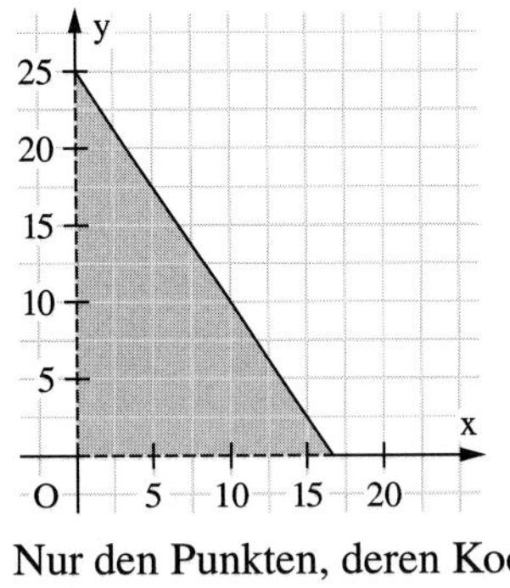

Nur den Punkten, deren Koordinaten natürliche Zahlen sind, entsprechen Lösungen.

b) $6x - 6 \geqq 3y \Rightarrow y \leqq 2x - 2$

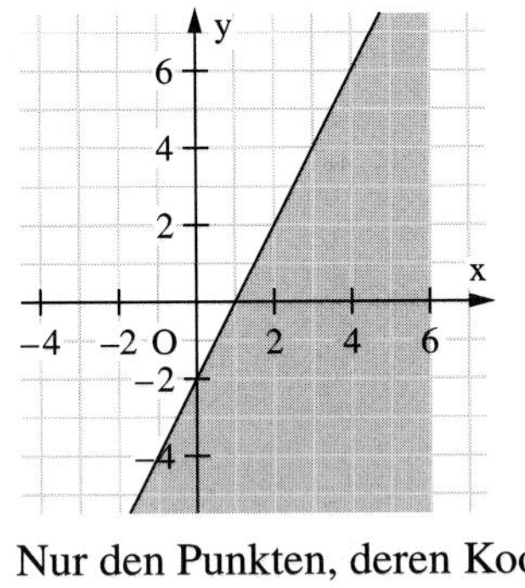

Nur den Punkten, deren Koordinaten ganzzahlig sind, entsprechen Lösungen.

3 Lineare Gleichungssysteme mit zwei Variablen

S. 67

1 a) Probieren liefert:
6 LKW mit 2 t und 3 LKW mit 4 t.
b) Gesamtzahl der LKW:
$x + y = 9$
Gesamtgewicht:
$x \cdot 2t + y \cdot 4t = 24t$
c) $y = -x + 9$ bzw. $y = -\frac{1}{2}x + 6$
Der Schnittpunkt liefert die richtigen Zahlen:
$x = 6$; $y = 3$

zu c)

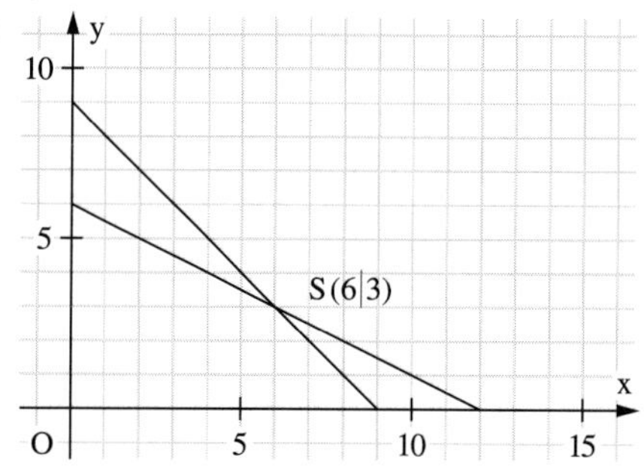

S. 69

2 zu a) und b)

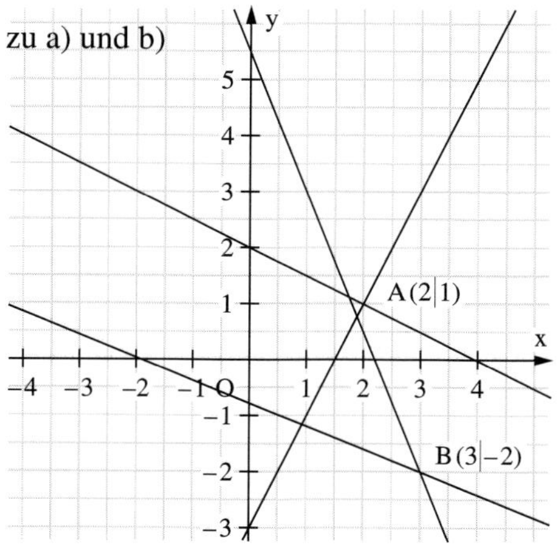

zu c) und d)

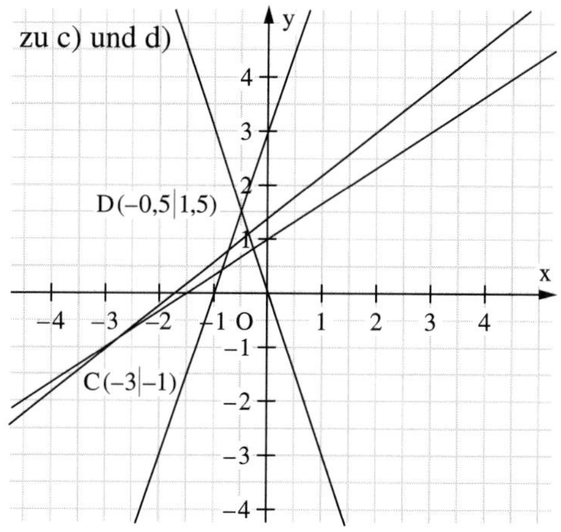

3 Individuelle Lösungen, z. B.

a) (I) $x + y = 9$
(II) $x - y = -5$

b) (I) $x + y = 2$
(II) $x - y = 8$

c) (I) $x + y = 3{,}4$
(II) $x - y = 0$

d) (I) $x + y = -3{,}4$
(II) $x - y = 0$

e) (I) $x + y = 0$
(II) $x - y = 0$

f) (I) $x + y = 2$
(II) $x - y = -10$

4 a) $(9{,}5 | 0{,}5)$ **F** b) $\left(\frac{1}{2} \middle| -3\right)$ **N** c) $\left(-\frac{3}{4} \middle| \frac{1}{5}\right)$ **E** d) $(-2 | 3)$ **S** Lösungswort: SENF (rückwärts)

5 Ansatz: (I) $10x + y = 8 \cdot (x + y)$
(II) $10y + x = 10x + y - 45$
Die Zahl ist 72.

6 a) keine Lösung (parallele Geraden, da gleiche Steigung)
b) genau eine Lösung
c) unendlich viele Lösungen (identische Geraden/Gleichungen)
b) genau eine Lösung

7 (1) 1 Apfel, 4 Birnen. Strategien (z. B.): Systematisches Probieren; lineares Gleichungssystem mit einer Variablen
(2) Cora, Jasmin: 13 Jahre; Dominik: 14 Jahre. Strategie (z. B.): Rückwärts Rechnen: Coras Alter: $C = 40 - 27 = 13$ usw.
(3) Es vergehen 7 Tage. Strategie (z. B.): LGS mit 2 Gleichungen und 2 Unbekannten

8 3 mögliche Fälle
- keine Lösung: Die drei zu den Gleichungen gehörenden Geraden schneiden sich nicht in einem Punkt (d. h. sie haben unterschiedliche Schnittpunkte oder es sind Parallelen dabei).
- genau eine Lösung: Die drei zu den Gleichungen gehörenden Geraden schneiden sich alle im selben Punkt.
- unendlich viele Lösungen: Alle drei zu den Gleichungen gehörenden Geraden fallen zusammen.

9 Lösung des Rätsels: $(25{,}2 \mid 16{,}8)$; weitere individuelle Aufgaben und Lösungen

10 a) Individuelle Lösungen, z. B.: $3x - y = 10$; $6x - 2y = 20$
(das Gleichungssystem hat unendlich viele Lösungen)
b) Individuelle Lösungen, z. B.: $3x - y = 10$; $3x - y = 0$
c) Zwei Geraden können sich nicht in genau zwei Punkten schneiden. Haben sie mehr als einen Punkt gemeinsam, sind sie identisch (siehe a)).

11 a) Weg-Zeit-Diagramm, aus dem die Bewegungen von Auto A und Auto B entnehmbar sind.
Auto A: Start zur Zeit $t = 0$ am Ort $s = 0$; konstante Geschwindigkeit $v = 60\,\frac{km}{h}$
Auto B: Start 40 min nach Auto A am selben Ort $s = 0$; konstante Geschwindigkeit $v = 90\,\frac{km}{h}$
Schnittpunkt: Treffpunkt der Autos nach 2 h bzw. 120 km.
b) Nach 1 h Fahrzeit des Schwertransporters treffen sich die beiden Laster.

zu b)

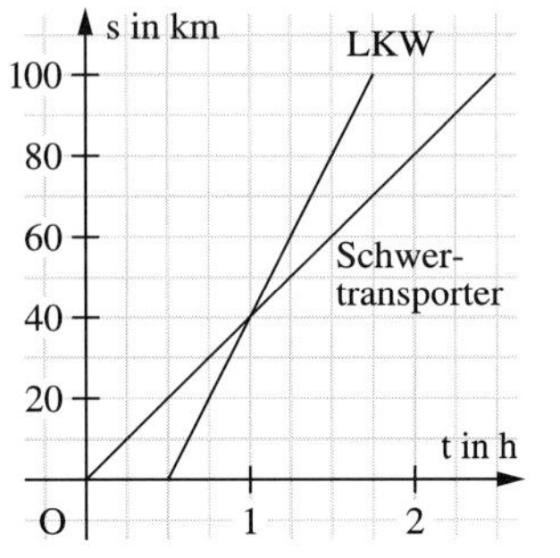

12 Seitenlängen: lange Seite 4,5 cm; kurze Seiten 1,5 cm. Ein solches Trapez aus den rechnerisch ermittelten Größen lässt sich nicht zeichnen.

13 $A_Q = a^2$; $A_{\text{Viertelkreis}} = \frac{1}{4}a^2\pi$; $A_{gr} = \left(1 - \frac{\pi}{4}\right)a^2$; $\frac{A_{gr}}{A_Q} = \frac{\left(1 - \frac{\pi}{4}\right)a^2}{a^2} \approx 0{,}215$.

Die grüne Fläche hat einen Anteil von etwa 21,5 % an der Fläche des Quadrats.

4 Lösen mit dem Einsetzungsverfahren

S. 70

1 Setzt man entsprechend der roten Pfeile das blaue Päckchen und das 1-kg-Gewicht statt dem grünen Päckchen auf die linke Waage, so bleibt diese im Gleichgewicht. Daher weiß man, dass zwei blaue Päckchen und 1 kg zusammen 5 kg wiegen. Ein blaues Päckchen hat also die Masse 2 kg.

S. 71

2 a) $(1 \mid 1{,}5)$ b) $(4 \mid -2)$ c) $\left(-\frac{23}{27} \mid 1{,}5\right)$ d) $\left(-\frac{1}{15} \mid \frac{7}{75}\right)$ e) $\left(\frac{41}{4} \mid 3{,}5\right)$ f) $\left(\frac{1}{3} \mid -\frac{2}{9}\right)$

3 a) 25 und 9 b) 24 und 16

4 a)

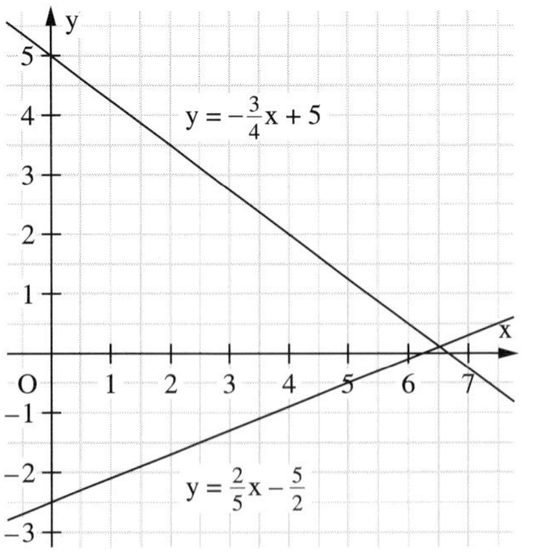

abgelesen $(6{,}5 \mid 0{,}15)$

rechnerisch $\left(6\frac{12}{23} \mid \frac{5}{46}\right)$

Der exakte Wert mit etwa 6,52 und 0,11 weicht vom abgelesenen ab.

b)

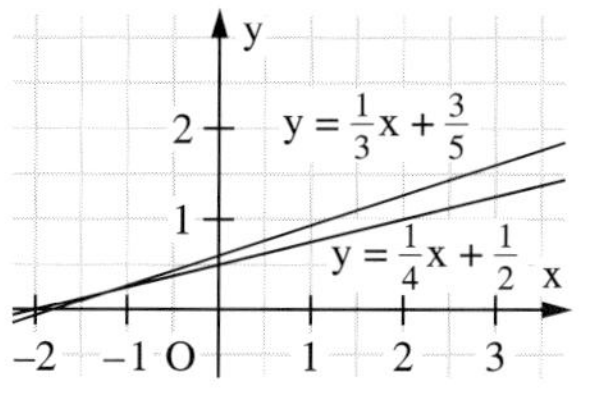

abgelesen: (−1,5 | 0,2)
(Der x-Wert ist schwer zu erkennen.)
rechnerisch: $\left(-\frac{6}{5} \middle| \frac{1}{5}\right)$

c)

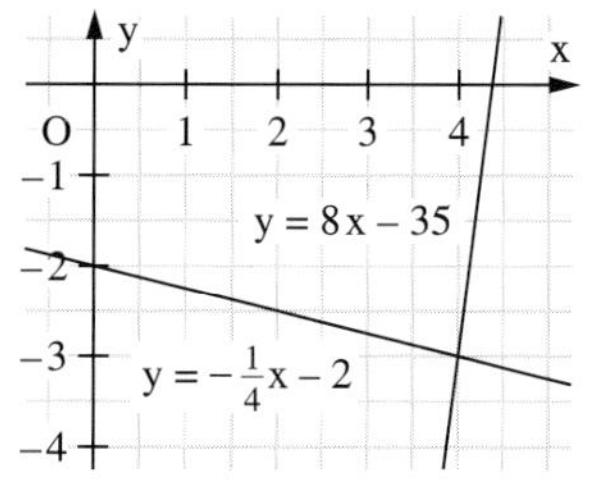

abgelesen: (4 | −3)
($y = 8x - 35$ schwer im Heft zu zeichnen!)
rechnerisch: (4 | −3)

d)

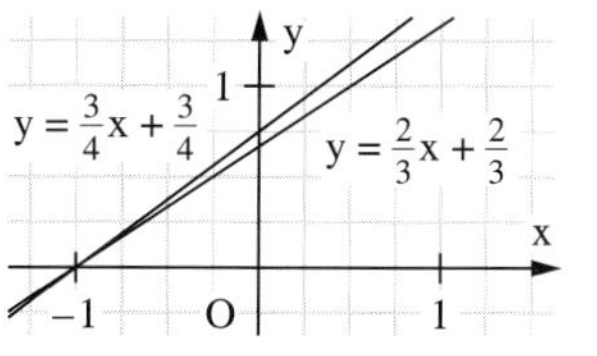

schwer abzulesen
rechnerisch: (−1 | 0)

i An dieser Aufgabe ist gut zu erkennen, wann die rechnerische Methode Vorteile gegenüber einer graphischen Lösung besitzt.

5 verschiedene Begründungen möglich, z. B.:

Aus der nach y aufgelösten Form der Gleichungen kann man sehen, wie die Geraden verlaufen:
a), b) parallele Geraden c) Schnittpunkt bei (0 | 0) d) identische Geraden

oder: Durch Gleichsetzen der Gleichungen lässt sich die Anzahl der Lösungen leicht erkennen:
a), b) Es ergibt sich ein Widerspruch; keine Lösung c) Lösung (0 | 0) d) beide Gleichungen identisch; nach y auflösen; unendlich viele Lösungen

S. 72

6 a) (−61 | 44) b) (−2 | 5) c) $\left(\frac{5}{2} \middle| \frac{5}{4}\right)$ d) (1,12 | 0,6) e) (1 | 3) f) (0 | −5)

7 Für die Gleichungen werden paarweise die Schnittpunkte bestimmt.
a) Schnittpunkte: (16 | 0); (3 | 2); (8 | 10)
b) Schnittpunkte: (−2,5 | 1,5); (5 | 0); (−5,5 | 7,5)

8 a) unlösbar E b) unendlich viele Lösungen I c) (9 | 8) L d) unlösbar E
e) (84 | 60) M f) (0 | 0) A Lösungswort: AMELIE (rückwärts)

9 Gleichungen: (I) $-1 = -3m + t$ (II) $3 = 2m + t$; Lösung: $y = \frac{4}{5}x + \frac{7}{5}$

10 a) (7 | 0) b) (−5 | −1) c) (16 | 0) d) unlösbar

i Das Gleichsetzungsverfahren zum Lösen eines LGS wird nicht mehr im Lehrtext behandelt, da es ein Sonderfall des Einsetzungsverfahrens ist.

11 schwarze Gerade: $y = -\frac{1}{2}x - 1$; rote Gerade: $y = \frac{3}{4}x - 3$; $C\left(1\frac{3}{5} \middle| -1\frac{4}{5}\right)$
schwarze Gerade: $y = -\frac{4}{3}x - 4$; rote Gerade: $y = 2x + 2$; $D\left(-1\frac{4}{5} \middle| -1\frac{3}{5}\right)$

12 a) Klaus hat beim Einsetzen von $(7y - 2)$ für x vergessen, eine Klammer zu setzen.
b) Claudia hätte besser die Gleichung (II) in (I) eingesetzt, um die Brüche zu vermeiden. Außerdem hätte sie für die Berechnung von x die Gleichung (I) verwenden sollen.

13 a) $S\left(3\frac{5}{17} \middle| 6\frac{6}{17}\right)$
b) Gleichung der x-Achse: $y = 0$; Gleichung der y-Achse: $x = 0$
Schnitt der x-Achse mit g: (7 | 0); Schnitt der x-Achse mit h: (−8 | 0)
Schnitt der y-Achse mit g: (0 | 12); Schnitt der y-Achse mit h: (0 | 4,5)

14 Individuelle Lösungen
LGS, in denen eine Gleichung bereits nach einer Variablen aufgelöst ist, sind geschickt mit dem Einsetzungsverfahren zu lösen. z. B.: (I) $y = 3x + 7$
(II) $4x + 2y = 10$
LGS, bei denen jeweils eine Seite beider Gleichungen identisch ist und man so durch Gleichsetzen eine Variable sofort elimieren kann, sind geschickt mit dem Gleichsetzungsverfahren zu lösen. z. B.: (I) $2y = 3x + 7$
(II) $2y = 4x + 2$

15

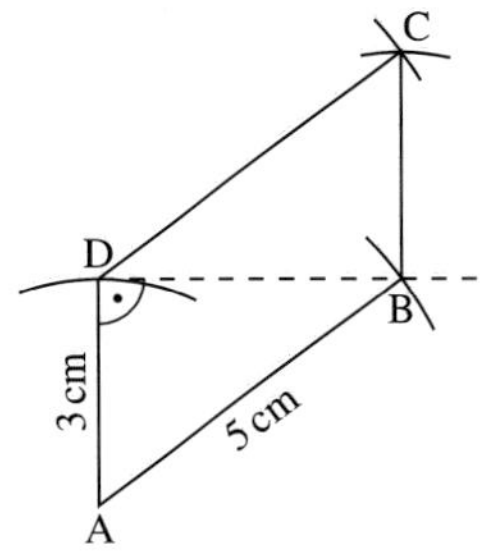

→ TB Trainingsblatt: Lösen linearer Gleichungssysteme mit dem Einsetzungsverfahren; Kopiervorlage S. 136 f.

→ Zaubertrick: Wie viele Münzen in meiner Hand? Kopiervorlage S. 138 f.

5 Lösen mit dem Additionsverfahren

S. 73

1 a) Ja, denn die Waage 1 ist im Gleichgewicht. Man nimmt also auf beiden Seiten von Waage 2 gleich viel Gewicht weg. Ein kleines Paket wiegt 5 kg, ein großes 2 kg.
b) Legt man die drei kleinen Pakete von der linken Seite auf die rechte Seite von Waage 2 und die zwei großen Pakete sowie das 11 kg-Gewicht von der rechten Seite von Waage 1 auf die linke Seite von Waage 2, so bleibt Waage 2 im Gleichgewicht. Auf beiden Seiten liegen so drei kleine Pakete, zwei große Pakete und ein 11 kg-Gewicht, die sich jeweils ausgleichen. Man kann daher ableiten, dass das überzählige kleine Paket auf der linken Seite so schwer ist wie das überzählige 5 kg-Gewicht auf der rechten Seite.
Ein großes Paket wiegt dann 2 kg.

S. 74

2 a) $(4|-1)$ b) $\left(\frac{1}{2}\middle|2\right)$ c) allgemein gültig d) unlösbar
e) $(-2|-9)$ f) $\left(\frac{1}{7}\middle|-2\right)$ g) $(-1|1)$ h) $(0{,}8|-0{,}4)$

3 Individuelle Lösungen
LGS, bei denen in beiden Gleichungen die Zahlenfaktoren vor einer Variablen gleich bzw. Gegenzahlen voneinander sind, sind geschickt mit dem Additionsverfahren zu lösen.
z. B.: (I) $2x + y = 4$
(II) $-2x + 3y = 10$

4 a) $(s|t) = (2|-4)$ b) $(a|b) = (-8|-7)$ c) $(k|r) = (6|0)$ d) $(t|x) = (2|1)$

S. 75

5 h: Anzahl Himbeerbonbons in einer Tüte; e: Anzahl Erdbeerbonbons in einer Tüte
Gleichungen: (I) $2h + 3e = 90$; (II) $2h + 5e = 130$;
20 Erdbeerbonbons in einer Tüte, 15 Himbeerbonbons

6 Fehler im *Schülerbuch, 1. Auflage*: Das Zahlenpaar zu G muss $(5|7)$ lauten, der unterste Lösungsbuchstabe T.
a) $(-2|-1)$ V b) $\left(-\frac{3}{2}\middle|2\right)$ O c) $(-10|-6)$ R d) $(0|3)$ M
e) $\left(\frac{26}{35}\middle|-\frac{10}{21}\right)$ I f) unlösbar T g) unlösbar T h) $(1|3)$ A
i) $(5|7)$ G Lösungswort: VORMITTAG

7 a) schwarze Gerade: $y = 3x + 3$; rote Gerade: $y = -3x + 6$; $A(0{,}5|4{,}5)$
b) schwarze Gerade: $y = -\frac{1}{3}x - 2$; rote Gerade: $y = \frac{1}{3}x + 1$; $B(-4{,}5|-0{,}5)$

8 a)

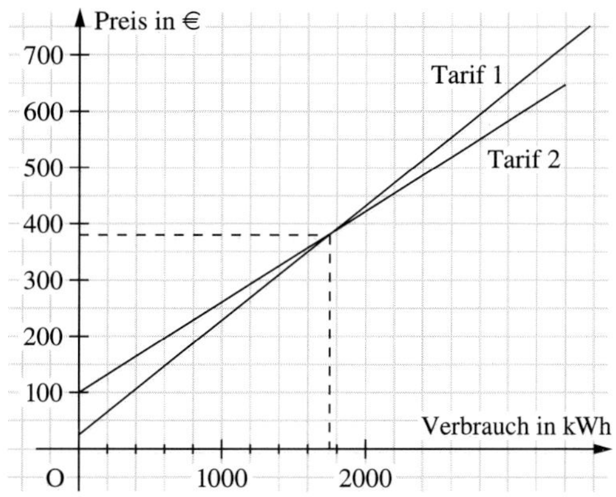

b) Bis zu einem Verbrauch von ca. 1750 kWh ist Tarif 1 günstiger, bei höherem Verbrauch Tarif 2.
Exakt: (I) $y = 30 + 0{,}2\,x$
(II) $y = 100 + 0{,}16\,x$
$\Rightarrow$ $x = 1750;\ y = 380$

9 a) $(\mathrm{I})\cdot 15$: $5x - 3y = -30$; $(\mathrm{II})\cdot 4$: $2x + y = -1$ Lösung: $(-3\,|\,5)$
b) $(\mathrm{I})\cdot 120$: $15x + 8y = 400$; $(\mathrm{II})\cdot 300$: $25x + 12y = 640$ Lösung: $(16\,|\,20)$
c) $(\mathrm{I})\cdot 10$: $4x + 5y = -2$; $(\mathrm{II})\cdot 10$: $15x - 2y = 34$ Lösung: $(2\,|\,-2)$

10 links unlösbar; rechts allgemein gültig.
Ein LGS hat unendlich viele Lösungen, wenn man die beiden Gleichungen jeweils so mit einer Zahl multiplizieren kann, dass die beiden Gleichungen identisch sind. Es ist unlösbar, wenn man sie zwar jeweils so mit einer Zahl multiplizieren kann, dass die Faktoren vor den Variablen übereinstimmen, die (Teil-)Terme ohne Variable aber verschieden sind.

11 Individuelle Lösungen; z. B.:
a) (I) $x + y = 9$ b) (I) $x + y = 1$ c), d) analog
(II) $-x + y = 1$ (II) $-x + y = 9$

12 a)

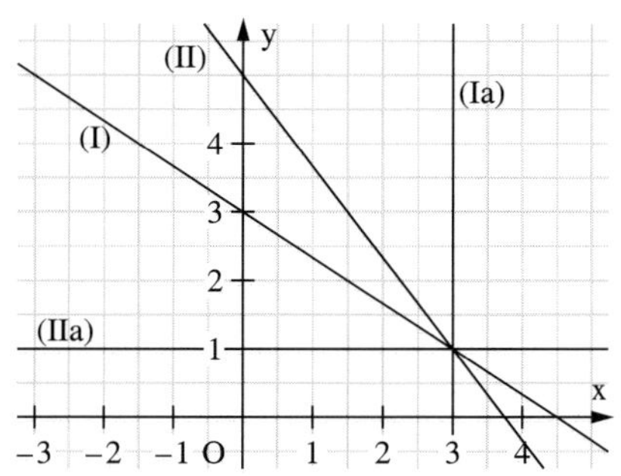

b) (IIa) $-3y = -3$
c) (Ia) $-2x = -6$
d) Es ergeben sich neue Geraden zu (IIa) bzw. (Ia). Der Schnittpunkt der Geraden bleibt jedoch immer gleich ($S(3\,|\,1)$).
Wenn man in einem linearen Gleichungssystem zwei Gleichungen addiert oder subtrahiert oder eine Gleichung mit einer rationalen Zahl ($\neq 0$) multipliziert, ändert sich die Lösung nicht, da es sich hierbei um Äquivalenzumformungen handelt.

13 a)

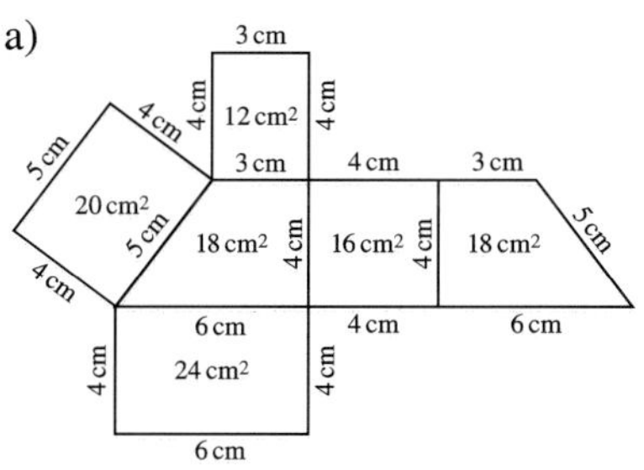

(Die Skizze muss nicht exakt sein; die Bemaßung wurde für b) ergänzt.)

b)

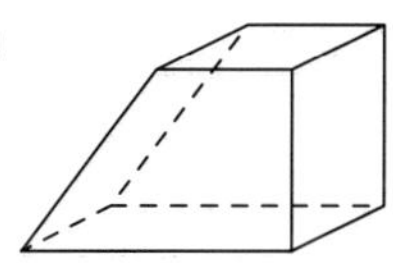

(Flächeninhalte siehe a))

c) $V = V_{\text{Quader}} + V_{\text{Dreiecksprisma}}$
$= 3 \cdot 4 \cdot 4\,\text{cm}^3 + \frac{1}{2} \cdot 3 \cdot 4 \cdot 4\,\text{cm}^3$
$= 48\,\text{cm}^3 + 24\,\text{cm}^3$
$= 72\,\text{cm}^3$

→ TB Trainingsblatt: Lösen von linearen Gleichungssystemen; Additionsverfahren; Kopiervorlage S. 140 f.

→ AB Arbeitsblatt/Spiel: Gleichungs-Countdown; Kopiervorlage S. 142 f.
Das Arbeitsblatt kann als Wettspiel für die ganze Klasse eingesetzt werden.
(Spieldauer: ca. 25 Minuten)

Spiel: Der verschollene Schnittpunkt; Kopiervorlage S. 144
Spiel für 2 Personen (Spieldauer: 25 Minuten)

Spielbeschreibung:
Es müssen Schnittpunkte zufällig ausgewählter linearer Funktionsgraphen bestimmt werden.

Gleichungssysteme-Quartett; Kopiervorlage S. 145 f.
Die Schüler können nach üblichen Regeln des Quartetts spielen (Spieldauer: ca. 1 Stunde) oder auch nur die passenden Karten zusammensuchen. Zur Verkürzung gegebenenfalls vollständige Quartette vor dem Spiel entfernen.

6 Lineare Gleichungssysteme in Anwendungssituationen

Das in dieser Lerneinheit vorgestellte Vorgehen zum Lösen von LGS in Anwendungssituationen ist eine Fortführung des in Jahrgangsstufe 7 vorgestellten Vorgehens beim Lösen von Linearen Gleichungen in Anwendungssituationen (vgl. *Band 7, Kapitel V, Lerneinheit 4*).

S. 78

1 a) (I) $x+y = 17$, (II) $x-y = 7$ → 5 und 12

b) (I) $2x+3y = 26$, (II) $3x-2y = 34$ → 2 und 10

c) $2x+\frac{1}{2}y = \frac{1}{2}(x+y)+1$; $\frac{2}{3}$ und eine beliebige Zahl

2 (I) $3r+2l = 9{,}50$ €, (II) $2r+3l = 10{,}50$ € → Preis Rose: 1,50 €; Preis Lilie: 2,50 €. Der Vater muss 25,50 € bezahlen.

3 x: Geschwindigkeit des Flugzeugs; y: Windgeschwindigkeit
Ansatz: (I) $x + y = 760\,\frac{km}{h}$; (II) $x - y = 690\,\frac{km}{h}$.
Das Flugzeug fliegt mit der Geschwindigkeit $725\,\frac{km}{h}$, die Windgeschwindigkeit ist $35\,\frac{km}{h}$.

4 Ansatz mit einem Gleichungssystem:
x: Länge des ursprünglichen Rechtecks
y: Breite des ursprünglichen Rechtecks

(I) $2x+2y = 15\,cm$
(II) $x \cdot y - 6\,cm^2 = (x-1)\cdot(y+1)$
Lösung: $x = 1{,}25\,cm$; $y = 6{,}25\,cm$

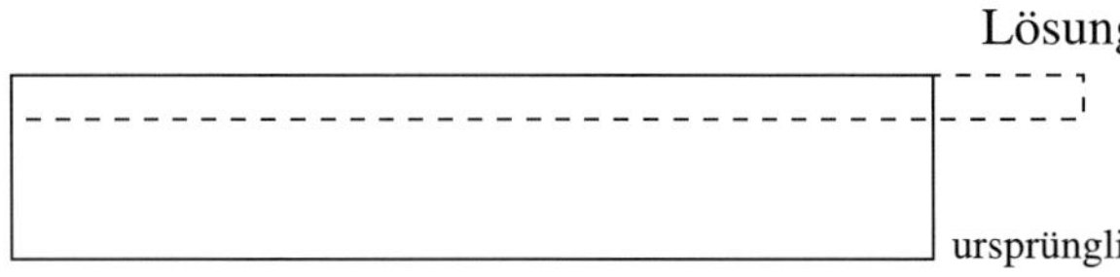
ursprüngliches Rechteck

weitere mögliche Strategien: Systematisches Probieren, Gleichung mit einer Unbekannten.

5 c: Alter Charlotte; j: Alter Jens
Ansatz: (I) $c - 1 = 2\cdot(j-1)$ (II) $c+2 = 1{,}5\cdot(j+2)$
Charlotte ist heute 7 Jahre, Jens 4 Jahre alt.

6 a) (I) $10x+y+9 = 10y+x$, (II) $2x = y$ → Die Zahl ist 12.
b) Individuelle Lösungen, z. B.:
Eine zweistellige Zahl wird um 18 kleiner, wenn man ihre Ziffern vertauscht. Ihre Zehnerziffer ist 3-mal so groß wie ihre Einerziffer.

7 p: Preis eines Pullovers; h: Preis eines Hemdes
Ansatz: (I) $200\,h + 250\,p = 24\,500$ € (II) $200 \cdot 1{,}2 \cdot h + 250 \cdot 1{,}4 \cdot p = 31\,900$ €
Ein Pullover kostet 50 €; ein Hemd 60 €.

8 a) Ansatz: $\frac{1}{2}(a-1{,}5)(b-1{,}5) = \frac{1}{2}ab - 12$
Für die Katheten muss also gelten: $a+b = 17{,}5\,cm$, also z. B.: $(10|7{,}5)$, $(2{,}5|15)$, …
b) Ansatz: $\frac{1}{2}(a+1{,}5)(b+1{,}5) = \frac{1}{2}ab + 12$
Für die Katheten muss also gelten: $a+b = 14{,}5\,cm$. Somit gibt es keines.
c) Individuelle Lösungen, z. B.:
Gibt es unter den Dreiecken aus a) eines, dessen Flächeninhalt um 14,25 cm zunimmt, wenn man seine Katheten um 1,5 cm verlängert?

9 a) Laufgeschwindigkeit in Windrichtung: $349{,}\overline{3}\,\frac{m}{s}$;
Laufgeschwindigkeit gegen Windrichtung: $327{,}5\,\frac{m}{s}$
v_W: Windgeschwindigkeit; v_S: Schallgeschwindigkeit bei Windstille
Ansatz: (I) $v_S + v_W = 349{,}\overline{3}\,\frac{m}{s}$ (II) $v_S - v_W = 327{,}5\,\frac{m}{s}$
Die Windgeschwindigkeit beträgt $10{,}91\overline{6}\,\frac{m}{s}$, die Schallgeschwindigkeit bei Windstille ca. $338{,}41\overline{6}\,\frac{m}{s}$.
b) Nein, die Laufzeit des Schalls ist mit ca. 3,097 s etwas kleiner als der Mittelwert 3,1 s.

S. 79 **10** a) x: Geld der ersten Person; y: Geld der zweiten Person
Ansatz: (I) $x+\frac{2}{3}y = 29$ (II) $\frac{3}{4}x+y = 29$
Die erste Person hat $19\frac{1}{3}$ Rubel, die zweite 14,5 Rubel.

11 a) x: Menge der 12%igen Lösung in kg; y: Menge der 30%igen Lösung in kg
Ansatz: (I) $x+y = 1$ (II) $x\cdot 0{,}12 + y\cdot 0{,}30 = 0{,}2$
Der Chemiker muss $\frac{5}{9}$ (etwa 556 g) der 12%igen Lösung und $\frac{4}{9}$ (etwa 444 g) der 30%igen Lösung einsetzen.
b) x: Menge des 96%igen Weingeists in l; y: Menge des 60%igen Weingeists in l
Ansatz: $x\cdot 0{,}96 + y\cdot 0{,}6 = 0{,}8\cdot(x+y) \Rightarrow x:y = 5:4$
Man muss $\frac{5}{9}$ $(2{,}5\,l)$ des 96%igen Weingeists mit $\frac{4}{9}$ $(2\,l)$ des 60%igen Weingeists mischen.

12 s_M: Anzahl der Super-Hamburger mit Mayo; s_O: Anzahl der Super-Hamburger ohne Mayo
t_M: Anzahl der Turbo-Hamburger mit Mayo; t_O: Anzahl der Turbo-Hamburger ohne Mayo
Ansatz: $4s_O = s_M$; $t_O = 2t_M$;
(I) $29{,}80€ = s_O\cdot 1{,}70€ + t_O\cdot 2{,}20€$ (II) $31{,}00€ = s_M\cdot 2{,}00€ + t_M\cdot 2{,}50€$
Auflösen liefert: $s_O = 2$; $s_M = 8$; $t_O = 12$; $t_M = 6$.
In der Klasse sind 28 Schülerinnen und Schüler.

13 Lösung über ein Gleichungssystem; Ansatz:
(I) $2\cdot\left(\frac{a}{10}+0{,}03\right)+3\cdot\frac{b}{100} = 1{,}2+\frac{b}{100}$ (II) $2\cdot\left(a+\frac{1}{10}+\frac{b}{100}\right)-3\cdot\left(1+\frac{b}{10}+0{,}02\right) = a+0{,}18$
Lösung: $a = 5$; $b = 7$.
Andere Lösung:
Aus der oberen Rechnung erhält man für b nur 2 oder 7 als mögliche Lösungen, da die Einerstelle von $3\cdot b$ addiert mit $2\cdot 3$ eine Zahl ergeben muss, die als Einerstelle b hat. Aus der unteren Rechnung erhält man $b = 7$; damit kann man $a = 5$ herausfinden.

14 a) Ansatz: (I) $0{,}35x+0{,}20y = 0{,}22\cdot 5$ (II) $x+y = 5$
Man muss $\frac{2}{3}\,l$ 35%ige Essigsäure mit $4\frac{1}{3}\,l$ 20%iger Essigsäure mischen.
b) Ansatz: $0{,}18x = 0{,}02(x+y)$
Man muss $\frac{1}{9}$ Salzsäure mit $\frac{8}{9}$ Wasser mischen. (Verhältnis 1 : 8)

15 a) (1) x: Ziffer der Zehnerstelle; y: Ziffer der Einerstelle
Ansatz: $10x+y = x+y+18$
Lösung: $x = 2$; y: beliebige Ziffer; es gibt also zehn Lösungen: 20, 21, 22, …, 29.
(2) Zusätzliche Bedingung: $10x+y = 6\cdot 2\cdot x$; Lösung: $x = 2$, $y = 4$; Die Zahl ist 24.
b) Individuelle Lösungen

16 (I) $a+h+k = 100$; (II) $5a+3h+\frac{k}{3} = 100$.
Die Lösung erhält man durch geschicktes Probieren, z. B.:
8 Hähne, 11 Hennen, 81 Küken oder
12 Hähne, 4 Hennen, 84 Küken

17 a) $a < -\frac{2}{9}$ b) $c \leqq -\frac{3}{4}$ c) $f \leqq -7\frac{1}{5}$

18 a) $-0{,}485$ b) $-0{,}25$ c) $0{,}02$ d) $1\frac{1}{6}$

→ TB Trainingsblatt: Lineare Gleichungssysteme in Anwendungssituationen; Kopiervorlage S. 147 f.

→ AB Logical: Familienstammbaum; Kopiervorlage S. 149 f.

*7 Lineare Gleichungssysteme mit drei Variablen

S. 80

1 x: Preis eines Schokoriegels; y: Preis einer Brausetüte; z: Preis einer Lakritzschnecke
Ansatz: (I) $x + y + 2z = 1{,}50$ € (II) $2x + 2y = 1{,}60$ € (III) $2x + y + z = 1{,}65$ €
Geschickt lösen: Zuerst (II) umformen und in (I) (oder (III)) einsetzen.
Ein Schokoriegel kostet 50 ct, eine Brausetüte 30 ct und eine Lakritzschnecke 35 ct.

2 Am einfachsten ist a) zu lösen, da z durch Gleichung (III) bereits angegeben ist. b) ist einfacher zu lösen als c), weil zwei Gleichungen in b) jeweils nur zwei Variablen enthalten.
(a) $(3|2|1)$ b) $\left(\frac{26}{3}\middle|\frac{7}{3}\middle|\frac{2}{3}\right)$ c) $(3|4|5)$)

S. 81

3 Nur System c) hat Stufenform.
a) $(4|1|6)$ b) $\left(-\frac{1}{4}\middle|\frac{4}{3}\middle|\frac{3}{4}\right)$ c) $\left(\frac{1}{2}\middle|0\middle|1\right)$

4 a) unlösbar b) $L = \{(x|y|z) \mid x = -\frac{3}{2}(z+1),\ y = \frac{1}{2}(z+1)\}$ c) unlösbar

5 Nein, dies ist (für beide Fragen) nicht möglich.
Ansatz: (I) $\frac{x+y}{2} = 10$ (II) $\frac{x+z}{2} = 10$ (III) $\frac{y+z}{2} = 10$
Lösung: $x = y = z = 10$.
Dies widerspricht der Voraussetzung von drei verschiedenen Zahlen.
Für die zweite Frage analog (10 wird in den Gleichungen durch eine Variable ersetzt).

6 a) $\left.\begin{aligned}&\text{(I)} && x+y+z = 12\\ &\text{(II)} && x+y = x+z\\ &\text{(III)} && x+y = y+z\end{aligned}\right\} \Rightarrow x = y = z = 4$; also Lösung: 444

b) $\left.\begin{aligned}&\text{(Ia)} && x+y+z = 10\\ &\text{(II),(III)} && \text{wie oben}\end{aligned}\right\} \Rightarrow x = y = z = \frac{10}{3}$ (keine Ziffer!); also gibt es keine solche Zahl.

c) $\left.\begin{aligned}&\text{(I)} && x+y = x+z\\ &\text{(II)} && x+y = y+z\end{aligned}\right\} \Rightarrow x = y = z$; also gibt es 9 solcher Zahlen (111; 222; …, 999)

7 Skizze: 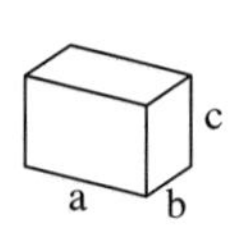

Ja, ein solcher Quader existiert mit
$a = 3{,}5$ cm, $b = 1{,}5$ cm und $c = 2{,}5$ cm.

Thema: Lineare Optimierung

S. 82

1 a) (I) $y \geqq 1$ (II) $x \leqq 4$ (III) $y \leqq \frac{1}{4}x+3$ (IV) $y \geqq -2x+3$

b) kleinster x-Wert: D(0|3) größter y-Wert: C(4|4)

c) A: 2 B: 5 P: 5 Q: 7

Für C ist die Summe mit 8 am größten.

S. 83

2 x: Anzahl der Tage, an denen Typ A produziert wird
y: Anzahl der Tage, an denen Typ B produziert wird
Ansatz: (I) $x + y \leqq 240$
(II) $x \cdot 15 + y \cdot 30 \leqq 6000$
Die Gesamteinnahmen der Fabrik sind
$G = 15 \cdot x \cdot 30000 + 30 \cdot y \cdot 20000 \Rightarrow y = -\frac{3}{4}x + \frac{G}{600000}$
Der Schnittpunkt der Geraden (I) und (II) gibt die optimale Anzahl der Produktionstage an (da er auch auf der Geraden G_{max} liegt):
80 Tage lang Autos von Typ A, 160 Tage lang Autos von Typ B.

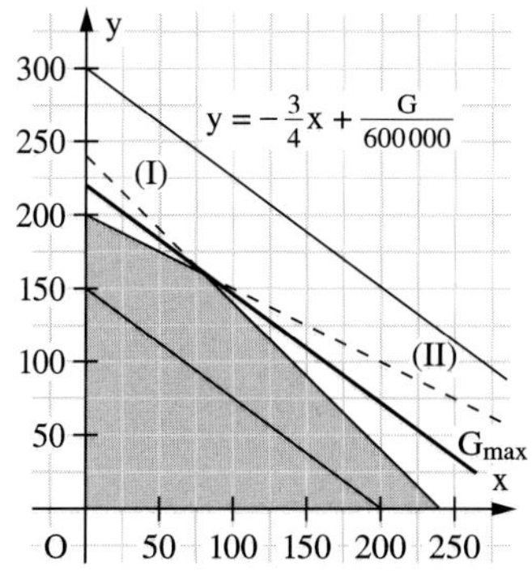

3 x: Produzierte Menge Badeöl A (in l/Tag)
y: Produzierte Menge Badeöl B (in l/Tag)
Ansatz: (I) $4{,}5 \cdot x + 3 \cdot y \leqq 360$
(II) $4 \cdot x + 4 \cdot y \leqq 360$
(III) $1{,}5 \cdot x + 6 \cdot y \leqq 360$
Gewinn: $G = x \cdot 15 + y \cdot 20 \Rightarrow y = -\frac{3}{4}x + \frac{1}{20}G$
Der höchste Gewinn wird mit $40\,l$ Badeöl A und $50\,l$ Badeöl B erreicht.

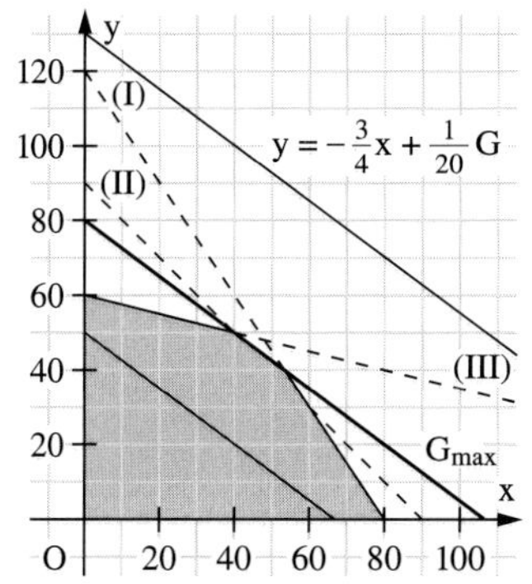

4 x: Anzahl Fahrräder der Sorte A; y: Anzahl Fahrräder der Sorte B
Ansatz: (I) $y \geqq \frac{1}{2}x$
(II) $y \leqq x$
(III) $x \cdot 160€ + y \cdot 200€ \leqq 20000€ \Rightarrow y \leqq -\frac{4}{5}x + 100$

a) Gewinn: $G_a = a \cdot x + a \cdot y$
$\Rightarrow y = -x + \frac{G_a}{a}$
(a: Verdienst pro Fahrrad)
Die genaue Anzahl der Fahrräder erhält man als Schnittpunkt der Geraden (I) und (III):
$x = 76{,}92$; $y = 38{,}46$.
Zur sinnvollen Lösung der Aufgabe, d. h., um ganzzahlige Werte für x und y zu erhalten, untersucht man die Punkte, die „in der Nähe" des errechneten Schnittpunktes liegen. So ergibt sich
$x = 76$; $y = 38$.

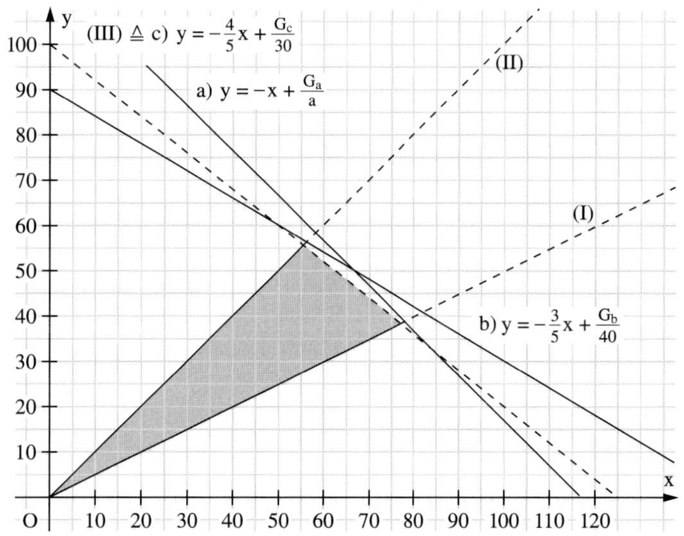

b) Gewinn: $G_b = 0{,}15 \cdot x \cdot 160€ + 0{,}2 \cdot y \cdot 200€ \Rightarrow y = -\frac{3}{5}x + \frac{G_b}{40}$
genaue Lösung (Schnitt von (II) und (III)): $x = 55{,}55$; $y = 55{,}55$.
sinnvolle ganzzahlige Werte: $x = y = 55$.

c) Gewinn: $G_c = 0{,}15 \cdot x \cdot 160€ + 0{,}15 \cdot y \cdot 200€ \Rightarrow y = -\frac{4}{5}x + \frac{G_c}{30}$
G_c ist maximal für alle Punkte der Geraden (III).
sinnvolle ganzzahlige Werte für (x|y): (75|40), (70|44), (65|48), (60|52).

V Laplace-Wahrscheinlichkeit

1 Ergebnismenge

Im *Schülerbuch* wird bevorzugt der Begriff „Ergebnismenge“ (statt „Ergebnisraum“) verwendet, weil auf der Menge aller möglichen Ergebnisse keine weitere Struktur definiert ist.
In dieser Lerneinheit sollen die Schüler insbesondere erkennen, dass es von der Fragestellung abhängt, wie die denkbar möglichen Ausgänge eines Zufallsexperiments in einer Ergebnismenge notiert werden können. Die Veranschaulichung von Zufallsexperimenten am Baumdiagramm spielt eine wichtige Rolle.
Bei der Angabe von Ergebnissen mehrteiliger Zufallsexperimente sind – wie im *Schülerbuch in Bsp. 2* gezeigt – verschiedene Varianten möglich z. B. rw oder (r; w) (vgl. auch z. B. Lösungen zu den Aufgaben 7 bis 10)

S. 86

1 Von Interesse könnte beispielsweise sein, welche Zahl bzw. welche Farbe angezeigt wird.

2 a) Welches Geschlecht hat Ihr erstgeborenes Kind, welches Ihr Zweitgeborenes?
b) Welches Geschlecht haben Ihre Kinder?

S. 87

3 a) Zufallsexperiment: Jede Zahl auf dem Würfel kann auftreten; man kann keine Vorhersage treffen. $\Omega = \{1; 2; 3; 4; 5; 6\}$
b) Kein Zufallsexperiment: Wenn man davon ausgeht, dass das Ergebnis eindeutig bestimmt werden kann (keine Messfehler), ist eine Vorhersage möglich und daher das Ergebnis nicht zufällig.
c) Zufallsexperiment: Jedes Sternzeichen kann auftreten; man kann keine Vorhersage treffen. Ω = {Widder; Stier; Zwillinge; Krebs; Löwe; Jungfrau; Waage; Skorpion; Schütze; Steinbock; Wassermann; Fische}
d) Zufallsexperiment: Jeder Buchstabe kann auftreten; man kann keine Vorhersage treffen. Ω = {a; b; c; d; e; f; g; …; x; y; z; ä; ö; ü}
@ e) Kein Zufallsexperiment: Das Ergebnis lässt sich, sofern der gregorianische Kalender nicht geändert wird, vorhersagen: Der 1. Mai 2020 wird ein Freitag sein.

4 a) Bei drei Ergebnissen endet das Knobeln unentschieden.
b) Bei drei Ergebnissen gewinnt Jean. (Papier schlägt Stein; Schere schlägt Papier; Stein schlägt Schere)
c) Jean und Ben haben die gleiche Chance zu gewinnen. Das Spiel ist fair.

5 a) Als Merkmal betrachtet wurden die Buchstaben auf den Kugeln.
b) Man könnte auch die Farbe der Kugeln betrachten. Ω = {gelb; grün; grau}

6 a) Man muss den Schwerpunkt des Würfels näher an die Mitte der Eins gegenüberliegenden Seitenfläche (⁙) verschieben.
b) Auch beim Werfen eines gezinkten Würfels liegt ein Zufallsexperiment vor, denn es kann nicht vorhergesagt werden, welches von mehreren möglichen Ergebnissen eintreten wird.

S. 88

7 a) $\Omega = \{(1; 1); (1; 2); \ldots; (1; 6); (2; 1); \ldots; (2; 6); (3; 1); \ldots; (6; 1); \ldots; (6; 6)\}$
b) $\Omega = \{2; 3; 4; \ldots; 11; 12\}$

8 Ω = {rw; rs; sw; ss}

9 a) Ω = {br; bg; rr; rg; gr; gg} b) Ω = {0r; 0g; 1r; 1g; 2r; 2g; …; 5r; 5g}

10 Die Ergebnisse sind so notiert, dass die erste Stelle in der Klammer den Weg (l oder r) an der ersten Stufe, die zweite Stelle den Weg an der zweiten Stufe usw. angibt.
Ω = {(l, l, l); (l, l, r); (l, r, l); (l, r, r); (r, l, l); (r, l, r); (r, r, l); (r, r, r)}
Viele Schulen besitzen in der Mathematiksammlung ein Galtonbrett zur Vorführung.
→ AB Arbeitsblatt: Galton-Brett; Kopiervorlage S. 151 f.

11 Die Reihenfolge der ausgelosten Spieler ist für die Dopingkontrolle unerheblich; daher lautet die Ergebnismenge: $\Omega = \{ab; ac; ad; bc; bd; cd\}$

12

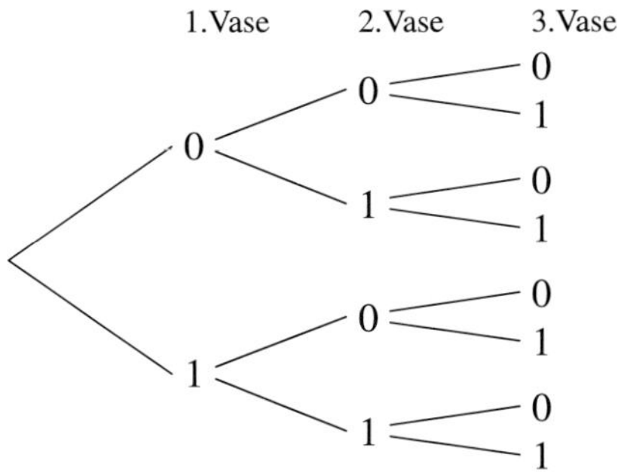

$\Omega = \{(0; 0; 0); (0; 0; 1); (0; 1; 0); (0; 1; 1); (1; 0; 0); (1; 0; 1); (1; 1; 0); (1; 1; 1)\}$

13 Man nimmt an, dass ein gleichzeitiger Einlauf zweier Boote ausgeschlossen ist. Werden die Boote mit a, b und c benannt, so lautet $\Omega = \{abc; acb; bac; bca; cab; cba\}$

14 Individuelle Lösungen

15 U bedeutet „Unentschieden", S bedeutet „Sieg", N bedeutet „Niederlage". Die erste Ziehung stellt das Ergebnis von Mannschaft A, die zweite das von Mannschaft B dar.
$\Omega = \{(N; N); (N; U); (N; S); (U; N); (U; U); (U; S); (S; N); (S; U); (S; S)\}$

16 Wenn Pia und Timo die Strategie des Spiels nicht durchschauen und zufällig 1 bis 3 Münzen nehmen, ist das Spiel ein Zufallsexperiment. Man kann bei dem Spiel aber immer gewinnen, wenn man selbst beginnt und zwei Münzen entfernt. Im nächsten Zug muss man so viele Münzen entfernen, dass vier Münzen auf dem Tisch bleiben. Falls Pia oder Timo (oder beide) nach dieser Strategie spielen, liegt kein Zufallsexperiment vor.

17

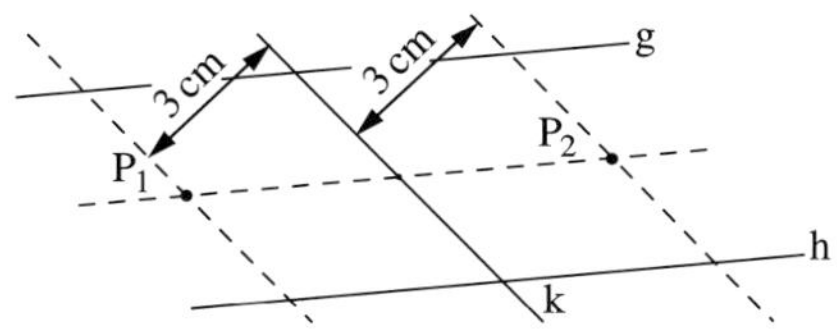

Es wird die Mittelparallele zu g und h konstruiert sowie die Parallelen zu k im Abstand 3 cm. P_1 und P_2 sind die gesuchten Punkte.

18 $x = \frac{2}{3}$

→ AB Arbeitsblatt zum Basteln von Glücksrädern: Lösungen und Materialien Band 6, S. 157

→ AB Arbeitsblatt: Galton-Brett; Kopiervorlage S. 151 f.

2 Ereignisse

S. 89 **1** a) KKK; KKZ; KZK; KZZ b) KKK

S. 90 **2** a) 2; 3; 5 b) $A = \{3; 4; 5; 6\}$

3 A: ungerade Zahl B: gerade Zahl C: Zahl > 3 (≧ 4)
D: Primzahl < 5 E: Quadratzahl F: Primzahl
Es sind auch andere Beschreibungen denkbar, z. B.: D: Zwischen 1 und 4

4 a) $\Omega = \{11; 21; 22; 31; 32; 33; 41; 42; 43; 44; 51; 52; 53; 54; 55; 61; 62; 63; 64; 65; 66\}$
b) $A = \{11; 22; 33; 44; 55; 66\}$ $B = \{41; 42; 43; 44; 54; 64\}$
$C = \{21; 42; 63\}$ $D = \{55; 61; 62; 63; 64; 65; 66\}$
$E = \{33; 42; 51\}$ $F = \Omega$

5 „douze premier“ entspricht den Zahlen von 1 bis 12 („Erstes Dutzend“): A = {1; 2; 3; …; 12},
„pair“ entspricht allen geraden Zahlen außer 0: B = {2; 4; 6; …; 36},
„rouge“ entspricht allen roten Zahlen:
C = {1; 3; 5; 7; 9; 12; 14; 16; 18; 19; 21; 23; 25; 27; 30; 32; 34; 36},
„noir“ entspricht allen schwarzen Zahlen: D = $\overline{C}\setminus\{0\}$,
„manque“ allen Zahlen von 1 bis 18: E = {1; 2; 3; …; 18}.

i Beim Roulette wird mit Hilfe einer Kugel und des Roulettekessels eine Zahl von 0 bis 36 ausgelost. Die Wahrscheinlichkeit für jede der 37 Zahlen ist gleich groß. Die Null ist grün gefärbt, die Hälfte der restlichen Zahlen ist rot, die andere Hälfte schwarz gefärbt. Im Roulettekessel sind die Zahlen immer gleich angeordnet (siehe Bild rechts). Bei diesem Glücksspiel setzt man auf eine Zahl, eine Kombination von Zahlen oder auf eine Farbe und gewinnt (unterschiedlich hoch), wenn diese Zahl, eine Zahl aus der Kombination oder diese Farbe gelost wird.

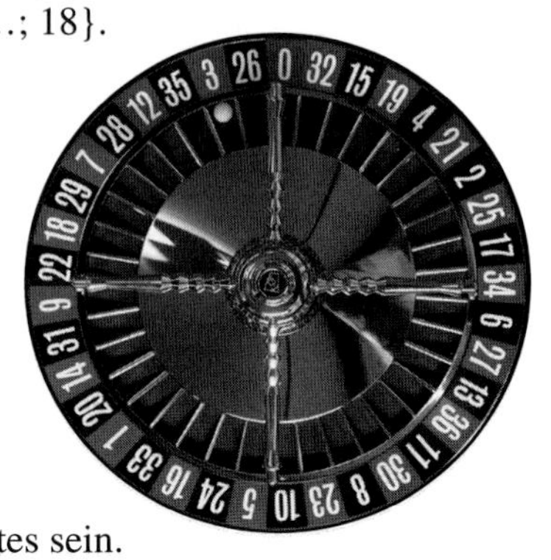

+ Die Recherche könnte auch Gegenstand eines Schülerreferates sein.

6 Individuelle Lösungen
z. B.: Man würfelt zweimal nacheinander mit einem Würfel.
Ω = {(1; 1); (1; 2); (1; 3); (1; 4); (1; 5); (1; 6); (2; 1); …; (6; 6)}
A: Gewinn, wenn die zweite Zahl mindestens doppelt so groß ist wie die erste.
A = {(1; 2); (1; 3); (1; 4); (1; 5); (1; 6); (2; 4); (2; 5); (2; 6); (3; 6)}
B: Beide Zahlen sind durch zwei teilbar.
B = {(2; 2); (2; 4); (2; 6); (4; 2); (4; 4); (4; 6); (6; 2); (6; 4); (6; 6)}
C: Die Summe der beiden Zahlen ist kleiner als vier.
C = {(1; 1); (1; 2); (2; 1)}
oder: Frage nach der Kennzeichennummer des nächsten vorbeifahrenden Autos.
A: Nummer größer als 700
B: Nummer gerade
etc.

7 a)

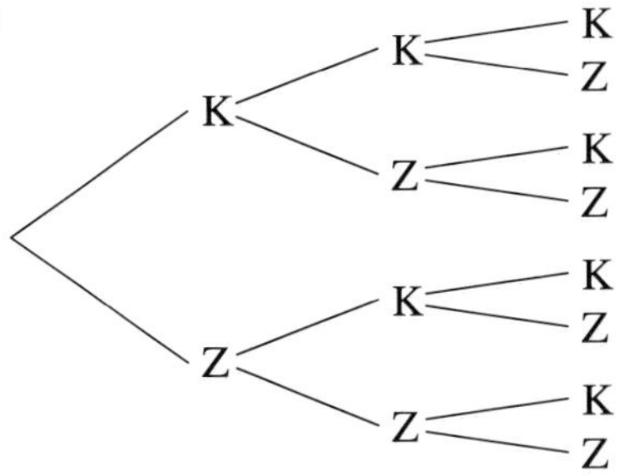

KKK
KKZ
KZK
KZZ
ZKK
ZKZ
ZZK
ZZZ

b) A = {KKK; ZZZ}
B = {KZZ; ZKZ; ZZK}
C = {KKK; KKZ; KZK; ZKK}
D = {KKK; KKZ; KZK; ZKK} = C

Hinweis: „Höchstens einmal“ beinhaltet auch den Fall „keinmal“.

8 a) A = {2; 3; 5; 7}; B = {0; 5}; C = {0; 2; 4; 6; 8}
D = {9}; E = {0; 1; 4; 9}; F = {0; 1; 2; 3}

b)
$\overline{A}$ = {0; 1; 4; 6; 8; 9} — $\overline{A}$: keine Primzahl
$\overline{B}$ = {1; 2; 3; 4; 6; 7; 8; 9} — $\overline{B}$: Zahl nicht teilbar durch 5
$\overline{C}$ = {1; 3; 5; 7; 9} — $\overline{C}$: ungerade Zahl
$\overline{D}$ = {0; 1; 2; …; 8} — $\overline{D}$: Zahl < 9 ($\leqq 8$)
$\overline{E}$ = {2; 3; 5; 6; 7; 8} — $\overline{E}$: Zahl ist keine Quadratzahl
$\overline{F}$ = {4; 5; 6; …; 9} — $\overline{F}$: Zahl ist > 3 ($\geqq 4$)

9 Jedes Ergebnis lässt sich als Paar darstellen, die erste Stelle gibt die Zusteigemöglichkeiten an der Münchner Freiheit, die zweite am Marienplatz an.
Ω = {(U3, S4); (U3, S5); (U3, S6); (U3, S8); (U6, S4); (U6, S5); (U6, S6); (U6, S8)}
A = {(U3, S4); (U3, S5); (U3, S6); (U3, S8)
B = {(U3, S4); (U3, S5); (U3, S8); (U6, S4); (U6, S5); (U6, S8)}

10 A = {1}; B = {2}; C = {3}; D = {4};
E = {1; 2}; F = {1; 3}; G = {1; 4}; H = {2; 3}; I = {2; 4}; K = {3; 4};
L = {1; 2; 3}; M = {1; 2; 4}; N = {1; 3; 4}; O = {2; 3; 4};
P = {1; 2; 3; 4}; R = { } Es gibt 16 mögliche Ereignisse.

11 $\gamma_1 = 53°$; $\gamma_2 = 37°$; $\beta = 53°$

→ TB Trainingsblatt: Ergebnismenge und Ereignisse; Kopiervorlage S. 153 f.

3 Relative Häufigkeit und Wahrscheinlichkeit

In dieser Lerneinheit wird untersucht, wie die relativen Häufigkeiten eines Ereignisses A von der Anzahl n der Versuche abhängen. Die Schüler sollen bei der Bearbeitung der Aufgabe 2, 3, 5 selbst herausfinden, dass bei sehr hoher Versuchszahl n sich die relativen Häufigkeiten „stabilisieren", es aber bei noch so hoher Versuchszahl n immer wieder stärkere Abweichungen („Ausreißer") gibt, wenn auch seltener. Die Bearbeitung dieser Aufgaben benötigen entsprechend sehr viel Zeit, eine Aufteilung in Gruppen erscheint sinnvoll.
Das Bild mit der Verteilung des Saftes im *Schülerbuch auf S. 93* soll verdeutlichen, dass die Summe der festgesetzten Wahrscheinlichkeiten für alle Ergebnisse eines Zufallsexperiments 100 % betragen muss.

S. 91 **1** Eine gerade Zahl wird in 22 Fällen gezogen. Der Anteil ist daher $\frac{22}{50} = 44\,\%$.

S. 93 ⏲ **2** Hinweis: Die Aufgabenstellung könnte auf mehrere Gruppen aufgeteilt werden.
Bei der vorliegenden Lösung wird die Tabelle zeilenweise gelesen.
a) absolute Häufigkeit:

	Wurfabschnitte						
Augenzahl	1–50	51–100	101–150	151–200	201–250	251–300	301–350
1	14	16	13	12	13	11	14
2	16	13	13	15	13	12	11
3	12	7	13	12	13	13	15
4	8	14	11	11	11	14	10

b) relative Häufigkeit:

	Wurfabschnitte						
Augenzahl	1–50	51–100	101–150	151–200	201–250	251–300	301–350
1	0,28	0,32	0,26	0,24	0,26	0,22	0,28
2	0,32	0,26	0,26	0,30	0,26	0,24	0,22
3	0,24	0,14	0,26	0,24	0,26	0,26	0,30
4	0,16	0,28	0,22	0,22	0,22	0,28	0,20

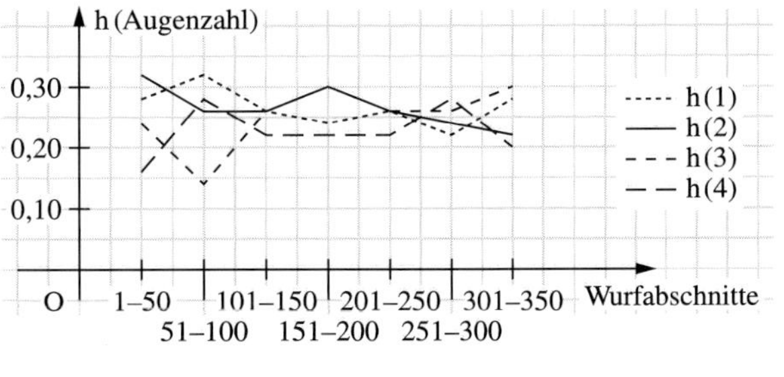

3 Individuelle Lösungen; die Vorgehensweise wird an einem Beispiel gezeigt:

a) Durchführung des Zufallsexperimentes mit Notierung der Ergebnisse:

n	n	j	j	j	j	j	n	n	n
n	n	n	j	n	n	n	n	j	n
n	n	n	j	n	n	n	n	n	j
n	n	n	n	n	n	n	j	n	n
n	n	j	n	n	n	n	j	n	n
n	n	n	n	n	n	n	n	j	n
j	n	n	j	n	n	n	n	n	j
j	j	n	j	n	n	j	n	j	n
n	n	j	n	n	n	n	n	j	n
n	j	n	n	n	j	n	j	j	n

(j entspricht A, n entspricht $\overline{A}$)

b) Auswertung der Ergebnisse:

Anzahl n der Würfe	absolute Häufigkeit $H_n(A)$	relative Häufigkeit $h_n(A)$
10	5	0,50
20	7	0,35
30	9	0,30
40	10	0,25
50	12	0,24
60	13	≈ 0,22
70	16	≈ 0,23
80	21	≈ 0,26
90	23	≈ 0,26
100	27	0,27

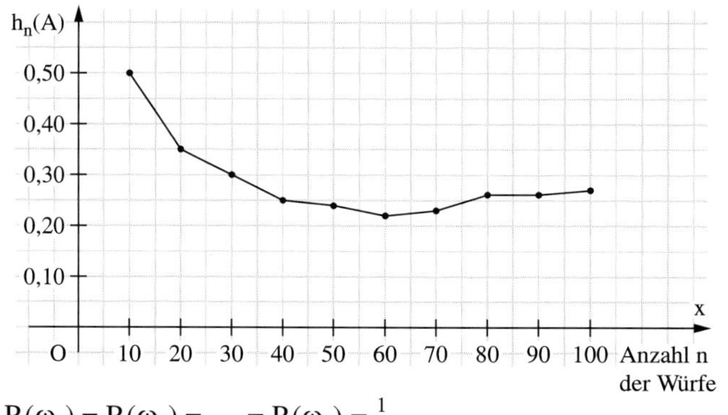

Interpretation:
Die relative Häufigkeit für das Ereignis A: „Augensumme größer als 8“ stabilisiert sich mit zunehmender Anzahl von Würfen.
Als Richtwert für das Auftreten einer Augensumme größer als 8 kann man 0,27 wählen.

4 a) $P(\omega_1) = P(\omega_2) = \ldots = P(\omega_6) = \frac{1}{6}$

b) $P(\omega_1) = P(\omega_2) = \ldots = P(\omega_5) = \frac{1}{7}$; $P(\omega_6) = \frac{2}{7}$

c) $P(\omega_1) = 0{,}2$; $P(\omega_2) = P(\omega_3) = \ldots = P(\omega_6) = 0{,}16$

d) $P(\omega_1) = P(\omega_4) = P(\omega_6) = \frac{1}{10}$; $P(\omega_3) = P(\omega_5) = \frac{2}{10}$; $P(\omega_2) = \frac{3}{10}$

5 Telefonbuch benötigt
Individuelle Lösungen

6 a) x = Anzahl der Schüler der Klasse; $\frac{2}{3} \cdot 0{,}4 \cdot x = 8 \Rightarrow x = 30$

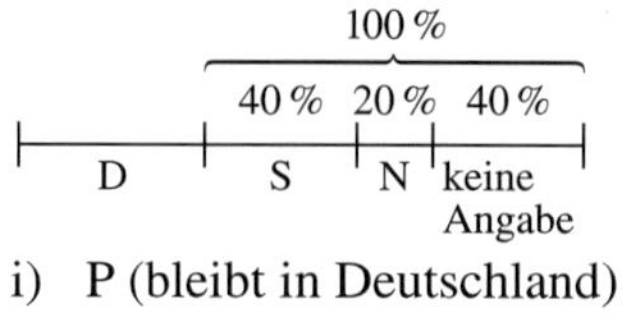

b) i) P (bleibt in Deutschland) $= \frac{1}{3}$; ii) P (reist in den Süden) $= \frac{8}{30} = \frac{4}{15}$;
iii) P (reist in den Norden) $= \frac{4}{30} = \frac{2}{15}$; iv) P (macht keine Angabe) $= \frac{8}{30} = \frac{4}{15}$

7 a) f: $y = \frac{3}{2}x + 1$; g: $y = -6x - 6$; h: $y = -\frac{2}{9}x + 1\frac{5}{9}$; k: $x = 3{,}5$; t: $y = -\frac{3}{4}x - \frac{1}{4}$

b) $P_{g,k}(3{,}5 \mid -27)$; $P_{g,h}\left(-\frac{17}{13} \middle| \frac{24}{13}\right)$; $P_{f,g}\left(-\frac{14}{15} \middle| -\frac{2}{5}\right)$

4 Laplace-Experimente

S. 94

1 Individuelle Lösungen; die Vermutung sollte sich bestätigen.

S. 95

2 a) (1) $P(6) = \frac{1}{6}$; (2) $P(6) = \frac{1}{8}$; (3) $P(6) = \frac{1}{12}$
b) (1) ca. 30 Mal; (2) ca. 22–23 Mal; (3) ca. 15 Mal
c) Fehler am Glücksrad, z. B. Achse defekt (Rad dreht sich unregelmäßig), Felder unterschiedlich groß

3 a) Die möglichen Ergebnisse sind „rot" und „blau". Da mehr rote als blaue Kugeln in der Urne sind, sind nicht alle Ergebnisse gleich wahrscheinlich.
b) z. B.: 3 rote und 3 blaue Kugeln sollten in der Urne sein.
c) Individuelle Lösungen

4 a) $P(3) = \frac{1}{12}$ b) $P(\text{rot}) = P(\text{gelb}) = \frac{1}{3}$

5 a) AMO; AOM; MOA; MAO; OMA; OAM b) $P(\text{OMA}) = \frac{1}{6}$

6

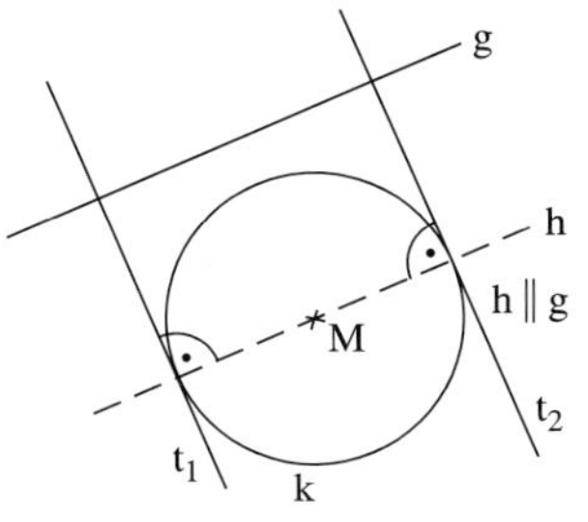

(Konstruktionsbeschreibung:
1. Parallele h zu g durch M
2. Lotkonstruktionen t_1 und t_2 in den Schnittpunkten von h mit k.)

7 $V = 30\,\text{cm}^3$

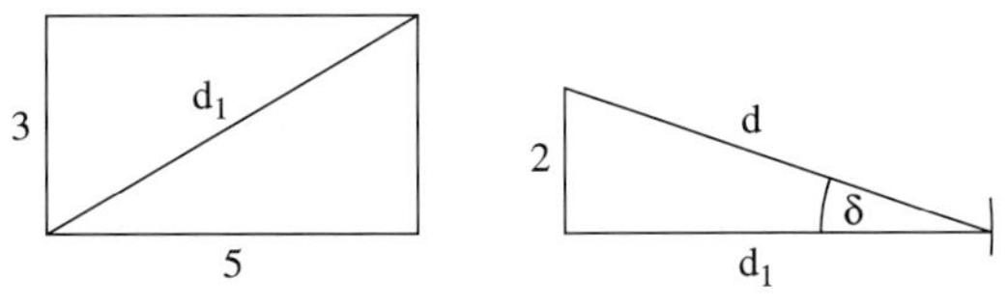

$d_1 \approx 5{,}8\,\text{cm}$
$d \approx 6{,}2\,\text{cm}$
$\delta \approx 19°$

5 Wahrscheinlichkeit von Ereignissen bei Laplace-Experimenten

S. 96

1 Julia überholt, wenn sie 3, 4, 5 oder 6 würfelt, das heißt in vier von sechs Fällen. Die Wahrscheinlichkeit ist $\frac{4}{6} = \frac{2}{3}$.
Wenn Julia drei Positionen hinter Heinz stehen würde, wäre die Wahscheinlichkeit 50 %.

S. 97

2 a) $P(\text{Treffer}) = \frac{|A_{\text{Treffer}}|}{|\Omega|} = \frac{6}{100} = 6\,\%$; $P(\text{Niete}) = \frac{|A_{\text{Niete}}|}{|\Omega|} = \frac{94}{100} = 94\,\%$

b) $P(\text{Treffer}) = \frac{|A_{\text{Treffer}}|}{|\Omega|} = \frac{3}{50} = 6\,\%$; $P(\text{Niete}) = \frac{|A_{\text{Niete}}|}{|\Omega|} = \frac{47}{50} = 94\,\%$

3 Gleiche Augenzahlen werden unterschieden (falls sie mehrfach auftreten), sonst liegt kein Laplace-Experiment vor. (a = gewürfelte Augenzahl)
a) $P(a < 3) = \frac{1}{6}$ b) $P(a > 1) = 1 - P(a < 3) = \frac{5}{6}$ c) $P(a < 1) = 0$

4 $P(A) = \frac{14}{100} = 0{,}14$; $P(B) = \frac{16}{100} = 0{,}16$; $P(C) = \frac{10}{100} = 0{,}1$; $P(D) = \frac{20}{100} = 0{,}2$; $P(E) = \frac{9}{100} = 0{,}09$

5 a) $P(R) = \frac{1}{18}$ b) $P(E) = \frac{1}{9}$ c) $P(\text{Konsonant}) = \frac{12}{18} = \frac{2}{3}$
d) $P(\text{Vokal}) = \frac{1}{3}$ e) $P(L, E) = \frac{3}{18} = \frac{1}{6}$
Gleiche Buchstaben werden unterschieden (falls sie mehrfach auftreten), sonst liegt kein Laplace-Experiment vor.

S. 98

6 a) $P(\text{Ass}) = \frac{4}{32} = \frac{1}{8}$ b) $P(\text{Herz}) = \frac{8}{32} = \frac{1}{4}$ c) $P(\text{Herzass}) = \frac{1}{32}$
d) $P(\text{Herz ohne Ass}) = \frac{7}{32}$ e) $P(\text{nicht Herz, nicht Ass}) = \frac{21}{32}$ f) $P(\text{Herz, Ass}) = \frac{11}{32}$
g) $P(\text{Ass, kein Herz}) = \frac{3}{32}$

7 a) $P(\text{Gewinn}) = \frac{40}{400} = 0{,}1$ b) $P(\text{Trostpreis}) = \frac{160}{400} = 0{,}4$ c) $P(\text{Niete}) = \frac{200}{400} = 0{,}5$
d) $P(\text{keine Niete}) = 0{,}5$

8 a) $\frac{5}{6} \approx 83{,}33\,\%$
b) $P(\text{keine blaue Fläche}) = \frac{2}{27}$; $P(\text{eine blaue Fläche}) = \frac{9}{27} = \frac{1}{3}$; $P(\text{zwei blaue Flächen}) = \frac{12}{27} = \frac{4}{9}$;
$P(\text{drei blaue Flächen}) = \frac{4}{27}$; $P(\text{vier blaue Flächen}) = 0$;

9 $P(1.\ \text{Zahl gerade}) = \frac{24}{49} \approx 0{,}49$

10 a)

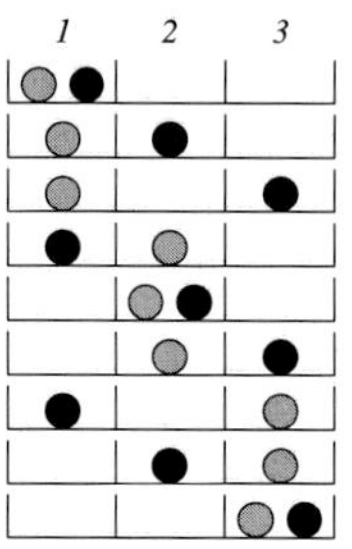

b) Jedes Ergebnis kann man als geordnetes Paar darstellen. Die 1. Zahl sei die Kästchennummer der roten, die 2. Zahl die Kästchennummer der schwarzen Kugel.
$\Omega = \{(1;\,1);\,(1;\,2);\,(1;\,3);\,(2;\,1);\,(2;\,2);\,(2;\,3);\,(3;\,1);\,(3;\,2);\,(3;\,3)\}$

c) $P(A) = \frac{4}{9}$; $P(B) = \frac{2}{9}$;
$P(C) = \frac{6}{9} = \frac{2}{3}$; $P(D) = \frac{3}{9} = \frac{1}{3}$;

11 Annahme: Die Körper werden als „nach hinten" konsequent fortgesetzt betrachtet, dies kann man wegen der perspektivischen Darstellung nur vermuten.
a) (1) $P(\text{keine blaue Fläche}) = 0$; $P(\text{eine blaue Fläche}) = \frac{7}{27}$; $P(\text{zwei blaue Flächen}) = \frac{7}{27}$;
$P(\text{drei blaue Flächen}) = \frac{7}{27}$; $P(\text{vier blaue Flächen}) = \frac{6}{27}$; $P(\text{fünf blaue Flächen}) = 0$
(2) $P(\text{keine blaue Fläche}) = \frac{1}{35}$; $P(\text{eine blaue Fläche}) = \frac{9}{35}$; $P(\text{zwei blaue Flächen}) = \frac{4}{35}$;
$P(\text{drei blaue Flächen}) = \frac{16}{35}$; $P(\text{vier blaue Flächen}) = \frac{4}{35}$; $P(\text{fünf blaue Flächen}) = \frac{1}{35}$
b) Individuelle Lösungen

12 Gesamtfläche: $70\,\text{cm} \cdot 50\,\text{cm} = 3500\,\text{cm}^2$
a) $P(\text{blaue Fläche}) = \frac{700\,\text{cm}^2}{3500\,\text{cm}^2} = \frac{1}{5}$ b) $P(\text{gelbe Fläche}) = \frac{300\,\text{cm}^2}{3500\,\text{cm}^2} = \frac{3}{35}$
c) $P(\text{orange Fläche}) = \frac{500\,\text{cm}^2}{3500\,\text{cm}^2} = \frac{1}{7}$ d) $P(\text{rote Fläche}) = \frac{600\,\text{cm}^2}{3500\,\text{cm}^2} = \frac{6}{35}$

13 Die Anteile in den beiden verschiedenen Diagrammen entsprechen einander: Die beiden Diagramme beschreiben den gleichen Sachverhalt.
Kreisdiagramm: Man mißt die Winkel und stellt fest: orange: 25 %, rot: 17 %, blau: 20 %; gelb: 38 %;
Säulendiagramm: Man ermittelt die Höhen zu 25 LE, 17 LE, 20 LE und 38 LE.
Beim Kreisdiagramm wird zusätzlich deutlich, dass die Anteile ein gemeinsames Ganzes bilden bzw. dass z. B. roter und oranger Anteil weniger als die Hälfte ausmachen. Dagegen lassen sich im Säulendiagramm die Werte leichter ablesen bzw. vergleichen.

→ AB Arbeitsblatt: Werfen mit zwei Laplace-Würfeln; Kopiervorlage S. 155 f.

→ TB Trainingsblatt: Laplace-Wahrscheinlichkeiten – Mensch ärgere dich nicht!; Kopiervorlage S. 157 f.

→ Historisches: Laplace und die Entwicklung des Wahrscheinlichkeitsbegriffs; Kopiervorlage S. 159

6 Anzahlen und Wahrscheinlichkeit

S. 99

1 a) Es sind $9 \cdot 9 \cdot 9 \cdot 9 = 6561$ Einstellungen möglich.
b) $P(\text{richtige Zahl}) = \frac{1}{6561} \approx 0{,}0152\,\%$.

2 a) Für den 1. Platz gibt es 8 Möglichkeiten. Wenn der 1. Platz belegt ist, gibt es für den 2. Platz nur noch 7 mögliche Pferde. Für die erstcn beiden Plätze gibt es also $8 \cdot 7$ Möglichkeiten. Wenn auch der 2. Platz belegt ist, gibt es für den 3. Platz nur noch 6 Möglichkeiten, usw. Insgesamt gibt es also $8 \cdot 7 \cdot 6 \cdot 5 \cdot 4 \cdot 3 \cdot 2 \cdot 1 = 40\,320$ verschiedene mögliche Zieleinläufe.
b) Für die restlichen Platzierungen gibt es $5 \cdot 4 \cdot 3 \cdot 2 \cdot 1 = 120$ Möglichkeiten.
c) Da der Besucher zufällig auswählt, ist die Laplace-Annahme gerechtfertigt.
Anzahl Möglichkeiten: $8 \cdot 7 \cdot 6$
$P(\text{richtig getippt}) = \frac{1}{8 \cdot 7 \cdot 6} \approx 0{,}298\,\%$

S. 101

3 a) $3^{13} = 1\,594\,323$ Möglichkeiten
b) $P(13\ \text{Richtig}) = \frac{1}{1\,594\,323}$; $P(13\ \text{Falsch}) = \frac{2^{13}}{3^{13}} = \frac{8192}{1\,594\,323} \approx 0{,}0051$
ggf. Fußballtotoscheine mitbringen.

4

$8 \cdot 5 \cdot 6 = 240$ mögliche Wege

5 a) $P(1., 2., 3.\ \text{Startnummer auf Platz } 1, 2, 3) = \frac{1}{10 \cdot 9 \cdot 8} = \frac{1}{720}$
b) $P(1., 2., 3.\ \text{Startnummer nicht unter den ersten drei}) = \frac{7 \cdot 6 \cdot 5}{10 \cdot 9 \cdot 8} = \frac{7}{24}$

6 a) $4! = 24$ b) $P(\text{Beginn mit } 2) = \frac{1 \cdot 3 \cdot 2 \cdot 1}{4 \cdot 3 \cdot 2 \cdot 1} = \frac{1}{4}$

7 a) $P(\text{richtige Reihenfolge}) = \frac{1}{10!} = \frac{1}{3\,628\,800}$
b) Anmerkung; Eine andere Reihenfolge ist auch dann gegeben, wenn z. B. nur zwei Schülerinnen Plätze tauschen.
$3\,628\,800\,\text{min} = 60\,480\,\text{h} = 2520\,\text{d}\ (\approx 7\,\text{a})$

8 a) $8 \cdot 7 \cdot 6 \cdot 5 \cdot 4 \cdot 3 = 20\,160$ mögliche Sitzordnungen
b) $P(\text{Randplätze leer}) = \frac{6!}{20\,160} = \frac{1}{28} \approx 0{,}0357$

9 a) $P(\text{alle Fragen richtig}) = \frac{1}{4 \cdot 3 \cdot 5 \cdot 5 \cdot 2} = \frac{1}{600}$
b) $P(\text{nur die 3. Frage richtig}) = \frac{3 \cdot 2 \cdot 1 \cdot 4 \cdot 1}{4 \cdot 3 \cdot 5 \cdot 5 \cdot 2} = \frac{1}{25}$
c) Gegenereignis: „alle Fragen falsch“. $P(\text{alle Fragen falsch}) = \frac{3 \cdot 2 \cdot 4 \cdot 4 \cdot 1}{4 \cdot 3 \cdot 5 \cdot 5 \cdot 2} = \frac{4}{25}$
$P(\text{mindestens eine Frage richtig}) = 1 - P(\text{alle Fragen falsch}) = 1 - \frac{4}{25} = \frac{21}{25}$

10 mögliches Vorgehen: alle Möglichkeiten in einer Tabelle aufschreiben
a) $P(\text{alle richtig}) = \frac{1}{6}$ b) $P(\text{alle falsch}) = \frac{2}{6} = \frac{1}{3}$ c) $P(2\ \text{falsch}) = \frac{3}{6} = \frac{1}{2}$

11 a) $x = -8{,}25$ b) $x_1 = 0$; $x_2 = -1{,}5$

→ TB Trainingsblatt: Zählprinzip; Kopiervorlage S. 160 f.

→ Spiel: Mit Wahrscheinlichkeiten punkten; Kopiervorlage S. 162
Spiel für 2–4 Personen (Spieldauer: 20 Minuten)

Spielidee: Aus einer Auswahl von Zufallsereignissen ist dasjenige mit der höchsten Wahrscheinlichkeit zu bestimmen. Teilweise ist hierfür das Zählprinzip anzuwenden.

→ AB Variante: Die Kopiervorlage kann auch als Arbeitsblatt zum Ausfüllen verwendet werden.

VI Gebrochen rationale Funktionen

1 Eigenschaften gebrochen rationaler Funktionen

In der Lerneinheit soll den Schülerinnen und Schülern klar werden, warum bei gebrochen rationalen Funktionen senkrechte Asymptoten auftreten und wie man die Gleichungen dieser Asymptoten ermittelt. Zugleich wird so die Problematik der Definitionslücke beim Umgang mit Bruchtermen in Lerneinheit 2 vorbereitet. Es soll zudem Verständnis für die Existenz waagrechter Asymptoten geweckt werden, ohne dass ein strenger Grenzwertbegriff verwendet wird.

S. 106

1 a) Vermutung: Es handelt sich um eine Hyperbel, also den Graph einer umkehrt proportionalen Zuordnung: f: $x \mapsto \frac{p}{x}$. Einsetzen der Koordinaten eines Punktes des Graphen ergibt dann f: $x \mapsto \frac{300}{x}$, was durch Einsetzen weiterer Punkte überprüft werden sollte.
b) Für große x-Werte nähert sich der Graph der x-Achse.
c) Für kleine positive x-Werte wird der Funktionswert sehr groß. Der Graph nähert sich also der y-Achse.
d) f(0) ist nicht definiert, weil nicht durch 0 dividiert werden darf. Inhaltlich ist verständlich, dass bei einem Zufluss von Null auch keine Füllzeit ermittelt werden kann, während bei einem sehr geringen Zufluss die Füllzeit sehr groß wird.

S. 108

2 a) $-\frac{2}{3}$ b) 0 c) 0 d) −3; 3 e) –
f) −3; 3 g) −2,5 h) $\frac{1}{3}$ i) 0; 1 k) –

3 Die Funktionen im Nenner sind keine linearen Funktionen. Die entstehenden Gleichungen (Nenner = 0) lassen sich (noch) nicht explizit lösen. Lösung durch Probieren:
a) 0,5; 2 b) −2 c) −2; 2

S. 109

4 a)

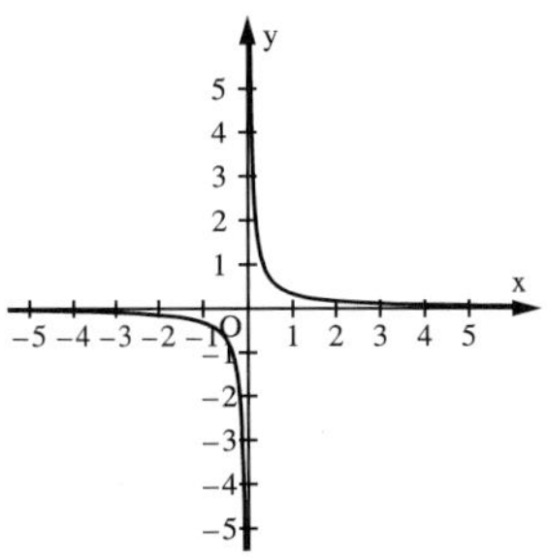

senkrechte Asymptote bei Definitionslücke x = 0 (y-Achse); waagrechte Asymptote ist die x-Achse, weil der Betrag des Funktionswerts für betragsmäßig große x klein wird (x kommt nur im Nenner vor).

b)

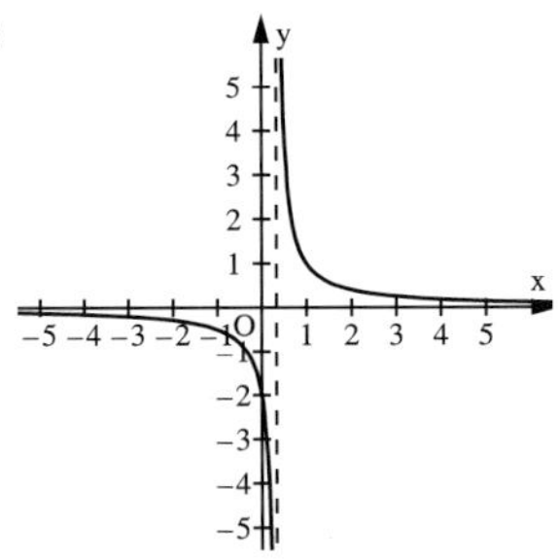

senkrechte Asymptote bei Definitionslücke $x = \frac{1}{3}$; waagrechte Asymptote ist die x-Achse (wie a)).

c)

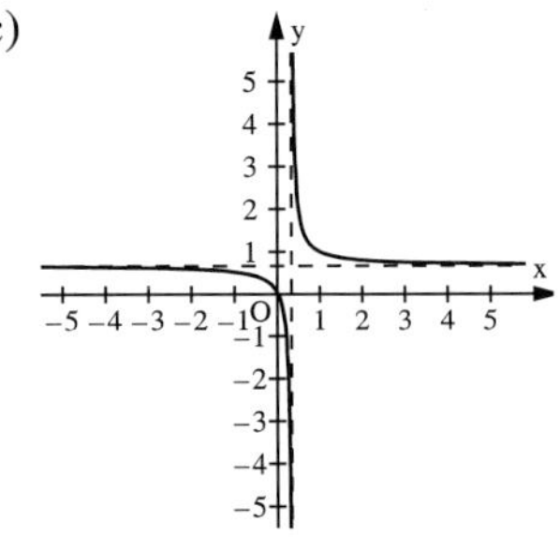

senkrechte Asymptote bei Definitionslücke $x = \frac{1}{3}$; waagrechte Asymptote ist die Gerade $y = \frac{2}{3}$, sichtbar nach der Umformung $f(x) = \frac{2}{3 - \frac{1}{x}}$.

d)

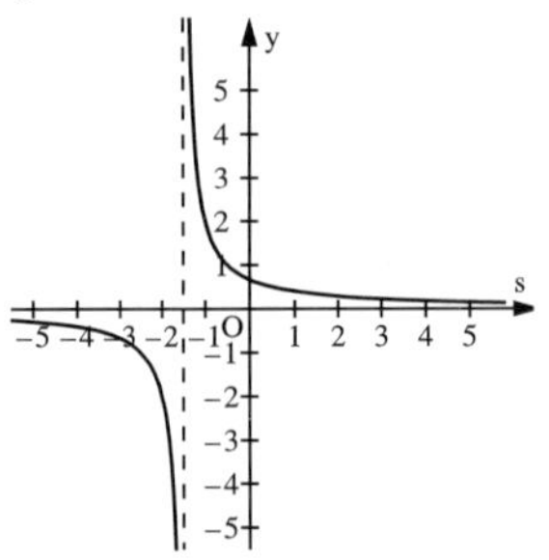

senkrechte Asymptote bei Definitionslücke s = −1,5; waagrechte Asymptote ist die s-Achse (wie a)).

e)

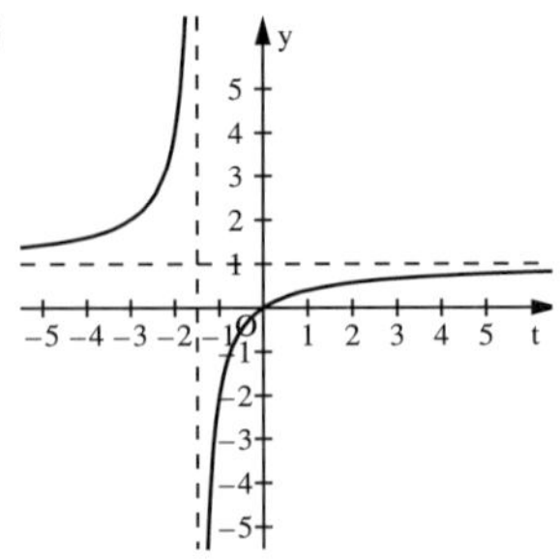

senkrechte Asymptote bei Definitionslücke t = −1,5; waagrechte Asymptote ist die Gerade y = 1, sichtbar nach der Umformung $f(t) = \frac{1}{\frac{1,5}{t} + 1}$.

f)

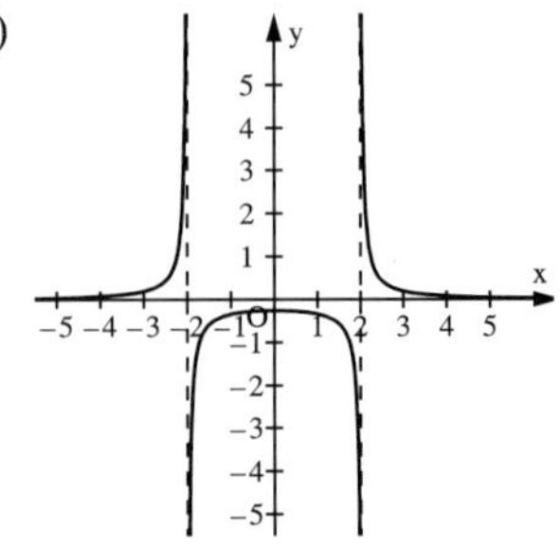

senkrechte Asymptoten bei den Definitionslücken x = 2 und x = −2; waagrechte Asymptote ist die x-Achse (wie a)).

5 a) senkrechte Asymptote bei Definitionslücke $x = -\frac{1}{4}$; waagrechte Asymptote ist die x-Achse.

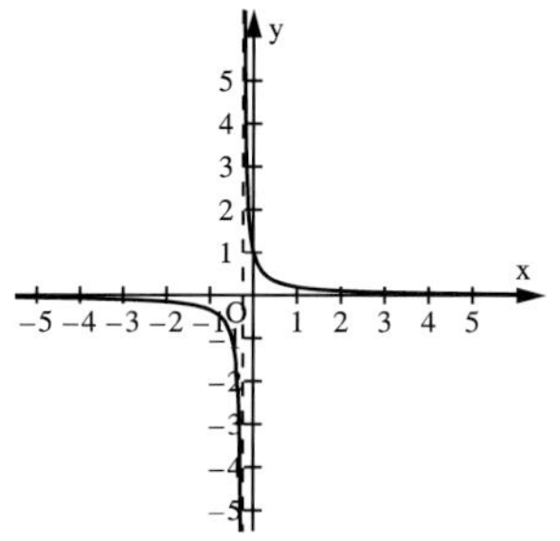

b) senkrechte Asymptote bei Definitionslücke $x = 1$; waagrechte Asymptote ist die x-Achse.

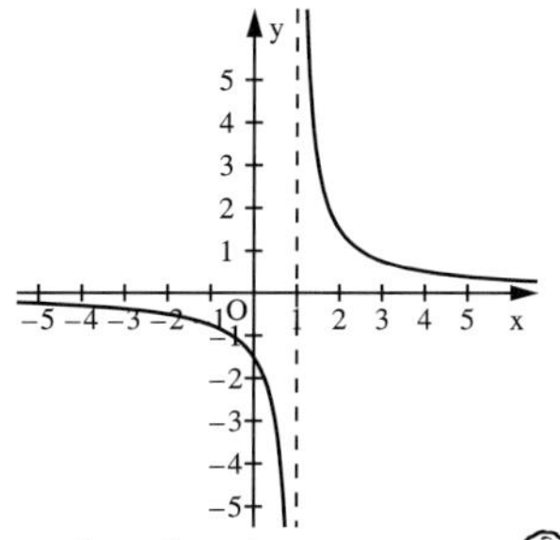

c) senkrechte Asymptote bei Definitionslücke $x = 0{,}5$; waagrechte Asymptote ist die Gerade $y = 0{,}5$.

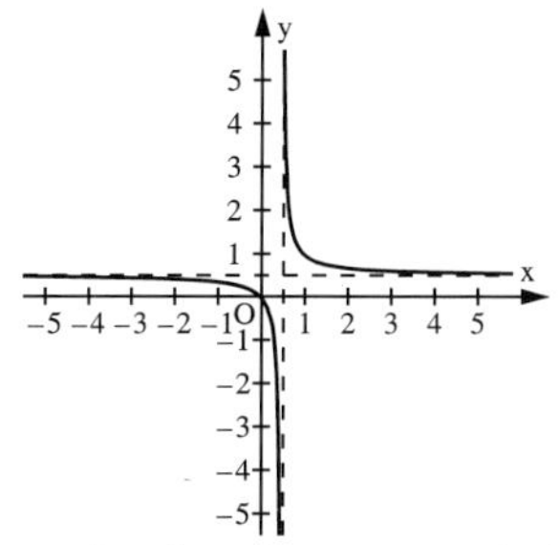

d) senkrechte Asymptote ist die y-Achse; waagrechte Asymptote ist die x-Achse.

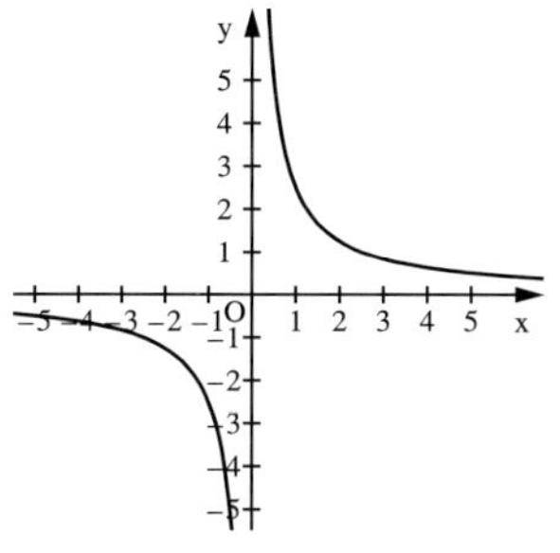

e) senkrechte Asymptote bei Definitionslücke $x = 4$; waagrechte Asymptote ist die x-Achse.

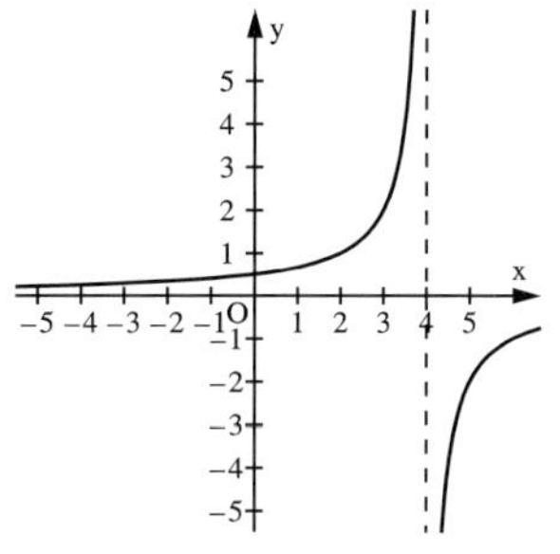

f) senkrechte Asymptoten bei den Definitionslücken $x = 0$ und $x = -3$; waagrechte Asymptote ist die x-Achse.

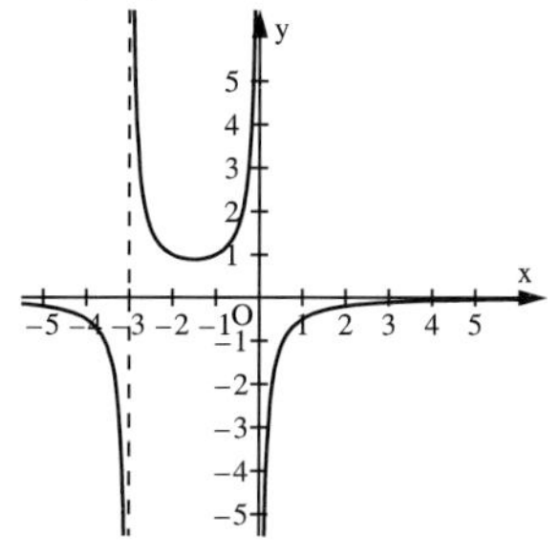

6

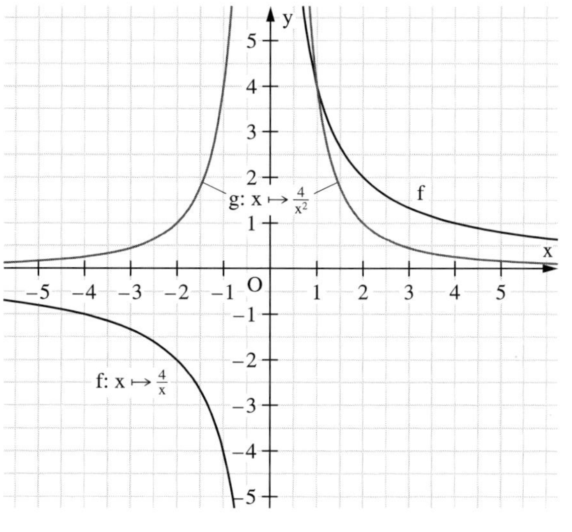

Die Graphen können mittels Wertetabelle oder Funktionsplotter gezeichnet werden.

Beide Graphen besitzen als senkrechte Asymptote die y-Achse. Der Graph von f nähert sich dieser allerdings etwas schneller an. Der Graph von f nähert sich von rechts dem positiven Teil der y-Achse und von links dem negativen Teil der y-Achse. Der Graph von g nähert sich von beiden Seiten dem positiven Teil der y-Achse. Beide Graphen besitzen als waagrechte Asymptote die x-Achse. Der Graph von g nähert sich dieser schneller und stets von oben, während sich der Graph von f für negative x-Werte der x-Achse von unten nähert.

7 a)

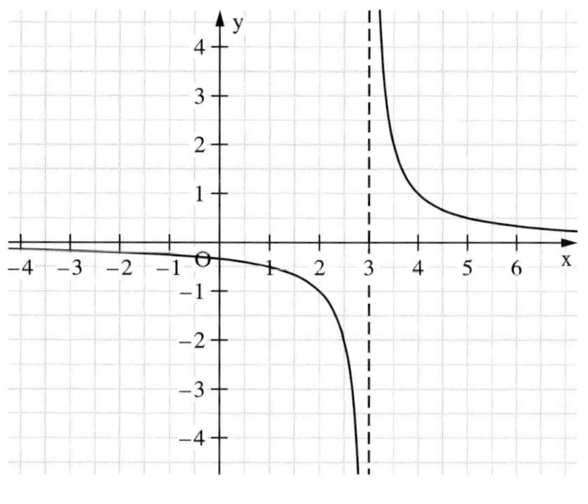

Der Graph kann mittels Wertetabelle oder Funktionsplotter gezeichnet werden.

Würde statt der 3 eine größere (kleinere) Zahl im Nenner des Funktionsterms stehen, so würde sich die senkrechte Asymptote nach rechts (links) verschieben.

b) Würde im Zähler statt der 1 die Variable x stehen, so würde sich die waagrechte Asymptote um 1 nach oben verschieben (y = 1).

c)

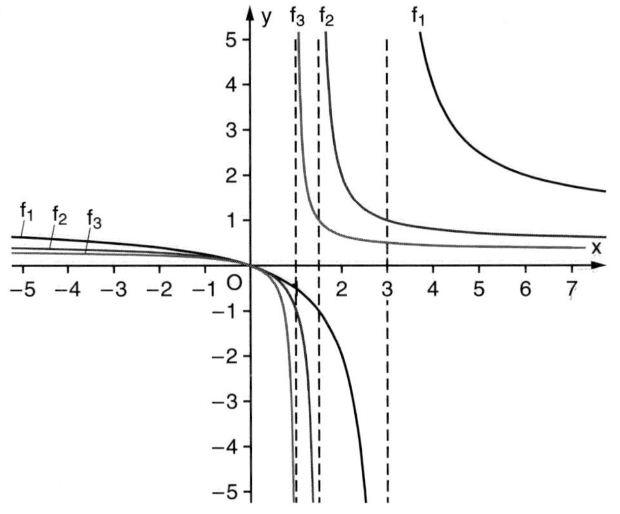

Die senkrechten Asymptoten verschieben sich von f_1 bis f_3 nach links, die waagrechten Asymptoten verschieben sich gleichzeitig nach unten.

8

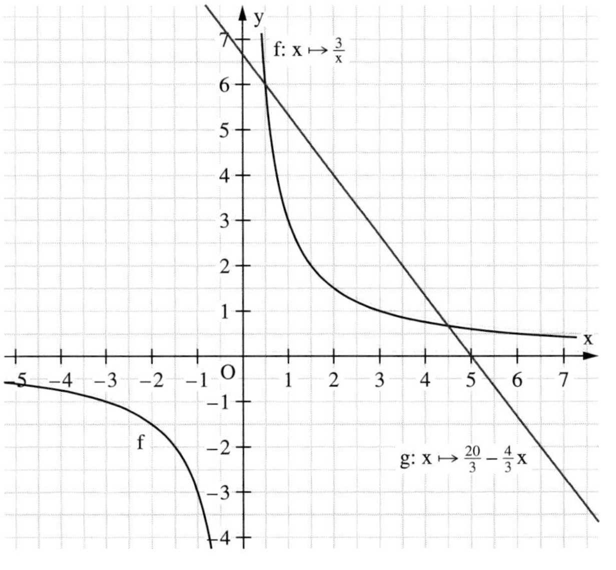

Die Schnittpunkte sind etwa S(0,5|6) und T(4,5|0,7).

Durch Zählen der Kästchen erhält man näherungsweise 6,5 bis 7 Flächeneinheiten.

Die Zeichnung kann mit Hilfe einer Wertetabelle oder auch einem Funktionsplotter angefertigt werden.

9 a) $D = \mathbb{Q} \setminus \{-2\}$

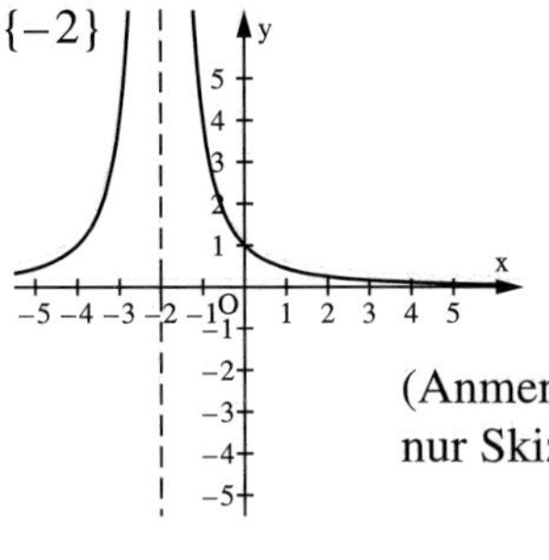

b) $D = \mathbb{Q} \setminus \{0; 3\}$

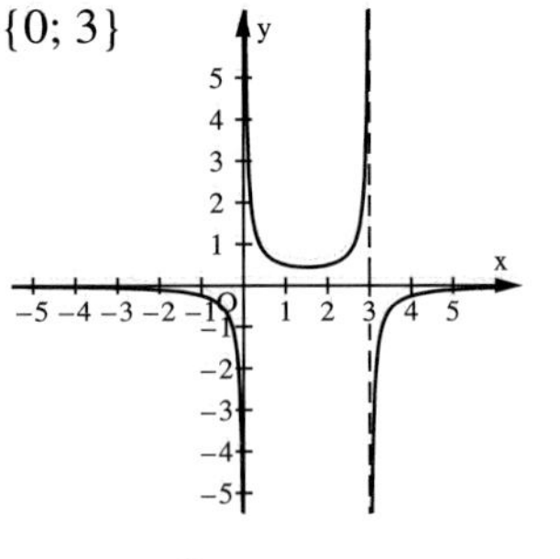

(Anmerkung: Es sind nur Skizzen verlangt.)

10 Individuelle Lösungen; z. B.: a) $f(x) = \frac{2}{x-1}$ b) $f(x) = \frac{2x}{1-x}$ c) $f(x) = \frac{8}{x}$

11 Individuelle Lösungen; z. B.: a) $f(x) = \frac{1}{x+1}$ b) $f(x) = \frac{1{,}5x - 6}{x - 2}$

S. 110

12 a) W b) B c) S d) J
e) B f) C g) M h) F
Verschiebung der Buchstaben im Alphabet um 1 nach vorne (W → V, B → A, ...): VARIABLE

i Hinweis: Strenggenommen besitzt der Graph zu e) an der Stelle x = 3 eine Lücke, die jedoch „nicht sichtbar" ist.

13 a) Individuelle Lösungen; z. B.: $f(x) = \frac{6}{x}$; $g(x) = \frac{2}{x-2}$; $h(x) = \frac{1}{x-2{,}5}$; $k(x) = \frac{2x}{2x-3}$

14

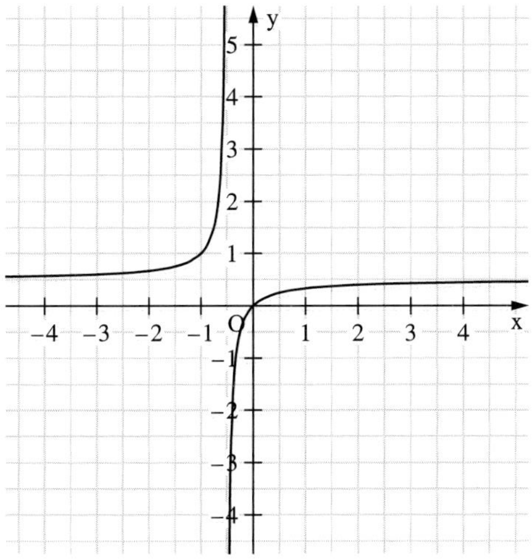

Der Graph könnte mittels Wertetabelle oder Funktionsplotter, aber auch nach Betrachtung der Asymptoten gezeichnet werden.

Stünde statt der 2 eine größere Zahl im Funktionsterm, würde sich die senkrechte Asymptote nach rechts bis zur y-Achse verschieben und gleichzeitig die waagrechte Asymptote nach unten bis zur x-Achse.
Stünde dort eine kleinere Zahl bis hin zur 0, so würde sich die senkrechte Asymptote nach links und die waagrechte Asymptote nach oben verschieben.
Stünde dort eine negative Zahl, so läge die senkrechte Asymptote rechts der y-Achse und die waagrechte Asymptote unterhalb der x-Achse.

15 i) links von der senkrechten Asymptote oberhalb der waagrechten Asymptote, rechts davon unterhalb: f_1, f_4, f_7
ii) links von der senkrechten Asymptote unterhalb der waagrechten Asymptote, rechts davon oberhalb: f_2, f_6
iii) links und rechts der senkrechten Asymptote oberhalb der waagrechten Asymptote: f_3
iv) links und rechts der senkrechten Asymptote unterhalb der waagrechten Asymptote: f_5, f_8

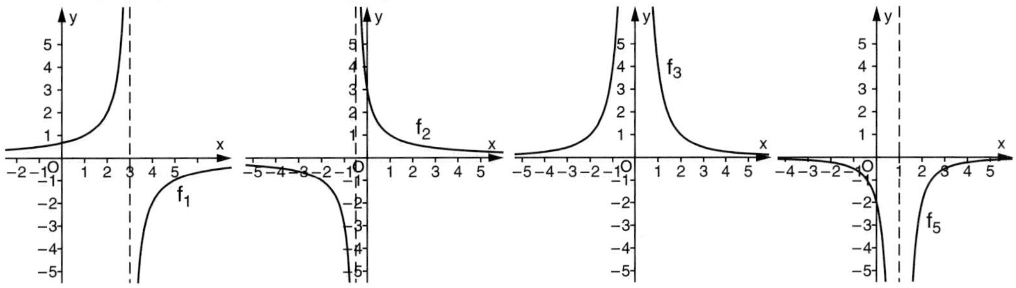

An Hand der Terme ist leicht zu sehen, wann einer der beiden Fälle iii) oder iv) vorliegt, nämlich, wenn an der Definitionslücke zwei Faktoren des Nenners (wie z. B. $x \cdot x$ oder $(1-x)\cdot(1-x)$ zu null werden („doppelte Nullstelle").
Zur Unterscheidung zwischen i) und ii) sowie zwischen iii) und iv) muss ein Termwert in der Nähe der Definitionslücke berechnet werden.

mögliche Ergänzungen:

\+ Sortiere die folgenden Funktionen in die oben beschriebenen vier Gruppen ein.
$g_1\colon x \mapsto \frac{-3}{x-3}$; $g_2\colon x \mapsto \frac{x}{(x-1)^2}$; $g_3\colon x \mapsto \frac{2x}{2x+3}$; $g_4\colon x \mapsto \frac{-1}{1-x}$

\+ Stelle selbst gebrochen rationale Funktionen mit einer Definitionslücke auf, und lass Sie von deiner Nachbarin oder deinem Nachbarn in die vier Gruppen einteilen.

16 b) $\frac{\beta}{2} = \frac{\gamma}{2}$, also $\beta = \gamma$.
Liegen A, S und B auf einer Geraden, so gilt: $\frac{\gamma}{2} + \beta = 180°$ $\quad \left| \frac{\gamma}{2} = \frac{\beta}{2}\right.$
$\Rightarrow \frac{3}{2}\beta = 180°$
$\Rightarrow \beta = 120° \Rightarrow \alpha = 180° - \beta = 60°$

c) Liegt B auf w_1, so gilt: $\frac{\gamma}{2} = \frac{\alpha}{2}$ (Scheitelwinkel).
Wegen $\frac{\gamma}{2} = \frac{\beta}{2}$ gilt auch: $\frac{\alpha}{2} = \frac{\beta}{2}$, also $\alpha = \beta = 90°$.

Spiel: Ein()Bruch in Villa Term; Kopiervorlage S. 163 ff.
Spiel für 3 – 6 Personen (Spieldauer: 1 Stunde)
Würfel, Spielfiguren, evtl. folierte Kopie der Vorlage
Spielidee: Es sind Bruchterme zu finden, deren Graphen bestimmte vorgegebene Eigenschaften (Indizien) haben.

2 Rechnen mit Bruchtermen

In der Lerneinheit soll das Rechnen mit einfachen Bruchtermen eingeübt werden.
Bei Termvereinfachungen ist bei den Lösungen berücksichtigt worden, dass es vom Kontext abhängt, wann ein Term „einfach" ist. So ist z. B. die Form $(x-3)(x+1)$ „einfacher", um Termwerte zu berechnen oder Nullstellen eines Nennerterms zu bestimmen. Dagegen kann z. B. $7x^2 + y - x^2$ sicher „vereinfacht" werden zu $6x^2 + y$.

S. 111

1 Es fällt auf, dass der Funktionswert für jeden x-Wert aus der Definitionsmenge gleich $-\frac{1}{3}$ ist. Die Werte der Klammern können stets zu -1 gekürzt werden, weiter kann stets der für x eingesetzte Wert gekürzt werden.

2 Die Graphen können mittels Wertetabelle oder Funktionsplotter gezeichnet werden. Besonderheit: Die Graphen von f und h sind identisch. Jede Einsetzung ergibt den gleichen Wert, was einsichtig ist, wenn man $f(x) = \frac{x+1}{x} = \frac{x}{x} + \frac{1}{x} = 1 + \frac{1}{x}$ schreibt.

S. 113

3 a) $\frac{2}{5}$; $x \neq 0$ b) $-9x$; $x \neq 0$ c) $-\frac{2}{3}$; $x \neq 0$ d) $\frac{1}{2}$; $x \neq 0$ e) 1; $x \neq -1$
f) 2; $a \neq -1$ g) $\frac{3}{4}$; $x \neq \frac{1}{2}$ h) x; $x \neq -6$ i) $-\frac{7}{5}$; $x \neq \frac{1}{3}$ k) $-u$; $u \neq \frac{1}{3}$

4 a) $\frac{7s}{u}$ b) $\frac{1}{x}$ c) $-u$ d) $\frac{5}{7}$ e) $-\frac{a}{x}$
f) $\frac{at+1}{1-at}$ (kürzen nicht möglich) g) $-a$ h) $-\frac{3}{ax}$ i) $\frac{a}{b}$ k) $\frac{2-y+3z}{y-3x+2z}$

5 a) $\frac{1-3x}{4x}$ b) – c) – d) $\frac{2x^2}{3}$ e) – f) $\frac{3x^2-1}{x-3}$

6 a) $\frac{3(x-1)(x+3)}{6x(x+3)}$ b) $\frac{6x(x+3)}{6x(x+3)}$ c) $\frac{(2-x)\cdot 3x}{6x(x+3)}$ d) $\frac{1-x}{2x-2} = -\frac{1}{2} = \frac{-3x(x+3)}{6x(x+3)}$

7 a) $\frac{5}{4}$; $\frac{10}{7}$; $-\frac{5}{4}$; $\frac{15}{11}$; 2 b) 0; 7; -13; 5; -4
Hinweis: Die Werte sollten durch „scharfes Hinsehen", nicht durch Gleichungslösen ermittelt werden.

8 a) 4 b) $-(7x-y)\cdot 2x = (y-7x)\cdot 2x$ c) $(x-2)(x-3)$ d) $-6x^2$

9 a) $\frac{10x}{5}$ b) $\frac{6x^2}{3x}$ c) $\frac{4x^2+2x}{2x+1}$

10 a) $\frac{x\cdot(x+2)}{(x-2)\cdot(x+2)}$; $\frac{x-2}{(x-2)\cdot(x+2)}$; $(x+2)$ bzw. $(x-2)$

b) $\frac{(2x-1)\cdot(x-2)}{3x(x-2)}$; $\frac{12}{3x(x-2)}$; $(x-2)$ bzw. 3

c) $\frac{3(a-1)}{6(a-2)}$; $\frac{2a}{6(a-2)}$; 3 bzw. 2

d) $\frac{3-x^2}{x(2x-1)\cdot(3-x^2)}$; $\frac{(x-1)\cdot(2x-1)}{x(2x-1)\cdot(3-x^2)}$; $(3-x^2)$ bzw. $(2x-1)$

e) $\frac{2(3x+1)}{3x(3x+1)}$; $\frac{x^2}{3x(3x+1)}$; $(3x+1)$ bzw. x

f) $\frac{3(4x^2-1)}{4x^2-1}$; $\frac{2}{4x^2-1}$; $(4x^2-1)$

11 $\frac{4x^2+x}{2x} = \frac{4x+1}{2}$ für $\mathbb{Q}\setminus\{0\}$ $\frac{2x+1}{2+4x} = \frac{1}{2}$ für $\mathbb{Q}\setminus\left\{-\frac{1}{2}\right\}$
$\frac{x+1}{2x-1} = -\frac{x+1}{1-2x}$ für $\mathbb{Q}\setminus\left\{\frac{1}{2}\right\}$ $\frac{4x}{x+2x^2} = \frac{4}{2x+1}$ für $\mathbb{Q}\setminus\left\{0; -\frac{1}{2}\right\}$
$\frac{4x}{4x+2} = \frac{2x}{2x+1}$ für $\mathbb{Q}\setminus\left\{-\frac{1}{2}\right\}$

S. 114

12 a) $\cdot 20$: $\frac{4x-5}{10x+20}$ b) $\cdot 40$: $\frac{24x^2-40}{15-8x}$ c) $\cdot 40$: $\frac{80a-16}{5a-40}$ d) $\cdot 28$: $\frac{21x^2}{4x-84}$

13 Individuelle Lösungen z. B.: a) $\frac{3x(x-1)}{2x(x-1)} = \frac{3}{2}$ b) $\frac{3x(x-2)}{(2x-1)(x-2)}$

14 a) $\frac{6+x}{2x+1}$ b) $\frac{3}{x-2}$ c) $\frac{4x-5}{4x-3}$ d) $\frac{a+63}{18a}$ e) $\frac{x^2+x+1}{x^3}$ f) $\frac{3x^2-4}{7x}$
g) $\frac{-x-2}{x(x-1)}$ h) $\frac{3-4x}{2x-1}$ i) $\frac{2}{x-2}$ k) $\frac{10a+3}{6a-30}$ l) $\frac{4}{t-1}$ m) $\frac{8x^2-8x+5}{4x^2}$

15 a) $\frac{1}{a}$ b) 1 c) $-\frac{5}{2x^2}$ d) $\frac{t^2+1}{t(1-t)}$ e) $\frac{a-5}{3-3a}$ f) $\frac{2-x}{2x}$
g) $8x$ h) $6t$ i) $6a-2$ k) $2x$

16 a) $3x(x+1)$ b) $-\frac{2}{3}$ c) $\frac{3}{4}$ d) $\frac{3z}{4(z+1)}$ e) $\frac{5(x+1)}{8x}$ f) $\frac{3}{2x^3}$
g) $4(2x+1)(x+1)$ h) $-\frac{3x}{2}$

17 a) $\frac{2}{3x}$; für $x = 2$: $\frac{1}{3}$ b) $-\frac{1}{x}$; $-\frac{1}{2}$ c) $\frac{14}{3x}$; $\frac{7}{3}$ d) $\frac{x+1}{3x}$; $\frac{1}{2}$ e) 1; 1 f) −2; −2
g) $\frac{5x+3}{x+2}$; $\frac{13}{4} = 3{,}25$ h) $\frac{2x+2}{x+2}$; 1,5 i) $\frac{x+4}{x-4}$; −3 k) $\frac{-5x-3}{(x-1)(x+3)}$; −2,6

18 blauer Graph: f_1; grüner Graph: f_2; roter Graph: f_3, f_4, f_5, f_6
Spiegelt man den blauen Graphen an der x-Achse, so erhält man den grünen Graphen und umgekehrt. Den Graph von f_3 erhält man durch Verschieben des Graphen von f_2 um 1 nach oben.

19 a) u^2 b) $\frac{3}{2}$ c) $\frac{10x^2}{3a}$ d) $\frac{2x-y}{2(x-2y)}$ e) $\frac{10xy}{3}$ f) $\frac{x(2x-1)}{8y^2}$
g) $\frac{2x(x^2-1)}{(3x-1)(x+2)}$ h) $\frac{1}{4x}$

S. 115

20 a)

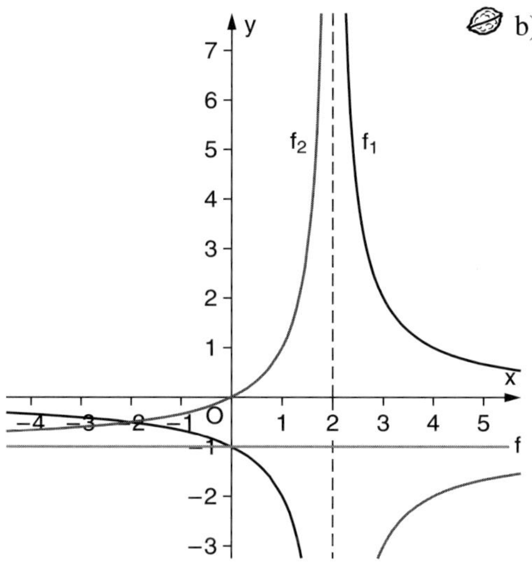

b)

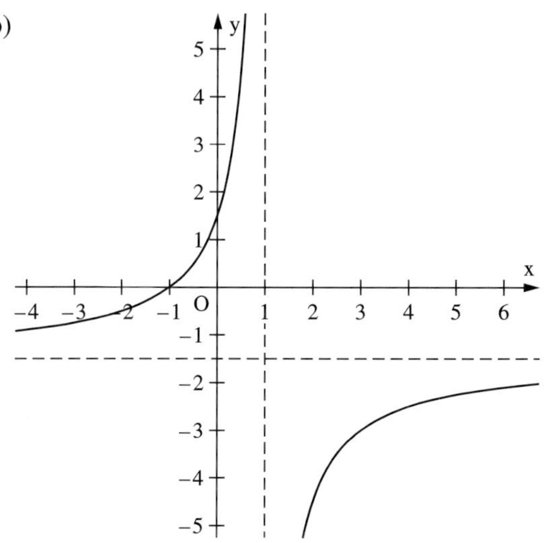

a) Die Graphen von f_1 und f_2 besitzen dieselbe senkrechte Asymptote und sind bezüglich der Geraden $y = -\frac{1}{2}$ symmetrisch.
Der Graph ihrer Summenfunktion f ist eine zur x-Achse parallele Gerade. Dies lässt sich durch Vereinfachung des Terms von f leicht nachweisen.

b) Der Graph lässt sich skizzieren, wenn man zunächst vereinfacht zu $f(x) = \frac{3x+3}{2-2x}$, so dass die senkrechte Asymptote $x = 1$ und die waagrechte Asymptote $y = -\frac{3}{2}$ ablesbar sind.

21 $\frac{2x+4}{3x} \cdot \frac{x}{2} = \frac{x+2}{3}$ → $\frac{x+2}{3} + 2 = \frac{x+8}{3}$ → $\frac{x+8}{3} : \frac{2-4x}{3} = \frac{x+8}{2-4x}$ → $\frac{x+8}{2-4x} - 1 + \frac{4x}{2x-1} = \frac{3-1{,}5x}{1-2x}$
→ $\frac{3-1{,}5x}{1-2x} \cdot \frac{4x-2}{x} = \frac{3x-6}{x}$; Lösungswort (rückwärts gelesen): SALBEI

22 Carinas Ergebnis mit $(6-2x)$ erweitern: $\frac{(4+x)(6-2x)}{(x-3)(6-2x)} = \frac{24-8x+6x-2x^2}{(x-3)(6-2x)} = \frac{-2x^2-2x+24}{(x-3)(6-2x)}$

Die Ergebnisse stimmen also überein. Offenbar ist Carmens Ergebnis für weiteres Bearbeiten deutlich einfacher.

23 a) $\frac{5a}{3a-12}$ b) $\frac{-3}{x+2}$ c) $\frac{2(3x-1)}{x(x-3)}$ d) $\frac{17}{6}$ e) $\frac{4}{5(1-x)} = 0{,}8 \cdot \frac{1}{1-x}$

f) $\frac{4x-1}{6x}$ g) $\frac{-2}{x+1}$ h) $\frac{(x-1)^2}{16x^2}$ i) $\frac{x^2+2x-1}{x(1-2x)}$ k) $\frac{7}{2x-3}$

24 Vereinfachen des Funktionsterms:

$f(x) = \frac{9x+2}{2x+1}$; also Definitionslücke bei $-\frac{1}{2}$

x	-5	-3	-2	-1	$-\frac{3}{4}$
f(x)	$\approx 4{,}8$	5	$5\frac{1}{3}$	7	9,5

x	$-\frac{1}{4}$	0	1	2	5
f(x)	$-\frac{1}{2}$	2	$3\frac{2}{3}$	4	$\approx 4{,}3$

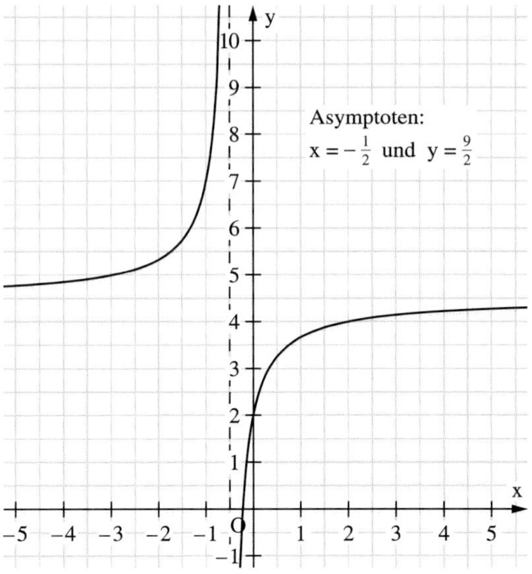

25 a) Individuelle Lösungen; z. B.: $\frac{1}{2} + \frac{1}{2} = 1 \neq \frac{1}{2+2}$

b) $\frac{1}{x} + \frac{1}{y} = \frac{y+x}{xy}$

S. 116

26 $\frac{3x-6}{2x^2-4x} = \frac{3}{2x} \rightarrow \frac{3}{2x} + \frac{1}{x+1} = \frac{5x+3}{2x(x+1)} \rightarrow \frac{5x+3}{2x(x+1)} : \frac{2}{x+1} = \frac{5x+3}{4x} \rightarrow \frac{5x+3}{4x} - 2 = \frac{3(1-x)}{4x} \rightarrow$

$\frac{3(1-x)}{4x} \cdot \frac{(x-2)}{x+1} = \frac{3(x-2)}{4x} \rightarrow \frac{3(x-2)}{4x} : \frac{1}{2} = \frac{3(x-2)}{2x}$; also Zielterm B

27 $\frac{-1+z}{2z} = \frac{z^2 - \mathbf{2z} + 1}{2z(z-1)}$ Fehler beim Ausmultiplizieren

$\frac{2a}{3a^2+1} \neq \frac{2}{3a+1}$ Nenner ist **kein** Produkt, mit a kann nicht gekürzt werden.

$\frac{3z}{3z+5} = \frac{3z(2z-7)}{(3z+5)(2z-7)} = \frac{6z^2 - \mathbf{21z}}{(3z+5)(2z-7)}$ Der zweite Summand wurde nicht ausmultipliziert.

$\frac{y-1}{2-2y} = \frac{y-1}{-2(y-1)} = \mathbf{-\frac{1}{2}}$ Das Vorzeichen wurde vergessen.

28 a) Kürzbar für 4: $P = \frac{1}{6}$

b) Kürzbar für (vorne; hinten): (1; 2), (2; 4), (3; 6): $P = \frac{3}{36} = \frac{1}{12}$

c) Kürzbar für (oben; vorne unten; hinten unten):

(1; 1; 2), (1; 2; 4), (1; 3; 6)

(2; 1; 1), (2; 2; 2), (2; 2; 4), (2; 2; 6), (2; 3; 3), (2; 4; 2), (2; 4; 4), (2; 4; 6), (2; 5; 5), (2; 6; 2), (2; 6; 4), (2; 6; 6);

(3; 3; 2), (3; 6; 4);

(4; 2; 1), (4; 2; 2), (4; 2; 4), (4; 2; 6), (4; 4; 2), (4; 4; 4), (4; 4; 6), (4; 6; 2), (4; 6; 3), (4; 6; 4), (4; 6; 6);

(5; 5; 2);

(6; 2; 2), (6; 2; 4), (6; 2; 6), (6; 3; 1), (6; 4; 2), (6; 4; 4), (6; 4; 6), (6; 6; 2), (6; 6; 4), (6; 6; 6);

$P = \frac{(3+12+2+11+1+10)}{216} = \frac{39}{216} = \frac{13}{72}$

Individuelle Lösungen bei der Ermittlung der relativen Häufigkeiten in der Klasse.

29 Tobi hat insofern Recht, als Tina einen Fehler gemacht haben muss, wenn die Terme schon für x = 1 nicht übereinstimmen. Tobi kann daraus, dass der Term von Tim für x = 1 mit dem Ausgangsterm übereinstimmt aber nicht schließen, dass Tim richtig gerechnet haben muss. Tatsächlich hat sich auch Tim verrechnet, der korrekte Term lautet: $\frac{-2x-3}{4-2x}$

30 a) Definitionslücke bei x = 1,5.

x	−3	−2	−1	0
f(x)	≈ −2,9	≈ −1,6	−0,4	$\frac{1}{3}$

x	1	$1\frac{1}{4}$	$1\frac{3}{4}$	2
f(x)	−2	$-7\frac{3}{8}$	$17\frac{3}{8}$	11

x	3	4	5	6
f(x)	$8\frac{2}{3}$	9,4	≈ 10,6	≈ 11,9

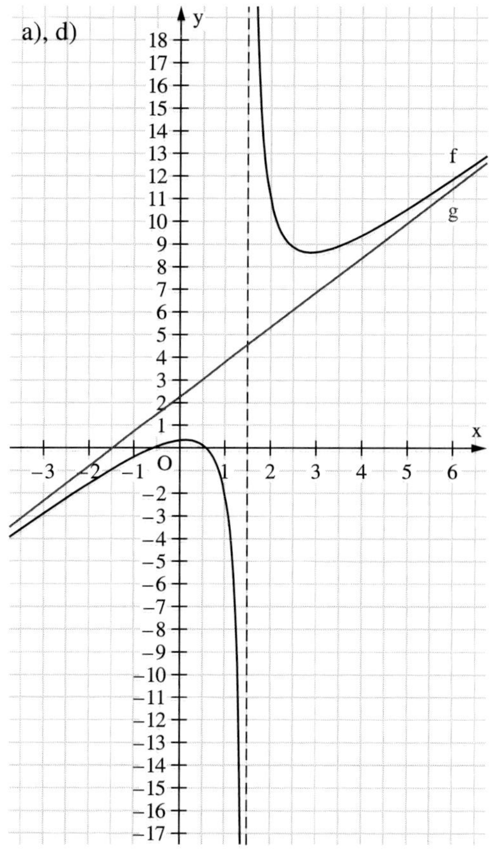

b) Für große x-Werte steigt der Graph an. Er besitzt offenbar keine waagrechte Asymptote.

c) $\frac{(1{,}5x + 2{,}25)(2x - 3)}{2x - 3} + \frac{5{,}75}{2x - 3}$
$= \frac{3x^2 - 4{,}5x + 4{,}5x - 6{,}75 + 5{,}75}{2x - 3} = \frac{3x^2 - 1}{2x - 3}$;
also äquivalent.

e) Der Graph nähert sich für sehr kleine (d. h. negative) und sehr große Werte der Geraden g.

f) Wenn im Zähler als höchste Potenz x^2 und im Nenner als höchste Potenz x vorkommt, dann gibt es eine „schräge“ Asymptote. Ihre Steigung ist der Quotient aus dem Faktor bei x^2 im Zähler und dem Faktor bei x im Nenner.

S. 117

31 a) $\frac{1}{\frac{p(p+q)}{n}} + \frac{1}{\frac{q(p+q)}{n}} = \frac{n}{p(p+q)} + \frac{n}{q(p+q)} = \frac{nq + np}{pq(p+q)} = \frac{n(q+p)}{pq(q+p)} = \frac{n}{pq}$

b) $\frac{2}{5} = \frac{1}{3} + \frac{1}{15}$ (p = 1; q = 5)

$\frac{2}{15} = \frac{1}{12} + \frac{1}{20}$ (p = 3; q = 5)

$\frac{7}{12} = \frac{1}{3} + \frac{1}{4}$ (p = 3; q = 4)

$\frac{9}{11} = \frac{1}{1 \cdot \frac{4}{3}} + \frac{1}{11 \cdot \frac{4}{3}} = \frac{3}{4} + \frac{3}{44}$ (p = 1; q = 11)

$= \frac{1}{2} + \frac{1}{4} + \frac{1}{20} + \frac{1}{55}$ (für die Zerlegung von $\frac{3}{44}$: p = 4; q = 11)

32 a) $\frac{n}{3} + \frac{n^2}{2} + \frac{n^3}{6} = \frac{n^3 + 3n^2 + 2n}{6}$

b)

n	1	2	3	4	5
$\frac{n^3 + 3n^2 + 2n}{6}$	1	4	10	20	35

Man erhält immer eine natürliche Zahl.

c) Für n = 6k + m (in dieser Form lässt sich jede natürliche Zahl schreiben) ergibt sich:

$\frac{(6k+m)^3 + 3(6k+m)^2 + 2(6k+m)}{6} = \underbrace{36k^3 + 18k^2m + 3km^2 + 18k^2 + 6km + 2k}_{\in \mathbb{N}} + \underbrace{\frac{m^3 + 3m^2 + 2m}{6}}_{\in \mathbb{N}_0}$ für m = 0, 1, …, 5 (vgl. b))

33 a) Die Rechnungen sind korrekt.

b) Gesetzmäßigkeit: $\frac{1}{k} + \frac{1}{k \cdot n} = \frac{1}{n}$ für k = n + 1

weitere Beispiele: $\frac{1}{5} + \frac{1}{20} = \frac{1}{4}$; $\frac{1}{6} + \frac{1}{42} = \frac{1}{7}$

c) $\frac{1}{n+1} + \frac{1}{(n+1)n} = \frac{n+1}{(n+1) \cdot n} = \frac{1}{n}$ ✓

d) Hier wendet man die Gesetzmäßigkeit aus c) an: Bsp.: $\frac{1}{1 \cdot 2} = 1 - \frac{1}{2}$

$\frac{1}{1 \cdot 2} + \frac{1}{2 \cdot 3} + \ldots + \frac{1}{19 \cdot 20} = 1 - \frac{1}{2} + \frac{1}{2} - \frac{1}{3} + \frac{1}{3} - \frac{1}{4} + \ldots - \frac{1}{19} + \frac{1}{19} - \frac{1}{20} = 1 - \frac{1}{20} = \frac{19}{20}$

34 a) P(rot) = 40 %; P(blau) = $\frac{15}{x}$; P(grün) = $0{,}6 - \frac{15}{x}$

b) P(rot) = $\frac{0{,}4x-2}{x-6}$; P(blau) = $\frac{13}{x-6}$; P(grün) = $1 - \frac{0{,}4x-2}{x-6} - \frac{13}{x-6} = \frac{0{,}6x-17}{x-6}$

c) (Nur durch 5 teilbare x sind möglich, d. h. da 40 % = $\frac{2}{5}$ der Kugeln rot sind.)

Für x = 30: P(rot) = $\frac{0{,}4\cdot 30-2}{30-6} = \frac{5}{12}$; P(blau) = $\frac{13}{30-6} = \frac{13}{24}$ ⇒ P(rot) < P(blau),

für x = 40: P(rot) = $\frac{14}{34}$; P(blau) = $\frac{13}{34}$ ⇒ P(rot) > P(blau),

für x = 35: P(rot) = $\frac{12}{29}$; P(blau) = $\frac{13}{29}$ ⇒ P(rot) < P(blau),

d. h. für x ≧ 40 ist P(rot) > P(blau).

35 $1000 = 10\cdot 10\cdot 10 = 2\cdot 2\cdot 2\cdot 5\cdot 5\cdot 5$

Die Zahl 1000 hat 16 Teiler, sie müssen sich als $2^a\cdot 5^b$ (mit a und b ∈ {0; 1; 2; 3}) darstellen lassen. Dafür gibt es 4 · 4 Möglichkeiten:

$2^0\cdot 5^0$	$2^1\cdot 5^0$	$2^2\cdot 5^0$	$2^3\cdot 5^0$
$2^0\cdot 5^1$	$2^1\cdot 5^1$	$2^2\cdot 5^1$	$2^3\cdot 5^1$
$2^0\cdot 5^2$	$2^1\cdot 5^2$	$2^2\cdot 5^2$	$2^3\cdot 5^2$
$2^0\cdot 5^3$	$2^1\cdot 5^3$	$2^2\cdot 5^3$	$2^3\cdot 5^3$

36 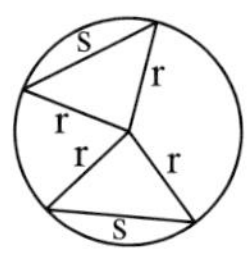

Die beiden Dreiecke stimmen in drei Seiten überein, sie sind daher kongruent und haben die gleichen Mittelpunktswinkel.

37 (Grundlage bei der Berechnung: π ≈ 3,14)

a) A ≈ 19,6 cm²; U ≈ 15,7 cm b) A ≈ 1256 cm²; U ≈ 125,6 cm
c) A ≈ 2,2 cm²; U ≈ 5,3 cm d) A ≈ 28 260 000 cm²; U = 18 840 cm
e) A ≈ 47 505 cm²; U ≈ 772 cm f) A ≈ 397,4 cm²; U ≈ 70,7 cm

i Hier bietet es sich an, die Genauigkeiten der Ergebnisse zu diskutieren. Vor allem unter dem Gesichtspunkt, dass die angegebenen Werte Messwerte darstellen.

→ TB Trainingsblatt: Rechnen mit Bruchtermen; Kopiervorlage S. 167 f.

→ Dominoschlange: Bruchterme; Kopiervorlage S. 169
Das Spiel kann allein oder zu zweit gespielt werden (Spieldauer: 45 Minuten)

3 Negative Exponenten

S. 118

1 0,000 000 000 55 m (Es müssen viele Nullen geschrieben werden.)

2

n	4	3	2	1	0	−1	−2	−3	−4
5^n	625	125	25	5	1	0,2	0,04	0,008	0,0016

Begründung: Von links nach rechts wird in jedem Schritt durch 5 dividiert.

$5^{-4} = \frac{1}{625} = \frac{1}{5^4}$; $x^{-2} = \frac{1}{x^2}$; $x^{-2}\cdot(x+1) = \frac{x+1}{x^2}$

S. 119

3 a) 50 000 b) 7960 c) 13 870 000
d) 5 320 000 000 e) 685 000 000 000 f) 0,00001
g) 0,004 h) 0,017 i) 0,0765

4 a) $4{,}5\cdot 10^{53}$ b) $3{,}5\cdot 10^{57}$ c) $4{,}5\cdot 10^{53}$ d) $3{,}5\cdot 10^{57}$ e) $3{,}5\cdot 10^{57}$
Hinweis zu b)–e): Man muss sich bewusst sein: Der Taschenrechner zeigt nicht alle Stellen an.

5 a) 0,0001 s b) 0,000 000 0001 m c) 0,000 000 48 m d) 511 000 000 km²
e) 0,0015 mm f) 0,02 mm g) 149 000 000 km² h) 29,2 %

S. 120

6 274 000 000

7

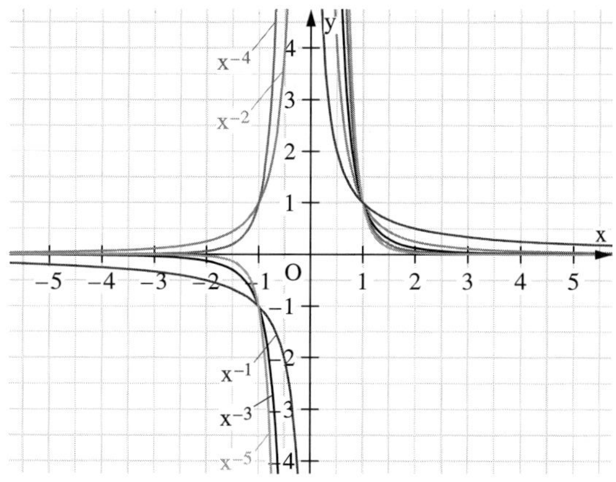

Die Zeichnung kann mittels Wertetabelle oder Funktionsplotter angefertigt werden.

Die Graphen zu den Funktionstermen mit geradem Exponent sind achsensymmetrisch zur y-Achse, diejenigen zu den Funktionstermen mit ungeraden Exponenten sind punktsymmetrisch zum Nullpunkt des Koordinatensystems. Alle Hyperbeln schneiden sich im Punkt $P(1 \mid 1)$.

8 a) $4{,}5 \cdot 10^7\,mm$ b) $5{,}8 \cdot 10^6\,\mu g$ $(5{,}8 \cdot 10^{-6}\,t)$ c) $1{,}1 \cdot 10^{-4}\,m$ d) $1{,}5 \cdot 10^{-4}\,m^2$

9 $10^2\,pm = 10^{-4}\,\mu m = 10^{-7}\,mm$

10 a) 2^{-3}; 5^{-4}; 3^{-2}; 2^{-2}; 5^{-2}; 10^{-2}; 2^{-5}; 3^{-4}; 2^{-6}; 7^{-2}; 10^{-4}; 5^{-4}
b) 10^{-2}; 10^{-3}; $(12{,}5)^{-1}$; 10^{-5}; 10^{-6}; 5^{-2}; 2^{-2}; 50^{-2}

11 1: O; 3: M; 4: A; 5: N → Lösungswort OMAN (2 und R bleiben übrig)

12

a) 12	b) $6{,}\overline{6}$	c) 2	d) −24	e) 75	f) 225
g) 1296	h) −64	i) 24	k) −0,25	l) 8,08	m) 8,01

13 a) $\frac{1}{a^4}$ (nicht definiert für: $a = 0$); $\frac{1}{b^7}$ $(b = 0)$; $\frac{1}{c^3}$ $(c = 0)$; $\frac{3}{x^2}$ $(x = 0)$; 0,8 (–)
b) $\frac{1}{x+1}$ $(x = -1)$; $\frac{1}{(x-4)^7}$ $(x = 4)$; 1 (–)
c) x^2 $(x = 0)$; $2b^3$ $(b = 0)$; $\frac{a^5}{32}$ $(a = 0)$; $\frac{9}{x^2}$ $(x = 0)$

14

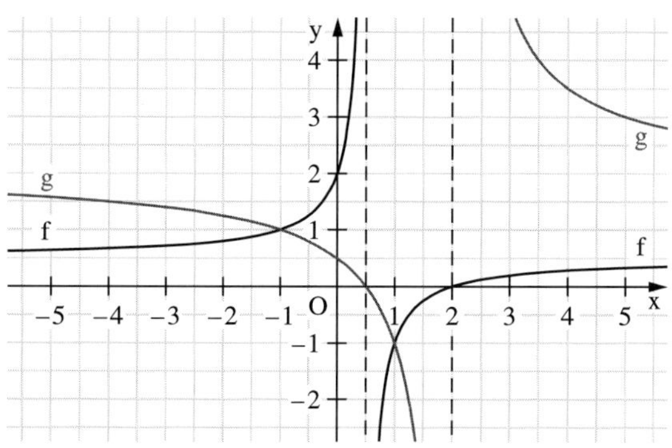

Zeichnung z. B. mittels Wertetabelle.

15

a) x^8	b) y^8	c) z^6	d) x^2	e) x^8	f) a^{-1}
g) b^{-4}	h) x^{-3}	i) u^{-3}	k) $v^1 = v$	l) x^k	m) x^{1-n}

16

a) 0	b) $2 - 2x^{-1}$	c) $x^{-4} + x^4$	d) –	e) x	f) $\frac{-x-1}{(x+2)^2}$
g) x^{2-2k}	h) x^2	i) $8(x-4)^4$	k) 1		

17 a darf nur aus den Primfaktoren 2 und 5 bestehen, n ist beliebig.
Damit a^{-n} ein endlicher Dezimalbruch ist, muss auch a^{-1} ein endlicher Dezimalbruch sein.
a^{-1} ist ein endlicher Dezimalbruch, wenn es ein $k \in \mathbb{N}$ gibt, so dass $10^k \cdot a^{-1}$ eine natürliche Zahl ist. Dazu muss a ein Teiler von 10^k sein.

18 ursprüngl. Dreieck: $a = 2b \Rightarrow A_u = \frac{1}{2} \cdot a \cdot b = \frac{1}{2} \cdot 2b \cdot b = b^2$
neues Dreieck: $A_n = \frac{1}{2}(a - 4\,cm)(b + 3\,cm) = b^2 + 5\,cm^2$.
Mit $a = 2b$ folgt: $b = 11\,cm$; $A_u = b^2 = 121\,cm$.

→ TB Trainingsblatt: Potenzen mit negativen Exponenten; Kopiervorlage S. 170 f.

4 Bruchgleichungen

S. 121

1 $\frac{2}{7} = \frac{1}{x} + \frac{1}{7x}$

$x = 1 \Rightarrow$ rechte Seite deutlich zu groß; $x = 5 \Rightarrow$ rechte Seite zu klein

$x = 4 \Rightarrow$ Lösung: $\frac{1}{4} + \frac{1}{28} = \frac{8}{28} = \frac{2}{7}$

2 a) Lösungen sind die x-Werte der Schnittpunkte der beiden Graphen; man erhält also eine Lösung: $x \approx 2{,}4$

b) $\frac{3}{2{,}4} = 1{,}25$; $\frac{-2}{-1{,}6} = \frac{1}{0{,}8} = 1{,}25$; also ist $x = 2{,}4$ die exakte Lösung.

c) linke Seite: $\frac{3}{x} \cdot x(x-4) = 3x - 12$; rechte Seite: $\frac{-2}{x-4} \cdot x(x-4) = -2x$

Gleichung: $3x - 12 = -2x$

$x = 2{,}4$

S. 124

3 a) $x = 4$ b) $x = -1{,}5$ c) $x = 16$ d) $x = \frac{1}{5}$ e) $x = 2$

f) keine Lösung, da $x = 0{,}5$ nicht definiert.

4 a) $x = 2$ b) $x = 9$ c) $x = -1{,}5$ d) $x = 0$ e) $x = 3$ f) $x = 1$

S. 125

5 a) 0,5

b) Asymptoten: $x = \frac{1}{4}$ und $y = \frac{1}{2}$

c) $x = \frac{2}{9}$; die Ungleichung gilt daher (siehe Skizze) für alle $x \in \mathbb{Q} \setminus \left[\frac{2}{9}; \frac{1}{4}\right]$.

d) Ansatz: $\frac{2x-1}{4x-1} = \frac{2+0{,}5x}{x+1{,}5}$;

$x = \frac{1}{11} \approx 0{,}09$; $S\left(\frac{1}{11} \middle| \frac{9}{7}\right)$

b), e)

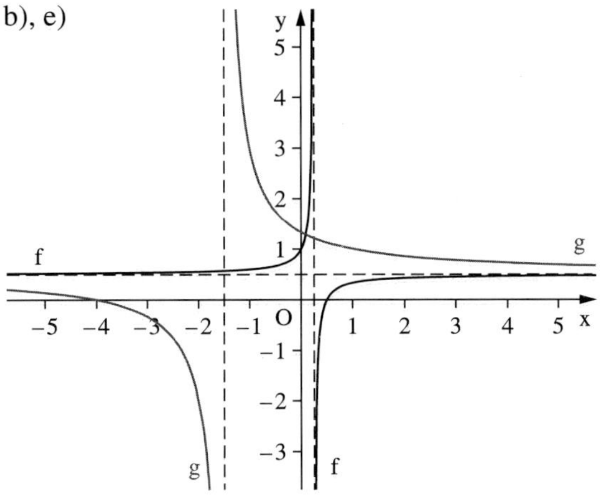

6 Die ursprüngliche Gleichung ist für $x = 0$ nicht definiert, also ist $x = 0$ auch nicht Lösung der Gleichung.

7 a) $x = -6$ b) keine Lösung c) $x = 16$ d) $x = \frac{10}{7}$ e) $x = 2{,}5$

f) $x = -3{,}2$ g) keine Lösung h) $x = 1$ i) $x = 0{,}5$ k) $x = 2$

8 a) $x = 2$ b) $x = 4$ c) $x = 4$ d) $x = \frac{1}{10}$ e) $x = -\frac{5}{8}$ f) $x = \frac{8}{9}$

9 Erweitert man auf den Hauptnenner bd, so entsteht die Gleichung $\frac{ad}{bd} = \frac{cb}{db}$ und nach Multiplikation mit dem Hauptnenner eben $ad = cb$.

a) $3 - 6x = 2x + 4 \Rightarrow x = -\frac{1}{8}$

b) $(1-x)(1-6x) = (3x+2)(2x-3) \Rightarrow x = 3{,}5$

c) Diese Gleichung lässt sich nicht unmittelbar durch Überkreuzmultiplikation lösen, erst wenn die linke Seite zu einem Bruch zusammengefasst wird. Hier ergibt sich dann jedoch eine quadratische Gleichung, die noch nicht weiter aufgelöst werden kann.

10 1: Der zweite Term auf der linken Seite wurde nicht mit dem Hauptnenner multipliziert.

2: Auf der rechten Seite wurde falsch ausgeklammert.

3: Beim Multiplizieren mit dem Hauptnenner wurde beim zweiten Term auf der linken Seite das Minus-Vorzeichen nicht auf den gesamten Zähler angewendet. (2. Zeile korrekt: $x - 1 - 1 + 2x = 1 - 3x$)

4: Bei Verwendung der verkürzten Schreibweise beim Multiplizieren mit dem Hauptnenner wurde jeweils die falsche Klammer gekürzt. (2. Zeile korrekt: $4(2x+3) = 3(1-3x)$)

+ Erfindet selbst ähnliche fehlerhafte Umformungen und lasst die Fehler vom Nachbarn finden.

S. 126

11 a) Ansatz: $\frac{5+x}{12+x} = \frac{4}{5}$; die gesuchte Zahl ist 23.

b) Ansatz: $\frac{2x+5}{3x+5} = \frac{5}{7}$; der ungekürzte Bruch ist $\frac{20}{30}$.

12 Schnittpunkt $S\left(\frac{1}{4}\middle|-\frac{11}{4}\right)$
Skizze von f
mittels Wertetabelle.

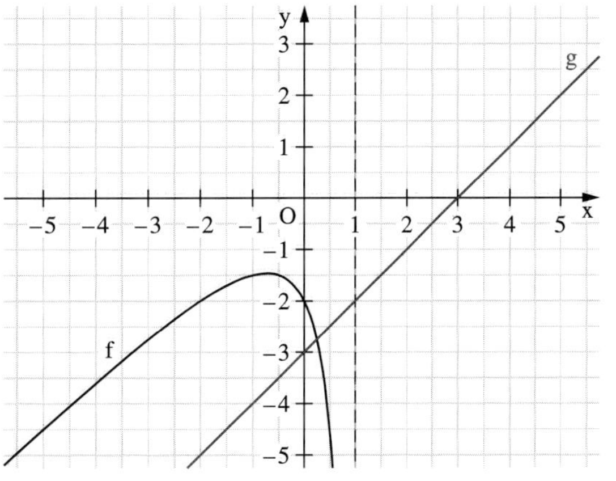

13 a) $V = \frac{m}{\varrho}$ b) $c = \frac{2A}{h} - a$ c) $h = \frac{a+c}{2B}$ d) $t_2 = \frac{F_2 \cdot t_1}{F_1}$ e) $g = \frac{2F}{t^2}$ f) $b = \frac{3(a-t)}{1-a+t}$

14 Vorteil Claudia: Sie muss sich weniger auswendig merken bzw. macht bei der Reproduktion von auswendig Gemerktem keinen Fehler.
Vorteil Karl: Er kann keinen Fehler bei den gegebenenfalls notwendigen Umformungen machen.

15 a) Ansatz: $\frac{x}{x+3} = 0{,}875 \Rightarrow x = 21$; der Bruch lautet $\frac{21}{24}$.

b) Ansatz: $\frac{x}{300-x} = 0{,}875 \Rightarrow x = 140$; der Bruch lautet $\frac{140}{160}$.

16 Individuelle Lösungen, z. B.: $\frac{5}{x-1} = \frac{2x-1}{2x-5} - 1$ oder $\frac{1}{3-x} + 2 = \frac{2x-7}{x+1}$

17 f ist eine lineare Funktion, deren Graph eine Gerade durch den Nullpunkt des Koordinatensystems mit Steigung $\frac{1}{4}$ ist. g ist eine gebrochen rationale Funktion. Der Graph von g ist eine Hyperbel. Schnittpunkte sind $S(-4|-1)$ und $T(4|1)$.

18 x: Geschwindigkeit auf der Landstraße in $\frac{km}{h}$; Ansatz: $\frac{645}{2x} + \frac{90}{x} = 7{,}5 \Rightarrow x = 55$.
Frau Wittke hat auf Landstraßen mit $55\,\frac{km}{h}$, auf Autobahnen mit $110\,\frac{km}{h}$ gerechnet.

19 a) Ansatz: $\frac{V}{3} + \frac{V}{2} = \frac{V}{x}$ (V: Volumen des Schwimmbades; $\frac{V}{3}$ beschreibt die Pumpleistung g (= Fördervolumen pro Stunde) der einen Pumpe; die Leistungen der Pumpen addieren sich) $\Rightarrow x = 1{,}2$; gemeinsam brauchen die Pumpen also 1 h 12 min.

b) Ansatz: $\frac{V}{3} + \frac{V}{2} + \frac{V}{x} = \frac{V}{1} \Rightarrow x = 6$; die dritte Pumpe würde allein 6 Stunden brauchen.

c) Ansatz: $\frac{V}{3} + \frac{V}{2} + \frac{V}{x} = \frac{V}{0{,}75} \Rightarrow x = 2$; es ist möglich, wenn die dritte Pumpe es allein in zwei Stunden schaffen würde.

20 a) $x = 2$ (dann ist die linke Klammer gleich 1) und $x = 3$ (dann sind beide Seiten gleich 0)

b) Die erste Gleichung besitzt die Lösung $x = 2$, die zweite Gleichung keine Lösung (da die Gleichung für $x = 2$ nicht definiert ist).

c) Division durch $(x-3)$ bzw. Division durch $(x-3)(x-2)$

d) Durch die Division durch $(x-3)$ bzw. danach durch $(x-2)$ „geht jeweils eine Lösung verloren“, da diese Umformungen für $x = 3$ bzw. $x = 2$ keine Äquivalenzumformungen sind.

S. 127

21 a) $b = \frac{gf}{g-f}$

b) $g = 30\,\text{cm} \Rightarrow b = 60\,\text{cm}$; $g = 40\,\text{cm} \Rightarrow b = 40\,\text{cm}$; $g = 150\,\text{cm} \Rightarrow b \approx 23\,\text{cm}$

c) $f = \frac{gb}{g+b}$

22 a) (2) ⇒ (1): Multiplikation mit x_2 und Division durch y_1
(1) ⇒ (2): Multiplikation mit y_1 und Division durch x_2
b) Die Quotienten sind bei der Verwendung von Größen stets reine Maßzahlen.
c) Bei der Frage nach dem Proportionalitätsfaktor.

23 Ansatz: $\frac{14 + x}{23 + x} = 0{,}8 \Rightarrow x = 22$
Er muss mehr als 22 Spiele in Folge gewinnen, um seinen Gewinnanteil über 80 % zu steigern.

24 Höhe der Sorte A in cm: $\frac{400}{x^2}$ (x: Länge der Grundkante in cm)
Höhe der Sorte B in cm: $\frac{2400}{(2x)^2} = \frac{600}{x^2}$
a) Ansatz: $\frac{600}{x^2} = \frac{400}{x^2} + 2 \Rightarrow x = 10$ A ist dann 4 cm, B 6 cm hoch.
b) Ansatz: $\frac{600}{x^2} = 2 \cdot \frac{400}{x^2} \Rightarrow x = 0$ (nicht sinnvoll) Dies ist also nicht möglich.

25 a) Nach Multiplikation mit dem HN $4x(x - 3)$ entsteht die Gleichung $4x^2 - 4x - 3 = 0$.
Für diese quadratische Gleichung kennen die Schüler noch kein Lösungsverfahren.
b)

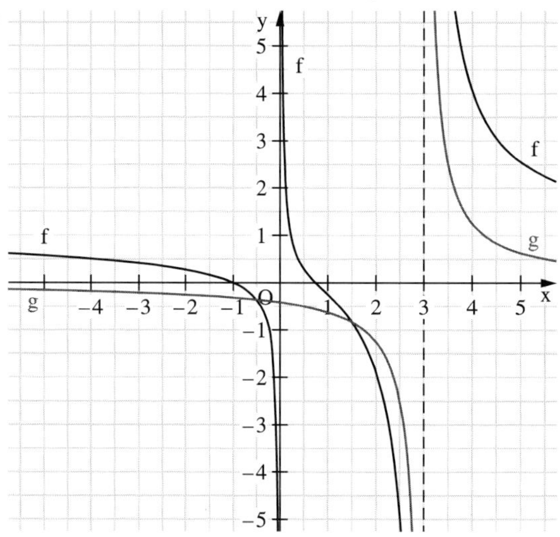

Die Zeichnung kann mittels Wertetabelle oder Funktionsplotter angefertigt werden.

Lösungen: $x_1 \approx -0{,}5$; $x_2 \approx 1{,}5$
Beim Einsetzen der ungefähren Werte erhält man aus beiden Seiten exakt den gleichen Wert $\left(y_1 = -\frac{5}{14}; y_2 = -\frac{5}{6}\right)$, $x_1 = -0{,}5$ und $x_2 = 1{,}5$ sind also die exakten Lösungen.

26 a) (1) A und B sind durch $\overline{AB} = c$ gegeben.
(2) M (Umkreismittelpunkt) liegt
1. Kreis k (A;r)
2. Kreis k (B;r)
(3) C liegt
1. Kreis k (M;r)
2. auf der Parallelen zu AB im Abstand h_c
b) Für $c = 2r$ ist das Dreieck rechtwinklig (rechter Winkel bei C)
c) Es gibt einen Wert von h_c, für den die Parallele zu AB im Abstand h_c Tangente an den Umkreis ist, also genau eine Lösung existiert;
ist h_c größer, so gibt es keine Lösung, ist h_c kleiner, so gibt es zwei Lösungen.

27 a) Das Flugzeug ändert seine momentane Geschwindigkeit; die Kurve ist bei größerer Geschwindigkeit steiler, bei kleinerer Geschwindigkeit flacher.
b) Die Steigung der blauen Geraden ist die mittlere Geschwindigkeit über den gesamten Flug hinweg.
c) Flugdauer: 14.15 Uhr bis 15.55 Uhr, d. h. 100 min; Durchschnittsgeschwindigkeit: $5{,}3\,\frac{km}{min}$
Durchschnittsgeschwindigkeit bei 25 min kürzerem Flug: $7{,}1\,\frac{km}{min}$.
$\frac{7{,}1}{5{,}3} \approx 1{,}34$. Die Durchschnittsgeschwindigkeit müsste also um etwa 34 % höher sein.

→ TB Trainingsblatt: Gebrochen rationale Funktionsterme; Kopiervorlage S. 172 f.

→ AB Arbeitsblatt: Schulaufgabe mit Fehlern; Kopiervorlage S. 174 f.

Ping-Pong mit Bruchgleichungen; Kopiervorlage S. 176
Spiel für 2 Personen (Spieldauer: 30 Minuten)
Spielidee: Wechselseitig lösen die Spieler Gleichungen, deren Lösungen jeweils vom Partner kontrolliert und weiter benutzt werden müssen.

Thema: Abenteuerliche Bruchrechnung

S. 128

1 $\frac{1\not{9}}{\not{9}5} = \frac{1}{5}$; $\frac{4\not{9}}{\not{9}8} = \frac{1}{2}$; $\frac{5\not{5}}{\not{5}5} = \frac{1}{1}$

2 a) $z = \frac{10xy}{9x + y}$

b)

	y = 1	y = 2	y = 3	y = 4	y = 5	y = 6	y = 7	y = 8	y = 9
x = 1	z = 1					z = 4			z = 5
x = 2		z = 2				z = 5			
x = 3			z = 3						
x = 4				z = 4					z = 8
x = 5					z = 5				
x = 6						z = 6			
x = 7							z = 7		
x = 8								z = 8	
x = 9									z = 9

mögliche Brüche: (außer x = y = z) $\frac{16}{64} = \frac{1}{4}$; $\frac{26}{65} = \frac{2}{5}$; $\frac{19}{95}$; $\frac{49}{98}$

3 1. Fall: $\frac{49\not{9}}{\not{9}98} = \frac{4}{8}$; d. h. x = 4; y = 9; z = 8

allgemein: $\frac{100x + 11y}{110y + z} = \frac{x}{z} \Rightarrow z = \frac{110xy}{99x + 11y}$

Weitere Beispiele: x = 1; y = 6; z = 4 $\Rightarrow \frac{16\not{6}}{\not{6}64} = \frac{1}{4}$; x = 2; y = 9; z = 8 $\Rightarrow \frac{29\not{9}}{\not{9}98} = \frac{2}{8}$

2. Fall: $\frac{3\not{3}2}{8\not{3}0} = \frac{32}{80}$; d. h. x = 3; y = 2; z = 8

allgemein: $\frac{110x + y}{100z + 10x} = \frac{10x + y}{10z} \Rightarrow z = \frac{10x^2 + xy}{10x - 9y}$

Weitere Beispiele: Es gibt hier nur 1 Lösung (die der Aufgabenstellung):

x = 3; y = 2; z = 8 $\Rightarrow \frac{3\not{3}2}{8\not{3}0} = \frac{32}{80}$

Ferner ergeben sich nur negative Lösungen, die für die Kürzung nicht mehr möglich ist, sowie mehrstellige positive Lösungen, die dann aber über das Geforderte hinausgehen, z. B.:

x = 6; y = 4; z = 16 $\Rightarrow \frac{6\not{6}4}{16\not{6}0} = \frac{64}{160}$

3. Fall: $\frac{1\not{3}8}{\not{3}45} = \frac{18}{45}$

Hier lassen sich die Zahlen im Zähler und Nenner nicht mehr auf 3 Variablen verteilen. Bei Verwendung von 4 Variablen, z. B. u = 1; v = 3; w = 8; x = 45 ist das Schema zwar noch genau so anwendbar, es ergeben sich jedoch 3-dimensionale Tabellen, die ohne Computerunterstützung kaum mehr zu bewältigen sind, z. B.

u = 7; v = 9; w = 6 $\Rightarrow$ x = 95 $\Rightarrow \frac{7\not{9}6}{\not{9}95} = \frac{76}{95}$

4 $\frac{5}{3} + \frac{5}{2} = \frac{25}{6}$ oder $\frac{5}{3} \cdot \frac{5}{2} = \frac{25}{6}$; $\frac{1}{20} + \frac{1}{5} = \frac{1}{4}$ oder $\frac{1}{20} : \frac{1}{5} = \frac{1}{4}$;

$\frac{2}{5} - \frac{2}{7} = \frac{4}{35}$ oder $\frac{2}{5} \cdot \frac{2}{7} = \frac{4}{35}$; $\frac{49}{10} - \frac{7}{5} = \frac{7}{2}$ oder $\frac{49}{10} : \frac{7}{5} = \frac{7}{2}$

5 a) $y = \frac{-x}{1 - x}$ für $x \neq 1$

b) Setzt man für $x = \frac{a}{b}$, so gilt $y = \frac{a}{a - b}$ für $a \neq b$; $b \neq 0$.

Beispiele:

x	$\frac{6}{2}$	$\frac{2}{6}$	$\frac{7}{5}$	$\frac{5}{7}$	$\frac{5}{4}$	$\frac{4}{5}$	$\frac{9}{7}$
y	$\frac{6}{4}$	$-\frac{2}{4}$	$\frac{7}{2}$	$-\frac{5}{2}$	$\frac{5}{1}$	$-\frac{4}{1}$	$\frac{9}{2}$

Für x < 1 ergeben sich negative Brüche für y, die Gleichung ist gleichwohl erfüllt.

6 Fehler im *Schülerbuch*, 1. Auflage: Statt „... und löse sie nach y auf" muss es heißen „... und löse sie nach einer Variablen auf" (da sich sonst gegebenenfalls Wurzelterme ergeben).

a) $x - y = x \cdot y$; $y = \frac{x}{x+1}$ für $x \neq -1$

Setzt man für $x = \frac{a}{b}$, so gilt $y = \frac{a}{a+b}$ für $a \neq -b$; $b \neq 0$

Beispiele:

x	$\frac{1}{12}$	$\frac{1}{5}$	$\frac{1}{4}$	$\frac{1}{3}$	$\frac{2}{3}$	$\frac{3}{4}$
y	$\frac{1}{3}$	$\frac{1}{6}$	$\frac{1}{5}$	$\frac{1}{4}$	$\frac{2}{5}$	$\frac{3}{7}$

b) $x + y = x : y$; $x = \frac{y^2}{1-y}$ für $y \neq 0$; $y \neq 1$

Setzt man für $y = \frac{a}{b}$, so gilt $x = \frac{a^2}{b(b-a)}$ für $a \neq b$; $a \neq 0$; $b \neq 0$

Beispiele:

x	$\frac{1}{2}$	$\frac{1}{6}$	$\frac{1}{2}$	$\frac{1}{30}$	$-\frac{9}{2}$
y	$\frac{1}{4}$	$\frac{1}{3}$	$\frac{1}{2}$	$\frac{1}{6}$	$\frac{3}{2}$

c) $x - y = x : y$; $x = \frac{y^2}{y-1}$ für $y \neq 1$; $y \neq 0$

Setzt man für $y = \frac{a}{b}$, so gilt $x = \frac{a^2}{b(a-b)}$ für $a \neq b$; $a \neq 0$; $b \neq 0$

Beispiele:

x	$\frac{16}{3}$	$\frac{49}{6}$	$\frac{72}{10}$	$\frac{81}{8}$	$-\frac{1}{2}$
y	$\frac{4}{3}$	$\frac{7}{6}$	$\frac{6}{5}$	$\frac{9}{8}$	$\frac{1}{2}$

Thema: Rückenwind und Gegenwind – oder besser gar kein Wind?

S. 129 **1** $v = \frac{s}{t} \Rightarrow t = \frac{s}{v}$; Zeit beim Schwimmen im See (eine Richtung): $t_S = \frac{s}{v}$

Zeit beim Schwimmen flussabwärts: $t_{ab} = \frac{s}{v + v_f}$

Zeit beim Schwimmen flussaufwärts: $t_{auf} = \frac{s}{v - v_f}$ (es muss gelten: $v > v_f$)

Zeitgewinn beim Schwimmen flussabwärts: $t_S - t_{ab} = \frac{s v_f}{v^2 + v v_f}$

Zeitverlust beim Schwimmen flussaufwärts: $t_{auf} - t_S = \frac{s v_f}{v^2 - v v_f}$ (für $v > v_f$)

Man sieht, dass beim Zeitverlust der Nenner (für $v > v_f$) kleiner ist als beim Zeitgewinn und damit der Bruch insgesamt größer. Beim Schwimmen im Fluss (bzw. Fliegen bei Wind) ist man also insgesamt langsamer als im See (bzw. bei Windstille).

2 a) Wenn $v = v_f$ gilt, kommt der Schwimmer flussaufwärts überhaupt nicht voran. Dies sieht man auch am rechnerischen Ergebnis, wenn sich v_f an v annähert, wird die Schwimmzeit flussaufwärts beliebig groß. Für $v = v_f$ ist der Nenner 0 und damit der Term nicht definiert.

b) Für $v < v_F$ wird der flussaufwärts schwimmende Schwimmer flussabwärts zurückgedrängt. In der Rechnung erkennt man dies daran, dass t_{auf} negativ wird, d. h., das Ziel ist nur in negativer Zeit erreichbar – man muss also schon vorher beim Ziel gewesen sein.

3 Zeitdifferenz: $(t_{auf} - t_S) - (t_S - t_{ab}) = t_{auf} + t_{ab} - 2t_S = \frac{s}{v - v_f} + \frac{s}{v + v_f} - 2\frac{s}{v} =$

$$\frac{s(v + v_f) + s(v - v_f)}{v^2 - v_f^2} - 2\frac{s}{v} = \frac{2sv}{v^2 - v_f^2} - 2\frac{s}{v} = 2s\left(\frac{v}{v^2 - v_f^2} - \frac{1}{v}\right)$$

Bei Zunahme von v_f wird der Nenner von $\frac{v}{v^2 - v_f^2}$ kleiner und damit die Zeitdifferenz insgesamt größer.

Bei Verdoppelung von v und v_f ändert sich der Term wie folgt:

$$2s\left(\frac{2v}{(2v)^2 - (2v_f)^2} - \frac{1}{2v}\right) = 2s\left(\frac{2v}{4v^2 - 4v_f^2} - \frac{1}{2v}\right) = \frac{1}{2} \cdot 2s\left(\frac{v}{v^2 - v_f^2} - \frac{1}{v}\right)$$

Die Zeitdifferenz halbiert sich.

Analog kann man zeigen, dass die Zeitdifferenz bei Verdreifachung der Geschwindigkeiten gedrittelt wird.

VII Ähnlichkeit

Der Lehrplan nennt zwar die zentrische Streckung nicht als Lerninhalt, sieht aber als Weg zur Ähnlichkeit das maßstäbliche Vergrößern bzw. Verkleinern vor. Im Lehrbuch ist daher die zentrische Streckung (für $k > 0$) eingeführt, da mit ihrer Hilfe der Begriff der Ähnlichkeit als Erweiterung des Kongruenzbegriffs besonders deutlich wird. Darüberhinaus lassen sich so der Strahlensatz und die Ähnlichkeitssätze für Dreiecke leicht begründen.

1 Zentrische Streckungen

S. 132

1 Man muss vor allem darauf achten, dass die Winkel, die durch die Straßen eingeschlossen werden, gleich bleiben. Außerdem müssen alle Strecken (Straßen) im gleichen Maßstab verlängert werden.

i Der Vergrößerungsfaktor ist bewusst offen gelassen; eine Diskussion über Gemeinsamkeiten/Unterschiede bietet sich an.

S. 133

Randspalte und Lehrtext: Um die Eigenschaften der zentrischen Streckung zu untersuchen, ist eine geeignete DGS-Datei downloadbar im Internetauftritt.

S. 135

2

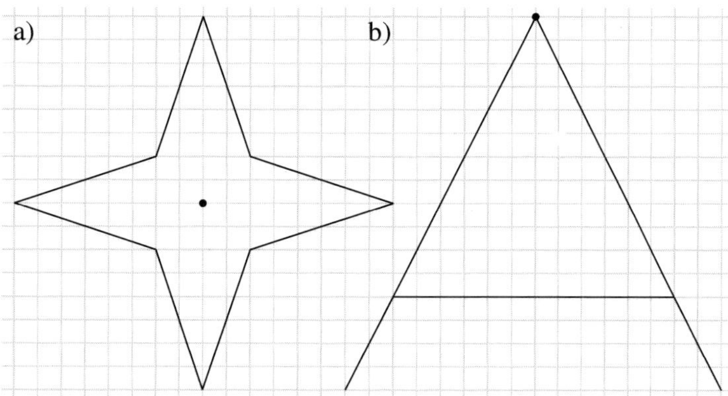

Die Figuren lassen sich mit Hilfe des Kästchenrasters leicht vergrößern.

a) Verdoppelung der Entfernung der Eckpunkte zum „Mittelpunkt“

b) Verdoppelung des Abstandes der Querstrecke zur „Spitze“ des A und Verdoppelung aller Streckenlängen.

3 Individuelle Lösungen

Das Vorgehen kann unterschiedlich sein; z. B. Streckung von einem (beliebigen) Zentrum aus oder Antragen einer (verlängerten) Seite und eines anliegenden Innenwinkels, erneut Seite, Winkel, etc. Der Streckfaktor ist 2,5. Der Flächeninhalt ist um 525 % gewachsen.

Randspalte: Leonie hat recht. Es wurden hier nur zwei Dreiecksseiten in gleichem Maßstab verlängert, die 3. Seite aber beibehalten. Dadurch sind auch die Winkel verändert.

4 a)

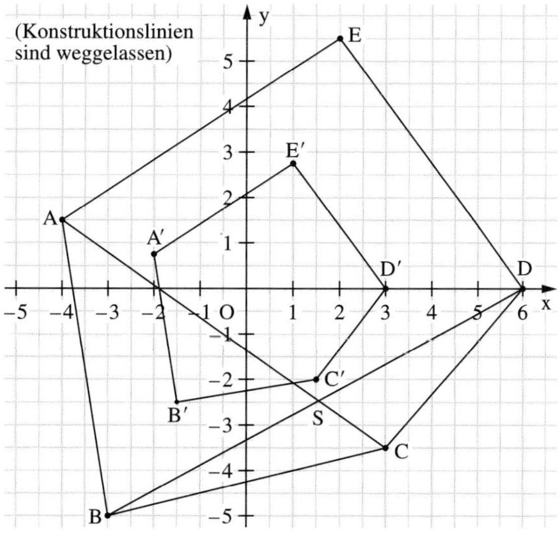

Anmerkung:
Es ist eine Konstruktion gefordert; z. B. Halbierung der Strecke [OA] zu [OA′] usw.

b) abgelesen: $S(1{,}5 \mid -2{,}5)$

berechnet:

Gerade BD: $y = \frac{5}{9}x - 3\frac{1}{3}$

Gerade AC: $y = -\frac{5}{7}x - 1\frac{5}{14}$

$S\left(1\frac{89}{160} \middle| -2\frac{15}{32}\right)$

5 a) $k = \frac{1}{2}$; $\frac{A'}{A} = \frac{1}{4}$ b) $k = \frac{1}{3}$; $\frac{A'}{A} = \frac{1}{9}$

6 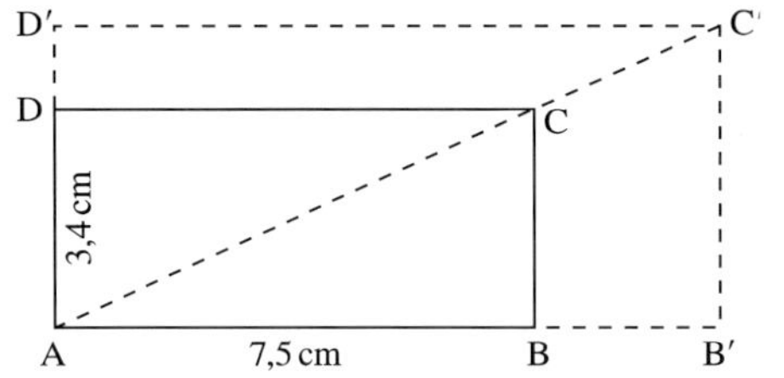

Vorgehen z. B.:
1. Schritt:
[AD] verlängert, so dass $\overline{AD'} = 4{,}7\,cm$.
2. Schritt:
C' liegt 1. auf [AC
2. auf der Parallelen zu DC durch D'.
3. Schritt:
B' liegt 1. auf [AB
2. auf der Parallelen zu BC durch C'.

7 a) Entsprechende Winkel bleiben bei der zentrischen Streckung gleich groß.
b) Alle Seiten der Raute werden mit dem gleichen Faktor verlängert (oder verkürzt) und also wieder gleich lang.
c) Jeder Punkt des Kreises mit Radius r wird durch die zentrische Streckung auf einen Punkt mit der Entfernung r' zum Bild des Mittelpunktes abgebildet. Es entsteht also ein Kreis mit dem Radius r'.

8 a) M(3|2); $k = \frac{3}{4}$ b) $\frac{A'}{A} = \frac{9}{16}$
c) Die Endpunkte der Sehne s ergeben sich als Schnittpunkte des Kreises k mit den Halbgeraden von M durch die Endpunkte der Sehne s'. Zentrum, Punkt und Bildpunkt liegen bei einer zentrischen Streckung auf einer Geraden.

→ DGS-Datei downloadbar im Internetauftritt
Kreisradien veränderbar; Flächeninhalte werden angezeigt.

9

U'	k	A'
1,5 dm	0,75	$12\frac{3}{8}\,cm^2$
28 cm	1,4	$43{,}12\,cm^2$
0,08 m	0,4	$3{,}52\,cm^2$

$k = \frac{U'}{U}$
$A' = k^2 \cdot A$

10 Da die Winkelgrößen erhalten bleiben, sind auch die Bilder von Tangente und zugehörigem Berührradius (= Radiusstrecke, die im Berührpunkt endet) zueinander senkrecht; also ist das Bild der Tangente wieder eine Tangente.

S. 136

11 a) Hier liegt keine zentrische Streckung vor.
b) k = 2, Zentrum: Schnittpunkt der Diagonalen
c) k = 3, Zentrum: Schnittpunkt der Diagonalen

12 $k^2 = \frac{13{,}5\,cm^2}{6\,cm^2} = 2{,}25 \Rightarrow k = 1{,}5$; $c' = 6\,cm$; $h_c' = 4{,}5\,cm$

13 a) $k = \frac{\overline{ZB'}}{\overline{ZB}} = \frac{9}{3} = 3$
b) Werden die Stäbe AB und AU so verschoben, dass $\overline{BB'} = \overline{AU}$, so ergeben sich als mögliche Streckfaktoren:
$1\frac{1}{8}, 1\frac{2}{7}, 1\frac{1}{2}, 1\frac{4}{5}, 2\frac{1}{4}, 3, 4\frac{1}{2}, 9$
(und deren Kehrwerte, wenn mit A' die Figur nachgefahren wird und der Stift in A eingesetzt wird).

→ AB Bastelvorlage für einen Storchschnabel; Kopiervorlage S. 179

→ AB Simulation eines Storchschnabels mit einem DGS; Kopiervorlage S. 180

→ DGS-Datei downloadbar im Internetauftritt
Es können beliebige Figuren erzeugt und vergrößert werden.

Randspalte: Der Radius hat keine Bedeutung; nur die Winkel der Sektoren sind wichtig.
Eine zentrische Streckung des Kreisdiagramms ändert nicht dessen Aussage.

14 Individuelle Lösungen

15 $k^2 = \frac{45\,cm^2}{20\,cm^2} = \frac{9}{4} \Rightarrow k = \frac{3}{2} = 1{,}5$; $a = 6\frac{2}{3}$ cm

16 Schattenbild 90 cm (k = 6): Lichtquelle 50 cm vom Objekt entfernt
Schattenbild 60 cm (k = 4): Lichtquelle 83,3 cm vom Objekt entfernt

17 Wenn ein Dreieck zwei gleich große Winkel hat, ist es ein gleichseitiges Dreieck.
Falsch! Das Dreieck kann dann auch nur gleichschenklig sein, die Basis eine andere Länge besitzen als die beiden Schenkel.

18 a) 24 550 m² b) 4800 *l* c) 1,78 cm³ d) 999 cm³ e) 3300 *l* f) 99 990 mm²

→ AB Arbeitsblatt: Zentrische Streckung; Kopiervorlage S. 177 f.
Neben dem Anfertigen gestreckter Figuren wird insbesondere die k^2-fache Veränderung des Flächeninhaltes erarbeitet.

→ AB Bastelvorlage für einen Storchschnabel; Kopiervorlage S. 179

→ AB Simulation eines Storchschnabels mit einem DGS; Kopiervorlage S. 180

2 Der Strahlensatz

S. 137 **1** Der Maibaum ist 15,5 mal so groß wie Franz, also 27,90 m.

2 Das große Dreieck kann man sich durch zentrische Streckung mit k = 1,5 aus dem kleinen hervorgegangen denken. Höhe über Grund: 1200 m

→ **3** DGS-Datei downloadbar im Internetauftritt
Die V-Figur ist veränderbar (X-Figur entsteht durch Punktspiegelung). Die Streckenlängen werden angezeigt.

S. 139 → **Beispiel 2:** DGS-Datei downloadbar im Internetauftritt

4 a) $\frac{b}{c} = \frac{e}{f}$ b) $\frac{f}{e} = \frac{c}{b}$ c) $\frac{d}{e} = \frac{a}{b}$ d) $\frac{b}{a} = \frac{e}{d}$
e) $\frac{e+f}{e} = \frac{b+c}{b}$ f) $\frac{c}{b+c} = \frac{f}{e+f}$ g) $\frac{d}{e+f} = \frac{a}{b+c}$ h) $\frac{b}{a+b} = \frac{e}{d+e}$
i) $\frac{a}{b+c} = \frac{d}{e+f}$ k) $\frac{b+c}{b} = \frac{e+f}{e}$ l) $\frac{f}{d} = \frac{c}{a}$ m) $\frac{b}{a+c} = \frac{e}{d+f}$

5 a) V-Figur: $b' = 6\frac{2}{3}$; $x = 6$; (X-Figur: $b' = 6\frac{2}{3}$; $x = 10{,}5$)
b) V-Figur: $a = 6\frac{2}{3}$; $y = 3{,}2$; X-Figur: $a = 6\frac{2}{3}$; $y = 1{,}2$
c) (V-Figur: $a' = \frac{77}{75}$; $x = \frac{51}{74}$); X-Figur: $a' = \frac{77}{75}$; $x = \frac{51}{44}$
d) V-Figur: $b' = 1{,}125$; $x = 3{,}25$; X-Figur: $b' = 1{,}125$; $x = 1{,}25$
Die eingeklammerten Lösungen sind geometrisch wegen der Dreiecksungleichung nicht möglich.

S. 140 **6** linke Figur: x = 2,25; y = 3,75; z = 4,5
rechte Figur: w = 19,5; $z = 6\frac{2}{3}$; x = 10,4; y = 15,6

7 Ansatz: $\frac{h}{1{,}8\,m} = \frac{25\,m}{1{,}5\,m}$. Der Baum ist 30 m hoch.

8 Individuelle Lösungen; mit den angegebenen Größen erhält man für den Monddurchmesser etwa 3491 km (also Mondradius ≈ 1745 km); dieser Wert kommt dem tatsächlichen (3476 km) sehr nahe.

9 linke Figur: $\frac{r}{s} = \frac{v}{v+w} = \frac{t}{u+t}$; $\frac{v}{w} = \frac{t}{u}$; $\frac{u}{t+u} = \frac{w}{v+w}$

mittlere Figur: $\frac{a}{d} = \frac{c}{b} = \frac{x}{y}$; $\frac{a}{a+d} = \frac{c}{c+b}$; $\frac{d}{a+d} = \frac{b}{c+b}$

rechte Figur: $\frac{f}{e+f} = \frac{b}{a} = \frac{c}{d}$; $\frac{a}{a-b} = \frac{e+f}{e}$; $\frac{a-b}{b} = \frac{e}{f}$

10 a) Man peilt von einem Uferpunkt einen „genau gegenüberliegenden" (rechter Winkel zum Uferrand) Punkt am anderen Ufer an. Dieser Punkt wird noch von einem weiteren Punkt angepeilt, dessen Abstand c zum Ufer gemessen wird. Bestimmt man noch die Längen der Uferstrecken a und b, so lässt sich mit dem Strahlensatz $\left(\frac{x}{a} = \frac{c}{b}\right)$ die Breite x des Flusses berechnen.

b) $x = 30\,\text{m}$

c) Für $a = b$ ist $x = c$, für $a = 2b$ ist $x = 2c$.

d) Man könnte z. B. auch eine V-Figur einsetzen:

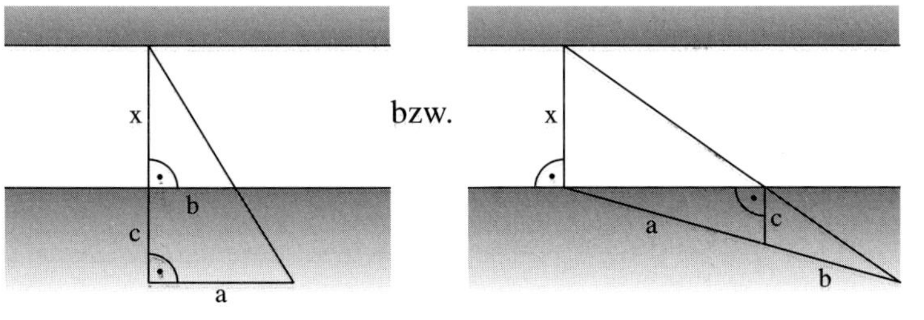

$\frac{x}{x+c} = \frac{b}{a}$ $\frac{x}{c} = \frac{a+b}{b}$

DGS-Datei downloadbar im Internetauftritt
Datei zur Überprüfung von b) und c) geeignet.

11 Individuelle Lösungen
Pappstreifen oder Holzleisten, Klebstoff

12 a) Beschreibung:
Zeichne von einem Punkt P zwei beliebige Halbgeraden g und h. Trage auf g von P aus Strecke a (man erhält den Punkt Q) ab.
Figur (1): Trage von Q aus die Strecke b (Punkt R) ab und auf h von P aus die Strecke c ab (Punkt S). Die Parallele zu QS durch R schneidet h im Punkt T. $\overline{ST} = x$ ist die gesuchte Streckenlänge.
Figur (2): Der Kreis um Q mit Radius c schneidet h im Punkt S (eventuell muss dazu vorher der Winkel zwischen g und h verkleinert werden). Die Parallele zu QS durch R schneidet h im Punkt T. $\overline{RT} = x$ ist die gesuchte Streckenlänge.
Die Konstruktion ist durch den Strahlensatz begründet.

b) $x = 7{,}5$; $x = 4{,}2$; $x = 3{,}2$

13 a) Das Gerät muss in Augenhöhe so gehalten werden, dass der Schenkel c waagrecht, parallel zum Boden verläuft. Dann wird die Baumspitze anvisiert und der senkrechte Stab so verschoben, bis der oben angebrachte Stift mit der Baumspitze zur Deckung kommt. Mit Hilfe des Strahlensatzes kann dann folgende Gleichung aufgestellt werden: $\frac{e}{c} = \frac{x}{b}$. Um die Höhe des Baumes zu ermitteln, wird zu x die Augenhöhe des Betrachters addiert: $h = x + a$.

b) $h \approx 18{,}3\,\text{m}$ ($\approx 20{,}4\,\text{m}$)

c) Individuelle Lösungen

S. 141

14 DGS-Datei downloadbar im Internetauftritt

a) A ist Bildpunkt von M_b (B entsprechend von M_a) bezüglich einer zentrischen Streckung mit Zentrum C und Streckfaktor $k = 2$. Da bei einer zentrischen Streckung Gerade und Bildgerade parallel sind, gilt hier, dass $[M_aM_b]$ parallel zu [AB] ist.

b) Strahlensatz (da $M_aM_b \parallel AB$):
$\overline{CM_b} : \overline{CA} = 1 : 2 = \overline{M_bM_a} : \overline{AB} \Rightarrow \overline{AB} = 2 \cdot \overline{M_bM_a}$

c) Strahlensatz:
$\overline{SA} : \overline{SM_a} = \overline{AB} : \overline{M_aM_b} = 2 : 1$; für $\overline{SB} : \overline{SM_b}$ analog.

d) zu a) In jedem Dreieck ist die Strecke zwischen den Mittelpunkten zweier Seiten parallel zur dritten Dreiecksseite.
zu b) Die Verbindungsstrecke der Mittelpunkte zweier Dreiecksseiten ist halb so lang wie die dritte Dreiecksseite.
zu c) Der Schnittpunkt der Seitenhalbierenden eines Dreiecks teilt jede Seitenhalbierende im Verhältnis 2 : 1 (wobei der größere Abschnitt an der Ecke liegt.)

15 a) Strahlensatz (Zentrum C): $\frac{\overline{CD}}{\overline{CA}} = \frac{\overline{DE}}{\overline{AB}}$

Mit $\overline{DE} = \overline{AB} - \overline{EF}$ (da ABFD ein Parallelogramm ist) folgt:

$\frac{\overline{CD}}{\overline{CA}} = \frac{\overline{AB} - \overline{EF}}{\overline{AB}}$; $\overline{AB} = 10{,}5\,\text{cm}$; $\overline{DE} = 7{,}5\,\text{cm}$.

b) Strahlensatz (Zentrum E): $\frac{\overline{BE}}{\overline{EC}} = \frac{\overline{EF}}{\overline{DE}} \Rightarrow \overline{BE} = 3{,}2\,\text{cm}$.

$\frac{\overline{BF}}{\overline{DC}} = \frac{\overline{EF}}{\overline{DE}} \Rightarrow \overline{BF} = 4\,\text{cm}$.

$\overline{AB} = \overline{DE} + \overline{EF} = 7\,\text{cm}$

16 Strahlensatz (Zentrum B): $\frac{\overline{BE}}{\overline{BC}} = \frac{\overline{BD}}{\overline{AB}} \Rightarrow \overline{BE} = 4{,}8\,\text{cm}$.

Strahlensatz (Zentrum C): $\frac{\overline{HE}}{\overline{BM}} = \frac{\overline{CE}}{\overline{BC}} \Rightarrow \overline{HE} = 4{,}2\,\text{cm}$ (M: Mittelpunkt von [AB])

Ohne Strahlensatz:
Das Dreieck BED ist wegen DE ∥ AC gleichschenklig. Also ist $\overline{HE} = \frac{1}{2}\overline{AB} + \frac{1}{2}\overline{BD} = 4{,}2\,\text{cm}$.

17 DGS-Datei downloadbar im Internetauftritt
Die Abstände der Punkte A, B und C von g seien d_a, d_b und d_c.
Nach dem Strahlensatz gilt:

$\frac{a_1}{a_2} = \frac{d_b}{d_c}$; $\frac{b_1}{b_2} = \frac{d_c}{d_a}$ und $\frac{c_1}{c_2} = \frac{d_a}{d_b} \Rightarrow \frac{a_1}{a_2} \cdot \frac{b_1}{b_2} \cdot \frac{c_1}{c_2} = \frac{d_b}{d_c} \cdot \frac{d_c}{d_a} \cdot \frac{d_a}{d_b} = 1$

18

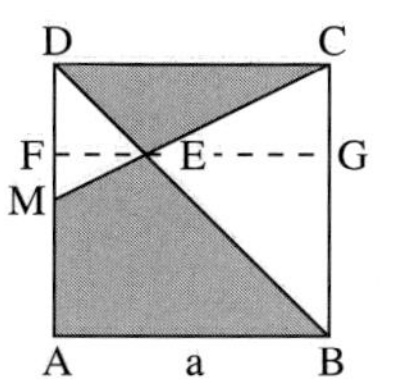

Aufgrund des Strahlensatzes gilt:

$\frac{\overline{ME}}{\overline{EC}} = \frac{\overline{MD}}{\overline{BC}} = \frac{1}{2}$ und $\frac{\overline{FE}}{\overline{EG}} = \frac{\overline{ME}}{\overline{EC}}$, also $\frac{\overline{FE}}{\overline{EG}} = \frac{1}{2} \Rightarrow \overline{FE} = \frac{1}{3}a$ und $\overline{EG} = \frac{2}{3}a$

Inhalt der weißen Fläche (zwei Dreiecke):

$\frac{1}{2} \cdot \overline{DM} \cdot \overline{FE} + \frac{1}{2} \cdot \overline{CB} \cdot \overline{EG} = \frac{1}{2} \cdot \frac{1}{2}a \cdot \frac{1}{3}a + \frac{1}{2} \cdot a \cdot \frac{2}{3}a = \frac{5}{12}a^2$

Inhalt der gefärbten Fläche: $a^2 - \frac{5}{12}a^2 = \frac{7}{12}a^2$

Anteil: $\frac{7}{12}$ der Quadratsfläche

19 DGS-Datei downloadbar im Internetauftritt

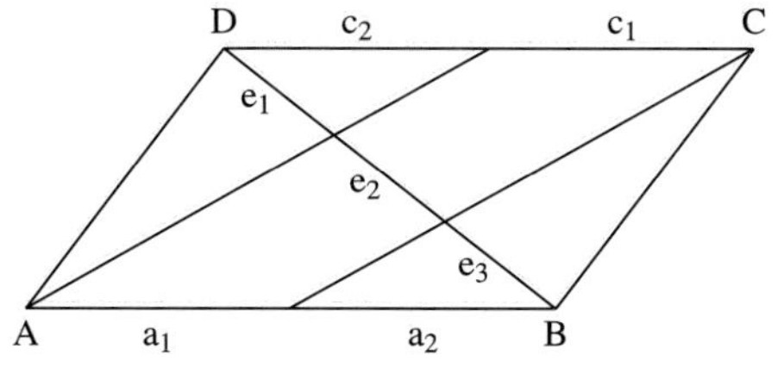

Strahlensatz:

$\frac{e_1}{e_2} = \frac{c_2}{c_1} = \frac{1}{1} \Rightarrow e_1 = e_2$

$\frac{e_3}{e_2} = \frac{a_2}{a_1} = \frac{1}{1} \Rightarrow e_3 = e_2$

damit gilt:

$e_1 = e_2 = e_3$

20 DGS-Datei downloadbar im Internetauftritt

a) $\frac{B}{G} = \frac{b}{g}$

b) Denkt man sich G in der Linsenmitte, so gilt $\frac{B}{G} = \frac{b-f}{f}$.

Aus a) ergibt sich $\frac{b}{g} = \frac{b-f}{f}$ bzw. $gb - gf = fb$.

Bei Division durch $(g \cdot f \cdot b)$ erhält man

$\frac{1}{f} - \frac{1}{b} = \frac{1}{g}$ bzw. $\frac{1}{f} = \frac{1}{g} + \frac{1}{b}$, die „Linsengleichung“.

21 a) $\frac{d}{s} = \frac{a}{e}$ b) $e = \frac{a \cdot s}{d} = \frac{0{,}7\,\text{m} \cdot 5\,\text{m}}{0{,}064\,\text{m}} \approx 55\,\text{m}$

S. 142

22 a) Figur (I): $\frac{2,1}{1,7} \neq \frac{2,1}{1,6} \Rightarrow h \nparallel k$; $\frac{3,2}{1,7} \neq \frac{3,2}{1,6} \Rightarrow g \nparallel k$; $\frac{1,1}{3,8} \neq \frac{1,1}{3,7} \Rightarrow g \nparallel h$

Figur (II): $\frac{2,1}{5,1} = \frac{1,4}{3,4} \Rightarrow g \parallel k$; $\frac{2,1}{2,8} \neq \frac{1,4}{1,8} \Rightarrow g \nparallel h, h \nparallel k$

b) Individuelle Lösungen

23 a) Es gibt zwei Schnittpunkte B_1 und B_1' des Kreises $k(B_2; b)$ mit der Geraden, auf der die Abschnitte u und v liegen. Das Dreieck ist nicht eindeutig konstruierbar, weil α nicht der größeren Seite gegenüberliegt.

b) Hier sieht man, dass die Umkehrung des 2. Teils des Strahlensatzes nicht ohne weiteres gilt. $\frac{a}{x} = \frac{b}{y}$ reicht als Beweis für $a \parallel b$ nicht aus. Zusätzlich muss gelten: $\frac{a}{u} = \frac{b}{v}$.

→ **24** DGS-Datei downloadbar im Internetauftritt

a) Strahlensatz (Zentrum E): $\frac{\overline{EM}}{\overline{EA}} = \frac{\overline{DM}}{\overline{AB}}$; Strahlensatz (Zentrum F): $\frac{\overline{FM}}{\overline{FB}} = \frac{\overline{MC}}{\overline{AB}}$;

wegen $\overline{DM} = \overline{MC}$ gilt: $\frac{\overline{EM}}{\overline{EA}} = \frac{\overline{FM}}{\overline{FB}}$.

Nach der Umkehrung des 2. Teils des Strahlensatzes ist damit $\overline{EF} \parallel \overline{AB}$.

b) $\frac{\overline{EM}}{\overline{EA}} = \frac{\overline{DM}}{\overline{AB}} = \frac{1}{2} \Rightarrow \overline{EA} = 2\overline{EM} \Rightarrow \overline{AM} = 3\overline{EM}$

Es ist $\frac{\overline{EF}}{\overline{AB}} = \frac{\overline{EM}}{\overline{AM}} = \frac{\overline{EM}}{3\overline{EM}} = \frac{1}{3} \Rightarrow \overline{AB} : \overline{EF} = 3:1$.

25 a) $11! = 39\,916\,800$ Möglichkeiten

b) $10! = 3\,628\,800$ Möglichkeiten

c) $P = \frac{10!}{11!} = \frac{1}{11} = 0,\overline{09} \approx 9,1\,\%$

26 $\frac{1}{2} \cdot \frac{2}{3} \cdot \frac{3}{4} \cdot \ldots \cdot \frac{n-1}{n} = \frac{1}{n}$

→ TB Trainingsblatt: Strahlensatz; Kopiervorlage S. 181 f.

→ AB Arbeitsblatt: Im Strahlen-Dschungel; Kopiervorlage S. 184

→ Spiel: Im Strahlen-Dschungel; Kopiervorlagen S. 183 und S. 185
Spiel für 2 Personen (Spieldauer: 15–30 Minuten)

5 Spielfiguren, 1 Würfel, Papier und Stift

Spielidee:
Die Figuren sind so zu verschieben, dass sich Strahlensatzfiguren ergeben.
Punkte erwirbt man durch korrekte Nennung von Seitenverhältnissen.

3 Ähnliche Figuren

S. 143

1 Man führt eine zentrische Streckung mit $k \approx 1,6$ durch.

S. 144

2 Individuelle Lösungen
z. B. Papierformate (DIN A4, A3, …), die ähnliche Rechtecke darstellen; alle Gegenstände mit kreisförmigem Querschnitt.

3 Das Grundstück ist 300 m lang und 80 m breit. Der Flächeninhalt ist $24\,000\,m^2 = 2,4$ ha.

4 a) Alle gleichseitigen Dreiecke sind ähnlich. Sie haben gleich große Innenwinkel (60°) und lassen sich durch zentrische Streckung (bei der die Winkel erhalten bleiben) ineinander überführen.
b) Zwei Quadrate sind stets ähnlich (alle Innenwinkel 90°)
c) Zwei Rauten müssen nicht ähnlich sein, z.B. bayrische Raute und Quadrat mit gleicher Seitenlänge. Es gibt keine zentrische Streckung, die den Innenwinkel verändert und die bayrische Raute in ein Quadrat überführen könnte.
d) Individuelle Lösungen

5 Individuelle Lösungen
Bsp.: Geschwister sehen sich „ähnlich“. Im Unterschied zur Geometrie sind hier manche Merkmale nahezu identisch, andere dagegen völlig verschieden. Insbesondere könnten Winkel oder Streckenverhältnisse verschieden sein.

S. 145

6 Es kann keine zentrische Streckung zum Vergrößern/Verkleinern geben, da
(1) das Seitenverhältnis bei Quadrat und Rechteck unterschiedlich ist.
(2) der von den Diagonalen eingeschlossene Winkel bei Quadrat und Rechteck unterschiedlich groß ist.

7 a) Durch Achsenspiegelungen an Geraden durch M; z.B.:
(1) am 1. Schenkel des eingezeichneten 60°-Winkels,
(2) an der vertikalen Achse durch M,
(3) an der horizontalen Achse durch M.
b) Jedes der inneren Trapeze muss zentrisch gestreckt werden (mit dem Streckzentrum M und $k \approx 2{,}5$).

8 3 Kreise (I → rot); 2 gleichschenklig rechtwinklige Dreiecke (S → blau); 1 ähnliches Trapez (L); 1 ähnliches L (M)
Lösungswort: S I M I L I S (lat. für „ähnlich“)

9 $\frac{U'}{U} = \frac{64}{96} = \frac{2}{3} \Rightarrow a' = \frac{2}{3}a;\ b' = \frac{2}{3}b$, also $a' = 8\frac{2}{3}\,\text{cm};\ b' = 23\frac{1}{3}\,\text{cm}$.

10 $\frac{5\,\text{cm}}{2\,\text{cm}} = \frac{15\,\text{cm}}{6\,\text{cm}} = \frac{x}{7\,\text{cm}} \Rightarrow x = 17{,}5\,\text{cm}$

$\left(\frac{4{,}2\,\text{cm}}{7\,\text{cm}} = \frac{3{,}6\,\text{cm}}{6\,\text{cm}} = \frac{x}{2\,\text{cm}} \Rightarrow x = 1{,}2\,\text{cm}\right)$

11 Das Seitenverhältnis des Negativs ist 2 : 3. Das gleiche Seitenverhältnis haben auch a), d) und f). Sie eignen sich daher besonders für eine Vergrößerung.

12 Mögliche Begründung:
Beide Vierecke sind Drachenvierecke. Die spitzen Winkel betragen jeweils 60°, da sie zugleich Innenwinkel eines gleichseitigen Dreiecks sind. Zwei Winkel des roten Vierecks sind rechte Winkel, da die Ecken auf dem Thaleskreis liegen. Die entsprechenden Winkel des blauen Vierecks sind ebenfalls rechte, da sie jeweils an einer Symmetrieachse des gleichseitigen Dreiecks anliegen. Somit stimmen alle vier Winkel überein (Winkelsumme) und das blaue Viereck lässt sich durch zentrische Streckung in ein zum roten kongruentes Viereck überführen. Die Vierecke sind also ähnlich.

13 a) $k^2 = \frac{A'}{A} = 1{,}44 \Rightarrow k = 1{,}2;\ U' = 57{,}6\,\text{cm}$

b) $k^2 = \frac{A'}{A} = \frac{49}{16} \Rightarrow k = \frac{7}{4} = 1{,}75;\ U' = 1{,}75\,U;\ U' - U = 18\,\text{cm} \Rightarrow U = 24\,\text{cm};\ U' = 42\,\text{cm}$

14 $3y = 4x - 11$
Probieren ergibt z.B. $3 \cdot (-1) = 4 \cdot 2 - 11$,
also: $A(2|-1)$
Geht man von A 3 Kästchen nach rechts und 4 Kästchen nach oben, so erhält man den Gitterpunkt $(3{,}5|1)$.

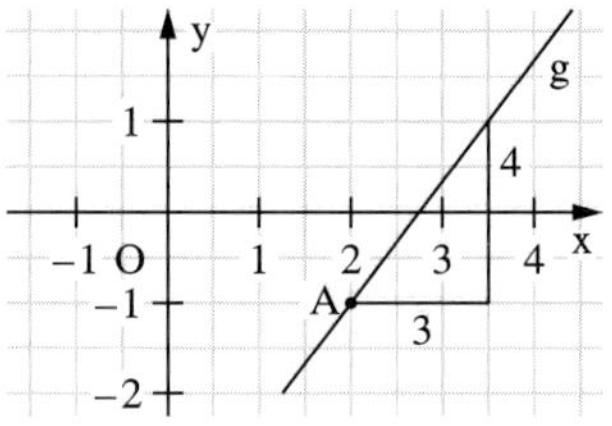

15 (I) $10x + y - (x + y) = 54 \Rightarrow 9x = 54 \Rightarrow x = 6$
(II) $10x + y - x = 54 \Rightarrow 9 \cdot 6 + y = 54 \Rightarrow y = 0$ Die Zahl lautet 60.

4 Ähnlichkeitssätze für Dreiecke

S. 146

1 Die Vierecke sind nicht zueinander ähnlich, da die Seitenverhältnisse unterschiedlich sind $\left(\text{z.B.: } \frac{d}{a} \neq \frac{d'}{a'}\right)$.

2 Papier und Schere sind nötig.
Die dritten Seiten sind zueinander parallel. Das sich ergebende Bild ist eine V-Figur des Strahlensatzes. Die Dreiecke sind zueinander ähnlich.

S. 147

3 a) Ja (WW-Satz) b) Nein
c) Nein d) Ja (gleichseitige Dreiecke)
e) Nein

4 a) keine Ähnlichkeit b) Ähnlichkeit (WW-Satz) c) keine Ähnlichkeit

5 a) Ist bei einem rechtwinkligen Dreieck ein Winkel 30° bzw. 60°, so ist der verbleibende Winkel wegen der Winkelsumme 60° bzw. 30°. Es liegen also immer ein 90°-, ein 60°- und ein 30°-Winkel vor, die Dreiecke sind nach dem WW-Satz ähnlich zueinander.
b) Alle rechtwinklig gleichschenkligen Dreiecke stimmen in allen Innenwinkeln (90°, 45°, 45°) überein, sind also ähnlich.

S. 148

6 a)

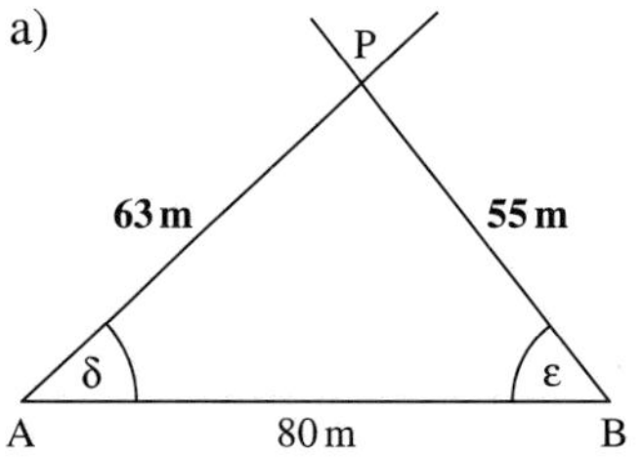

b)

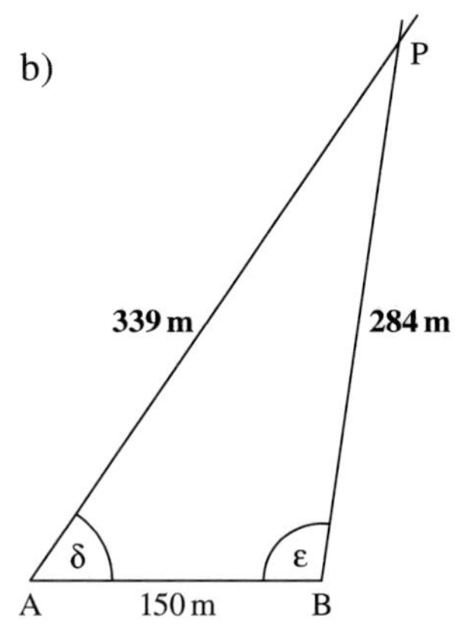

Es wird jeweils der WW-Satz verwendet
DGS-Datei downloadbar im Internetauftritt

7 DGS-Datei downloadbar im Internetauftritt
Es lässt sich eine ähnliche Hilfsfigur konstruieren mit einer (beliebigen) Streckenlänge $\overline{PQ'}$.
Für die tatsächliche Streckenlänge $\overline{PQ}$ ist beim Ablesen der Maßstab zu beachten.
a) $\overline{PQ} = 2{,}4\,\text{km}$ b) $\overline{PQ} = 1{,}8\,\text{km}$

8

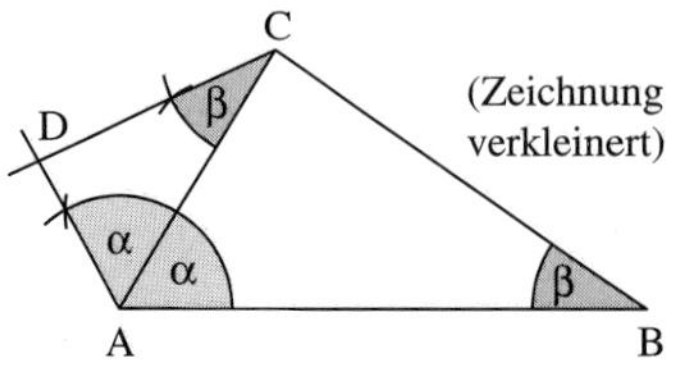

Maßstab: 4:7; Verhältnis der Flächeninhalte: 16:49

9 Es werden z. B. die Winkel ∢ BAP und ∢ PBA an [A′B′] in A′ bzw. B′ angetragen. Der Schnittpunkt der freien Schenkel ist P′.

10 a) Die Dreiecke I und II sind nach dem WW-Satz ähnlich:

$$\left.\begin{array}{l}\alpha_I + \beta_I + 90° = 180°\\ \alpha_I + \beta_{II} + 90° = 180°\end{array}\right\} \Rightarrow \beta_I = \beta_{II};$$

außerdem gilt: $\gamma_1 = \gamma_2 = 90°$

Analog für die weiteren Dreiecke.

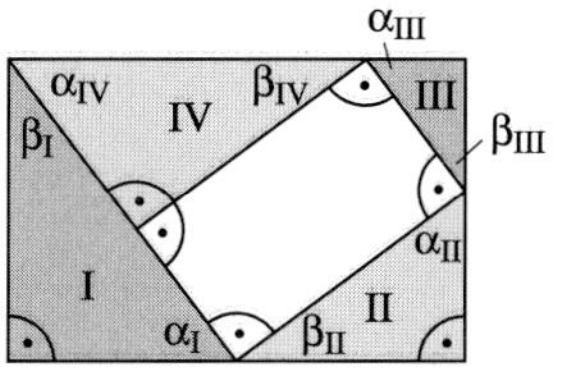

b) Die Dreiecke sind ähnlich zueinander, also verhalten sich die Katheten eines jeden Dreiecks wie $\frac{\overline{DA}}{\overline{AE}} = \frac{4}{3}$.

$\overline{BF} = \frac{3}{4} \cdot \overline{BE} = 2{,}25\,\text{cm}$; $\overline{FC} = \overline{BC} - \overline{BF} = 1{,}75\,\text{cm}$; $\overline{CG} = \frac{3}{4} \cdot \overline{CF} = 1{,}3125\,\text{cm}$

11 DGS-Datei downloadbar im Internetauftritt

Vermutung: Das Produkt der Abschnitte, in die der Höhenschnittpunkt H eine Höhe teilt, ist bei allen Höhen im Dreieck gleich.

Beweis: Die Dreiecke ΔAHE und ΔBDH sind ähnlich, da beide rechtwinklig sind und in den Winkeln ∢ EHA bzw. ∢ BHD übereinstimmen (Scheitelwinkel).

Daher gilt: $\overline{HE} : \overline{HA} = \overline{HD} : \overline{HB} \Rightarrow \overline{HA} \cdot \overline{HD} = \overline{HE} \cdot \overline{HB}$

12

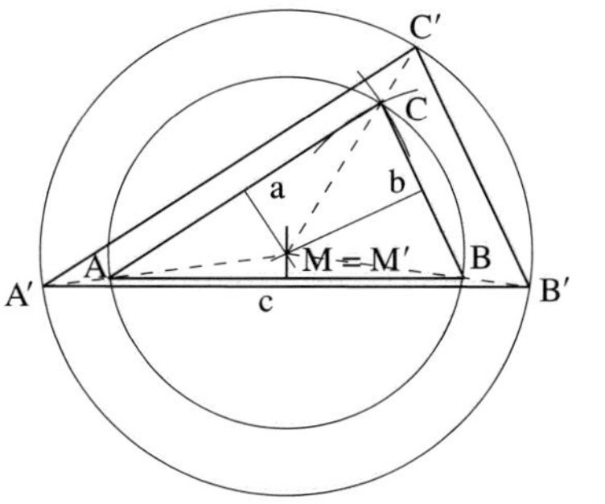

Man konstruiert zunächst den Umkreismittelpunkt M des Dreiecks ABC.

A′ liegt auf (1) [MA
(2) k(M; 4 cm)

B′ und C′ analog

DGS-Datei downloadbar im Internetauftritt
Dreieck und Radius veränderbar.

13 a) $A = \frac{1}{2} \cdot b \cdot h_b = \frac{1}{2} \cdot c \cdot h_c \Rightarrow h_c = \frac{b \cdot h_b}{c} = \frac{8\,\text{cm} \cdot 4{,}8\,\text{cm}}{7{,}3\,\text{cm}} \approx 5{,}26\,\text{cm}$

$$\left.\begin{array}{l}\frac{h_c'}{h_c} = \frac{21{,}0\,\text{cm}}{5{,}26\,\text{cm}} \approx 4{,}0\\ \frac{c'}{c} = \frac{30\,\text{cm}}{7{,}3\,\text{cm}} \approx 4{,}1\end{array}\right\} \text{ also } \frac{h_c'}{h_c} \neq \frac{c'}{c}.$$ Die Dreiecke sind nicht ähnlich.

b) $$\left.\begin{array}{l}\frac{U'}{U} = \frac{64{,}4\,\text{cm}}{18{,}4\,\text{cm}} = 3{,}5\\ \frac{A'}{A} = \frac{146\,\text{cm}^2}{12\,\text{cm}^2} = 12\tfrac{1}{6}\end{array}\right\} \text{ also } \frac{U'}{U} \neq \frac{A'}{A}.$$ Die Dreiecke sind nicht ähnlich.

S. 149

14 a) Die Dreiecke ABD und AEC sind ähnlich nach dem WW-Satz (α sowie 90°-Winkel).

Daher gilt: $\frac{h_c}{h_b} = \frac{b}{c}$

b) $\frac{h_a}{h_b} = \frac{b}{a}$; $\frac{h_c}{h_a} = \frac{a}{c}$

c) $\frac{b}{a} = \frac{h_a}{h_b} = \frac{3}{2} \Rightarrow b = \frac{3}{2}a$; $\frac{c}{a} = \frac{h_a}{h_c} = \frac{5}{4} \Rightarrow c = \frac{5}{4}a$;

$a + \frac{3}{2}a + \frac{5}{4}a = 30\,\text{cm} \Rightarrow a = 8\,\text{cm};\ b = 12\,\text{cm};\ c = 10\,\text{cm}$

15 DGS-Datei downloadbar im Internetauftritt

∢ FGB = 180° – 90° – ∢ GBF = 90° – ∢ GBF

∢ EAD = ∢ BAC = 90° – ∢ GBF

Nach WW sind also die Dreiecke BGF und AED ähnlich.

Es gilt daher: $\frac{x}{y} = \frac{y}{z} \Rightarrow x \cdot z = y^2$

16 Der Flächeninhalt des Dreiecks AMC ist $\frac{1}{4} \cdot ab$, da Dreieck ABC den Flächeninhalt $\frac{1}{2} \cdot a \cdot b$ und folglich Dreieck AMC den Inhalt $\frac{1}{2} \cdot \left(\frac{1}{2} \cdot a \cdot b\right)$ hat.

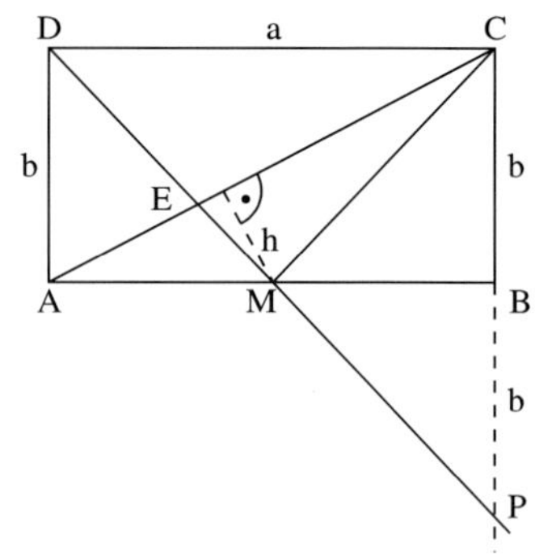

Man betrachtet die X-Figur (Strahlensatz) DAECP:

$\overline{AE} : \overline{EC} = b : 2b = 1 : 2$

Die Dreiecke AME und MCE haben bezüglich [AE] bzw. [EC] die gemeinsame Höhe h.

Da $\overline{AE} : \overline{EC} = 1 : 2$ gilt, folgt $A_{\Delta AME} : A_{\Delta MCE} = 1 : 2$

Damit ist $A_{\Delta MCE} = \frac{2}{3} \cdot A_{\Delta AMC} = \frac{2}{3} \cdot \frac{1}{4} ab = \frac{1}{6} ab$

Alternativer Lösungsweg:

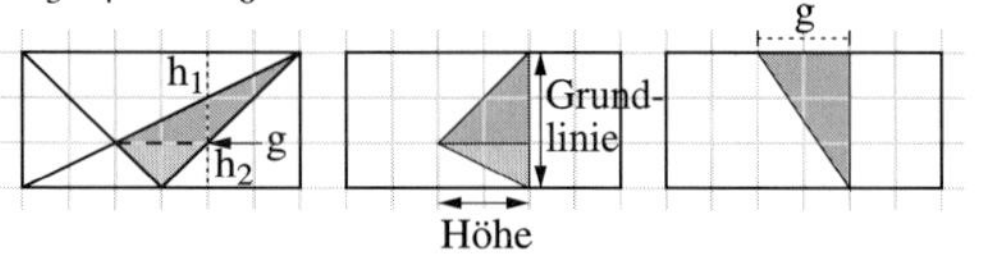

Der Flächeninhalt bleibt in der Bilderfolge gleich. Wie beim anderen Lösungsweg muss noch eingesehen werden, dass die Länge von g ein Drittel der Rechtecklänge beträgt.

$\Rightarrow \quad A_{\text{gelbe Fläche}} = \frac{1}{6} A_{\text{Rechteck}}$

17

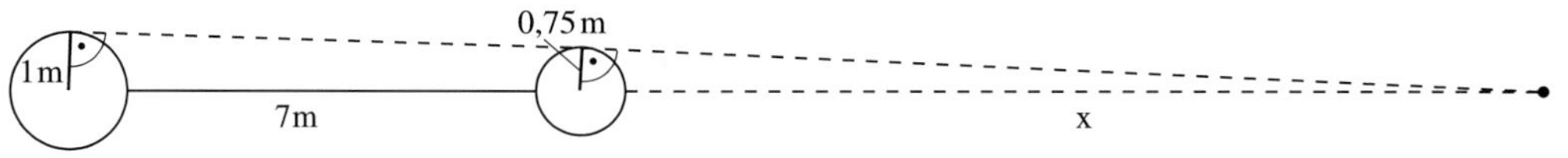

Die Radien sind so in die Kreise eingezeichnet, dass sie senkrecht auf dem tangentialen Sehstrahl stehen. Somit sind diese Radien parallel und der Strahlensatz ist anwendbar:

$\frac{x + 0{,}75\,m}{0{,}75\,m} = \frac{x + 1{,}5\,m + 7\,m + 1\,m}{1\,m} \quad \Rightarrow \quad x = 25{,}5\,m.$

Der Betrachter muss also 25,5 m (von der Außenwand) der dünnen Säule entfernt stehen.

DGS-Datei downloadbar im Internetauftritt
Lichte Weite ist veränderbar.

18 Der Fußpunkt des Lotes von P auf AD sei R. Man betrachet die ähnlichen Dreiecke ΔPQR und ΔCDQ. Diese sind nach dem WW-Satz ähnlich, da beide einen rechten Winkel besitzen und die Winkel ∢RQP und ∢CQD gleich sind.

Dann gilt: $\frac{\overline{QR}}{\overline{QD}} = \frac{\overline{PR}}{\overline{CD}}$, d. h. $\frac{36\,cm - x}{x} = \frac{25\,cm}{124\,cm} \quad \Rightarrow \quad x \approx 30{,}0\,cm$

DGS-Datei downloadbar im Internetauftritt
Die Lage von P ist veränderbar.

19 a) Jedes der Dreiecke besitzt einen rechten Winkel.
∢BAC + ∢CAD = 90° und ∢CAD + ∢ADE = 90° ⇒ ∢BAC = ∢ADE
Damit sind die Dreiecke ΔAED und ΔABC nach dem WW-Satz ähnlich zueinander.
Analog zeigt man ΔDEC ~ ΔABC

b) $\frac{x}{b} = \frac{b}{\overline{AC}} \Rightarrow x = 1{,}8\,cm$; $\frac{z}{a} = \frac{b}{\overline{AC}} \Rightarrow z = 2{,}4\,cm$; $\frac{y}{a} = \frac{a}{\overline{AC}} \Rightarrow y = 3{,}2\,cm$.

c) Man verwendet die in b) aufgestellten Gleichungen:

Aus $x = \frac{b^2}{\overline{AC}}$ und $y = \frac{a^2}{\overline{AC}}$ folgt: $\frac{x}{y} = \frac{\frac{b^2}{\overline{AC}}}{\frac{a^2}{\overline{AC}}} = \frac{b^2}{a^2}$

20 Ansatz: $\frac{42 + x}{4} = 18$. Die durchschnittliche Temperatur im dritten Quartal betrug 30 °C.

Wettspiel: Das (Puzzleteil) sieht dir ähnlich!; Kopiervorlage S. 186 f.
Spiel für 2 Personen (Spieldauer: 30 Minuten pro Spiel)
Spielidee: Jeder Spieler berechnet mit Hilfe von Ähnlichkeitsbetrachtungen Flächeninhalte von Dreiecken. Sieger ist, wer zuerst die Kontrollsumme korrekt errechnet.

AB Variante: Die Kopiervorlage kann auch als Arbeitsblatt eingesetzt werden.

→ Ähnlichkeitsquartett; Kopiervorlage S. 188 f.
Die Schüler können nach üblichen Regeln des Quartetts spielen (Spieldauer: ca. 45 Minuten) oder auch nur die passenden Karten zusammensuchen.

Projekt: Perspektivisches Zeichnen nach Dürer

S. 150 In dem Katalog „Fächerverknüpfende und fächerübergreifende Unterrichtsvorhaben" des Lehrplans ist für die Jahrgangsstufe 8 u. a. als mögliches Thema „Standpunkt und Perspektive" genannt. Das im Lehrbuch vorgeschlagene Projekt eignet sich in diesem Sinne als fächerübergreifendes Projekt, besonders mit dem Fach Kunsterziehung. Die Lehrkräfte für Kunst können sicher Material empfehlen bzw. zur Verfügung stellen.

Thema: Der Jakobsstab

S. 152 **1**

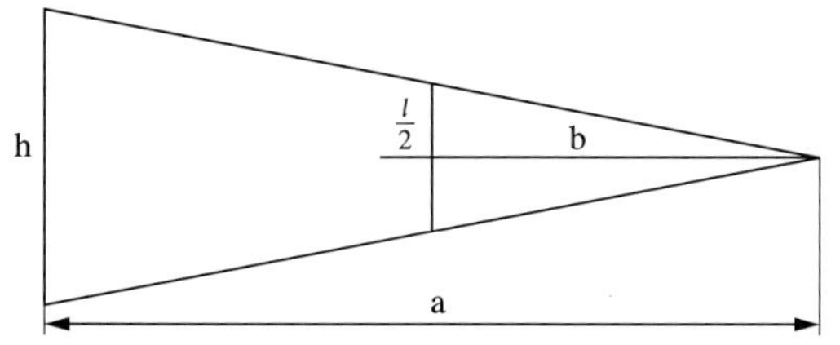

Alpian berechnet h durch: $h = \frac{a \cdot l}{b}$
Der Strahlensatz $\left(\frac{a}{h} = \frac{b}{l}\right)$ gilt nur, wenn der Läufer parallel zum Meßobjekt gehalten wird, d. h., wenn sich der Betrachter auf der Hälfte der zu messenden Höhe befindet (siehe Skizze). Dies gilt nur für Objekte mit h ≈ 3,5 m.
In der Praxis steht der Beobachter aber in großer Entfernung zum Objekt, so dass die Abweichung von der Parallelität sehr klein ist.

2

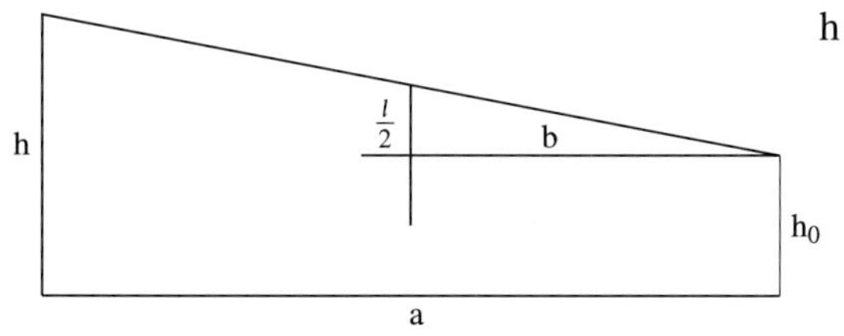

$h = h_0 + \frac{a \cdot l}{2b}$ (h_0 ist die Augenhöhe.)

Thema: Ähnliche Figuren im Raum

S. 153 **1** Man misst die Höhen der Puppen entlang der gestrichelten Linie.

a) $k \approx \frac{4{,}7\,\text{cm}}{5{,}1\,\text{cm}} \approx \frac{4{,}3\,\text{cm}}{4{,}7\,\text{cm}} \approx \frac{3{,}7\,\text{cm}}{4{,}3\,\text{cm}} \approx \frac{3{,}4\,\text{cm}}{3{,}7\,\text{cm}} \approx 0{,}9$
Andere Möglichkeit: Die Außendurchmesser des „Bauches" ergeben sich rechnerisch zu 6,4 cm; 5,8 cm; 5,2 cm und 4,6 cm, womit ebenfalls k ≈ 0,9 folgt.

b) Es ist anzunehmen, dass sich die Oberfläche mit $k^2 \approx 0{,}8$ und das Volumen $k^3 \approx 0{,}7$ verändert.

2 Er hat in der Grafik die Höhe, Breite und Tiefe verdoppelt. Damit vervierfacht sich die Fläche, das Volumen verachtfacht sich. Der Zuwachs scheint also deutlich größer zu sein als er tatsächlich ist.

3 a) Legt man eine Ebene durch S, $\overline{AB}$ und $\overline{A'B'}$ so gelten für diese Figur alle Gesetzmäßigkeiten der zentrischen Streckung. Es gilt $\overline{A'B'} = k \cdot \overline{AB}$

b) Analog zu a) für jede Dreiecksseite

4 Man sucht Ebenen, z. B. die Ebene durch A, C, S, A′ und C′, in denen die Gesetze der zentrischen Streckung angewendet werden können. So erhält man für jede Kante eine Beziehung der Art $\overline{A'C'} = k \cdot \overline{AC}$. Multipliziert man die Längen zweier Kanten, um den Inhalt einer Seitenfläche zu erhalten, so geht beim gestreckten Prisma k^2 ein; für das Volumen (Kante multipliziert mit Fläche) geht k^3 ein.

Vernetzende Aufgaben

Vernetzende Aufgaben befinden sich durchgängig im gesamten Buch. Das Kapitel Vernetzende Aufgaben am Ende des Buches dient besonders dem vernetzenden Wiederholen am Ende des Schuljahres. Die Aufgaben können jedoch auch eher eingesetzt werden.
Die folgende Tabelle fasst zusammen, auf welche Kapitel jeweils zurückgegriffen wird.

Kapitel im Buch / Aufgabe	I	II	III	IV	V	VI	VII
1				●			
2				●			
3					●		
4							●
5		●					
6		●					
7							●
8						●	●
9				●	●		●
10		●	●				
11	●					●	
12			●		●	●	
13						●	
14			●	●			
15						●	●
16		●	●	●	●	●	●

Strategisch vorgehen

Im Abschnitt Strategisch vorgehen wird aufgezeigt, wie grundlegend und vielfach einsetzbar die bisher gelernten Strategien sind. Beim Verfolgen verschiedener in dieser Jahrgangsstufe neu erarbeiteten Techniken wendet man wiederum bereits bekannte Strategien an:
- Das **Invarianzprinzip** (Strategie C) wird genutzt bei Längenverhältnissen, die man anhand der Strahlensatzfigur erkennt sowie bei der Quotientengleichheit bei proportionalen bzw. der Produktgleichheit bei umkehrt proportionalen Zuordnungen.
- Das Aufstellen und Lösen von **Gleichungen** (Strategie D) wird nun auf Lineare Gleichungssysteme mit zwei Variablen erweitert.
- Wird zur Veranschaulichung eines mehrstufigen Zufallsexperimentes ein Baumdiagramm gezeichnet, so wird hierbei die Strategie **Darstellung von Sachverhalten in Zeichnungen und Diagrammen** (Strategie B) angewandt.

Bei den Musteraufgaben werden alle bereits bekannten Strategien – wo sinnvoll möglich, mit neu erworbenen Techniken der Jahrgangsstufe 8 – noch einmal beispielhaft vorgeführt.
Neben dieser ausführlichen Betrachtung verschiedener Lösungsstrategien wird im Buch an mehreren Stellen die Verwendung von Lösungsstrategien bewusst gemacht. An solchen Stellen ist im *Schülerbuch* auf der Randspalte der Springer aus dem Schachspiel abgebildet.

→ Strategiekarten; Kopiervorlage S. 190 ff.
Mit den Strategiekarten können sich die Schüler über die Jahre hinweg eine eigene Kartei mit Lösungsstrategien aufbauen.
Es sollte unbedingt angeregt werden, für die verschiedenen Lösungsstrategien eigene Aufgabenkarten mit Lösungen zu erarbeiten.

S. 157

1 Gleichungssystem mit 3 Variablen:
(I) $x + 1 = y$
(II) $x + y = z + 54$
(III) $4z = y + 200$
Ergebnis: $x = 59$; $y = 60$; $z = 65$

Es kann auch gleich mit zwei Variablen begonnen
(I) $x + (x + 1) = z + 54$
(II) $4z = (x + 1) + 200$
oder die Lösung durch systematisches Probieren ermittelt werden.

2 Die Rechtecksseiten werden mit a und b benannt:
(I) $2a + 2b = 17\,\text{cm}$
(II) $(a + 3{,}5\,\text{cm})(b - 1{,}5\,\text{cm}) = ab + 14\,\text{cm}^2$
$\Rightarrow$ $b = 6{,}4\,\text{cm}$; $a = 2{,}1\,\text{cm}$
Die beiden Seiten des ursprünglichen Rechtecks waren 2,1 cm und 6,4 cm lang.

3 1. Zug
2. Zug
3. Zug

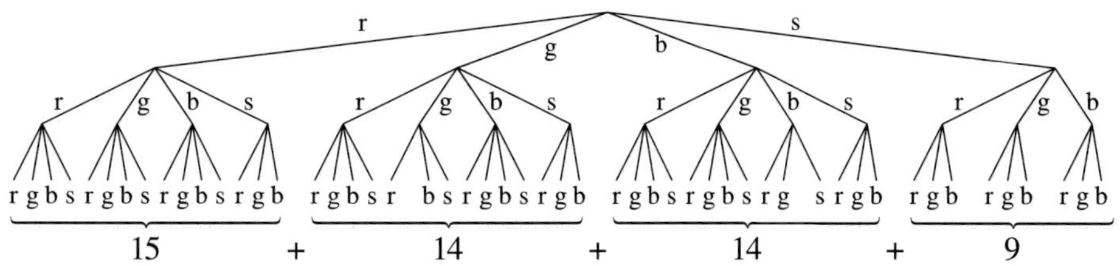

15 + 14 + 14 + 9
= 52 mögliche Ergebnisse

S. 158

4 Vorgehen nach dem Invarianzprinzip:

Strahlensatz: $\frac{h}{8\,\text{cm}} = \frac{15\,200\,\text{cm}}{20\,\text{cm}}$
$\Rightarrow$ $h = 6080\,\text{cm} \approx 61\,\text{m}$

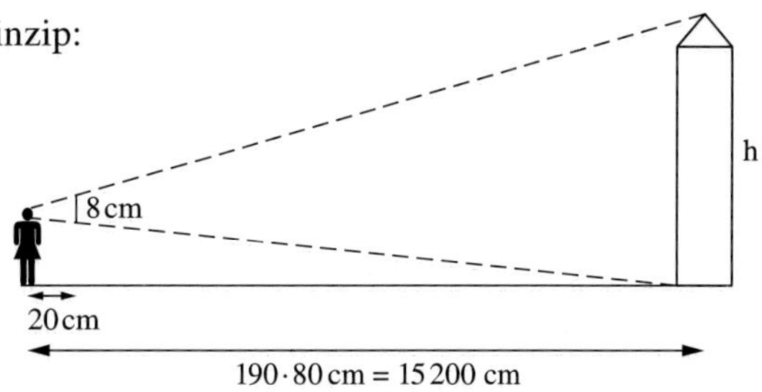

@ **5** Benötigte Werte (Internetrecherche):
– Länge der Ostseepipeline: ca. 1200 km
– Durchmesser der Pipeline: 1420 mm = 1,42 m
– Tankvolumen Tankschiff: ca. 125 000 – 147 000 m³
Volumen der Pipeline: $V_P = (0{,}71\,\text{m})^2 \cdot \pi \cdot 1200\,\text{km} \approx 1\,900\,000\,\text{m}^3$
Volumen des Pipeline-Erdgases im flüssigen Zustand: $V_{fl} \approx 3200\,\text{m}^3$
Das sich zu einem Zeitpunkt in der geplanten Pipeline befindende Erdgas würde in komprimierter Form also nur ca. 2,5 % des Tankervolumens füllen. Dies erscheint sehr wenig, erklärt aber, warum dieses Verfahren trotz des hohen technischen Aufwandes angewendet wird.

S. 159

6 a) Die Mittelpunkte der Viertelkreise (auf dem Rand des Quadrates) liegen punktsymmetrisch zum Zentrum des Quadrates und die Radien a der kleinen und die Radien (a + b) der großen Kreisbögen stimmen (jeweils untereinander) überein.

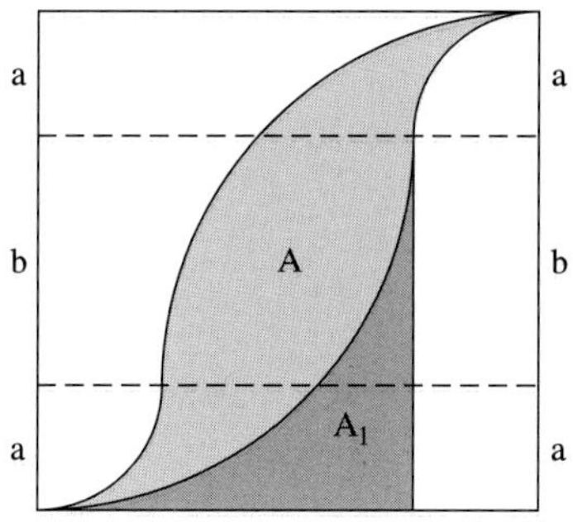

b) $A_1(a; b) = (a + b)^2 - (a + b)^2 \cdot \frac{\pi}{4} = (a + b)^2\left(1 - \frac{\pi}{4}\right)$
Ansatz:
$A(a; b) = (2a + b)^2 - 2 \cdot \left[A_1 + a(b + a) + a^2 \cdot \frac{\pi}{4}\right]$
Durch Ausmultiplizieren:
$A(a; b) = ab(\pi - 2) + b^2\left(\frac{\pi}{2} - 1\right)$

c) $A(a; a) = 3a^2\left(\frac{\pi}{2} - 1\right)$
Der Anteil an der Gesamtfläche wäre in diesem Fall:
$\frac{3a^2\left(\frac{\pi}{2} - 1\right)}{9a^2} = \frac{\pi}{6} - \frac{1}{3} \approx 19{,}0\,\%$

7 a) Die zu betrachtenden Dreiecke AFD und FED haben die gemeinsame Seite FD. Die zugehörigen Höhen [KE] und [AH] sind ebenfalls gleich lang, was so eingesehen werden kann: Es gilt: $ND \parallel BM$, da $\overline{NB} = \overline{DM}$.
Nach dem Strahlensatz (V-Figur mit A als Zentrum) verhalten sich $\frac{\overline{AH}}{\overline{HG}} = \frac{\overline{AN}}{\overline{NB}} = \frac{1}{1}$

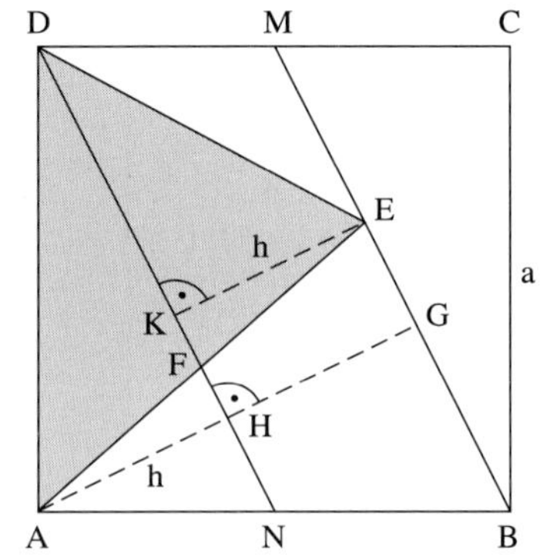

Also haben die Dreiecke AFD und FED den gleichen Flächeninhalt.

b) Da $\overline{DM}$ halb so lang ist wie $\overline{AB}$, muss im Dreieck DEM die Höhe $h_{[DM]}$ (= Abstand des Punktes E von DC) doppelt so lang sein wie im Dreieck ABE die Höhe $h_{[AB]}$ (= Abstand des Punktes E von AB).
Also muss der Punkt E von der Seite [DC] doppelt so weit entfernt sein, wie von der Seite [AB].

Wegen $h_{[DM]} + h_{[AB]} = a$ gilt dann: $h_{[DM]} = \frac{1}{3}a$ und $h_{[AB]} = \frac{2}{3}a$.

$$A_{AED} = a^2 - (A_{ABE} + A_{DEM} + A_{BCM}) =$$
$$= a^2 - (2 \cdot A_{ABE} + A_{BCM}) =$$
$$= a^2 - (2 \cdot \tfrac{1}{2} \cdot a \cdot \tfrac{1}{3}a + \tfrac{1}{2} \cdot a \cdot \tfrac{1}{2}a) = \tfrac{5}{12}a^2$$

Die farbige Fläche überdeckt dann etwa 42 % der Quadratfläche.

8 a) Individuelle Lösungen
Beispiel: arithmetisches Mittel von 3 und 7:

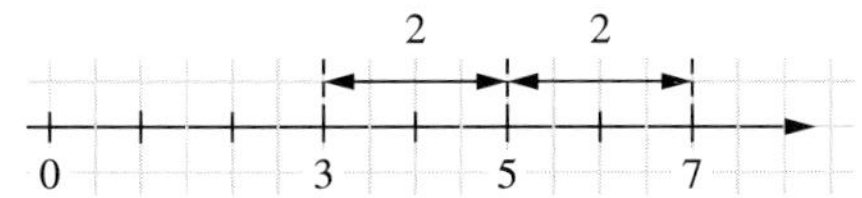

allgemein: Wir nehmen an: $b > a$; dann ist $(b - a)$ der Abstand zwischen a und b.
$a + \frac{1}{2}(b - a)$ ist also die Mitte zwischen a und b.
Es gilt: $a + \frac{1}{2}(b - a) = a + \frac{b}{2} - \frac{a}{2} = \frac{a}{2} + \frac{b}{2} = \frac{1}{2}(a + b)$; dies ist das arithmetische Mittel.

b) $h = \frac{2ab}{a + b}$

c)

a	3	4	$\frac{3}{4}$
b	8	5	$\frac{4}{3}$
m	5,5	4,5	$\frac{25}{24}$
h	$4\frac{4}{11}$	$4\frac{4}{9}$	$\frac{24}{25}$

allgemein gilt: $h < m$

d) $m = \frac{1}{2}\left(a + \frac{1}{a}\right) = \frac{a^2 + 1}{2a}$; nach Teilaufgabe b): $h = \frac{2a \cdot \frac{1}{a}}{a + \frac{1}{a}} = \frac{2a}{a^2 + 1}$; d. h. es gilt: $h = \frac{1}{m}$

e) (1) $\frac{\overline{AS}}{\overline{SC}} = \frac{\overline{BS}}{\overline{SD}} = \frac{a}{c}$ Strahlensatz (X-Figur mit Schnittpunkt S), also teilt S die Diagonalen im Verhältnis a : c

Um zu zeigen, dass S [XY] halbiert, betrachten wir die beiden Strahlensatzfiguren (V-Figuren) mit Schnittpunkt A bzw. B, welche die gemeinsame Seite c besitzen:

$$\left.\begin{aligned} \frac{c}{x} &= \frac{\overline{AC}}{\overline{AS}} = \frac{\overline{AS} + \overline{SC}}{\overline{AS}} = 1 + \frac{\overline{SC}}{\overline{AS}} = 1 + \frac{c}{a} \\ \frac{c}{y} &= \frac{\overline{BD}}{\overline{BS}} = \frac{\overline{BS} + \overline{SD}}{\overline{BS}} = 1 + \frac{\overline{SD}}{\overline{BS}} = 1 + \frac{c}{a} \end{aligned}\right\} \Rightarrow x = y \text{ und } \frac{1}{x} = \frac{c}{x} : c = \left(1 + \frac{c}{a}\right) : c = \frac{1}{c} + \frac{1}{a}$$

Für $\overline{XY} = x + y$ gilt somit: $\frac{1}{\overline{XY}} = \frac{1}{x + y} = \frac{1}{2x} = \frac{1}{2} \cdot \frac{1}{x} = \frac{1}{2} \cdot \left(\frac{1}{c} + \frac{1}{a}\right)$

f)

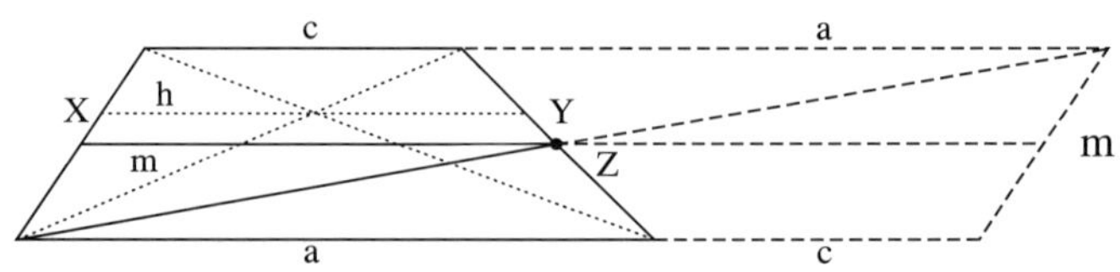

$m = \frac{1}{2}(a + c)$ (2. Trapez durch Punktspiegelung an Z)

g) (vgl. Bild bei f)) Das harmonische Mittel ist kleiner als das arithmetische.
Algebraisch:
$m(a; c) - h(a; c) = \frac{1}{2}(a + c) - \frac{2ac}{a + c} = \frac{(a + c)^2 - 4ac}{2(a + c)} = \frac{(a - c)^2}{2(a + c)} \geqq 0$

S. 160

9 Den Bildern entnimmt man: Es nehmen 8 Autoren an der Sitzung teil, davon sind zwei Frauen.

a) $p = \frac{1}{8}$ b) $p = \frac{1}{8}$ c) $p = \frac{1}{4}$ d) $p = \frac{1}{56}$ e) $8! = 40\,320$ Möglichkeiten

f) Strahlensatz: $\frac{x}{5\,\text{cm}} = \frac{120\,\text{cm}}{1{,}5\,\text{cm}} \Rightarrow x = 4\,\text{m}$

g) Graphische Lösung: Schnittpunkt der beiden Geraden mit den Gleichungen

$$y = \tfrac{1}{3}x + 1 \text{ und } y = -\tfrac{1}{3}x + \tfrac{5}{3}$$

Rechnerische Lösung: $-x + 5 = 3\left(\frac{1}{3}x + 1\right) \Rightarrow x = 1 \Rightarrow S\left(1 \mid 1\frac{1}{3}\right)$

10 Individuelle Lösungen; geschickteste Strategie: Geraden mit Steigung 0 oder ± 1

S. 161

11 a) $s_1 = \frac{F}{D_1}$; $s_2 = \frac{F}{D_2}$; $s = \frac{F}{D}$; $s = s_1 + s_2 \Rightarrow \frac{F}{D} = \frac{F}{D_1} + \frac{F}{D_2} \Rightarrow \frac{1}{D} = \frac{1}{D_1} + \frac{1}{D_2}$

b) $I_1 = \frac{U}{R_1}$; $I_2 = \frac{U}{R_2}$; $I = \frac{U}{R}$; $I = I_1 + I_2 \Rightarrow \frac{U}{R} = \frac{U}{R_1} + \frac{U}{R_2} \Rightarrow \frac{1}{R} = \frac{1}{R_1} + \frac{1}{R_2}$

c) $\frac{1}{D} = \frac{1}{D_1} + \frac{1}{D_2} \Rightarrow D = \frac{D_1 D_2}{D_1 + D_2} = \frac{D_1}{\frac{D_1}{D_2} + 1} < D_1$, da $\frac{D_1}{D_2} > 0$.

Analog können die weiteren Behauptungen gezeigt werden.
Bedeutung: Die Gesamtfederkonstante (der Gesamtwiderstand) ist kleiner als die Einzelfederkonstanten (Einzelwiderstände).

12 Es ist jeweils der Graph in ein Koordinatensystem einzuzeichnen.
Es gibt 36 Möglichkeiten, Punkte zu „erwürfeln": $(1|1), (1|2), \ldots, (6|5), (6|6)$.
Man zählt jeweils ab, welche dieser Punkte oberhalb des Graphen liegen, z. B. bei a) die Punkte $(1|2), \ldots, (1|6), (2|4), \ldots, (2|6), \ldots, (3|5), (3|6)$, also insgesamt 10.

a) $p = \frac{5}{18}$ b) $p = \frac{2}{3}$ c) $p = \frac{31}{36}$ d) $p = \frac{19}{36}$ e) $p = \frac{11}{12}$ f) $p = \frac{1}{2}$

13 a)

$$\begin{aligned} 1 + 2 + 3 + \ldots + (n-1) + n + (n-1) + \ldots + 3 + 2 + 1 &= \;1 + 2 + 3 + \ldots + (n-1) + n \\ &\; + (n-1) + (n-2) + (n-3) + \ldots + 1 \\ &= \underbrace{n + n + n + \ldots + n}_{(n-1)\cdot n} + n \\ &= n \cdot n = n^2 \end{aligned}$$

b) $\frac{22^2}{1+2+1} = \frac{22^2}{2^2} = 11^2 = 121$

$\frac{333^2}{1+2+3+2+1} = \frac{333^2}{3^2} = 111^2 = 12321$

$\frac{4444^2}{1+2+3+4+3+2+1} = \frac{4444^2}{4^2} = 1111^2 = 1234321$

analog gilt: $12\,345\,678\,987\,654\,321 = \frac{999\,999\,999^2}{1+2+3+4+5+6+7+8+9+8+7+6+5+4+3+2+1}$

S. 162

14 a)

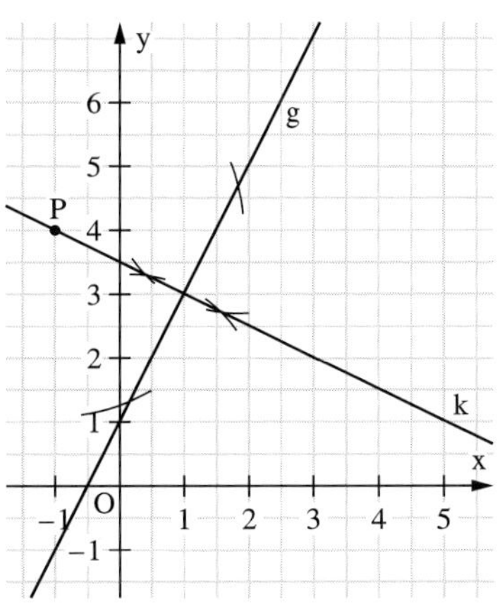

c) Sind zwei Geraden senkrecht zueinander, so entsteht das Steigungsdreieck der einen Geraden durch Drehung des Steigungsdreiecks der anderen Geraden. Die Steigungsdreiecke sind also kongruent.

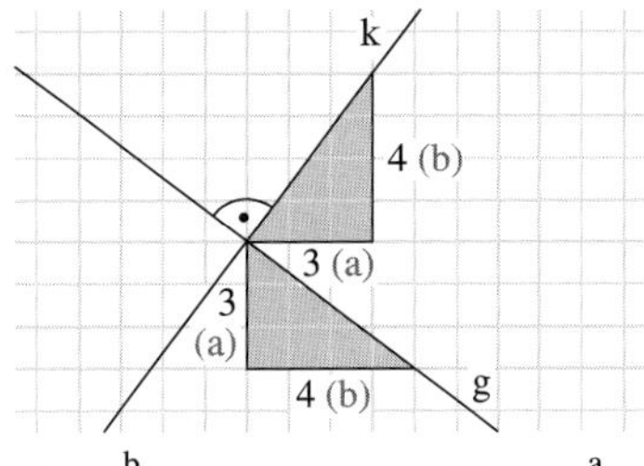

$m_k = \frac{b}{a}$ $m_g = -\frac{a}{b}$

$\Rightarrow m_g \cdot m_k = -\frac{a}{b} \cdot \frac{b}{a} = -1$

b) $m_k \approx -\frac{1}{2}$; $m_g = 2 \Rightarrow m_g \cdot m_k = -1$

d) $m_k = -\frac{1}{2}$; $P(-1|4) \in k \Rightarrow 4 = \left(-\frac{1}{2}\right) \cdot (-1) + t \Rightarrow t = 3{,}5$

k: $y = -\frac{1}{2}x + 3{,}5$

Koordinaten des Schnittpunktes: $-\frac{1}{2}x + 3{,}5 = 2x + 1$; $x = 1 \Rightarrow y = 3$,
d. h. $F(1|3)$

e) x-Koordinate von P: $-2{,}5\,x+2 = -3 \;\Rightarrow\; x = 2;\quad P(2|-3) \in l$

$m_l = \frac{2}{5};\quad -3 = \frac{2}{5}\cdot 2 + t \;\Rightarrow\; t = -3\frac{4}{5}$

$l: y = \frac{2}{5}x - 3\frac{4}{5}$

S. 163

f)

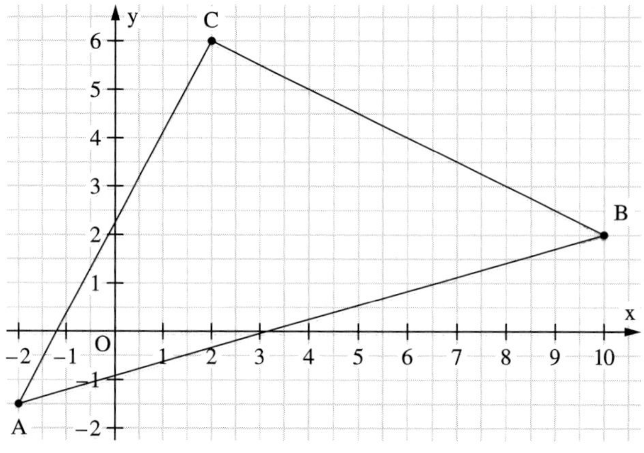

Ohne zu messen, könnte man annehmen, dass es sich um ein bei C rechtwinkliges Dreieck handelt.

g) Steigung AC: $A(-2|-1{,}5),\ C(2|6) \;\Rightarrow\; m = \frac{6-(-1{,}5)}{2-(-2)} = \frac{7{,}5}{4} = 1{,}875$

Steigung BC: $B(10|2),\ C(2|6) \;\Rightarrow\; m = \frac{6-2}{2-10} = \frac{4}{-8} = -\frac{1}{2}$

Das Dreieck ist damit nicht rechtwinklig, da $-\frac{1}{2}\cdot 1{,}875 \neq -1$.

h) $m_{h_a} = 2;\quad A(-2|-1{,}5) \in h_a \;\Rightarrow\; h_a:\ y = 2x + 2{,}5$

i) $m_{BC} = -\frac{1}{2};\quad B(10|2) \in BC \;\Rightarrow\; BC:\ y = -\frac{1}{2}x + 7$

Für die Koordinaten des Schnittpunktes von h_a und BC gilt dann:

$2x+2{,}5 = -\frac{1}{2}x+7 \;\Rightarrow\; x = 1{,}8;\quad H(1{,}8|6{,}1)$

Man sieht daran, dass der Höhenfußpunkt außerhalb des Dreiecks liegt, das Dreieck ist also stumpfwinklig.

k) PQ: $y = \frac{1}{4}x$; PR: $y = 4{,}5x$; QR: $y = -\frac{7}{6}x + 11\frac{1}{3}$.

Daraus lassen sich die Geradengleichungen der Höhen ermitteln:

$h_p:\ y = \frac{6}{7}x;\quad h_r:\ y = -4x+17;\quad h_q:\ y = -\frac{2}{9}x + 3\frac{7}{9}$

Durch Gleichsetzen der Gleichungen kann man zeigen, dass sich alle Geraden in einem Punkt, dem Höhenschnittpunkt $S(3{,}5|3)$ schneiden.

l)

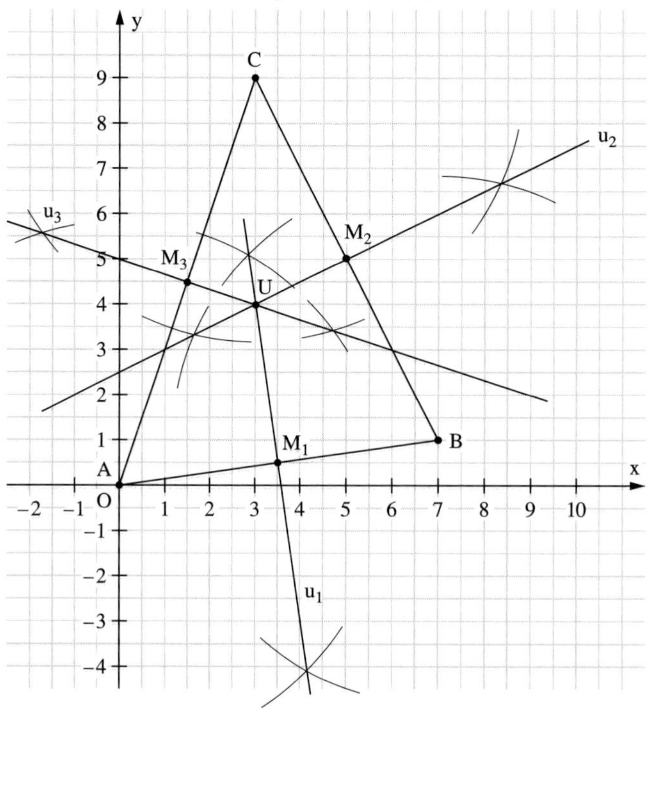

m) Die Koordinaten der Seitenmittelpunkte kann man als arithmetisches Mittel der Koordinaten der zugehörigen Dreieckspunkte bestimmen:

M_1: (aus den Koordinaten von A und B) $M_1\left(\frac{7+0}{2} \middle| \frac{1+0}{2}\right) = (3{,}5\,|\,0{,}5)$

$M_2\left(\frac{3+7}{2} \middle| \frac{9+1}{2}\right) = (5\,|\,5)$ $M_3\left(\frac{0+3}{2} \middle| \frac{0+9}{2}\right) = (1{,}5\,|\,4{,}5)$

n) u_1: $m_{AB} = \frac{1-0}{7-0} = \frac{1}{7} \Rightarrow m_{u_1} = -7$; $M_1(3{,}5\,|\,0{,}5) \in u_1 \Rightarrow 0{,}5 = 3{,}5 \cdot (-7) + t \Rightarrow t = 25$

also u_1: $y = -7x + 25$

u_2: $m_{BC} = \frac{9-1}{3-7} = -2 \Rightarrow m_{u_2} = \frac{1}{2}$; $M_2(5\,|\,5) \in u_2 \Rightarrow 5 = 5 \cdot \frac{1}{2} + t \Rightarrow t = 2{,}5$

also u_2: $y = \frac{1}{2}x + 2{,}5$

u_3: $m_{CA} = \frac{0-9}{0-3} = 3 \Rightarrow m_{u_3} = -\frac{1}{3}$; $M_3(1{,}5\,|\,4{,}5) \in u_3 \Rightarrow 4{,}5 = -\frac{1}{3} \cdot 1{,}5 + t \Rightarrow t = 5$

also u_3: $y = -\frac{1}{3}x + 5$

Durch Gleichsetzen der Gleichungen von u_1, u_2 und u_3 kann man zeigen, dass sich alle drei Geraden im Umkreismittelpunkt U (3 | 4) schneiden.

o)

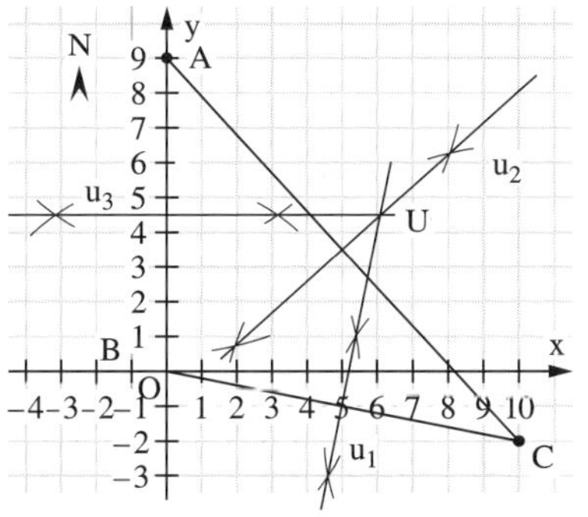

Der Standort der Sendemasten liegt etwa 4,5 km nördlich und 6 km östlich von B-Hausen. (aus der Konstruktion U (6 | 4,5))

Rechnerisch:

u_1: $y = 5x - 26$

u_2: $y = \frac{10}{11}x - 1\frac{1}{22}$

u_3: $y = 4{,}5$

Schnittpunkt U (6,1 | 4,5)

Das heißt, der Sendemast liegt 4,5 km nördlich und 6,1 km östlich von B-Hausen. (Abweichung 100 m).

i Weil es in Realität nicht auf exakt gleichen Abstand zu den 3 Orten ankommt, sondern auf möglichst geringe Abstände, wird der Standort des Sendemastes wohl eher auf u_2 innerhalb des Dreiecks ABC liegen.

p), q)

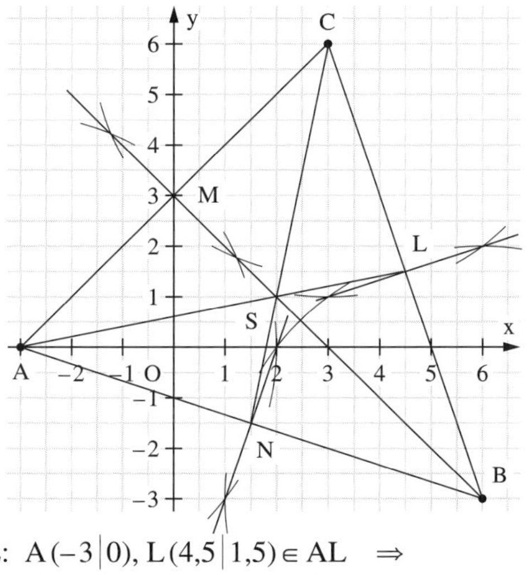

N (1,5 | −1,5); L (4,5 | 1,5); M (0 | 3)

Die Seitenhalbierenden schneiden sich im Punkt S (2 | 1).

r) AL: $A(-3\,|\,0)$, $L(4{,}5\,|\,1{,}5) \in AL \Rightarrow$

(I) $0 = -3m + t \Rightarrow t = 3m$

(II) $1{,}5 = 4{,}5m + t \Rightarrow 1{,}5 = 4{,}5m + 3m$

$\Rightarrow m = \frac{1}{5}$

$\Rightarrow t = \frac{3}{5}$

AL: $y = \frac{1}{5}x + \frac{3}{5}$; analog BM: $y = -x + 3$; CN: $y = 5x - 9$

Durch Gleichsetzen der Geradengleichungen erhält man den Punkt S (2 | 1).

S. 164

15 a) (1) $\frac{B}{G} = \frac{b-f}{f}$ Strahlensatz (X-Figur mit Schnittpunkt F), wobei G auf die Linsenebene projiziert wird.

(2) $\frac{B}{G} = \frac{2f-b}{g-2f}$ Strahlensatz (X-Figur mit Schnittpunkt M)

Aus (1) und (2) folgt $\frac{b-f}{f} = \frac{2f-b}{g-2f} \Rightarrow \frac{1}{f} = \frac{1}{g} + \frac{1}{b}$

b) $f = 30\,\text{cm},\ g = 40\,\text{cm} \Rightarrow b = 120\,\text{cm}$

$f = 30\,\text{cm},\ g = 20\,\text{cm} \Rightarrow b = -60\,\text{cm}$

Man sieht: Für $g < f$ entsteht ein virtuelles Bild, für $g > f$ erhält man ein reelles Bild.

c) (3) $\frac{B}{G} = \frac{f+b}{f}$ Strahlensatz (V-Figur mit Schnittpunkt F), wobei G auf die Linsenebene projiziert wird.

(4) $\frac{B}{G} = \frac{2f+b}{2f-g}$ Strahlensatz (V-Figur mit Schnittpunkt M)

Aus (3) und (4) folgt

$\frac{f+b}{f} = \frac{2f+b}{2f-g} \Rightarrow \frac{1}{f} = \frac{1}{g} - \frac{1}{b};\ \frac{1}{f} = \frac{1}{g} + \frac{1}{(-b)}$

Da Gegenstand und Bild auf verschiedenen Seiten des Spiegels sind, ist die Annahme $b < 0$ gerechtfertigt.

Die Linsengleichung gilt also allgemein, für virtuelle Bilder ($g < f$) ist b negativ.

d) Für $g = f$ müsste $\frac{1}{b} = 0$ sein. Dies ist für kein endliches b möglich. In der Konstruktion (für $g = f$) sind Brennstrahl und Mittelpunktstrahl parallel. Sie schneiden sich im Endlichen nicht. Die Konstruktion liefert kein Bild.

e) $B = G$

Aus (1): $b - f = f \Rightarrow b = 2f$

Aus (2): $2f - b = g - 2f \Rightarrow g = 2f$

Man erhält also $2f = g$ als Bedingung für $B = G$.

S. 165

16 a) 185 € ≙ 75 %, ursprünglicher Preis lag also $\frac{1}{3}$ höher. Antwort B)

b) m negativ, t positiv. Antwort C)

c) z. B. Dreieck mit Grundlinie x und Höhe y abzüglich rotem Dreieck mit halb so großer Höhe. Antwort C)

d) z. B. durch Einsetzen. Antwort A)

e) Antwort B)

f) Antwort A)

g) Strahlensatz, V-Figur. Antwort C)

h) z. B. durch Einsetzen. Antwort B)

i) 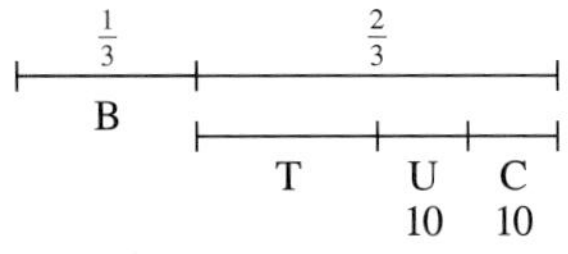

Antwort C)

k) $P(\text{alle richtig}) = \frac{\text{Anzahl der günstigen Ergebnisse}}{\text{Anzahl der möglichen Ergebnisse}} = \frac{1}{5 \cdot 4 \cdot 3 \cdot 4 \cdot \ldots} \approx 0.$ Antwort A)

$P(\text{alle falsch}) = \frac{4 \cdot 3 \cdot 2 \cdot 3 \cdot 3 \cdot 3 \cdot 3 \cdot 3 \cdot 3}{5 \cdot 4 \cdot 3 \cdot 4 \cdot 4 \cdot 4 \cdot 4 \cdot 4 \cdot 4} \approx 7\,\%.$ Antwort B)

Verzeichnis der Kopiervorlagen

V Laplace-Wahrscheinlichkeit

VI Gebrochen rationale Funktionen

VII Ähnlichkeit

Vernetzende Aufgaben

Trainingsblatt
Textaufgaben zu proportionalen Zuordnungen

Löse die Aufgaben z. B. auf der Rückseite dieses Blattes und kreuze alle zutreffenden Kästchen an, d. h., einmal die Art der Proportionalität und dann die richtige(n) Antwort(en).

- ☐ proportional
- ☐ umgekehrt proportional
- ☐ nicht proportional

1. Eine Maschine füllt in zwei Stunden 600 Weinflaschen à 0,75 *l*. Wie lange braucht sie zum Füllen von 1000 Flaschen derselben Größe?

☐	☐ Sie braucht 320 min.
☐	☐ Sie braucht 3 h 20 min.
☐	☐ Sie braucht 200 min.

2. Ein Schwimmbecken wird in 3,5 Stunden gefüllt, wenn pro Minute 210 *l* Wasser zufließen. Wie viel Liter müssen pro Minute zusätzlich zufließen, wenn das Bassin in 3 Stunden gefüllt werden soll?

☐	☐ 245 *l* pro min zusätzlich
☐	☐ 35 *l* pro min zusätzlich
☐	☐ Keine Aussage möglich

3. Wie viel Zins bringt ein Kapital bei einem Zinssatz von 4,5 %, wenn es bei einem Zinssatz von 3 % 360 € einbringt?

☐	☐ 500 € Zins
☐	☐ 120 € Zins
☐	☐ 540 € Zins

4. Leopold schwimmt 100 m Brust in 1 Minute und 32 Sekunden. Wie lange braucht er für 250 m?

☐	☐ Er braucht 230 s.
☐	☐ Er braucht 3 min 50 s.
☐	☐ Keine Aussage möglich

5. Eine Schraubenfeder wird durch ein Gewicht von 5 N um 2,4 cm gedehnt. Welches Gewicht muss zusätzlich an die Feder gehängt werden, damit sie sich um 3,6 cm ausdehnt?

☐	☐ 7,5 N zusätzlich
☐	☐ 2,5 N zusätzlich
☐	☐ 3 N zusätzlich

6. In einem quaderförmigen Becken mit 120 m^2 Grundfläche steht das Wasser 1,6 m hoch. Welche Höhe würde die gleiche Wassermenge in einem Becken mit einer Grundfläche von 150 m^2 erreichen?

☐	☐ 0,2 m Wasserhöhe
☐	☐ 1,28 m Wasserhöhe
☐	☐ Keine Aussage möglich

7. Eine voll gefüllte Geschirrspülmaschine braucht 68 Minuten für den Spülvorgang. Wie lange braucht sie, wenn sie nur halb gefüllt ist?

☐	☐ 68 Minuten
☐	☐ 30 Minuten
☐	☐ 34 Minuten

8. Ein glühender Eisenquader mit 2,7 dm^2 Querschnitt und 1 m Länge wird in einem Walzwerk so verformt, dass ein Quader mit 3,6 m Länge entsteht. Wie groß ist nun der Querschnitt?

☐	☐ 75 cm^2 Querschnitt
☐	☐ 9,72 dm^2 Querschnitt
☐	☐ Keine Aussage möglich

9. Stephanie kauft 250 g Käse für 3,60 €. Wie viel zahlt sie für 300 g Käse von derselben Sorte?

☐	☐ Sie zahlt 3,20 €.
☐	☐ Sie zahlt 4,40 €.
☐	☐ Sie zahlt 4,32 €.

10. Balduin hat festgestellt, dass er für eine DIN-A4-Seite Mathematikhausaufgabe 19 Minuten braucht. Wie lange braucht er für 2,5 DIN-A4-Seiten Mathehausaufgabe?

☐	☐ Er braucht 47 min 30 s.
☐	☐ Er braucht 47,5 min.
☐	☐ Keine Aussage möglich

11. Luise fährt 30 Minuten mit einer Durchschnittsgeschwindigkeit von 50 km/h. Wie lange benötigt sie für dieselbe Strecke, wenn sie mit 60 km/h fährt?

☐	☐ Sie benötigt 36 min.
☐	☐ Sie benötigt 25 min.
☐	☐ Keine Aussage möglich

Trainingsblatt
Textaufgaben zu proportionalen Zuordnungen

Bei den Lösungen wurden verschiedene Verfahren angewendet.

- ☐ proportional
- ☐ umgekehrt proportional
- ☐ nicht proportional

1.
600 Fl. $\mapsto$ 120 min
100 Fl. $\mapsto$ 20 min
1000 Fl. $\mapsto$ 200 min = 3 h 20 min

☒ proportional	☐ Sie braucht 320 min.
☐ umgekehrt proportional	☒ Sie braucht 3 h 20 min.
☐ nicht proportional	☒ Sie braucht 200 min.

2.
3,5 h $\mapsto$ 210 *l*/min
1 h $\mapsto$ 735 *l*/min
3 h $\mapsto$ 245 *l*/min

245 *l* – 210 *l* = 35 *l*

☐ proportional	☐ 245 *l* pro min zusätzlich
☒ umgekehrt proportional	☒ 35 *l* pro min zusätzlich
☐ nicht proportional	☐ Keine Aussage möglich

3. Z = Zins bei 4,5 %

$\frac{Z}{360\,€} = \frac{4{,}5\,\%}{3\,\%} \quad |\cdot 360\,€$

$Z = 1{,}5 \cdot 360\,€ = 540\,€$

☒ proportional	☐ 500 € Zins
☐ umgekehrt proportional	☐ 120 € Zins
☐ nicht proportional	☒ 540 € Zins

4. Es ist keine Aussage möglich, da Leopolds Schwimmleistung nicht gleichmäßig sein muss und damit keine proportionale Zuordnung darstellt.

☐ proportional	☐ Er braucht 230 s.
☐ umgekehrt proportional	☐ Er braucht 3 min 50 s.
☒ nicht proportional	☒ Keine Aussage möglich

5. x = Gewicht bei 3,6 cm Dehnung

$\frac{3{,}6\,\text{cm}}{2{,}4\,\text{cm}} = \frac{x}{5\,\text{N}} \quad |\cdot 5\,\text{N}$

$1{,}5 \cdot 5\,\text{N} = x; \; x = 7{,}5\,\text{N}$
$7{,}5\,\text{N} - 5\,\text{N} = 2{,}5\,\text{N}$

☒ proportional	☐ 7,5 N zusätzlich
☐ umgekehrt proportional	☒ 2,5 N zusätzlich
☐ nicht proportional	☐ 3 N zusätzlich

6.
120 m² $\mapsto$ 1,6 m
10 m² $\mapsto$ 19,2 m
150 m² $\mapsto$ 1,28 m

☐ proportional	☐ 0,2 m Wasserhöhe
☒ umgekehrt proportional	☒ 1,28 m Wasserhöhe
☐ nicht proportional	☐ Keine Aussage möglich

7. Sie braucht 68 Minuten.

☐ proportional	☒ 68 Minuten
☐ umgekehrt proportional	☐ 30 Minuten
☒ nicht proportional	☐ 34 Minuten

8.
1 m $\mapsto$ 2,7 dm²

$3{,}6\,\text{m} \mapsto \frac{2{,}7\,\text{dm}^2}{3{,}6} = 0{,}75\,\text{dm}^2 = 75\,\text{cm}^2$

☐ proportional	☒ 75 cm² Querschnitt
☒ umgekehrt proportional	☐ 9,72 dm² Querschnitt
☐ nicht proportional	☐ Keine Aussage möglich

9. x = Preis für 300 g Käse

$\frac{x}{3{,}60\,€} = \frac{300\,\text{g}}{250\,\text{g}} \quad |\cdot 3{,}60\,€$

$x = \frac{6}{5} \cdot 3{,}60\,€ = 4{,}32\,€$

☒ proportional	☐ Sie zahlt 3,20 €.
☐ umgekehrt proportional	☐ Sie zahlt 4,40 €.
☐ nicht proportional	☒ Sie zahlt 4,32 €.

10. Es ist keine Aussage möglich, da man für schwierigere Aufgaben mehr Zeit braucht. Es gibt keine proportionale Zuordnung.

☐ proportional	☐ Er braucht 47 min 30 s.
☐ umgekehrt proportional	☐ Er braucht 47,5 min.
☒ nicht proportional	☒ Keine Aussage möglich

11.
$50\,\frac{\text{km}}{\text{h}} \mapsto 30\,\text{min}$
$10\,\frac{\text{km}}{\text{h}} \mapsto 150\,\text{min}$
$60\,\frac{\text{km}}{\text{h}} \mapsto 25\,\text{min}$

☐ proportional	☐ Sie benötigt 36 min.
☒ umgekehrt proportional	☒ Sie benötigt 25 min.
☐ nicht proportional	☐ Keine Aussage möglich

Der Lebenslauf von Mr. Proportional

Spiel für 2–6 Spieler

Material:
- Spielfeld auf DIN A3 vergrößert
- 1 Würfel
- 1 Spielfigur für jeden Spieler
- Fragekarten (Diese können noch durch selbstgestaltete Karten ergänzt werden)
- Papier und Stift zur Buchführung

Spielregel:
Es wird der Reihe nach gewürfelt und der Augenzahl entsprechend vorgerückt.
Landet man auf einem Fragefeld, so nimmt man eine entsprechend gefärbte Karte vom Stapel (weiß, hell- oder dunkelgrau).
Für die richtige Lösung darf man sich die auf der Karte genannte Belohnung gutschreiben.
Landet man auf einem Geburtstagstortenfeld, so erhält man 1000 €.
Wer am Ziel ist, erhält pro Runde 1000 €, bis auch der letzte Mitspieler ins Ziel gelangt.
Gewonnen hat der reichste Spieler.

START
Zur Geburt erhältst du 1000 €.

Du bist ein braves Baby und lässt deine Eltern nachts schlafen. Dafür bekommst du eine Fragekarte.

?

Du hast mit dem Bobbycar eine teuere Vase umgefahren. Du musst 500 € zahlen.

?

Du hast dich im Kindergarten geprügelt. Eine Runde aussetzen.

?

Du hast dreimal deine Hausaufgaben vergessen und musst in der Schule nachsitzen. Setze eine Runde aus.

?

10 – 1000 €

Du hast bei einem wichtigen Fußballspiel einen Elfmeter verwandelt. Dafür erhältst du eine Fragekarte.

?

?

Du hast in der Früh am Schulweg getrödelt und kommst zu spät zur Schule. Du musst eine Runde aussetzen.

Du überraschst deine Eltern mit einem selbstgebackenen Kuchen und bekommst dafür eine Fragekarte.

?

Du hast in der Bioex gespickt und bist erwischt worden. Eine Runde aussetzen.

?

Du bist bei der Führerscheinprüfung durchgefallen und musst eine Runde aussetzen.

Dein Referat in Geschichte ist wirklich gut gelaufen. Nimm eine Fragekarte.

?

Du hast das Abitur mit 1,3 bestanden und bekommst 2000 €.

?

20 – 1000 €

?

Du heiratest. Die Hochzeit kostet 2000 €.

Zur Hochzeit bekommst du von deinen Gästen 3000 € geschenkt.

?

Du hast Dir den Fuß gebrochen und musst eine Runde ausetzen.

30 – 1000 €

Die Babyausstattung für deine Tochter kostet 1000 €.

?

Du unterstützt eine Umweltorganisation und darfst dafür eine Fragekarte nehmen.

Du hast die richtigen Aktien gekauft und machst 4000 € Gewinn.

?

40 – 1000 €

Die Feier deines 40. Geburtstages kostet dich 2000 €.

Du schenkst deiner Tochter zum 18. Geburtstag 1500 € Zuschuss zum Führerschein.

Ehekrach: Eine Runde aussetzen!

Du kümmerst dich um einen alten Freund. Nimm eine Fragekarte dafür.

?

Es ist Weihnachten. Du gibst 1000 € für Geschenke aus.

?

Du machst eine Erfindung für die Firma und erhältst dafür 5000 € Prämie.

50 – 1000 €

Du bist mit dem Auto bei Rot über die Ampel gefahren. Zahle 500 € Strafe.

Du erbst von einer Tante 5000 €.

Du verlierst im Spielcasino 2000 €.

?

ZIEL
Jede Runde erhältst du 1000 €.

ERWACHSEN	JUGEND	KINDHEIT
?	?	?

Wie viele Monate wickelten dich deine Eltern, wenn sie für dich täglich 5 Windeln benötigten und insgesamt hierfür 1200 € ausgegeben haben? 40 Stück Bampers kosteten 10 €. Belohnung: 2000 €. KINDHEIT	Du kannst jetzt schwimmen und willst ins Schwimmbad. Das Wasser wird gerade neu eingelassen. Durch 2 Schläuche fließen je 35 *l*/min. Wie lange dauert es, bis das 35 000 *l* fassende Becken gefüllt ist? Belohnung: 2000 €. JUGEND	Du willst dir einen Gebrauchtwagen kaufen. Auf dem Schild steht: 24 Raten à 320 €. Der Verkäufer gibt dir den Wagen für denselben Gesamtpreis, wenn du monatlich 240 € bezahlst. Wie lange musst du zahlen? Belohnung: 1000 €. ERWACHSEN
Deine Mutter hat für dich so viele Gläschen Babynahrung zu Hause, dass sie 18 Tage reichen. Deine Tante kommt mit ihren Zwillingen zu Besuch. Wie lange reichen dann die Gläschen? Belohnung: 1000 €. KINDHEIT	Du willst ein Rad kaufen und bekommst 7 € Taschengeld pro Woche. Nach 48 Wochen könntest du mit dem gesparten Taschengeld das Rad kaufen. Du sparst aber nur 6 €/Woche. Wann kannst du das Rad kaufen? Belohnung: 3000 €. JUGEND	Du verbringst deinen Urlaub in den USA. Für 100 € hast du 120 $ bekommen. Du willst dir dort eine Videokamera für 960 $ und einen Fotoapparat für 190,20 $ kaufen. Wie viel € sind dies jeweils? Belohnung: 3000 €. ERWACHSEN
An Weihnachten werden im Kindergarten Plätzchen gebacken. Für 30 Stück braucht man 200 g Dinkelmehl. Wie viele Plätzchen bekommt man von 2500 g Dinkelmehl? Belohnung: 2000 €. KINDHEIT	Du möchtest Tennisspielen lernen. Die Doppelstunde kostet 36 €. Deine Eltern zahlen dir 450 €. Wie viele Stunden kannst du dafür nehmen? Belohnung: 1000 €. JUGEND	Du heiratest und hast 39 Freunde eingeladen. Wieviele Torten à 12 Stück musst du bestellen, wenn du davon ausgehst, dass pro Person 2 Stück gegessen werden? Belohnung: 1000 €. ERWACHSEN
Wegen der Fußball-WM kaufst du dir Bilder von Fußballern. 6 Stück kosten 1 €. Wie viele Bilder bekommst du für 11,50 €? Belohnung: 1000 €. KINDHEIT	Endlich bist du 18 Jahre alt. Du machst den Führerschein. Zwei Fahrstunden kosten 90 €. Wie viele Stunden hattest du, wenn du für Fahrstunden insgesamt 1440 € gezahlt hast? Belohnung: 2000 €. JUGEND	Du möchtest einen Teil deines Kapitals anlegen. Wie viel Zins erhältst du bei einem Zinssatz von 4,25 %, wenn es bei einem Zinssatz von 4 % 288 € einbringen würde? Belohnung: 2000 €. ERWACHSEN
Du kommst in die Schule und kaufst für 2,75 € Hefte. Wie viele Hefte waren dies, wenn ein Heft 25 Cent kostet? Belohnung: 1000 €. KINDHEIT	Du willst für 7 Freunde Pfannkuchen backen. Das Rezept ist aber für 4 Personen: 4 Eier, 250 g Mehl, $\frac{1}{2}$ *l* Milch, 1 Prise Salz. Wie viel musst du von den einzelnen Zutaten nehmen? Belohnung: 2000 €. JUGEND	Laut Lohnsteuerkarte hast du dieses Jahr 48 324 € verdient. Wie viel % hast du an Steuern gezahlt, wenn dein Nettolohn 43 008,36 € betrug? Belohnung: 2000 €. ERWACHSEN
In der 3. Klasse sind 28 Kinder. Für den Bus am Wandertag sollte jedes Kind 3,36 € bezahlen. Wie viele Kinder waren am Wandertag krank, wenn die teilnehmenden Kinder 56 Cent mehr zahlen mussten? Belohnung: 3000 €. KINDHEIT	Du fährst mit dem Auto 2 × pro Woche zu deiner Freundin. Dein Auto verbraucht auf 100 km 7 *l* Sprit. Wie viel Liter brauchst du pro Jahr, wenn sie 25 km von dir entfernt wohnt? Belohnung: 3000 €. JUGEND	Eine Wohnung kostet 300 000 €. Nach einer Anzahlung von 180 000 € zahlst du deiner Bank den Rest in Monatsraten von 700 € 25 Jahre lang. Um wie viel Prozent teurer als der Kaufpreis war somit für dich die Wohnung? Belohnung: 3000 €. ERWACHSEN
? KINDHEIT	? JUGEND	? ERWACHSEN

Platz für eigene Fragekarten

Trainingsblatt
Proportionalität: Zuordnungsvorschrift und Graph

1. Ergänze die Tabellen so, dass die beschriebene Zuordnung proportional bzw. umgekehrt proportional ist. Gib jeweils die Zuordnungsvorschrift an und zeichne den Graphen.

a) proportionale Zuordnung

x-Wert	2	6	10	14	22	26
y-Wert	1	3	5	7	11	13

Zuordnungsvorschrift: $x \mapsto$ ______

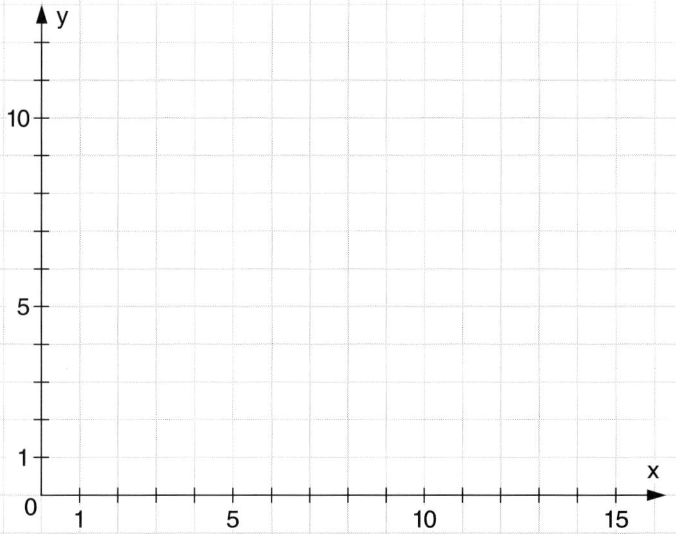

b) umgekehrt proportionale Zuordnung

x-Wert	2	3	6	10	12	24
y-Wert	12	8	4	2,4	2	1

Zuordnungsvorschrift: $x \mapsto$ ______

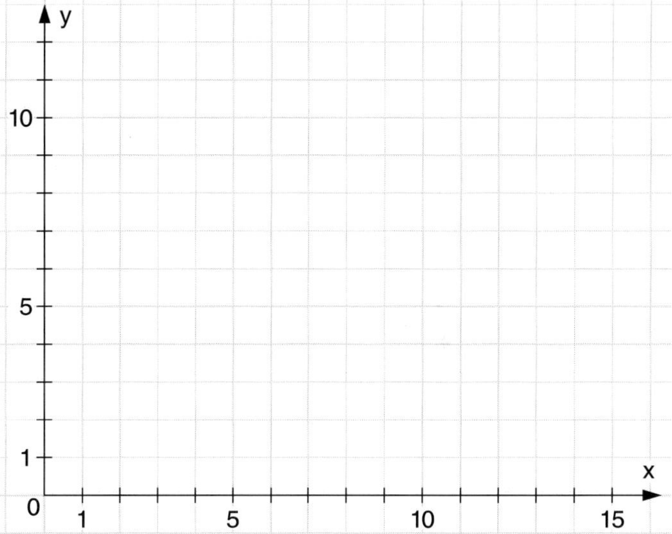

2. a) Ordne den folgenden Zuordnungsvorschriften den richtigen Graphen zu.

Zuordnung	$x \mapsto \frac{2}{x}$	$x \mapsto \frac{5}{x}$	$x \mapsto 2x$	$x \mapsto 5x$
Nr. des Graphen				

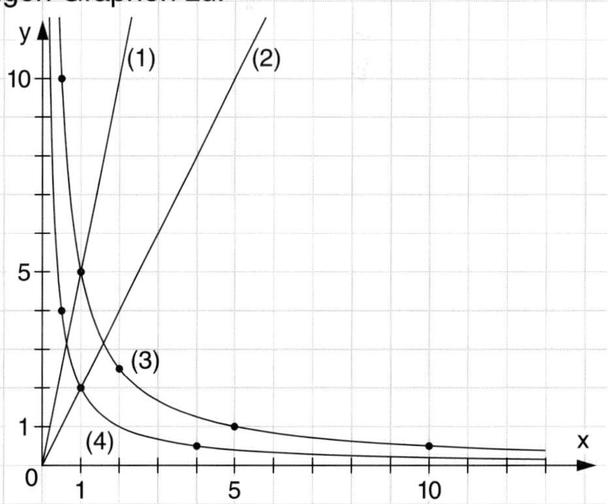

b) Welche Graphen gehören zu einer proportionalen Zuordnung, welche zu einer umgekehrt proportionalen Zuordnung?

Proportionale Zuordnung: ______

Umgekehrt proportionale Zuordnung: ______

c) Erfinde zur Zuordnungsvorschrift $x \mapsto \frac{5}{x}$ und $x \mapsto 2x$ jeweils eine Sachaufgabe.

______

______

______

______

Trainingsblatt
Proportionalität: Zuordnungsvorschrift und Graph

1. Ergänze die Tabellen so, dass die beschriebene Zuordnung proportional bzw. umgekehrt proportional ist. Gib jeweils die Zuordnungsvorschrift an und zeichne den Graphen.

a) proportionale Zuordnung

x-Wert	2	6	10	14	22	26
y-Wert	1	3	5	7	11	13

Zuordnungsvorschrift: $x \mapsto \frac{1}{2} \cdot x$

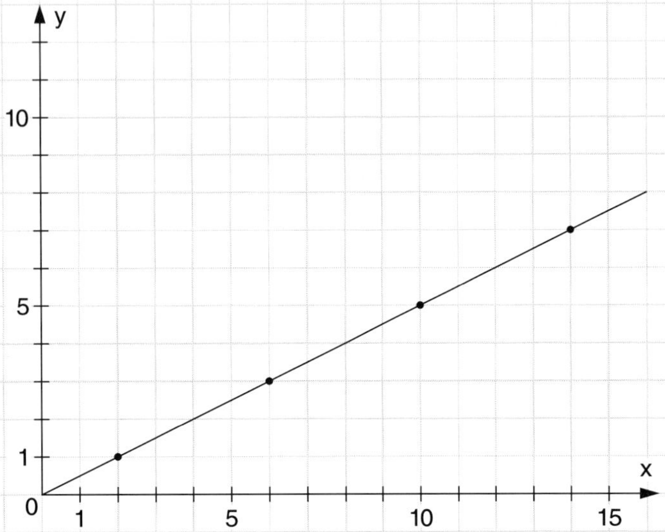

b) umgekehrt proportionale Zuordnung

x-Wert	2	3	6	10	12	24
y-Wert	12	8	4	2,4	2	1

Zuordnungsvorschrift: $x \mapsto \frac{24}{x}$

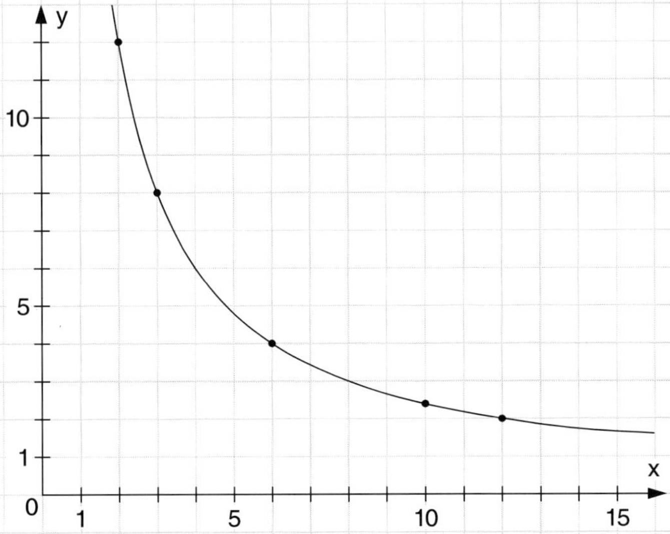

2. a) Ordne den folgenden Zuordnungsvorschriften den richtigen Graphen zu.

Zuordnung	$x \mapsto \frac{2}{x}$	$x \mapsto \frac{5}{x}$	$x \mapsto 2x$	$x \mapsto 5x$
Nr. des Graphen	(4)	(3)	(2)	(1)

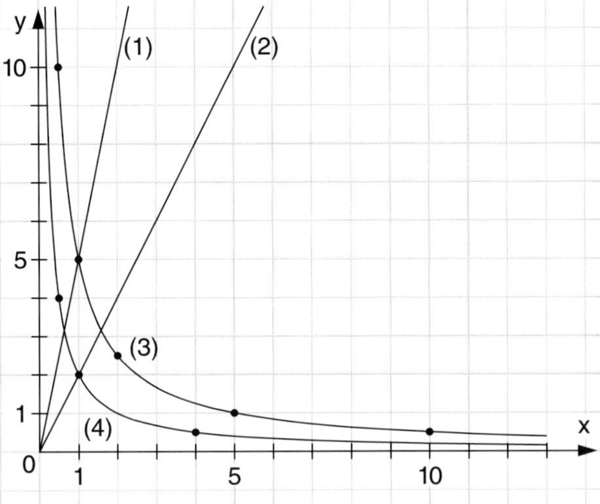

b) Welche Graphen gehören zu einer proportionalen Zuordnung, welche zu einer umgekehrt proportionalen Zuordnung?

Proportionale Zuordnung: (1), (2)

Umgekehrt proportionale Zuordnung: (3), (4)

c) Erfinde zur Zuordnungsvorschrift $x \mapsto \frac{5}{x}$ und $x \mapsto 2x$ jeweils eine Sachaufgabe.

$x \mapsto \frac{5}{x}$: z.B. Die Fläche eines Rechtecks beträgt 5 cm². Eine Seite ist x cm lang. Wie lang ist die andere Seite?

$x \mapsto 2x$: z.B. Lisa kauft für x € ein. Wie viel muss sie bezahlen, wenn sie die doppelte Menge einkauft?

Spiel für die ganze Klasse – Spielanleitung auf S. 19

Liste von Sachverhalten	mögliche Pärchen
0,5 Liter Öl kostet 57 Cent.	(1; 114), (2; 228), (3; 342)
5 Pumpen benötigen zum Leerpumpen eines Tanks 144 Minuten.	(4; 180), (8; 90), (10; 72), (12; 60), (24; 30)
Ein PKW verbraucht auf 300 km 21 Liter Benzin.	(50; 3,5), (100; 7), (200; 14)
Ein 10-t-LKW muss 6-mal fahren, um seine Ladung zu transportieren.	(12; 5), (20; 3), (30; 2), (60; 1)
Bei einer Kerze brennen in 20 Minuten 3 mm ihrer Länge ab.	(40; 6), (80; 12), (160; 24); (200; 30)
2 m Stoff kosten 60 €.	(1; 30), (3; 90), (6; 180)
Ein Handwerker verlangt für eine Arbeitsstunden 57 €.	(2; 114), (4; 228), (6; 342)
Wenn Petra mit einer Durchschnittsgeschwindigkeit von 80 km/h fährt, braucht sie für ihren Heimweg 90 Minuten.	(40; 180), (50; 144), (72; 100)
Für 320 Cent bekommt man beim Metzger Kleeblatt 200 g Schinken.	(8; 5), (80; 50), (144; 90), (160; 100)
In ein Becken laufen in 28 Minuten 40 Liter Wasser ein.	(3,5; 5), (7; 10), (14; 20)
Für 8 Tüten Chips muss man bei Oldi 288 Cent bezahlen.	(2; 72), (4; 144), (5; 180)
Um eine bestimmte Menge Flaschen abzufüllen, brauchen 4 Maschinen 60 Minuten.	(3; 80), (6; 40), (8; 30), (10; 24); (12; 20)
Ein Heuvorrat reicht für 8 Kühe 60 Tage.	(3; 160), (6; 80), (12; 40); (24; 20)
20 m eines Seils kosten 114 Cent.	(10; 57), (40; 228), (60; 342)
Eine Quelle liefert in 12 Stunden 144 Liter Wasser.	(1; 12), (2; 24), (5; 60); (6; 72)
Um eine Wanne zu füllen, müssen 10 Minuten lang je 70 Liter pro Minute einlaufen.	(72; 80), (144; 160), (180; 200)
100 g Edamer kosten 90 Cent.	(3,5; 200), (7; 100), (14; 50)
Aus 5,7 kg Zuckerrüben kann man 1 kg Zucker gewinnen.	(57; 10), (114; 20), (228; 40)
Ein Schwimmbecken wird von 1 Pumpe in 28 Stunden leer gepumpt.	(2; 14), (4; 7), (8; 3,5)
10 Betonplatten wiegen 285 kg.	(2; 57), (4; 114), (8; 228), (12; 342)

Zahlenkarten:

1	2	3	3,5	4	5
6	7	8	10	12	14
20	24	30	40	50	57
60	72	80	90	100	114
144	160	180	200	228	342

Die außerhalb der Mathematik am meisten genutzte Methode zur Veranschaulichung von Daten ist die zeitachsenorientierte Darstellung. Die historische Forschung datiert solche Darstellungen erstmals ins Mittelalter um die Jahrtausendwende.

In einer Klosterhandschrift aus dem 10. oder 11. Jhdt. wird der zeitliche Ablauf der Bewegungen der zu dieser Zeit bekannten Gestirne Saturn, Jupiter, Mars, Venus, Merkur, Sonne und Mond dargestellt. An der x-Achse ist dabei die Zeit abgetragen, wobei allerdings für jeden Himmelskörper eine andere Zeiteinteilung genommen wurde. Vermutlich ist dies der älteste Versuch, graphisch die zeitliche Veränderung von Größen darzustellen.

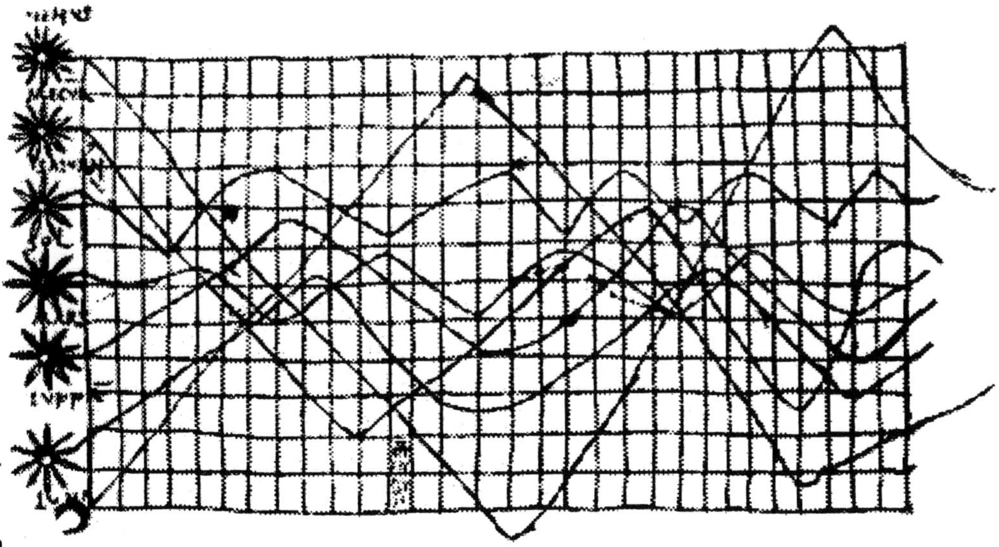

So ist auch die in dieser Zeit aufkommende Notenschrift zu verstehen. Die Zeitachse verläuft von links nach rechts und senkrecht dazu werden die Tonhöhen abgetragen. Erfunden wurde diese zeitachsenorientierte Notenschrift von dem Mönch Guido von Arezzo (ca. 995–1050). Später wurde auch die Dauer der Töne durch eine entsprechende Notenschrift festgehalten, woraus sich unsere heutige Notenschrift mit z. B. Viertel-, Halben- und Achtelnoten entwickelte.

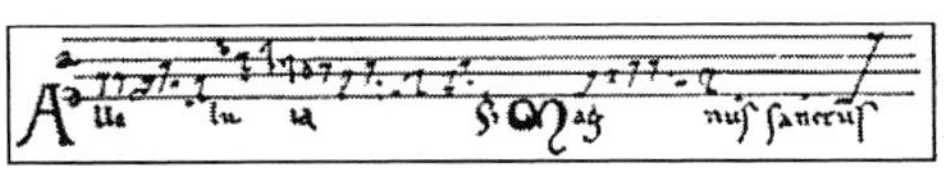

Mit dem erwachenden Interesse an den Naturwissenschaften fragte man im 17. Jhdt. mehr und mehr nach der Veränderung von Größen und ihren gegenseitigen Abhängigkeiten, insbesondere im Zusammenhang mit Bewegungsvorgängen.

Wichtigste Grundlage dafür war die Einführung des Koordinatensystems von dem französischen Mathematiker René Descartes (1596–1650). Nach Descartes, dessen latinisierter Name Renatus Cartesius war, bekam das Koordinatensystem seinen Namen „kartesisches Koordinatensystem“. Der Begriff „Funktion“ trat wohl zum ersten Mal 1673 in einer Abhandlung von Gottfried Wilhelm Leibniz (1646–1716) auf. Von ihm stammt auch das Wort „Koordinaten“. Zwischen Leibniz und den befreundeten Brüdern Jakob (1654–1705) und Johann I Bernoulli (1667–1748) aus Basel entwickelte sich in einem regen Briefwechsel ein interessanter mathematischer Gedankenaustausch. Sie verstanden unter einer Funktion einen Ausdruck aus rechnerisch verknüpften Variablen und Konstanten, also einen Term.
Leonhard Euler (1707–1783), der zuerst Theologie studierte, wurde dann Schüler von Johann I Bernoulli in Basel. Auch Euler verstand unter einer Funktion einen Term. Er verwendete dafür ab 1735 die Schreibweise f(x), die sich bis heute erhalten hat. Unser heutiger, moderner Funktionsbegriff stammt schließlich von Gustav Lejeune Dirichlet (1805–1859). Er sieht eine Funktion f nicht bloß als einen Ausdruck an, der die „abhängige Veränderliche“ y als einen Term aus Potenzen der „unabhängigen Veränderlichen“ x wiedergibt, sondern als eine Vorschrift, nach der jeder Zahl oder Größe x eindeutig eine andere Zahl oder Größe y zugeordnet wird.

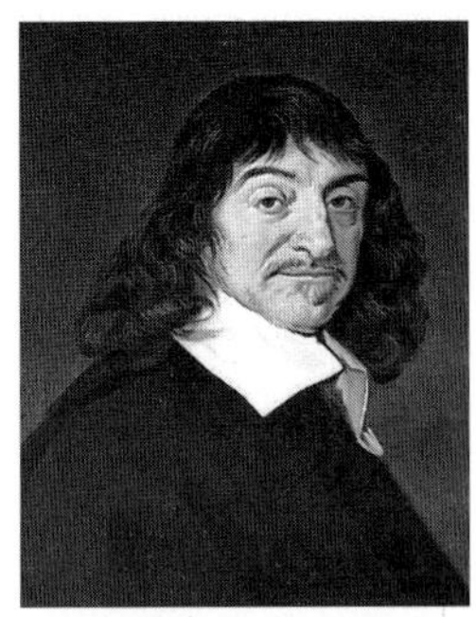

René Descartes

Leonhard Euler

Trainingsblatt
Funktionen: Wertetabelle, Graph, Definitionsmenge

1. Welche Graphen gehören zu einer Funktion? Kreuze an.

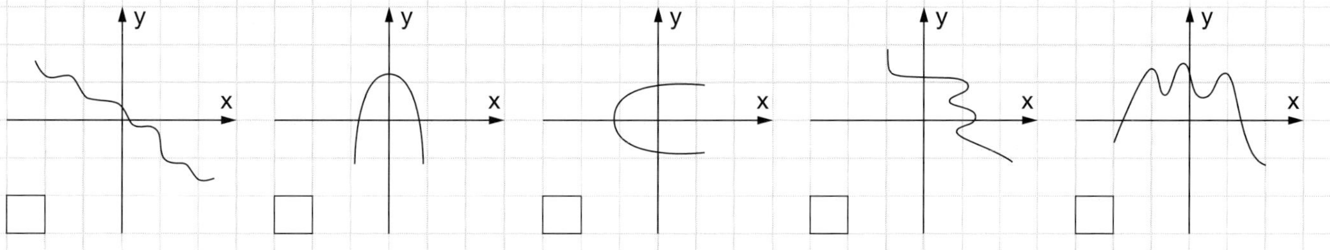

2. Gegeben sind die Funktionen
f: $x \mapsto -2x^2 + 3$, g: $x \mapsto 2x - 1$, h: $x \mapsto \frac{2}{x}$

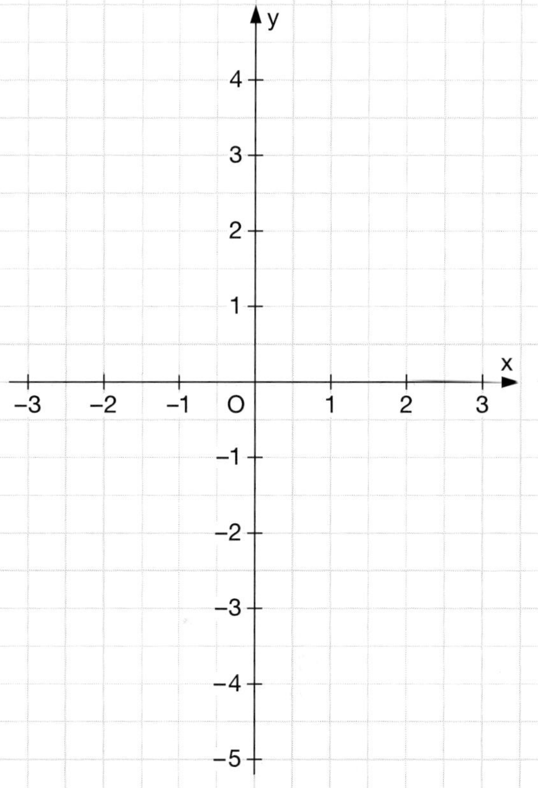

a) Gib jeweils die maximale Definitionsmenge an.

D_f = ______ D_g = ______ D_h = ______

b) Zeichne die Graphen mit Hilfe einer Wertetabelle in das Koordinatensystem.

x	−3	−2	−1	−0,5	0	0,5	1	2	3
f(x)									
g(x)									
h(x)									

c) Zeige rechnerisch, dass der Punkt P(−5|−47) auf G_f liegt.

____

d) Für welchen x-Wert ist bei der Funktion g der y-Wert null?

____

3. Die Graphen der folgenden Funktionen sind rechts abgebildet. Entscheide, welcher Graph zu welcher Funktion gehört und gib jeweils die maximale Definitionsmenge an.

f: $x \mapsto \frac{1}{3}x + 1$; D_f =

g: $x \mapsto \frac{4}{x-1}$; D_g =

h: $x \mapsto -\frac{1}{x}$; D_h =

k: $x \mapsto \frac{1}{2}x^2 - 1$; D_k =

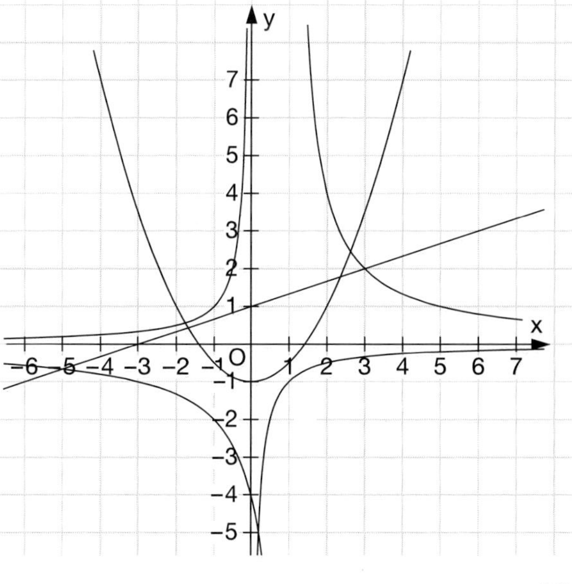

1. Welche Graphen gehören zu einer Funktion? Kreuze an.

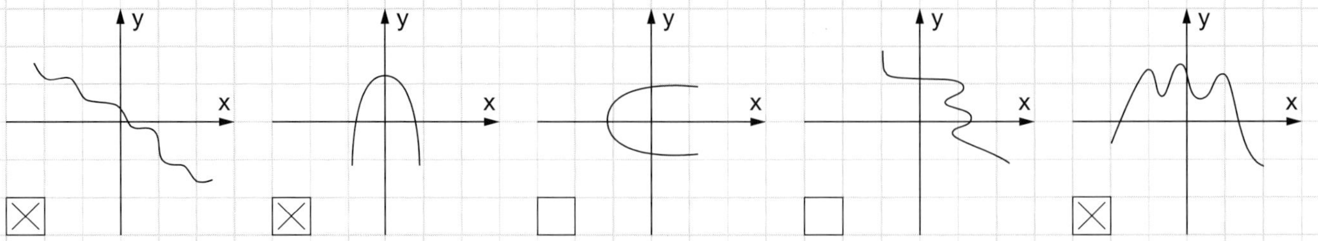

☒ ☒ ☐ ☐ ☒

2. Gegeben sind die Funktionen
f: $x \mapsto -2x^2 + 3$, g: $x \mapsto 2x - 1$, h: $x \mapsto \frac{2}{x}$

a) Gib jeweils die maximale Definitionsmenge an.

$D_f = \mathbb{Q}$ $D_g = \mathbb{Q}$ $D_h = \mathbb{Q}\setminus\{0\}$

b) Zeichne die Graphen mit Hilfe einer Wertetabelle in das Koordinatensystem.

x	−3	−2	−1	−0,5	0	0,5	1	2	3
f(x)	−15	−5	1	2,5	3	2,5	1	−5	−15
g(x)	−7	−5	−3	−2	−1	0	1	3	5
h(x)	$-\frac{2}{3}$	−1	−2	−4	–	4	2	1	$\frac{2}{3}$

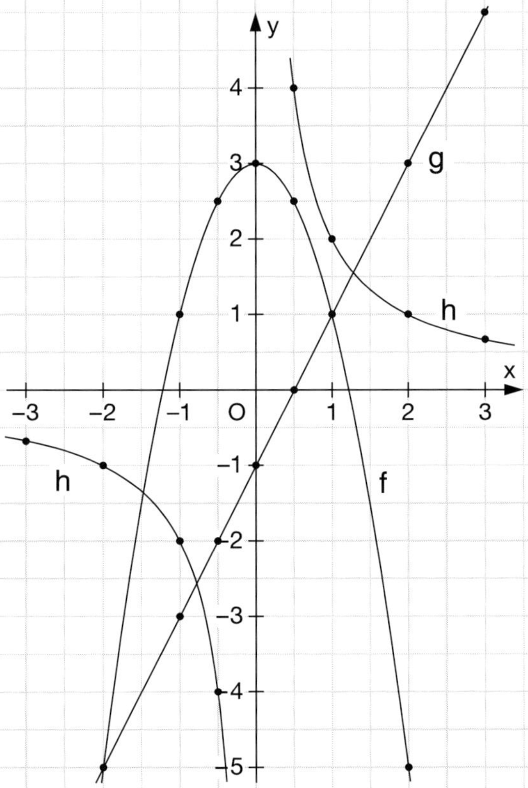

c) Zeige rechnerisch, dass der Punkt P(−5|−47) auf G_f liegt.

$-2 \cdot (-5)^2 + 3 = -2 \cdot 25 + 3 = -47$

d) Für welchen x-Wert ist bei der Funktion g der y-Wert null?

$x = 0{,}5$

3. Die Graphen der folgenden Funktionen sind rechts abgebildet. Entscheide, welcher Graph zu welcher Funktion gehört und gib jeweils die maximale Definitionsmenge an.

f: $x \mapsto \frac{1}{3}x + 1$; $D_f = \mathbb{Q}$

g: $x \mapsto \frac{4}{x-1}$; $D_g = \mathbb{Q}\setminus\{1\}$

h: $x \mapsto -\frac{1}{x}$; $D_h = \mathbb{Q}\setminus\{0\}$

k: $x \mapsto \frac{1}{2}x^2 - 1$; $D_k = \mathbb{Q}$

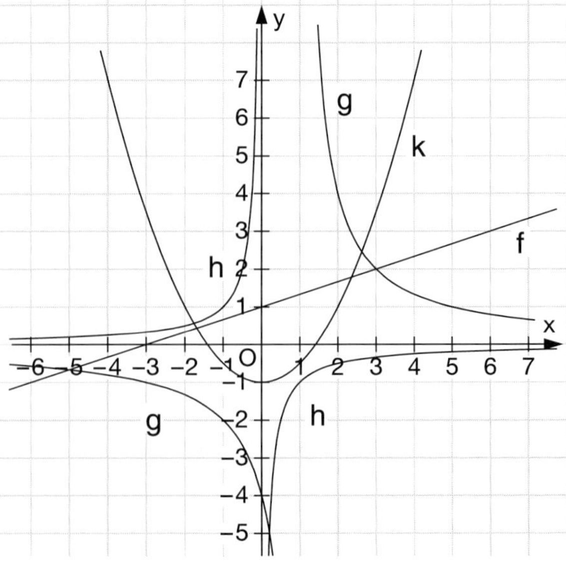

Funktion und Graph: Nullstellen und Steigung

1. a) Welche Steigung haben die einzelnen Graphen? Trage jeweils ein Steigungsdreieck ein. Verbinde die passenden Kästen.

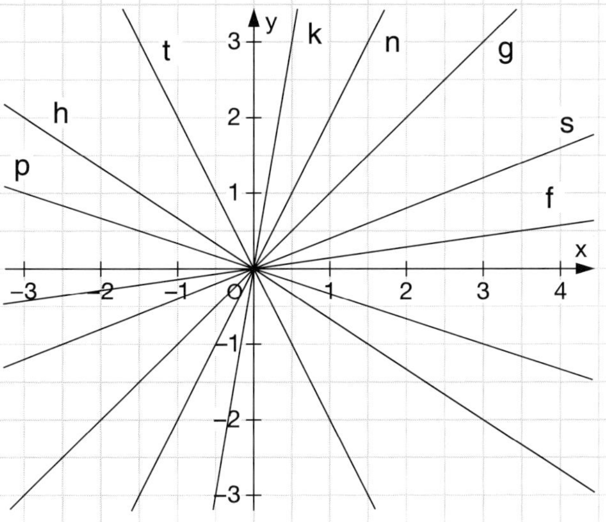

G_f	$m = 2$
G_g	$m = -\frac{1}{3}$
G_h	$m = -2$
G_k	$m = \frac{1}{7}$
G_s	$m = \frac{2}{5}$
G_t	$m = 6$
G_n	$m = 1$
G_p	$m = -\frac{2}{3}$

b) Zeichne die Graphen der angegebenen proportionalen Funktionen in das Koordinatensystem.

a: $x \mapsto \frac{1}{4}x$ b: $x \mapsto -3x$

c: $x \mapsto x$ d: $x \mapsto 2x$

e: $x \mapsto -\frac{1}{2}x$ f: $x \mapsto -x$

g: $x \mapsto -2x$ h: $x \mapsto \frac{1}{3}x$

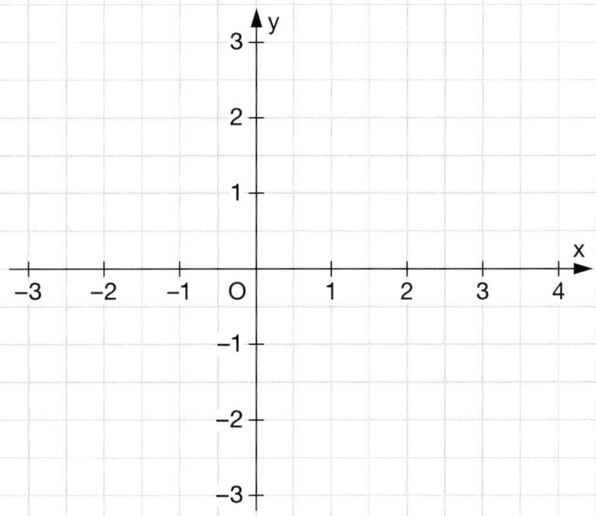

c) Untersuche mit Hilfe des Geodreiecks, welche Graphen aufeinander senkrecht stehen:

____

2. a) Fahre jeweils die Teile des Graphen nach, in denen er steigt:

b) Welche Nullstellen haben die Funktionen f, g, k?

f hat die Nullstelle(n) ________________

g hat die Nullstelle(n) ________________

k hat die Nullstelle(n) ________________

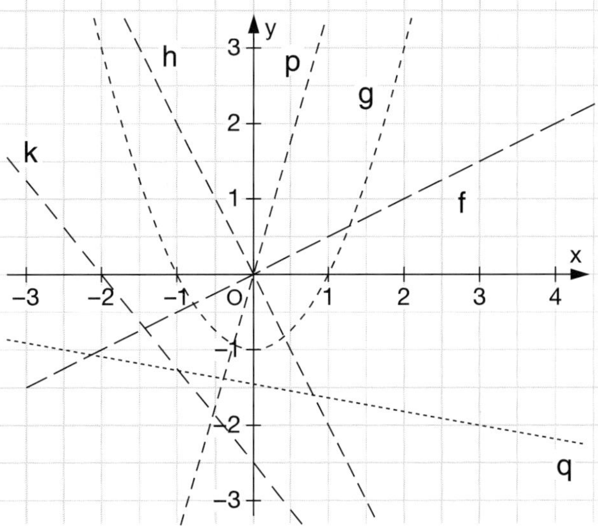

1. a) Welche Steigung haben die einzelnen Graphen? Trage jeweils ein Steigungsdreieck ein. Verbinde die passenden Kästen.

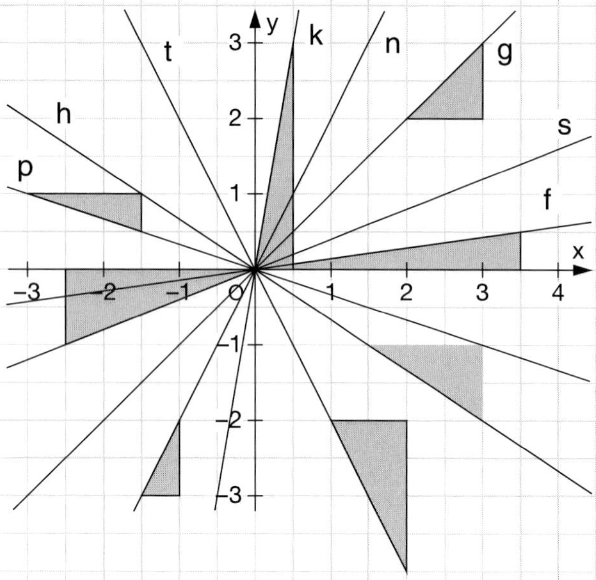

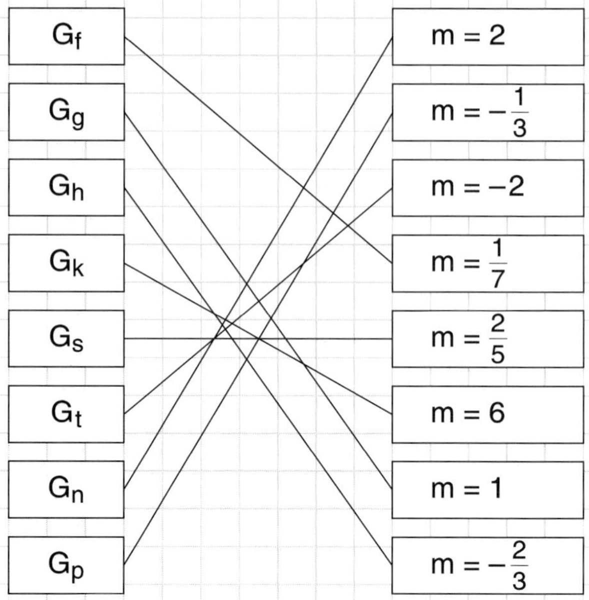

b) Zeichne die Graphen der angegebenen proportionalen Funktionen in das Koordinatensystem.

a: $x \mapsto \frac{1}{4}x$ b: $x \mapsto -3x$

c: $x \mapsto x$ d: $x \mapsto 2x$

e: $x \mapsto -\frac{1}{2}x$ f: $x \mapsto -x$

g: $x \mapsto -2x$ h: $x \mapsto \frac{1}{3}x$

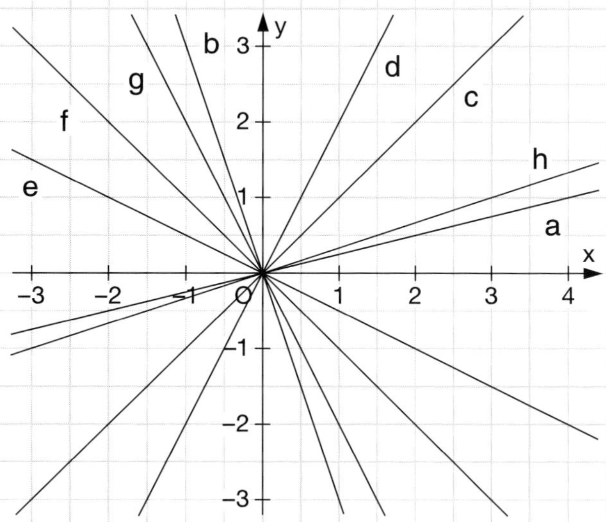

c) Untersuche mit Hilfe des Geodreiecks, welche Graphen aufeinander senkrecht stehen:

$G_b \perp G_h$; $G_c \perp G_f$; $G_d \perp G_e$

2. a) Fahre jeweils die Teile des Graphen nach, in denen er steigt:

b) Welche Nullstellen haben die Funktionen f, g, k?

f hat die Nullstelle(n) $x = 0$

g hat die Nullstelle(n) $x = -1$; $x = 1$

k hat die Nullstelle(n) $x = -2$

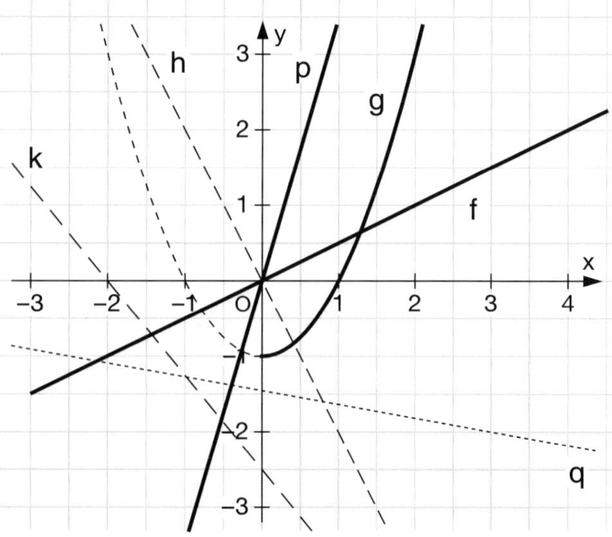

Zeichne für die Aufgaben geeignete Graphen und markiere die Treffpunkte.

1. Ein Radfahrer fährt um 9.00 Uhr von seinem Heimatdorf A ab. Er legt in einer Stunde 10 km zurück. 1,5 Stunden später fährt ihm ein Motorradfahrer mit einer Geschwindigkeit von 40 km/h nach. Wann und wo holt er den Radfahrer ein?

Er holt den Radfahrer nach _____ km um _____ Uhr ein.

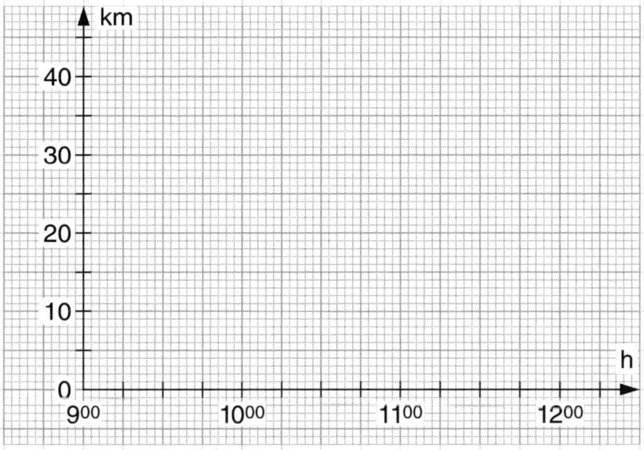

2. Ein Wanderer und ein Radfahrer wollen sich um 11.00 Uhr an einem 15 km entfernten Badesee treffen. Der Wanderer geht um 8.00 Uhr los. Wann muss der Radfahrer starten?

Der Radfahrer startet um _____ Uhr.

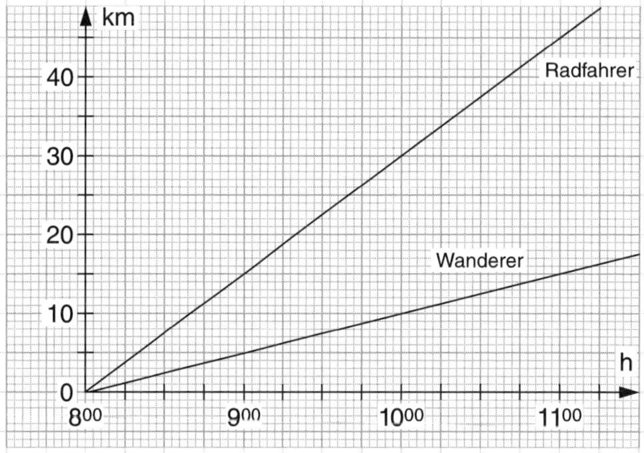

3. Zwei Radfahrer wohnen 90 km voneinander entfernt. Beide fahren gleichzeitig um 7.00 Uhr einander entgegen. Der erste benötigt für die Gesamtstrecke 7,5 Stunden, der zweite 5 Stunden.

a) Wann treffen sich die Radfahrer und wie viele km haben sie jeweils zurückgelegt?

____

____

b) Wie groß ist die jeweilige Geschwindigkeit?

____

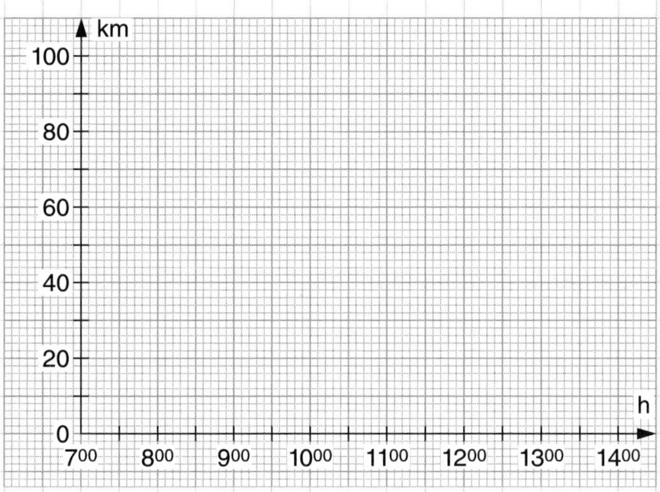

4. Herr Laufer will von A-Stadt nach B-Stadt wandern (18 km). Um 8.00 Uhr geht er los. In der Stunde legt er durchschnittlich 5 km zurück.
Um 9.30 Uhr stellt Frau Laufer fest, dass ihr Mann seine Geldbörse vergessen hat.
Sie fährt ihm mit dem Fahrrad bei einer Geschwindigkeit von 10 km/h nach.
Wann und wo trifft sie ihren Mann?
Beschrifte die Achsen selbst geeignet.

____

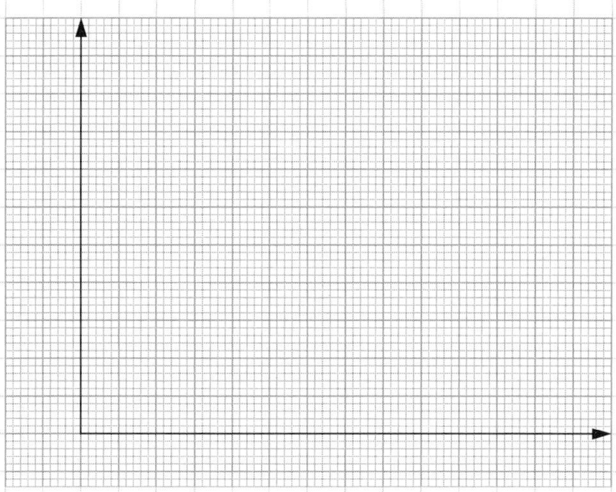

Arbeitsblatt: Weg-Zeit-Diagramme – Schnittpunktbestimmung

Zeichne für die Aufgaben geeignete Graphen und markiere die Treffpunkte.

1. Ein Radfahrer fährt um 9.00 Uhr von seinem Heimatdorf A ab. Er legt in einer Stunde 10 km zurück. 1,5 Stunden später fährt ihm ein Motorradfahrer mit einer Geschwindigkeit von 40 km/h nach. Wann und wo holt er den Radfahrer ein?

Er holt den Radfahrer nach 20 km um 11 Uhr ein.

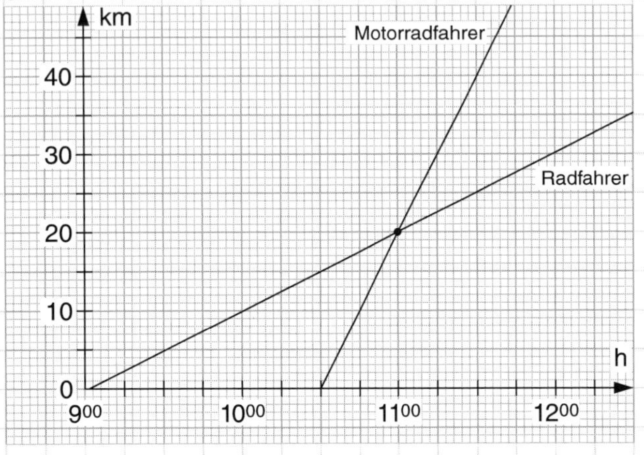

2. Ein Wanderer und ein Radfahrer wollen sich um 11.00 Uhr an einem 15 km entfernten Badesee treffen. Der Wanderer geht um 8.00 Uhr los. Wann muss der Radfahrer starten?

Der Radfahrer startet um 10 Uhr.

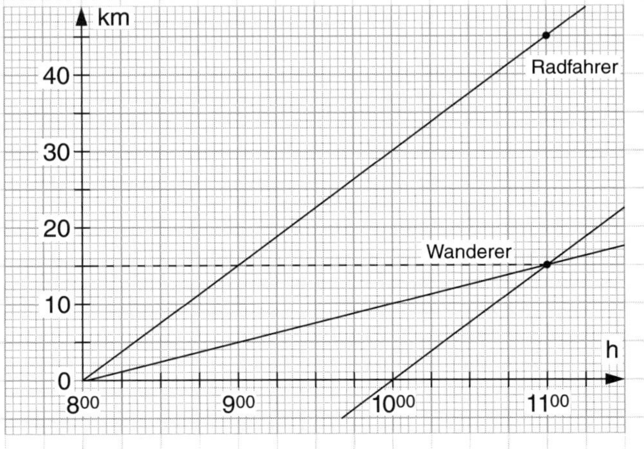

3. Zwei Radfahrer wohnen 90 km voneinander entfernt. Beide fahren gleichzeitig um 7.00 Uhr einander entgegen. Der erste benötigt für die Gesamtstrecke 7,5 Stunden, der zweite 5 Stunden.

a) Wann treffen sich die Radfahrer und wie viele km haben sie jeweils zurückgelegt?

Sie treffen sich um 10 Uhr. Der 1. Radfahrer hat 36 km und der 2. Radfahrer 54 km zurückgelegt.

b) Wie groß ist die jeweilige Geschwindigkeit?

1. Radfahrer: 12 km/h; 2. Radfahrer: 18 km/h

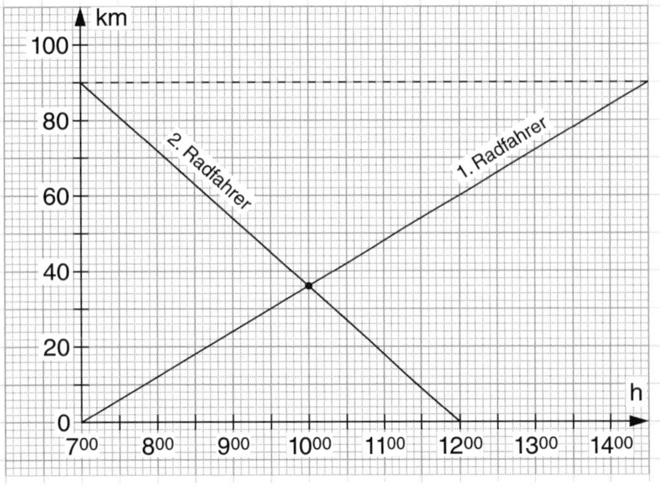

4. Herr Laufer will von A-Stadt nach B-Stadt wandern (18 km). Um 8.00 Uhr geht er los. In der Stunde legt er durchschnittlich 5 km zurück.
Um 9.30 Uhr stellt Frau Laufer fest, dass ihr Mann seine Geldbörse vergessen hat.
Sie fährt ihm mit dem Fahrrad bei einer Geschwindigkeit von 10 km/h nach.
Wann und wo trifft sie ihren Mann?
Beschrifte die Achsen selbst geeignet.

Sie trifft ihn um 11 Uhr nach 15 km.

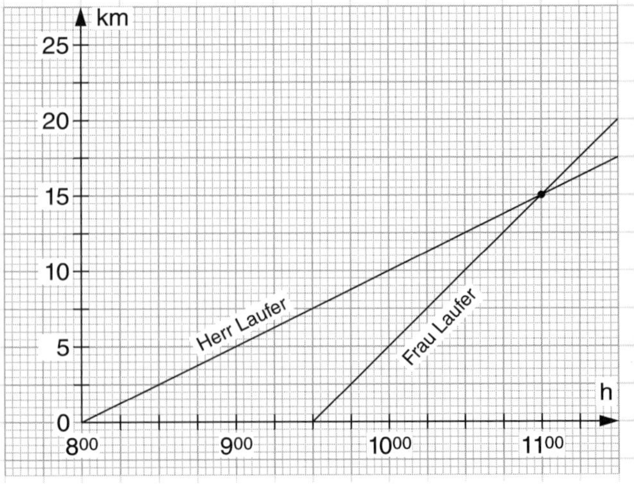

Trainingsblatt
Umfang und Flächeninhalt des Kreises – Stadtplan

Berechne Umfang und Flächeninhalt der grauen Gebäude.

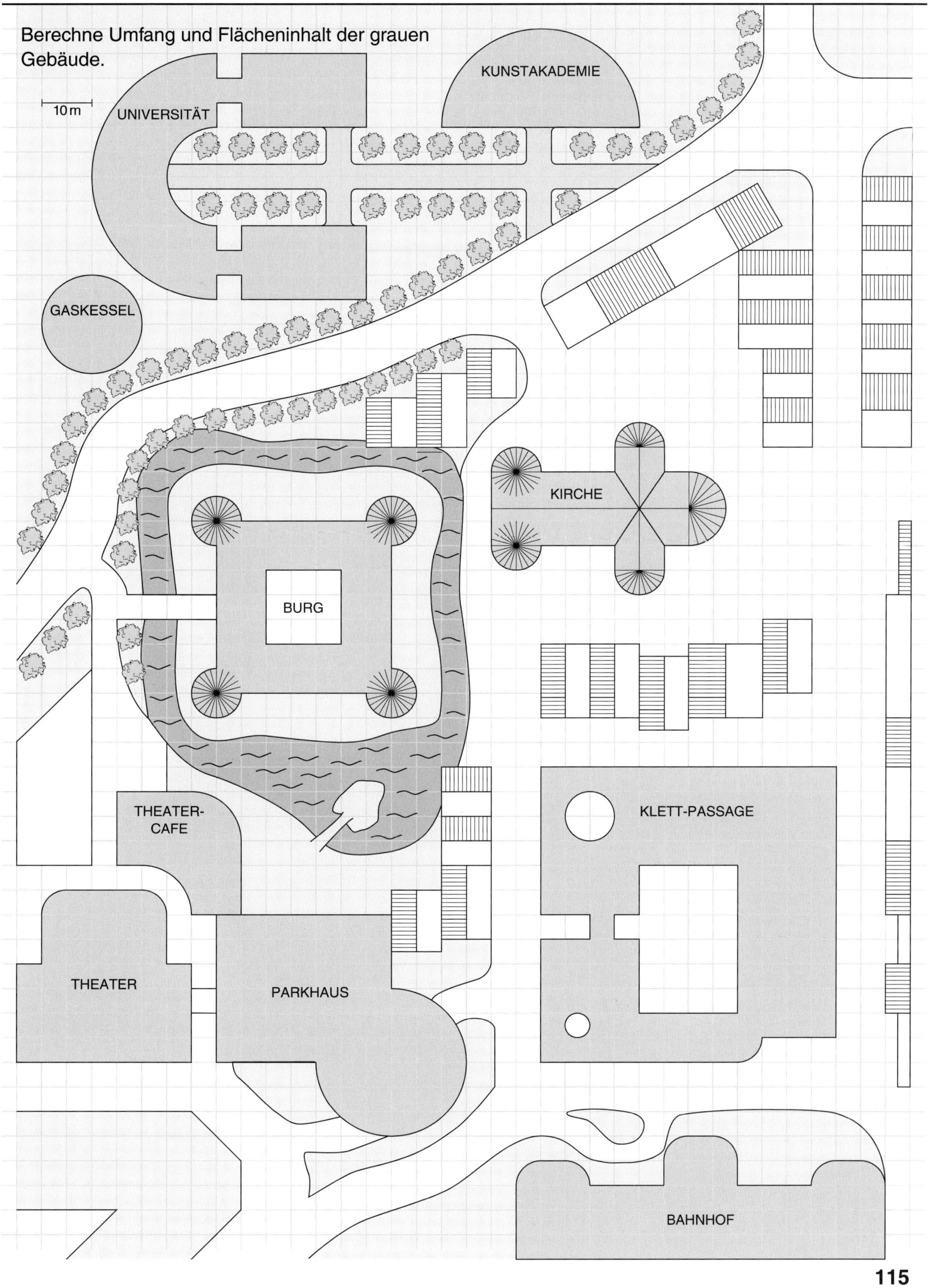

LÖSUNG

Trainingsblatt
Umfang und Flächeninhalt des Kreises – Stadtplan

Berechne Umfang und Flächeninhalt der grauen Gebäude.

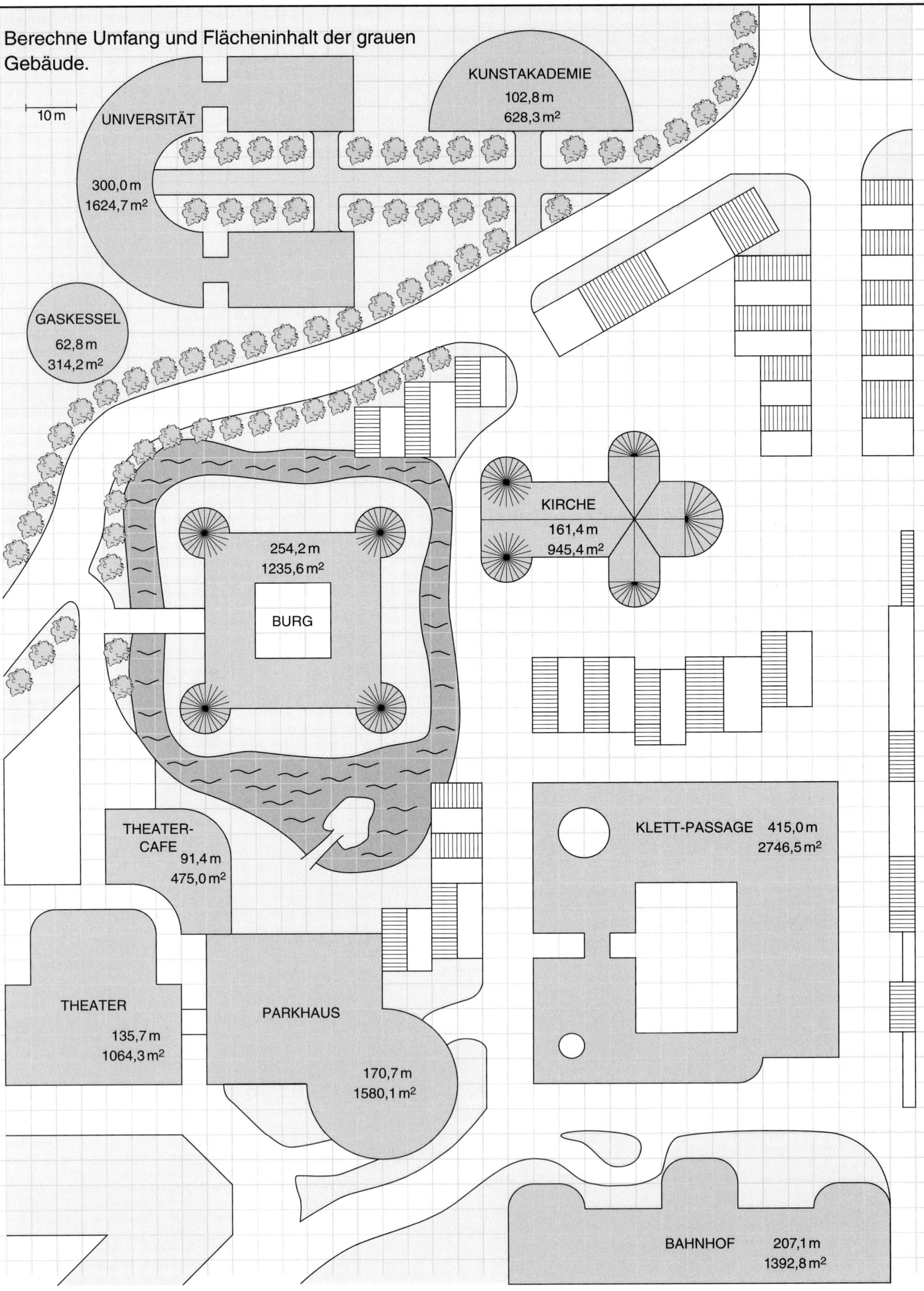

Arbeitsblatt: Umfang und Flächeninhalt des Kreises – Muster

Benutze für Nebenrechnungen ein gesondertes Blatt.

1. Berechne den Flächeninhalt der grauen Fläche. Gehe bei der Berechnung schrittweise vor.
Die Teilaufgaben a) und b) zeigen beispielsweise, wie man c) berechnen kann.

a)
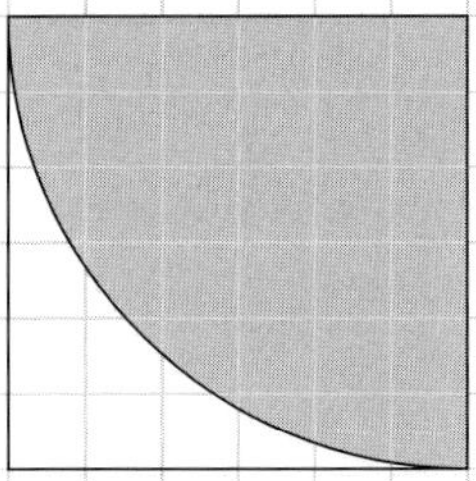
A =

b)
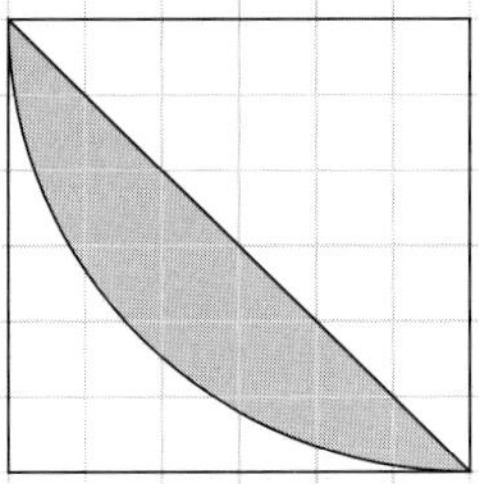
A =

c)
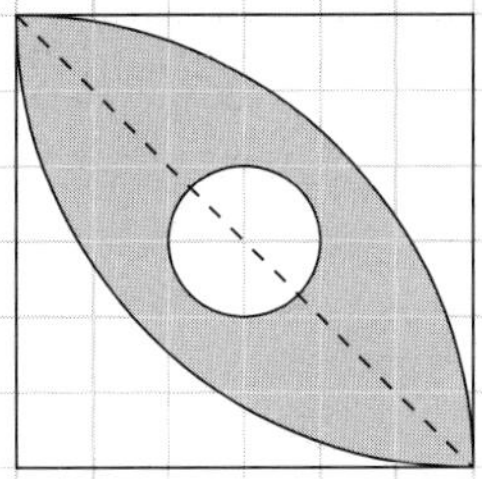
A =

d)
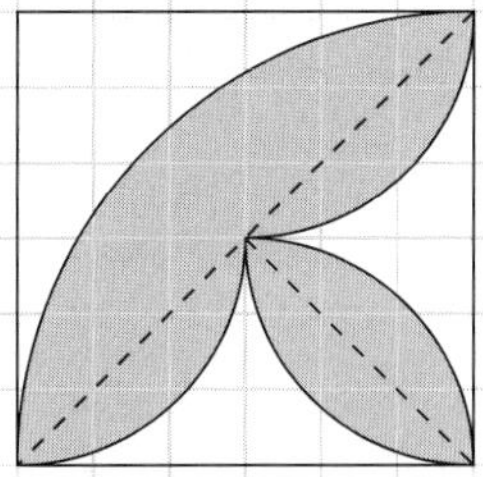
A =

e)
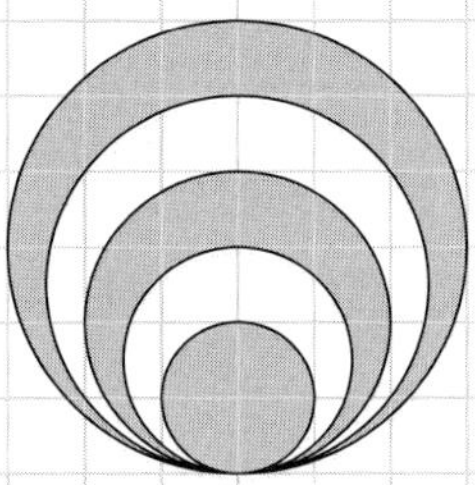
A =

f)
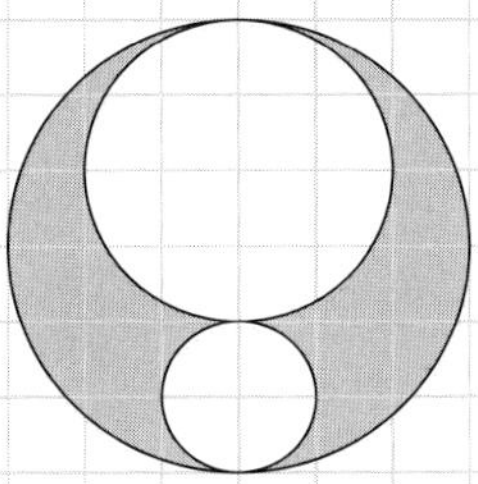
A =

g)
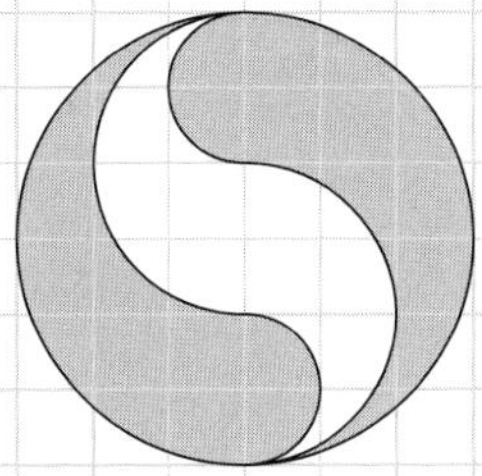
A =

h)
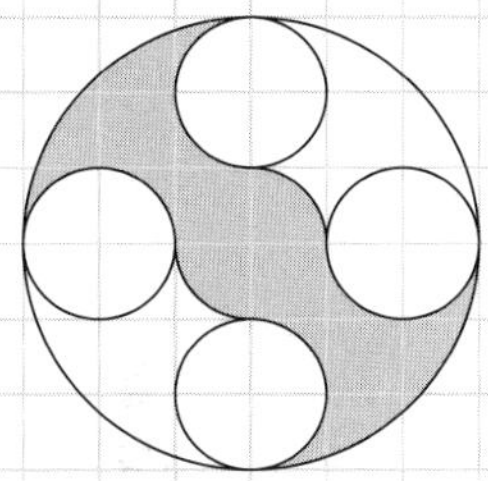
A =

2. Berechne Umfang und Flächeninhalt der grauen Figuren.

a)
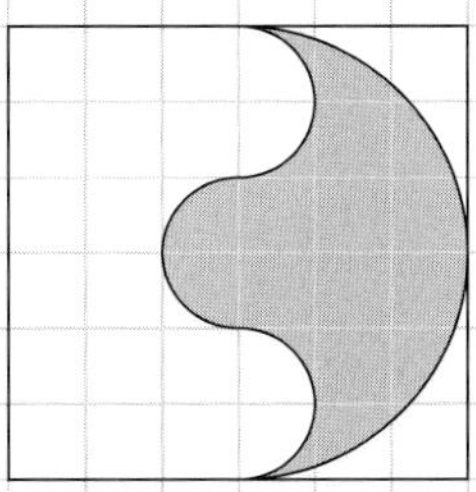
A =

U =

b)
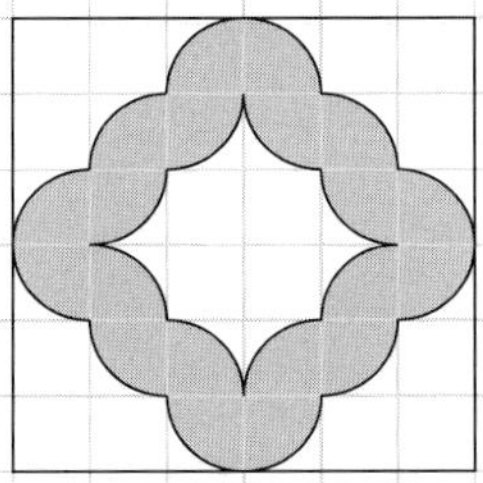
A =

U =

c)
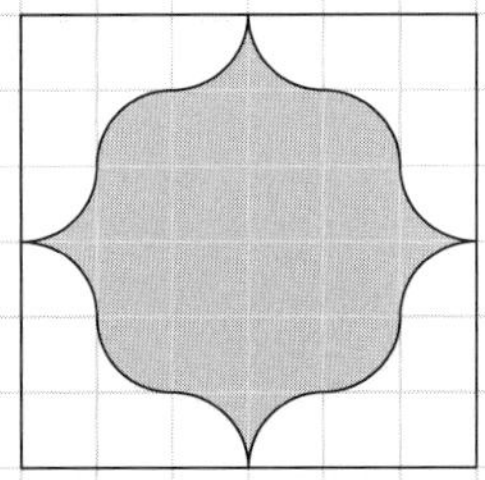
A =

U =

d)
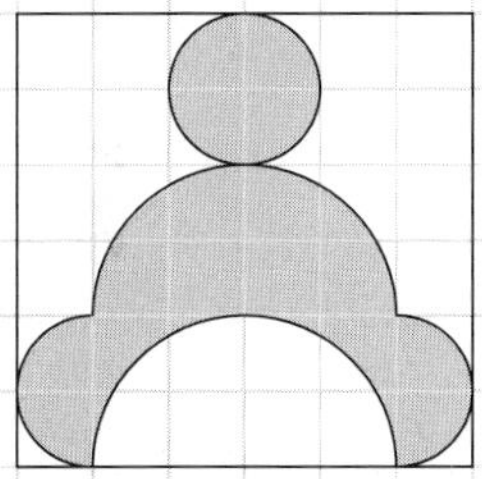
A =

U =

3. Berechne Umfang und Flächeninhalt der grauen Figuren in Abhängigkeit von a.

a)
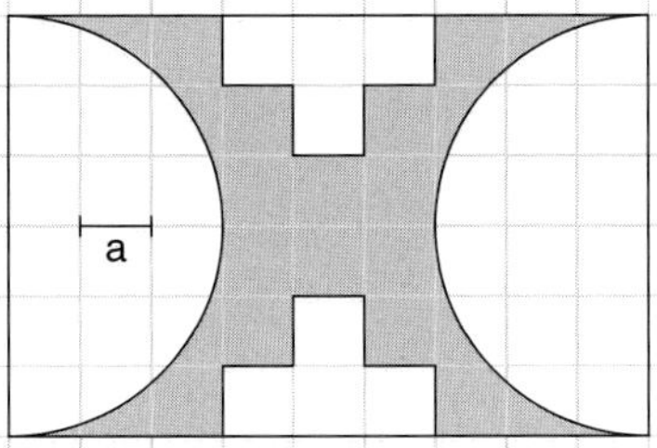

A =

U =

b)
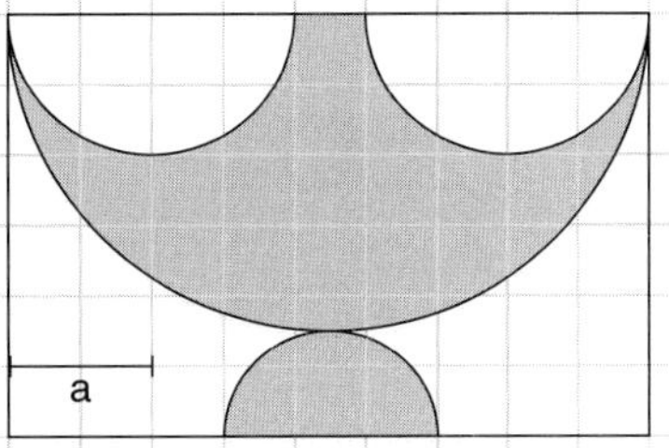

A =

U =

c)
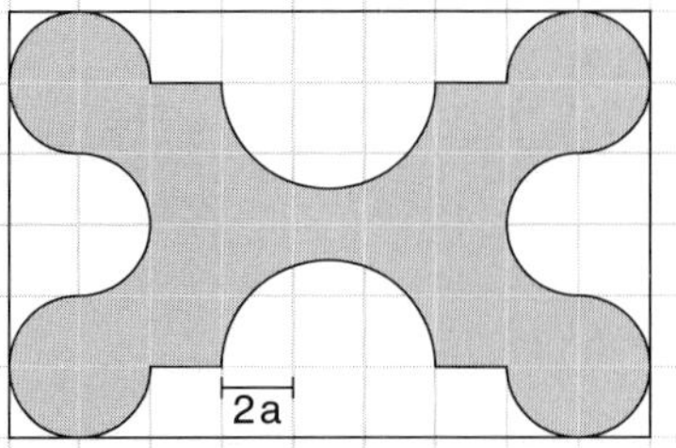

A =

U =

Arbeitsblatt: Umfang und Flächeninhalt des Kreises – Muster

Benutze für Nebenrechnungen ein gesondertes Blatt.

1. Berechne den Flächeninhalt der grauen Fläche. Gehe bei der Berechnung schrittweise vor. Die Teilaufgaben a) und b) zeigen beispielsweise, wie man c) berechnen kann.

a)
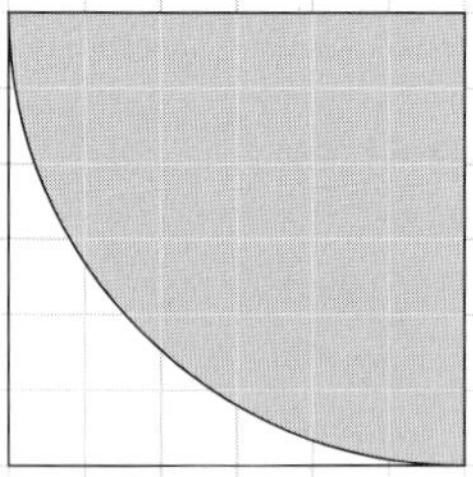

$A = \frac{9}{4}\pi\,\text{cm}^2$
$\approx 7{,}07\,\text{cm}^2$

b)
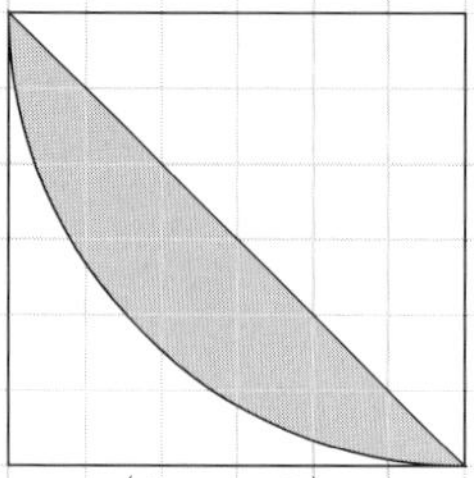

$A = \left(\frac{9}{4}\pi - \frac{9}{2}\right)\text{cm}^2$
$\approx 2{,}57\,\text{cm}^2$

c)
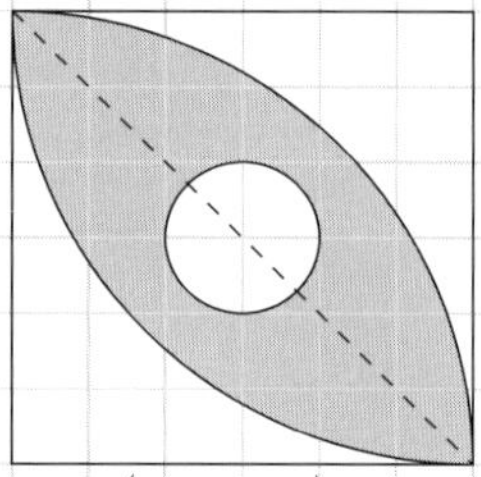

$A = \left(\frac{17}{4}\pi - 9\right)\text{cm}^2$
$\approx 4{,}35\,\text{cm}^2$

d)
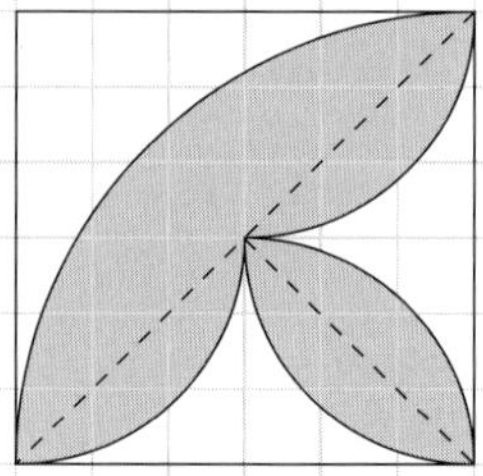

$A = (4{,}5\,\pi - 9)\,\text{cm}^2$
$\approx 5{,}14\,\text{cm}^2$

e)
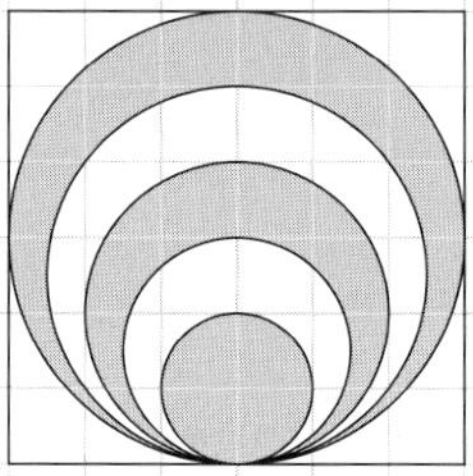

$A = 1{,}375\,\pi\,\text{cm}^2$
$\approx 4{,}32\,\text{cm}^2$

f)
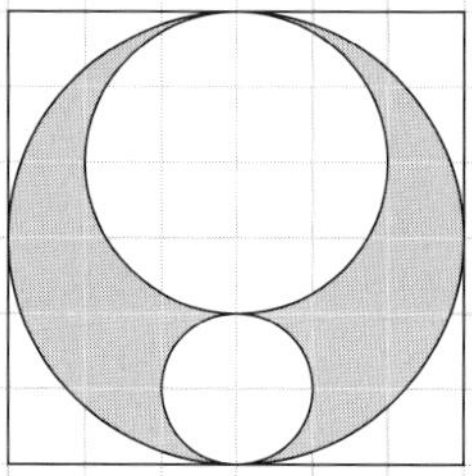

$A = \pi\,\text{cm}^2$
$\approx 3{,}14\,\text{cm}^2$

g)
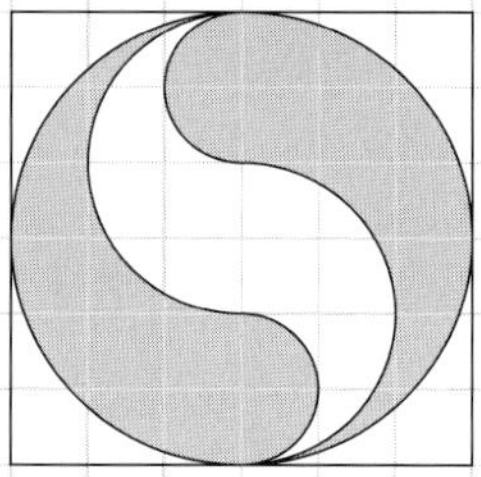

$A = 1{,}5\,\pi\,\text{cm}^2$
$\approx 4{,}71\,\text{cm}^2$

h)
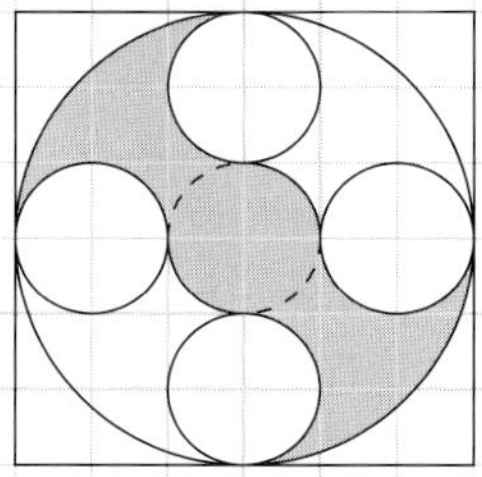

$A = 0{,}75\,\pi\,\text{cm}^2$
$\approx 2{,}36\,\text{cm}^2$

2. Berechne Umfang und Flächeninhalt der grauen Figuren.

a)
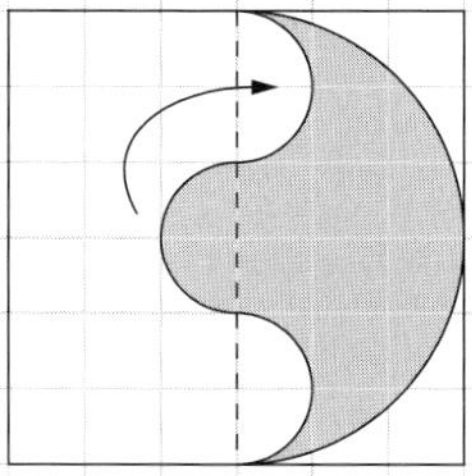

$A = \pi\,\text{cm}^2$
$\approx 3{,}14\,\text{cm}^2$
$U = 3\pi\,\text{cm} \approx 9{,}42\,\text{cm}$

b)
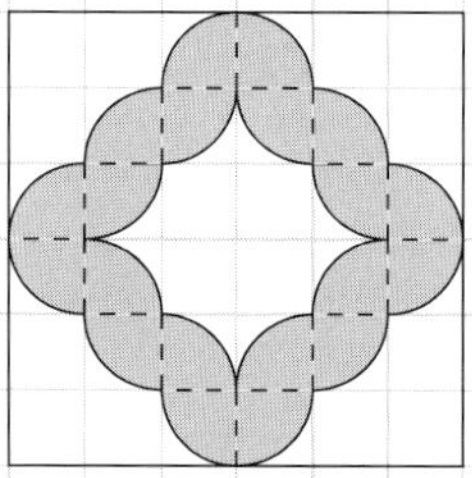

$A = 1{,}25\,\pi\,\text{cm}^2$
$\approx 3{,}93\,\text{cm}^2$
$U = 5\pi\,\text{cm} \approx 15{,}71\,\text{cm}$

c)
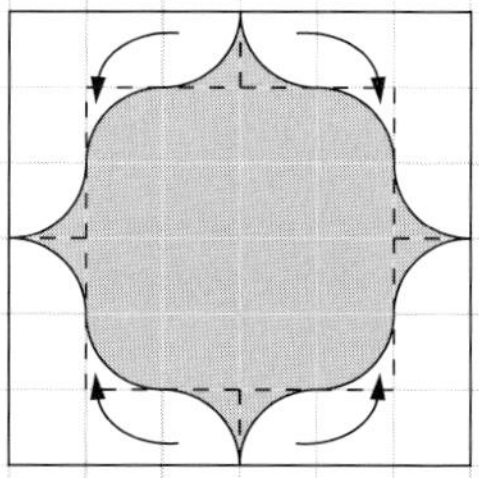

$A = (5 - 0{,}25\,\pi)\,\text{cm}^2$
$\approx 4{,}21\,\text{cm}^2$
$U = 3\pi\,\text{cm} \approx 9{,}42\,\text{cm}$

d)
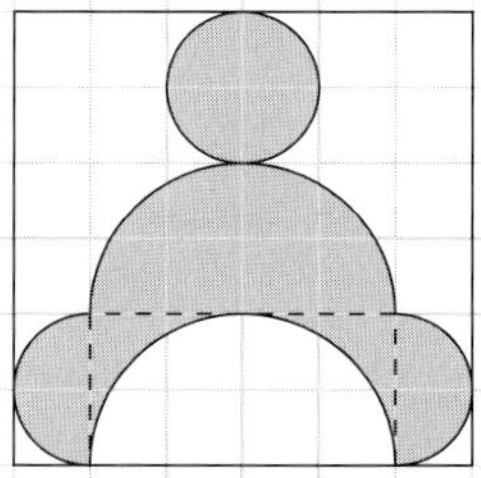

$A = (2 + 0{,}5\,\pi)\,\text{cm}^2$
$\approx 3{,}57\,\text{cm}^2$
$U = 4\pi\,\text{cm} \approx 12{,}57\,\text{cm}$

3. Berechne Umfang und Flächeninhalt der grauen Figuren in Abhängigkeit von a.

a)
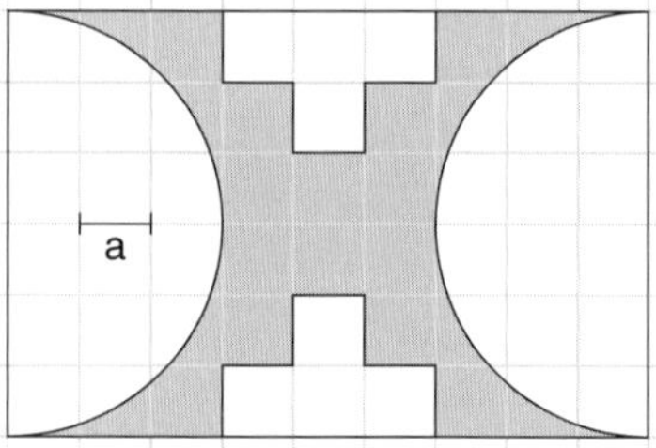

$A = 46a^2 - 9a^2\pi \approx 17{,}73a^2$

$U = 26a + 6a\pi \approx 44{,}85a$

b)
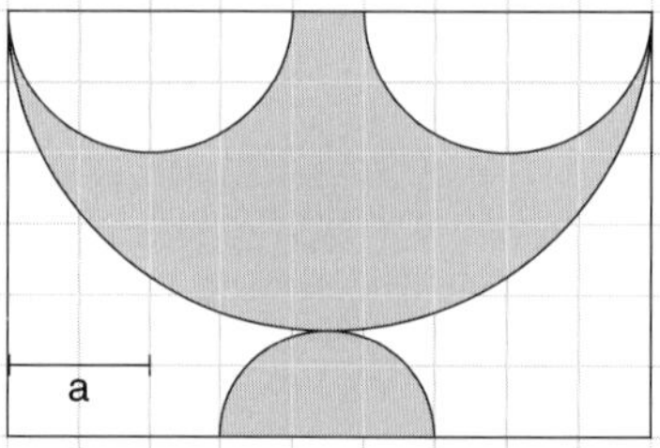

$A = 1{,}8125\,a^2\pi \approx 5{,}69a^2$

$U = 5a\pi + 2a \approx 17{,}71a$

c)
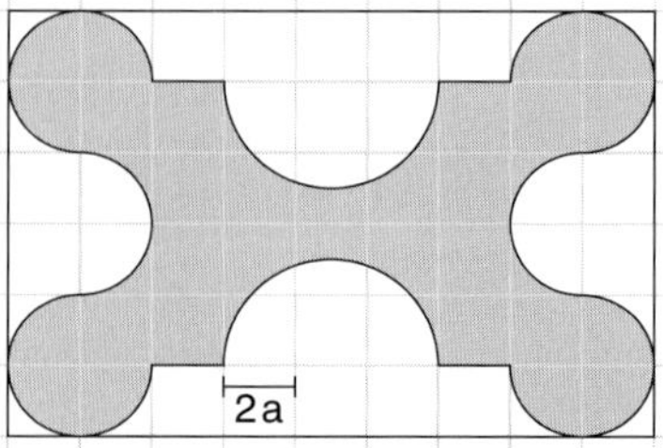

$A = 112a^2 - a^2\pi \approx 108{,}86a^2$

$U = 8a + 22a\pi \approx 77{,}12a$

1. Funktionsplottertest

Bei der Eingabe von Funktionstermen treten möglicherweise Überraschungen auf.
Beispielsweise akzeptieren manche Programme bei Dezimalbrüchen kein Komma und verlangen statt dessen einen Punkt.
Möchte man einen Term wie z. B. $2x^2$ eingeben, kann es sein, dass zwischen 2 und x^2 ein Malzeichen gesetzt werden muss, damit das Programm den eingegebenen Term richtig „versteht".
Bei manchen Plottern kann man den Malpunkt aber auch weglassen.

Probiere aus, ob dein Funktionsplotter Malpunkte verlangt. Gib die Terme 2x^2 und 2*x^2 ein.
- Versteht dein Programm beide Schreibweisen?
- Wird auch wirklich der Graph der Funktion $f: x \mapsto 2x^2$ gezeichnet? Überprüfe dies z. B. mit Hilfe einer Wertetabelle.

Probiere auch folgende Eingaben aus:
- x*x und xx (wird der Graph der Funktion $f: x \mapsto x^2$ gezeichnet?)
- x*2 und x2 und x(2) (wird der Graph der Funktion $f: x \mapsto 2x$ gezeichnet?)
- 2,2 x und 2.2 x bzw. 2,2*x und 2.2*x (werden Komma- und Punktzeichen akzeptiert?)

2. Richtige Termeingabe

Peter lässt die Graphen zu den in der Tabelle genannten Funktionstermen zeichnen.
Gib jeweils selbst in deinen Funktionsplotter ein, was Peter eingegeben hat und vergleiche den sich ergebenden Funktionsgraphen mit den unten abgebildeten richtigen Graphen. Sind sie gleich?
Hat Peter demnach den Funktionsterm richtig eingegeben?
Falls nicht: Korrigiere Peters Eingabe und vergleiche erneut.

	Funktionsterm	Peters Eingabe
a)	$a(x) = \frac{2}{x+1}$	`2/x+1`
b)	$b(x) = \frac{1}{2}x^2$	`1/2*x*x`
c)	$c(x) = \frac{x-2}{4x}$	`(x-2)/4*x`
d)	$d(x) = \frac{1}{2x} + (1+x)^2$	`0.5/x+1+x^2`

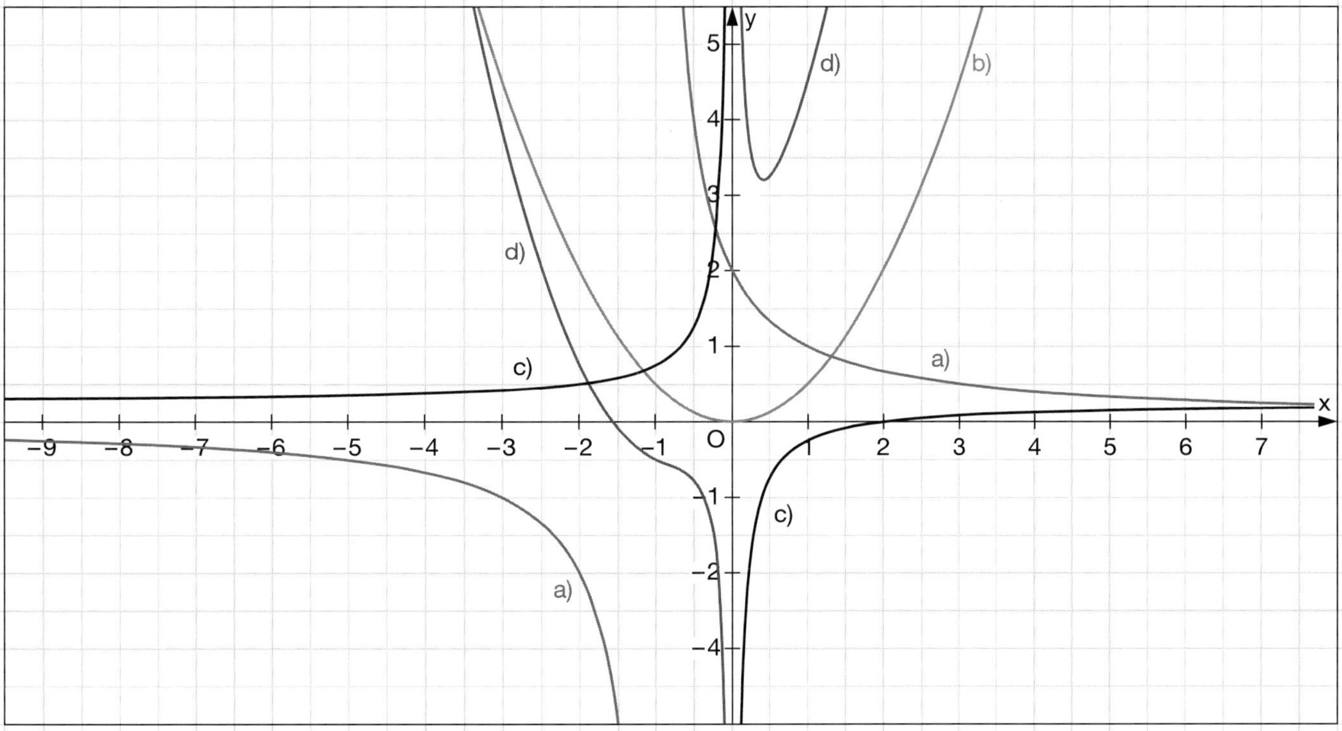

Arbeitsblatt: Umgang mit dem Funktionsplotter – Teil 2

3. „Unsichtbare" Graphen

Manchmal kann es passieren, dass auf dem Bildschirm kein Funktionsgraph zu sehen ist, obwohl der Funktionsterm richtig eingegeben wurde. Es folgen Beispiele, bei denen dies auftreten kann.

(1) $f(x) = 0{,}5x + 50$

Der auf dem Bildschirm dargestellte Ausschnitt des Koordinatensystems ist nicht passend und muss anders eingestellt werden. Hier wäre es beispielsweise sinnvoll, für den dargestellten x-Bereich −5 bis 5 und für den y-Bereich 45 bis 55 zu wählen.
Probiere bei deinem Funktionsplotter aus, ob der Graph sofort „sichtbar" ist. Falls nicht, ändere die Einstellungen für x- und y-Bereich.

(2) $g(x) = (x - 60)^2$

Hier wäre es sinnvoll, für den dargestellten x-Bereich 55 bis 65 und für den y-Bereich 0 bis 10 zu wählen.
Probiere aus, wie bei deinem Funktionsplotter die Einstellungen gewählt werden müssen, damit der Graph „sichtbar" wird.

(3) $h(x) = 500x$

Hier ist die Steigung so groß, dass der Graph auf dem Bildschirm der y-Achse entspricht und daher nicht „sichtbar" ist. In solchen Fällen muss man auf der x-Achse eine andere Einheit wählen als auf der y-Achse. Beispielsweise könnte man für den x-Bereich −0,01 bis 0,01 und für den y-Bereich −5 bis 5 wählen. Versuche mit deinem Plotter selbst, den Graphen „sichtbar" zu machen.

Tipp:
Um in den Fällen (1) und (2) die richtigen Einstellungen für den x- bzw. y-Bereich zu finden, kann man zunächst sehr große Bereiche wählen (z. B. jeweils von −200 bis 200).
Wird dann der Graph „sichtbar", kann man ablesen, welche Einstellungen für x- und y-Bereich sinnvoll sind.

a) Stelle für die angegebenen Funktionsterme die zugehörigen Funktionsgraphen auf dem Bildschirm dar. Gib die notwendigen x- und y-Bereiche an.

i) $f(x) = 0{,}3x - 100$ ii) $g(x) = x^2 + 150$ iii) $h(x) = 0{,}001x$

iv) $k(t) = (t + 88)^2$ v) $s(a) = 50 - 0{,}2a$ vi) $f(r) = 2(r - 20) + 40$

vii) $k(x) = \frac{1}{x + 40} - 50$ viii) $b(x) = -\frac{1}{x^2} - 111$ ix) $t(y) = 1000y + 1000$

b) Gib jeweils einen geeigneten Funktionsterm an, so dass der zugehörige Graph im angegebenen x- bzw. y-Bereich „sichtbar" ist.
Überprüfe mit deinem Plotter. Gib gegebenenfalls einen neuen Term ein und überprüfe erneut.

	x-Bereich	y-Bereich
i)	−5 bis 5	80 bis 90
ii)	25 bis 35	−5 bis 5

	x-Bereich	y-Bereich
iii)	−5 bis 5	−40 bis −30
iv)	30 bis 40	400 bis 500

Arbeitsblatt: Lineare Funktionen modellieren – Versorgungstarife

1. Familie Urban heizt ihre Wohnung mit Gas. Der Gaspreis setzt sich zusammen aus der Grundgebühr von 80 € im Jahr und dem Verbrauchspreis von 0,50 € pro m^3.

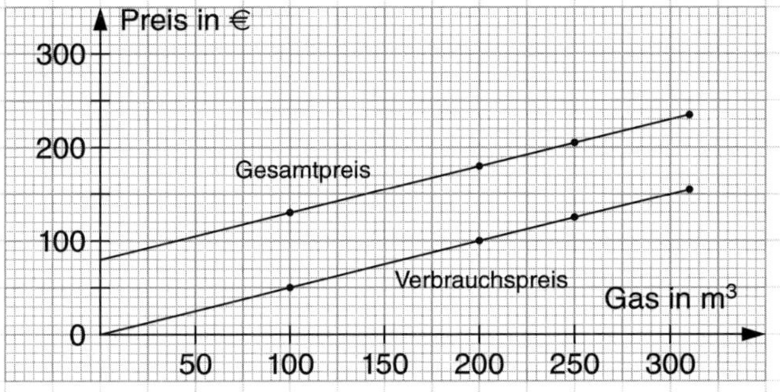

a) Lies am Graphen ab und fülle die Tabelle aus.

Verbrauch in m^3	100	200	250	320
Verbrauchspreis in €				
Gesamtpreis in €				

b) Mit welchem Funktionsterm lässt sich der Gesamtpreis berechnen? ______

2. Das Wasserversorgungsunternehmen berechnet den Wasserverbrauch nach m^3 und verlangt zusätzlich eine monatliche Grundgebühr. Lies ab:

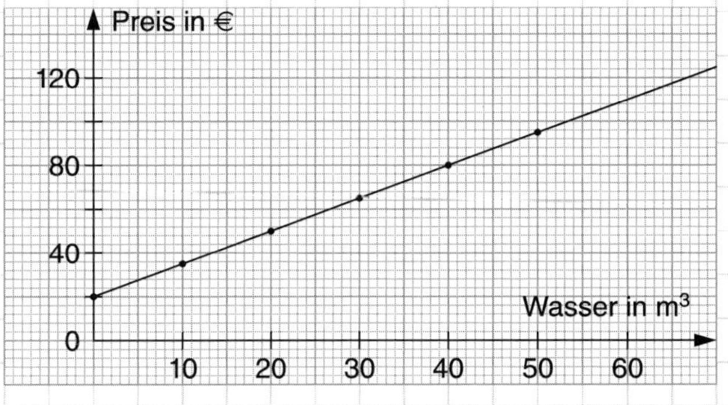

a) Wie hoch ist die Grundgebühr? ______

b) Wie viel muss pro m^3 Wasserverbrauch bezahlt werden? ______

c) Bestimme den Funktionsterm für den Gesamtpreis. ______

d) Fülle die Tabelle aus:

Verbrauch in m^3	0	10	20	30	40	50
Preis in €						

3. Das Elektrizitätswerk verlangt für seine Stromlieferungen einen Grundbetrag von 50 € im Jahr und einen Verbrauchspreis von 15 ct pro kWh.

a) Fülle die Tabelle aus:

Verbrauch in kWh	0	1000	3000	5000
Gesamtbetrag in €				

b) Zeichne den Graphen.

c) Stelle die Funktionsvorschrift Stromverbrauch – Rechnungsbetrag auf. ______

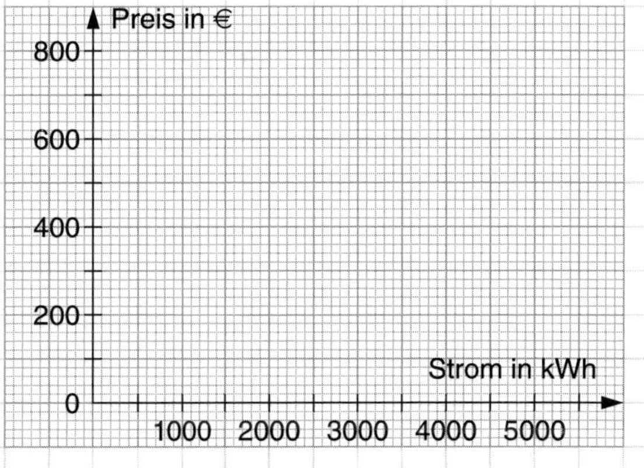

4. Für den Telefonanschluss muss Familie Urban monatlich eine Gebühr von 20 € zahlen. Eine Telefonminute kostet im Schnitt 0,12 €.

a) Stelle die Funktionsgleichung auf und fülle die Tabelle aus. Funktionsgleichung: ______

Minuten	100	200	300	400	500
Preis in €					

b) Zeichne den Graphen und beschrifte die Achsen.

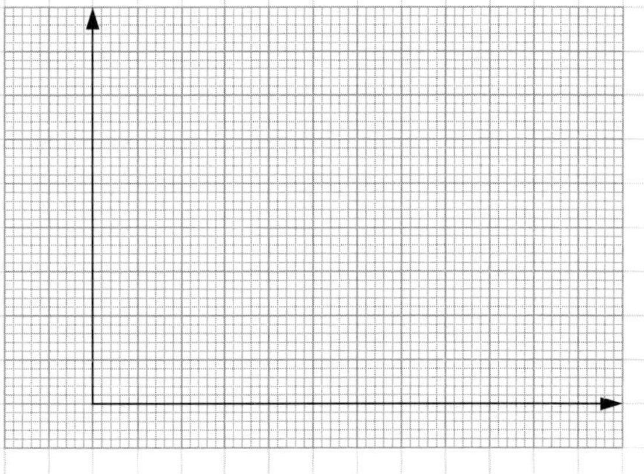

Arbeitsblatt: Lineare Funktionen modellieren – Versorgungstarife

1. Familie Urban heizt ihre Wohnung mit Gas. Der Gaspreis setzt sich zusammen aus der Grundgebühr von 80 € im Jahr und dem Verbrauchspreis von 0,50 € pro m^3.

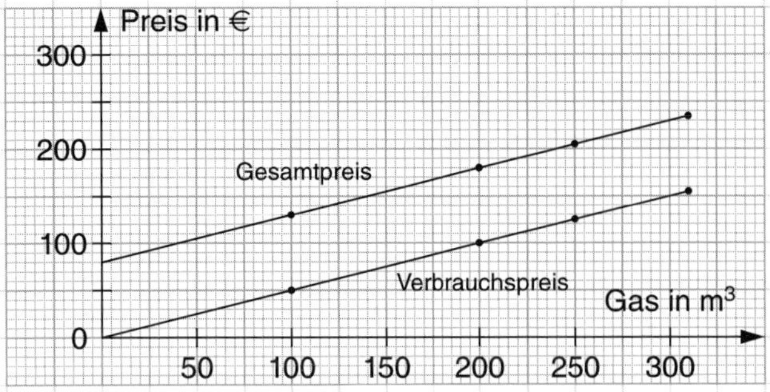

a) Lies am Graphen ab und fülle die Tabelle aus.

Verbrauch in m^3	100	200	250	320
Verbrauchspreis in €	50	100	125	160
Gesamtpreis in €	130	180	205	240

b) Mit welchem Funktionsterm lässt sich der Gesamtpreis berechnen? $f(x) = 0{,}5x + 80$

2. Das Wasserversorgungsunternehmen berechnet den Wasserverbrauch nach m^3 und verlangt zusätzlich eine monatliche Grundgebühr. Lies ab:

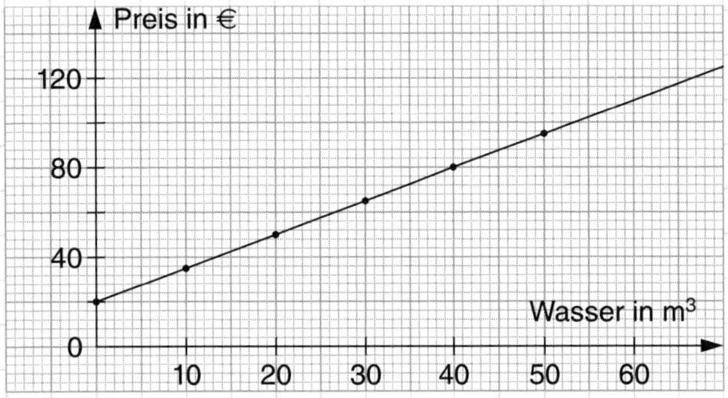

a) Wie hoch ist die Grundgebühr? 20 €

b) Wie viel muss pro m^3 Wasserverbrauch bezahlt werden? ($40\,m^3 \rightarrow 60$ €) 1,50 €

c) Bestimme den Funktionsterm für den Gesamtpreis. $f(x) = 1{,}5x + 20$

d) Fülle die Tabelle aus:

Verbrauch in m^3	0	10	20	30	40	50
Preis in €	20	35	50	65	80	95

3. Das Elektrizitätswerk verlangt für seine Stromlieferungen einen Grundbetrag von 50 € im Jahr und einen Verbrauchspreis von 15 ct pro kWh.

a) Fülle die Tabelle aus:

Verbrauch in kWh	0	1000	3000	5000
Gesamtbetrag in €	50	200	500	800

b) Zeichne den Graphen.

c) Stelle die Funktionsvorschrift Stromverbrauch – Rechnungsbetrag auf. $f\colon x \mapsto 0{,}15x + 50$

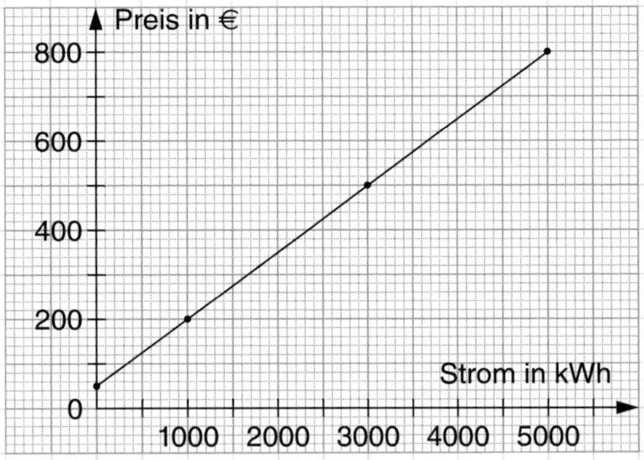

4. Für den Telefonanschluss muss Familie Urban monatlich eine Gebühr von 20 € zahlen. Eine Telefonminute kostet im Schnitt 0,12 €.

a) Stelle die Funktionsgleichung auf und fülle die Tabelle aus. Funktionsgleichung: $y = 0{,}12x + 20$

Minuten	100	200	300	400	500
Preis in €	32	44	56	68	80

b) Zeichne den Graphen und beschrifte die Achsen.

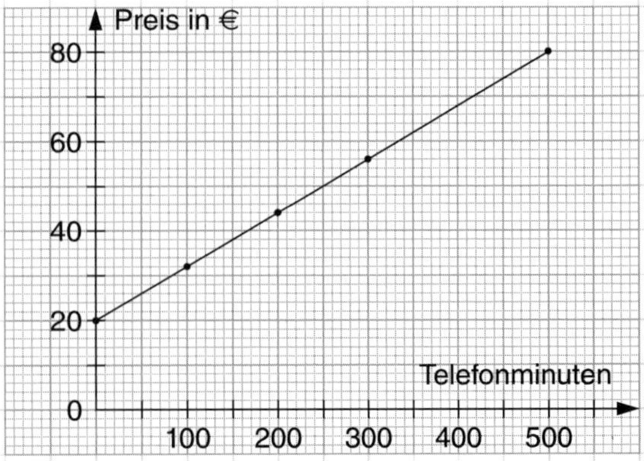

Spiel für 3 Personen

Spielmaterial: Eine Kopie des Spielfeldes (200 % vergrößert auf DIN A3),
24 Funktionskarten (Kopiervorlagen kopieren, falten, zusammenkleben und evtl. folieren, zerschneiden),
6 Definitionskärtchen,
Papier und Stift zum Verbuchen der Punkte, Uhr mit Sekundenzeiger

Spielregel: Die Funktionskarten werden gemischt und reihum ausgeteilt; jeder Spieler erhält also 8 Karten und legt diese offen vor sich auf. Nun legt reihum jeder Spieler ein Definitionskärtchen < 0 an einen der 3 freien Plätze auf dem Spielfeld.
Reihum hat nun jeder Spieler eine Minute Zeit, die Funktionen auf seinen Karten bezüglich Nullstelle, Steigung und y-Achsenabschnitt zu untersuchen und eine Karte entsprechend der Vorgaben auf den Definitionskärtchen auf einen der freien Plätze im Diagramm zu legen. Die Rückseiten der Karten dienen zur Kontrolle unmittelbar nach der Ablage. Eine falsch gelegte Karte muss beiseite gelegt werden.
Für jede richtig abgelegte Karte gibt es folgende Punkte: Liegt die Karte in einem hellgrauen Bereich, gibt es einen Punkt, liegt sie in einem dunkelgrauen Bereich, gibt es zwei Punkte und liegt die Karte im schwarzen Bereich, so gibt es drei Punkte.

Spielende: Das Spiel endet, wenn zwei Spieler hintereinander keine Karte ablegen konnten.
Es sollten immer drei Spiele gespielt werden, damit jeder Spieler einmal mit dem Ablegen der Karten beginnen kann.

Spielfeld:

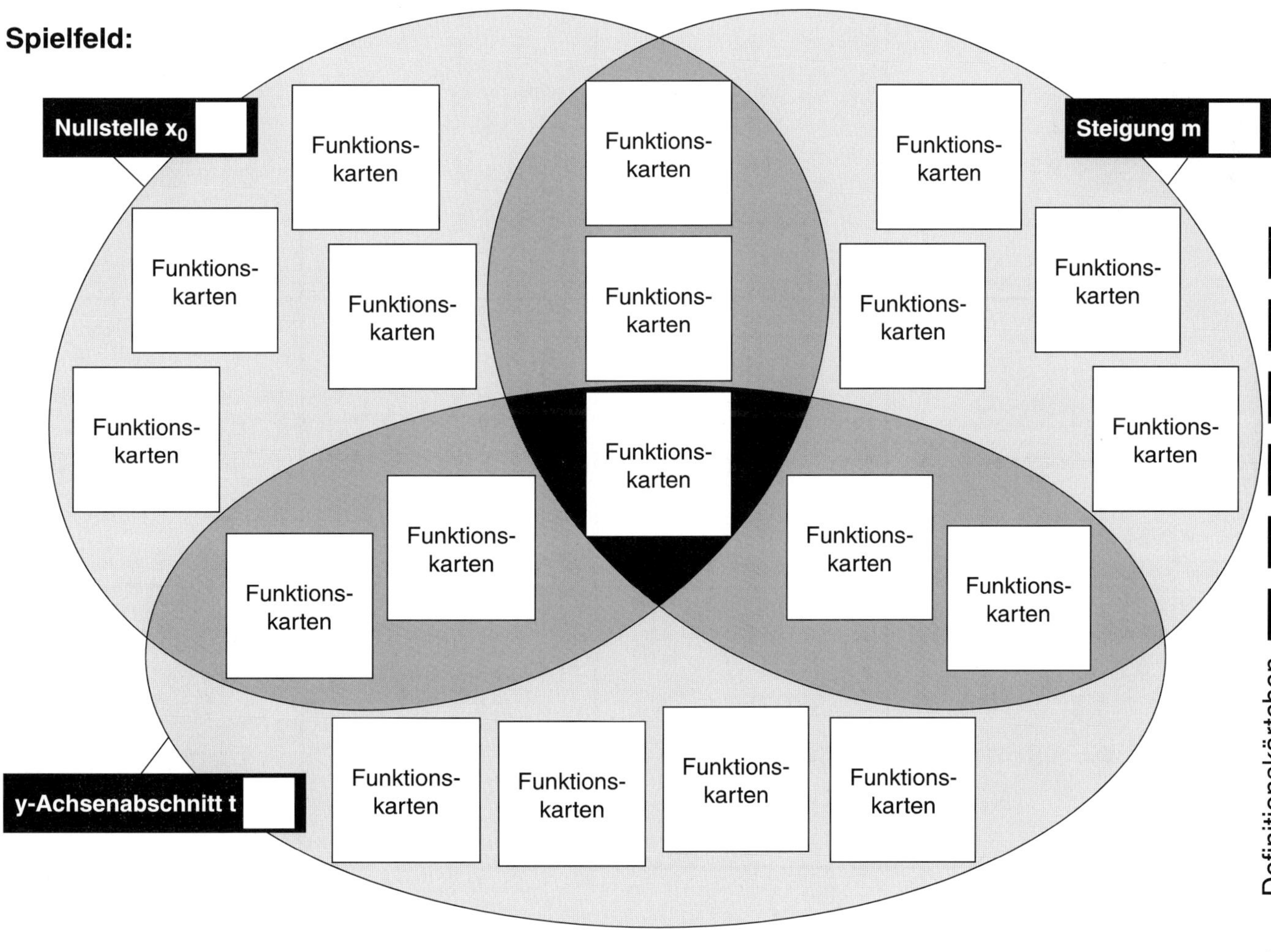

Definitionskärtchen (ausschneiden):

< 0
< 0
< 0
> 0
> 0
> 0

$y = -2x - 4$	$y = -5x - 0{,}125$	$7x + 0{,}2y = -1$	$y = -4x - 12$
$x + 4y = -6$	$3x + 4y = -12$	$0{,}15x + 0{,}125y = 0{,}5$	$0{,}5x + 0{,}25y = 1$
$2x + 3y = 15$	$y = -7x + 1$	$y = -1x + 3$	$y = -11x + 0{,}1$
$y = -\frac{2}{3}x + 5$ $x_0 = 7{,}5$	$y = -7x + 1$ $x_0 = \frac{1}{7}$	$y = -x + 3$ $x_0 = 3$	$y = -11x + 0{,}1$ $x_0 = \frac{1}{110}$
$y = -0{,}25x - 1{,}5$ $x_0 = -6$	$y = -0{,}75x - 3$ $x_0 = -4$	$y = -1{,}2x + 4$ $x_0 = \frac{10}{3}$	$y = -2x + 4$ $x_0 = 2$
$y = -2x - 4$ $x_0 = -2$	$y = -5x - 0{,}125$ $x_0 = -0{,}025$	$y = -35x - 5$ $x_0 = -\frac{1}{7}$	$y = -4x - 12$ $x_0 = -3$

hier falten und zusammenkleben

$3y - x = -12$	$-2x + 5y = -10$	$-x + 10y = -1$	$y = 0{,}3x - 5$
$y = 4x - 1$	$y = x - 3$	$3y - 5x = 3$	$-2x + 3y = 9$
$0{,}5y - 0{,}4x = 2$	$y = 0{,}4x + 0{,}66$	$y = 0{,}25x + 0{,}3$	$y = 3x + 3{,}3$
$y = 0{,}8x + 4$ $x_0 = -5$	$y = 0{,}4x + 0{,}66$ $x_0 = -1{,}65$	$y = 0{,}25x + 0{,}3$ $x_0 = -1{,}2$	$y = 3x + 3{,}3$ $x_0 = -1{,}1$
$y = 4x - 1$ $x_0 = 0{,}25$	$y = x - 3$ $x_0 = 3$	$y = \frac{5}{3}x + 1$ $x_0 = -0{,}6$	$y = \frac{2}{3}x + 3$ $x_0 = -4{,}5$
$y = \frac{1}{3}x - 4$ $x_0 = 12$	$y = 0{,}4x - 2$ $x_0 = 5$	$y = 0{,}1x - 0{,}1$ $x_0 = 1$	$y = 0{,}3x - 5$ $x_0 = \frac{50}{3}$

hier falten und zusammenkleben

Trainingsblatt
Bestimmung linearer Funktionsterme

1. Ermittle die Funktionsvorschrift der linearen Gleichung aus der Zeichnung.

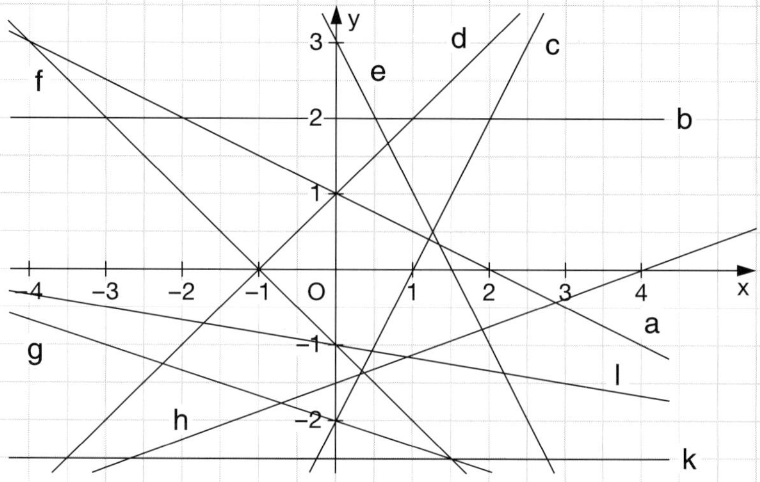

a: $x \mapsto$ b: $x \mapsto$

c: $x \mapsto$ d: $x \mapsto$

e: $x \mapsto$ f: $x \mapsto$

g: $x \mapsto$ h: $x \mapsto$

k: $x \mapsto$ l: $x \mapsto$

2. Bestimme den Funktionsterm der linearen Funktion, deren Graph durch die unten genannten Punkte geht. Suche anschließend den richtigen Lösungsbuchstaben. Das Lösungswort findest du, indem du die Buchstaben in einer bestimmten Reihenfolge liest.

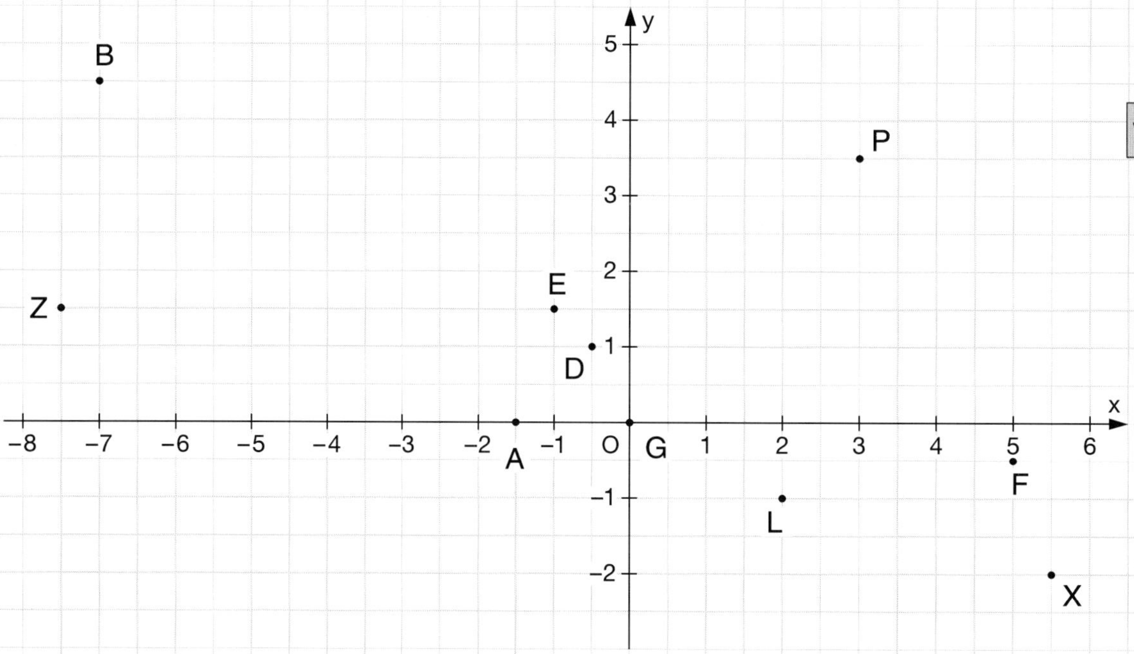

$y = -\frac{2}{7}x + \frac{3}{7}$	N
$y = -\frac{1}{4}x + \frac{3}{8}$	K
$y = -\frac{2}{7}x - \frac{3}{7}$	L
$y = -x + 0{,}5$	R
$y = -2x$	B
$y = -\frac{1}{2}x + 1$	E
$y = \frac{1}{6}x - \frac{4}{3}$	I
$y = -\frac{1}{2}x$	D
$y = -\frac{1}{4}x - \frac{3}{8}$	N
$y = \frac{5}{7}x + \frac{19}{14}$	T
$y = 2x$	M
$y = -1{,}5$	A
$y = 0$	S

a) G und L: $y =$ ☐

b) L und X: $y =$ ☐

c) L und F: $y =$ ☐

d) D und G: $y =$ ☐

e) A und Z: $y =$ ☐

f) D und E: $y =$ ☐

g) B und E: $y =$ ☐

h) D und P: $y =$ ☐

i) A und G: $y =$ ☐

Verbinde die Punkte wie bei den einzelnen Aufgaben angegeben und recherchiere, was das Lösungswort mit dem entstandenen Bild zu tun hat.

Trainingsblatt
Bestimmung linearer Funktionsterme

1. Ermittle die Funktionsvorschrift der linearen Gleichung aus der Zeichnung.

a: $x \mapsto -\frac{1}{2}x + 1$ b: $x \mapsto 2$

c: $x \mapsto 2x - 2$ d: $x \mapsto x + 1$

e: $x \mapsto -2x + 3$ f: $x \mapsto -x - 1$

g: $x \mapsto -\frac{1}{3}x - 2$ h: $x \mapsto \frac{3}{8}x - 1{,}5$

k: $x \mapsto -2{,}5$ l: $x \mapsto -\frac{1}{6}x - 1$

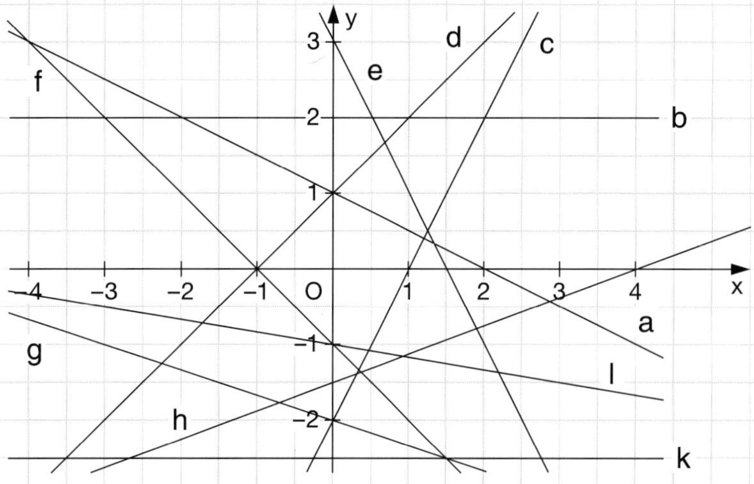

2. Bestimme den Funktionsterm der linearen Funktion, deren Graph durch die unten genannten Punkte geht. Suche anschließend den richtigen Lösungsbuchstaben. Das Lösungswort findest du, indem du die Buchstaben in einer bestimmten Reihenfolge liest.

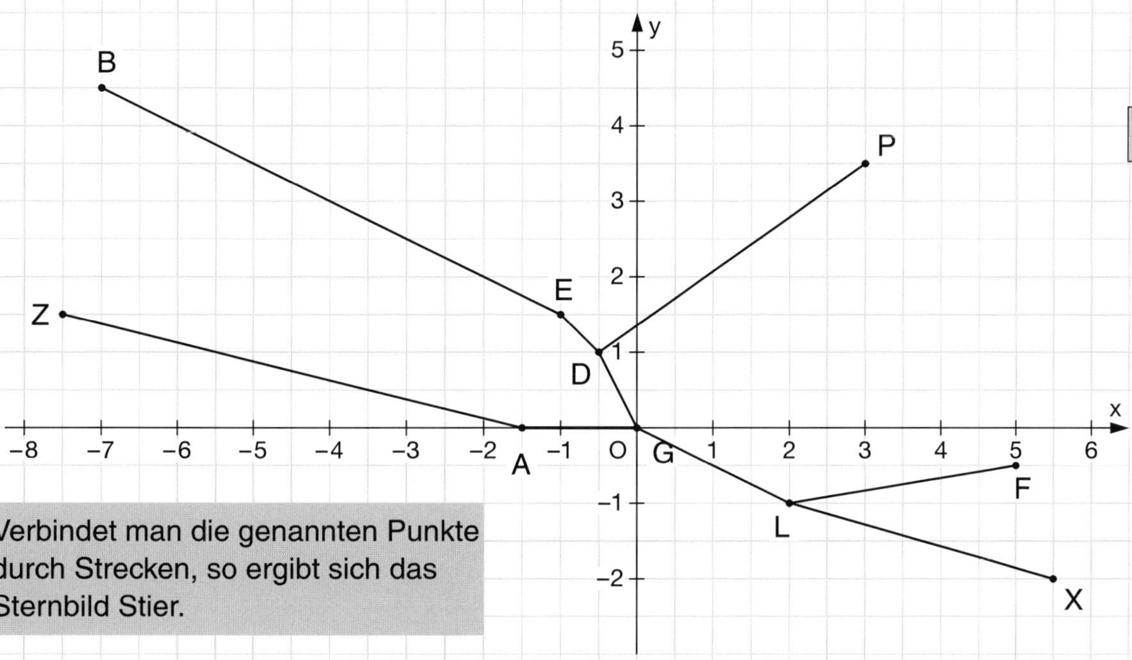

Verbindet man die genannten Punkte durch Strecken, so ergibt sich das Sternbild Stier.

- $y = -\frac{2}{7}x + \frac{3}{7}$ | N
- $y = -\frac{1}{4}x + \frac{3}{8}$ | K
- $y = -\frac{2}{7}x - \frac{3}{7}$ | L
- $y = -x + 0{,}5$ | R
- $y = -2x$ | B
- $y = -\frac{1}{2}x + 1$ | E
- $y = \frac{1}{6}x - \frac{4}{3}$ | I
- $y = -\frac{1}{2}x$ | D
- $y = -\frac{1}{4}x - \frac{3}{8}$ | N
- $y = \frac{5}{7}x + \frac{19}{14}$ | T
- $y = 2x$ | M
- $y = -1{,}5$ | A
- $y = 0$ | S

a) G und L: $y = -\frac{1}{2}x$ **D**

b) L und X: $y = -\frac{2}{7}x - \frac{3}{7}$ **L**

c) L und F: $y = \frac{1}{6}x - \frac{4}{3}$ **I**

d) D und G: $y = -2x$ **B**

e) A und Z: $y = -\frac{1}{4}x - \frac{3}{8}$ **N**

f) D und E: $y = -x + 0{,}5$ **R**

g) B und E: $y = -\frac{1}{2}x + 1$ **E**

h) D und P: $y = \frac{5}{7}x + \frac{19}{14}$ **T**

i) A und G: $y = 0$ **S**

Verbinde die Punkte wie bei den einzelnen Aufgaben angegeben und recherchiere, was das Lösungswort mit dem entstandenen Bild zu tun hat.

1. Löse die Gleichungen rechnerisch und graphisch.
Rechne auf einem separaten Blatt.

a) $3x - 2 = 4$; $x =$

b) $x - \frac{1}{2} = -3$; $x =$

c) $-\frac{1}{4}x - 1 = -2$; $x =$

d) $-\frac{2}{3}x + \frac{1}{2} = 1{,}5$; $x =$

e) $-\frac{4}{3}x + 2 = 4$; $x =$

f) $-\frac{5}{6}x - 0{,}5 = -3$; $x =$

g) $\frac{3}{2}x + 1{,}5 = 3$; $x =$

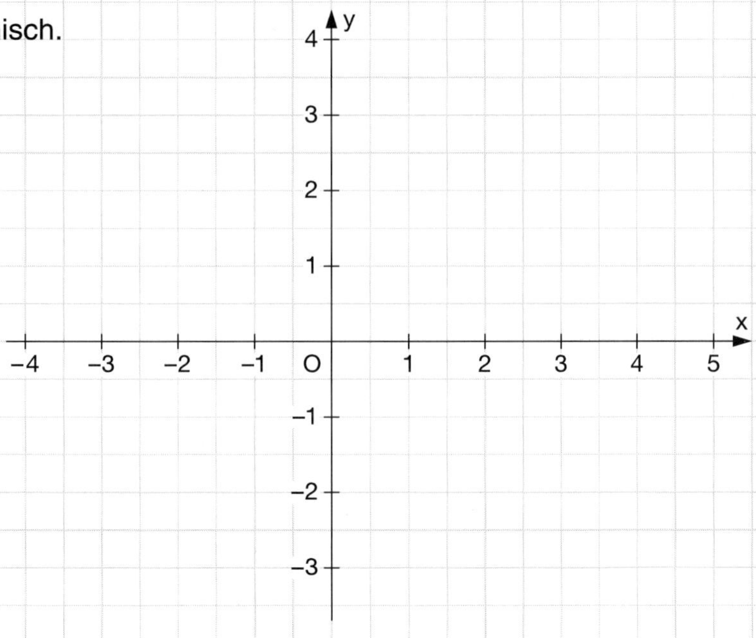

2. a) Bestimme den Schnittpunkt S der Graphen der folgenden Funktionen rechnerisch und graphisch.
Rechne auf einem separaten Blatt.

p: $x \mapsto -\frac{1}{3}x - 0{,}5$ und q; $S_1($ | $)$

p: $x \mapsto -\frac{1}{3}x - 0{,}5$ und r; $S_2($ | $)$

g: $x \mapsto \frac{2}{7}x$ und h; $S_3($ | $)$

n: $x \mapsto 1{,}5$ und t; $S_4($ | $)$

k: $x \mapsto \frac{1}{3}x - 2{,}5$ und q; $S_5($ | $)$

m: $x \mapsto -\frac{3}{5}x - 2{,}5$ und r; $S_6($ | $)$

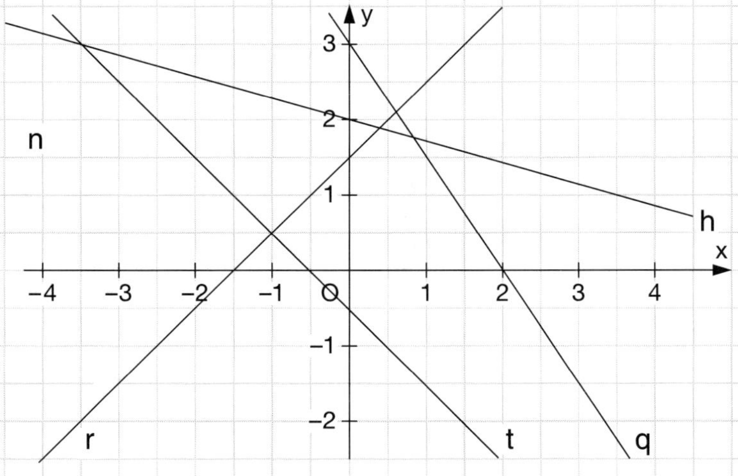

b) Bestimme die Nullstellen dieser Funktionen.

Funktion	p	g	h	k	m	q	r	n	t
Nullstelle									

3.

	s	p	i
f: $x \mapsto 0{,}5x + 1$ g: $x \mapsto -0{,}5x + 1$			
a: $x \mapsto \frac{1}{3}x + 2$ b: $x \mapsto \frac{2}{6}x + 2$			
p: $x \mapsto -0{,}5x$ q: $x \mapsto -0{,}5x + \frac{1}{2}$			
s: $x \mapsto 4x + 9$ t: $x \mapsto 3x + 9$			

a) Entscheide, ob sich jeweils die beiden genannten Funktionsgraphen schneiden (s), parallel verlaufen (p) oder identisch (i) sind. Kreuze an.

b) Löse die Gleichung $-0{,}3x = -0{,}3x + 8$.
Interpretiere dein Ergebnis graphisch.

Trainingsblatt
Lineare Funktionen und Gleichungen

1. Löse die Gleichungen rechnerisch und graphisch.
Rechne auf einem separaten Blatt.

a) $3x - 2 = 4$; $x = 2$

b) $x - \frac{1}{2} = -3$; $x = -2{,}5$

c) $-\frac{1}{4}x - 1 = -2$; $x = 4$

d) $-\frac{2}{3}x + \frac{1}{2} = 1{,}5$; $x = -1{,}5$

e) $-\frac{4}{3}x + 2 = 4$; $x = -1{,}5$

f) $-\frac{5}{6}x - 0{,}5 = -3$; $x = 3$

g) $\frac{3}{2}x + 1{,}5 = 3$; $x = 1$

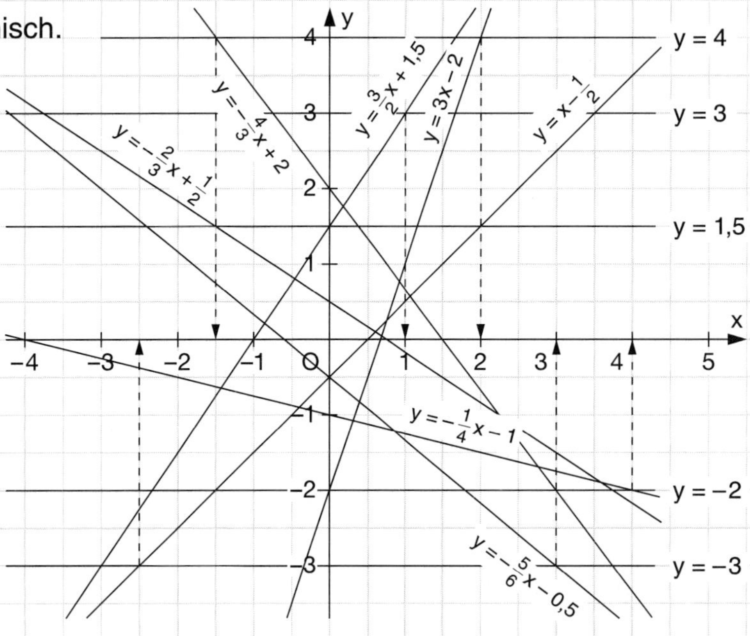

2. a) Bestimme den Schnittpunkt S der Graphen der folgenden Funktionen rechnerisch und graphisch. Rechne auf einem separaten Blatt.

p: $x \mapsto -\frac{1}{3}x - 0{,}5$ und q; $S_1(3 \mid -1{,}5)$

p: $x \mapsto -\frac{1}{3}x - 0{,}5$ und r; $S_2(-1{,}5 \mid 0)$

g: $x \mapsto \frac{2}{7}x$ und h; $S_3(3{,}5 \mid 1)$

n: $x \mapsto 1{,}5$ und t; $S_4(-2 \mid 1{,}5)$

k: $x \mapsto \frac{1}{3}x - 2{,}5$ und q; $S_5(3 \mid -1{,}5)$

m: $x \mapsto -\frac{3}{5}x - 2{,}5$ und r; $S_6(-2{,}5 \mid -1)$

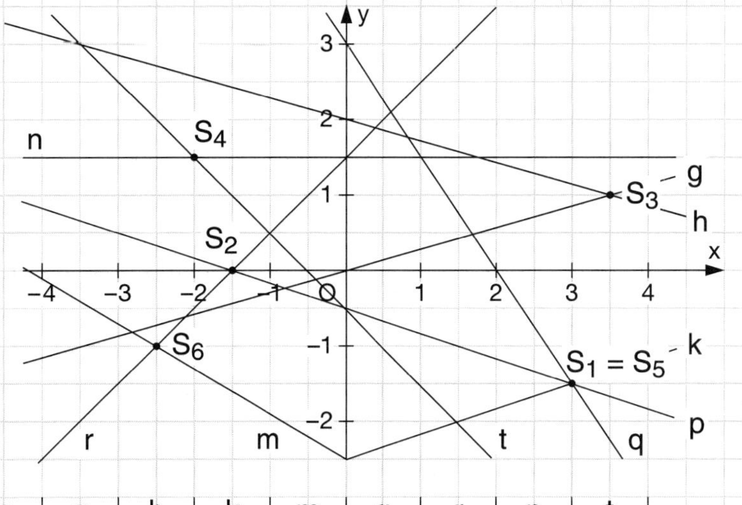

b) Bestimme die Nullstellen dieser Funktionen.

Funktion	p	g	h	k	m	q	r	n	t
Nullstelle	$-1{,}5$	0	7	7,5	$-4\frac{1}{6}$	2	$-1{,}5$	–	$-0{,}5$

3.

	s	p	i
f: $x \mapsto 0{,}5x + 1$ g: $x \mapsto -0{,}5x + 1$	X		
a: $x \mapsto \frac{1}{3}x + 2$ b: $x \mapsto \frac{2}{6}x + 2$			X
p: $x \mapsto -0{,}5x$ q: $x \mapsto -0{,}5x + \frac{1}{2}$		X	
s: $x \mapsto 4x + 9$ t: $x \mapsto 3x + 9$	X		

a) Entscheide, ob sich jeweils die beiden genannten Funktionsgraphen schneiden (s), parallel verlaufen (p) oder identisch (i) sind. Kreuze an.

b) Löse die Gleichung $-0{,}3x = -0{,}3x + 8$.
Interpretiere dein Ergebnis graphisch.

$-0{,}3x = -0{,}3x + 8 \Rightarrow 0 = 8$ Dies ist ein Widerspruch.

Diese Gleichung hat keine Lösung, also sind die Graphen der linearen Funktion: $x \mapsto -0{,}3x$ und $x \mapsto -0{,}3x + 8$ parallel.

Das Orakelspiel

Spiel für 3 – 5 Personen

Spielmaterial:
Für jeden Spieler ein Streifen mit Tabellen

Spielregel:
Ein Spieler verkörpert das Orakel. Nur das Orakel kennt die geheime Zuordnungsvorschrift $x \mapsto mx + t$ mit den beiden selbstausgedachten Zahlen m, $t \in \mathbb{Q}$.
Er trägt diese Zuordnungsvorschrift verdeckt in sein Feld „Das Geheimnis des Orakels“ ein.
Alle anderen Mitspieler – die Anwärter – wollen das Orakel ablösen und versuchen, hinter sein Geheimnis zu kommen. Dazu ruft einer der Anwärter dem Orakel eine Zahl x zu, die das Orakel in seine geheimnisvolle Gleichung (z.B. $y = 3x - 1$) einsetzt und mit dem Ergebnis antwortet. So dürfen die Anwärter nacheinander Zahlen nennen und das Orakel antwortet. Weiß ein Anwärter die richtige Zuordnungsvorschrift, so darf er das Orakel ablösen.
Damit man leichter hinter das Geheimnis des Orakels kommt, kann man die Zahlen in eine Tabelle schreiben (nebenstehende Kopiervorlage) oder die Zahlenpaare als Koordinaten in ein Koordinatensystem eintragen.

Spielende:
Nach vereinbarter Zeit oder wenn der Tabellenstreifen vollständig gefüllt ist.
Es gewinnt der Spieler, der am häufigsten das Orakel ablösen konnte.

Anwärter-Zahl							Anwärter-Zahl						
Orakel-Antwort							Orakel-Antwort						
Das Geheimnis des Orakels: y =							Das Geheimnis des Orakels: y =						
Anwärter-Zahl							Anwärter-Zahl						
Orakel-Antwort							Orakel-Antwort						
Das Geheimnis des Orakels: y =							Das Geheimnis des Orakels: y =						
Anwärter-Zahl							Anwärter-Zahl						
Orakel-Antwort							Orakel-Antwort						
Das Geheimnis des Orakels: y =							Das Geheimnis des Orakels: y =						
Anwärter-Zahl							Anwärter-Zahl						
Orakel-Antwort							Orakel-Antwort						
Das Geheimnis des Orakels: y =							Das Geheimnis des Orakels: y =						
Anwärter-Zahl							Anwärter-Zahl						
Orakel-Antwort							Orakel-Antwort						
Das Geheimnis des Orakels: y =							Das Geheimnis des Orakels: y =						
Anwärter-Zahl							Anwärter-Zahl						
Orakel-Antwort							Orakel-Antwort						
Das Geheimnis des Orakels: y =							Das Geheimnis des Orakels: y =						
Anwärter-Zahl							Anwärter-Zahl						
Orakel-Antwort							Orakel-Antwort						
Das Geheimnis des Orakels: y =							Das Geheimnis des Orakels: y =						
Anwärter-Zahl							Anwärter-Zahl						
Orakel-Antwort							Orakel-Antwort						
Das Geheimnis des Orakels: y =							Das Geheimnis des Orakels: y =						
Anwärter-Zahl							Anwärter-Zahl						
Orakel-Antwort							Orakel-Antwort						
Das Geheimnis des Orakels: y =							Das Geheimnis des Orakels: y =						

Bingo – Karten

Bingo-Karten 3 × 3 vergrößern DIN A5 → DIN A4 (141 %)

BINGO

In jedes Feld muss ein anderes Zahlenpaar aus ganzen Zahlen von –4 bis +4 geschrieben werden.

BINGO

In jedes Feld muss ein anderes Zahlenpaar aus ganzen Zahlen von –4 bis +4 geschrieben werden.

BINGO

In jedes Feld muss ein anderes Zahlenpaar aus ganzen Zahlen von –4 bis +4 geschrieben werden.

BINGO

In jedes Feld muss ein anderes Zahlenpaar aus ganzen Zahlen von –4 bis +4 geschrieben werden.

BINGO

In jedes Feld muss ein anderes Zahlenpaar aus ganzen Zahlen von –4 bis +4 geschrieben werden.

BINGO

In jedes Feld muss ein anderes Zahlenpaar aus ganzen Zahlen von –4 bis +4 geschrieben werden.

BINGO

In jedes Feld muss ein anderes Zahlenpaar aus ganzen Zahlen von –4 bis +4 geschrieben werden.

BINGO

In jedes Feld muss ein anderes Zahlenpaar aus ganzen Zahlen von –4 bis +4 geschrieben werden.

BINGO

In jedes Feld muss ein anderes Zahlenpaar aus ganzen Zahlen von –4 bis +4 geschrieben werden.

Bingo-Karten 4 × 4 vergrößern DIN A5 → DIN A4 (141 %)

BINGO

In jedes Feld muss ein anderes Zahlenpaar aus ganzen Zahlen von –4 bis +4 geschrieben werden.

BINGO

In jedes Feld muss ein anderes Zahlenpaar aus ganzen Zahlen von –4 bis +4 geschrieben werden.

BINGO

In jedes Feld muss ein anderes Zahlenpaar aus ganzen Zahlen von –4 bis +4 geschrieben werden.

BINGO

In jedes Feld muss ein anderes Zahlenpaar aus ganzen Zahlen von –4 bis +4 geschrieben werden.

BINGO

In jedes Feld muss ein anderes Zahlenpaar aus ganzen Zahlen von –4 bis +4 geschrieben werden.

BINGO

In jedes Feld muss ein anderes Zahlenpaar aus ganzen Zahlen von –4 bis +4 geschrieben werden.

BINGO

In jedes Feld muss ein anderes Zahlenpaar aus ganzen Zahlen von –4 bis +4 geschrieben werden.

BINGO

In jedes Feld muss ein anderes Zahlenpaar aus ganzen Zahlen von –4 bis +4 geschrieben werden.

BINGO

In jedes Feld muss ein anderes Zahlenpaar aus ganzen Zahlen von –4 bis +4 geschrieben werden.

Bingo – Prüfbogen

In den Kreisen hinter den Aufgabenstellungen können zur späteren Kontrolle die gestellten Aufgaben durchnummeriert werden.

		mögliche Lösungspaare								
Schwierigkeitsstufe 1	Schwierigkeitsstufe 2	−4	−3	−2	−1	0	1	2	3	4
$\frac{1}{4}x - 0{,}5 = y$ ◯	$4y = x - 2$ ◯			(−2|−1)				(2|0)		
$\frac{1}{5}x - 1{,}8 = y$ ◯	$y = \frac{1}{5}(x - 9)$ ◯				(−1|−2)					(4|−1)
$y = \frac{3}{7}x + 1$ ◯	$5y - 5 = 2\frac{1}{7}x$ ◯					(0|1)				
$\frac{3}{4}x + 2 = y$ ◯	$9y = 6\frac{3}{4}x + 18$ ◯	(−4|−1)				(0|2)				
$\frac{5}{4}x - 3 = y$ ◯	$\frac{5}{4}\left(x - \frac{12}{5}\right) - y = 0$ ◯					(0|−3)				(4|2)
$y = 2x - 3$ ◯	$2(x - 3) = y - 3$ ◯					(0|−3)	(1|−1)	(2|1)	(3|3)	
$1{,}5x + 0{,}5 = y$ ◯	$y = \left(x + \frac{1}{3}\right) \cdot \frac{3}{2}$ ◯		(−3|−4)		(−1|−1)		(1|2)			
$-\frac{6}{4}x + 4 = y$ ◯	$6x + 4y = 16$ ◯					(0|4)		(2|1)	(4|−2)	
$-1 + \frac{3}{4}x = y$ ◯	$\frac{3}{4}x = y + 1$ ◯	(−4|−4)				(0|−1)				(4|2)
$\frac{3}{4}x - \frac{1}{4} = y$ ◯	$\frac{1}{4}(3x - 1) = y$ ◯				(−1|−1)				(3|2)	
$y = x$ ◯	$y = 1 - \frac{1}{2}(2 - 2x)$ ◯	(−4|−4)	(−3|−3)	(−2|−2)	(−1|−1)	(0|0)	(1|1)	(2|2)	(3|3)	(4|4)
$y = -3x + 1$ ◯	$7 + 2y = -6x + 9$ ◯				(−1|4)	(0|1)	(1|−2)			
$y = x + 3$ ◯	$y - 9 = (x + 3) - 9$ ◯	(−4|−1)	(−3|0)	(−2|1)	(−1|2)	(0|3)	(1|4)			
$y = 5 + x$ ◯	$7 + y = (5 + x) + 7$ ◯	(−4|1)	(−3|2)	(−2|3)	(−1|4)					
$y = -2x$ ◯	$5 - y = -2x + 5$ ◯			(−2|4)	(−1|2)	(0|0)	(1|−2)	(2|−4)		
$y = -0{,}4x + 1{,}2$ ◯	$1{,}2 = y + 0{,}4x$ ◯			(−2|2)						(3|0)
$y = x - 1$ ◯	$y + 2 = x + 1$ ◯		(−3|−4)	(−2|−3)	(−1|−2)	(0|−1)	(1|0)	(2|1)	(3|2)	(4|3)
$y = -\frac{1}{2}x + 3$ ◯	$-\left(\frac{1}{2}x - 3\right) = y$ ◯			(−2|4)		(0|3)		(2|2)		(4|1)
$x + 2 = y$ ◯	$-(x + 2) = -y$ ◯	(−4|−2)	(−3|−1)	(−2|0)	(−1|1)	(0|2)	(1|3)	(2|4)		
$y - x = -4$ ◯	$-(y - x) = 4$ ◯					(0|−4)	(1|−3)	(2|−2)	(3|−1)	(4|0)
$y = -x + 4$ ◯	$-y + 4 = x$ ◯					(0|4)	(1|3)	(2|2)	(3|1)	(4|0)
$3y + 3x = -3$ ◯	$1 = -(x + y)$ ◯	(−4|3)	(−3|2)	(−2|1)	(−1|0)	(0|−1)	(1|−2)	(2|−3)	(3|−4)	
$y = -x + 2$ ◯	$-y = -(-x + 2)$ ◯			(−2|4)	(−1|3)	(0|2)	(1|1)	(2|0)	(3|−1)	(4|−2)
$y = 3x - 1$ ◯	$3 + y = 3\left(x - \frac{1}{3}\right) + 3$ ◯				(−1|−4)	(0|−1)	(1|2)			
$y = -x$ ◯	$y = -(-(-x))$ ◯	(−4|4)	(−3|3)	(−2|2)	(−1|1)	(0|0)	(1|−1)	(2|−2)	(3|−3)	(4|−4)
$y - 1 = -x$ ◯	$-(y - 1) = -(-x)$ ◯		(−3|4)	(−2|3)	(−1|2)	(0|1)	(1|0)	(2|−1)	(3|−2)	(4|−3)
$y = 3x + 2$ ◯	$0 = -y + 3x + 2$ ◯			(−2|−4)	(−1|−1)	(0|2)				
$y = x + 1$ ◯	$y - x = \frac{4}{4}$ ◯	(−4|−3)	(−3|−2)	(−2|−1)	(−1|0)	(0|1)	(1|2)	(2|3)	(3|4)	
$x - 5 = y$ ◯	$x - 7 = y - 2$ ◯						(1|−4)	(2|−3)	(3|−2)	(4|−1)
$-7 = y + 4x$ ◯	$-7 - y = 4x$ ◯			(−2|1)	(−1|−3)					
$y = 4 + x$ ◯	$8 + 2x = 2y$ ◯	(−4|0)	(−3|1)	(−2|2)	(−1|3)	(0|4)				
$3y = -3x - 6$ ◯	$-3(y + x) = 6$ ◯	(−4|2)	(−3|1)	(−2|0)	(−1|−1)	(0|−2)	(1|−3)	(2|−4)		

Trainingsblatt
Lineare Ungleichungen

1. Löse die Ungleichungen und gib die Lösungsmenge in Mengenschreibweise an. Welche der unten angegebenen Intervalle sind Lösungsmengen dieser Ungleichungen?
Die richtigen Lösungsmengen ergeben ein Lösungswort: ______________________

a) $28 - x \leqq 3x - 8$

b) $\frac{1}{3}x + \frac{5}{3} \geqq \frac{4}{3}x - 7\frac{1}{3}$

c) $11x - \frac{1}{2} > 2{,}5 - x$

d) $\frac{1}{4}(x - 18) < -0{,}75x + 3{,}5$

e) $(54x - 3):3 > 7x \cdot 3$

f) $(x - 1)(x + 2) \leqq 3x + x^2$

M = $]-\infty; 9]$ | P = $[-1; \infty[$ | U = $[-9; \infty[$ | S = $]\frac{1}{4}; \infty[$ | K = $]-\frac{1}{3}; \infty[$ | R = $]-\infty; -\frac{1}{3}[$ | I = $]-\infty; 8[$ | A = $[9; \infty[$

2. Gib die gekennzeichneten Abschnitte auf der Zahlengeraden in Intervall- und Mengenschreibweise an.

a) 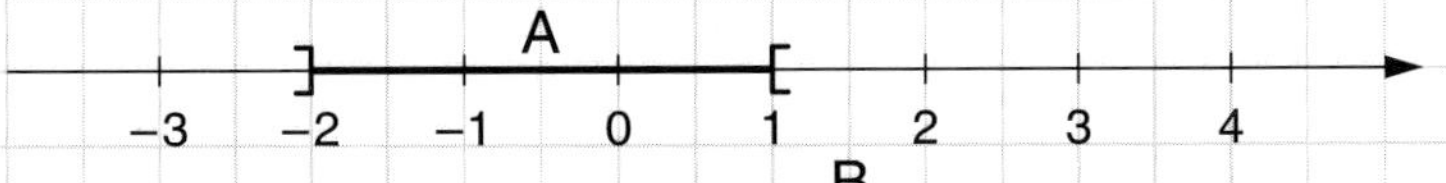

A = ______________________

b) 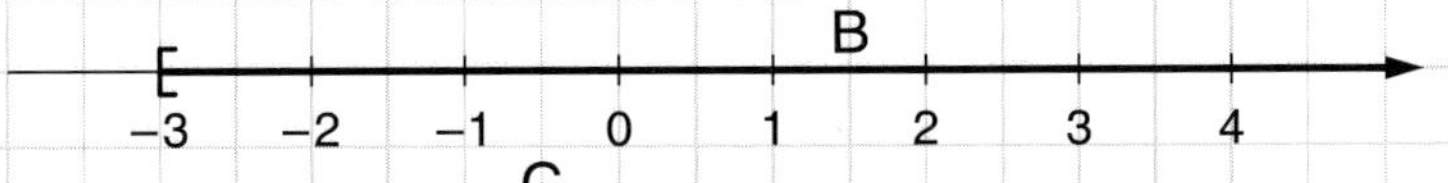

B = ______________________

c) 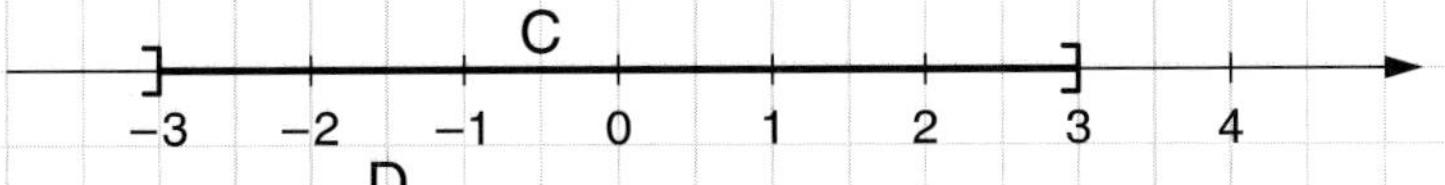

C = ______________________

d) 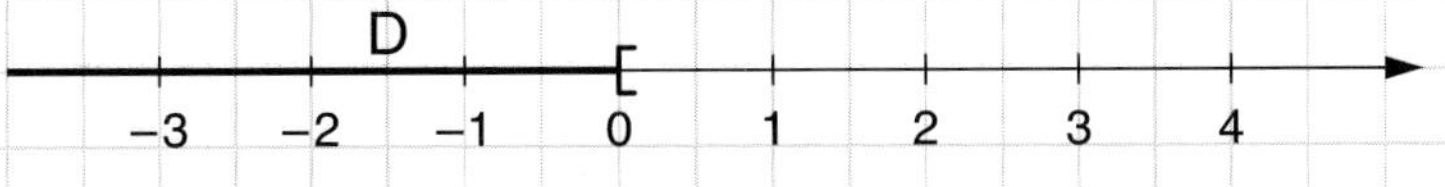

D = ______________________

3. Löse rechnerisch und graphisch.

a) $2 - 2x > \frac{2}{3}x - 2$

b) $-2x - 2 < -\frac{1}{3}x + 0{,}5$

zu a)

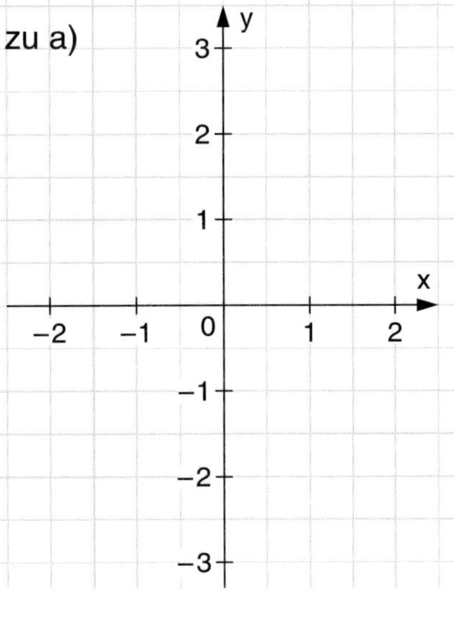

zu b)

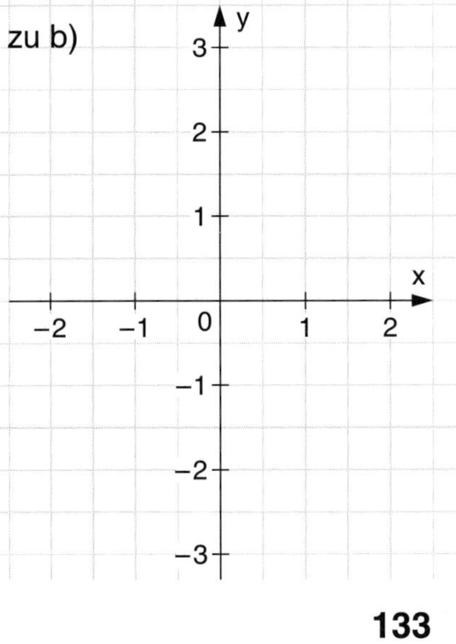

1. Löse die Ungleichungen und gib die Lösungsmenge in Mengenschreibweise an. Welche der unten angegebenen Intervalle sind Lösungsmengen dieser Ungleichungen?
Die richtigen Lösungsmengen ergeben ein Lösungswort: A M S I R P ; rückwärts gelesen P R I S M A

a) $28 - x \leqq 3x - 8$

$-4x \leqq -36$

$x \geqq 9$

$L = \{x \mid x \geqq 9\}$

b) $\frac{1}{3}x + \frac{5}{3} \geqq \frac{4}{3}x - 7\frac{1}{3}$

$-x \geqq -9$

$x \leqq 9$

$L = \{x \mid x \leqq 9\}$

c) $11x - \frac{1}{2} > 2{,}5 - x$

$12x > 3$

$x > \frac{1}{4}$

$L = \left\{x \mid x > \frac{1}{4}\right\}$

d) $\frac{1}{4}(x - 18) < -0{,}75x + 3{,}5$

$\frac{1}{4}x - 4{,}5 < -\frac{3}{4}x + 3{,}5$

$x < 8$

$L = \{x \mid x < 8\}$

e) $(54x - 3):3 > 7x \cdot 3$

$18x - 1 > 21x$

$-3x > 1$

$x < -\frac{1}{3}$

$L = \left\{x \mid x < \frac{1}{3}\right\}$

f) $(x - 1)(x + 2) \leqq 3x + x^2$

$x^2 - x + 2x - 2 \leqq 3x + x^2$

$-2x \leqq 2$

$x \geqq -1$

$L = \{x \mid x \geqq -1\}$

$M =]-\infty; 9]$ | $P = [-1; \infty[$ | $U = [-9; \infty[$ | $S =]\frac{1}{4}; \infty[$ | $K =]-\frac{1}{3}; \infty[$ | $R =]-\infty; -\frac{1}{3}[$ | $I =]-\infty; 8[$ | $A = [9; \infty[$

2. Gib die gekennzeichneten Abschnitte auf der Zahlengeraden in Intervall- und Mengenschreibweise an.

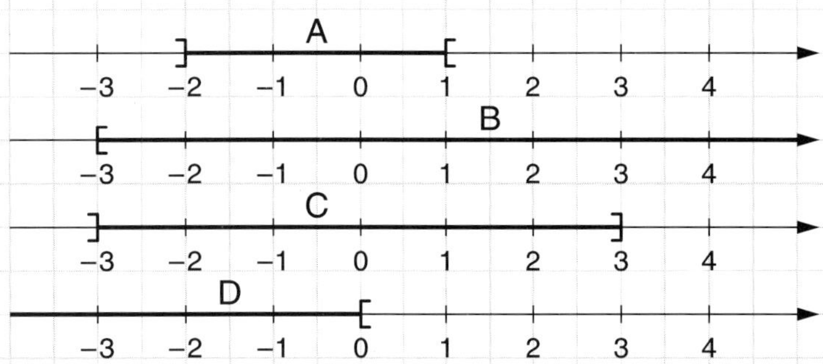

$A =]-2; 1[= \{x \mid -2 < x < 1\}$

$B = [-3; \infty[= \{x \mid x \geqq -3\}$

$C =]-3; 3] = \{x \mid -3 < x \leqq 3\}$

$D =]-\infty; 0[= \{x \mid x < 0\}$

3. Löse rechnerisch und graphisch.

a) $2 - 2x > \frac{2}{3}x - 2 \quad \left| -\frac{2}{3}x - 2\right.$

$-\frac{8}{3}x > -4 \quad \left| \cdot\left(-\frac{3}{8}\right)\right.$

$x < \frac{3}{2}$

b) $-2x - 2 < -\frac{1}{3}x + 0{,}5 \quad \left| +\frac{1}{3}x + 2\right.$

$-\frac{5}{3}x < 2{,}5 \quad \left| \cdot\left(-\frac{3}{5}\right)\right.$

$x > -\frac{3}{2}$

zu a)

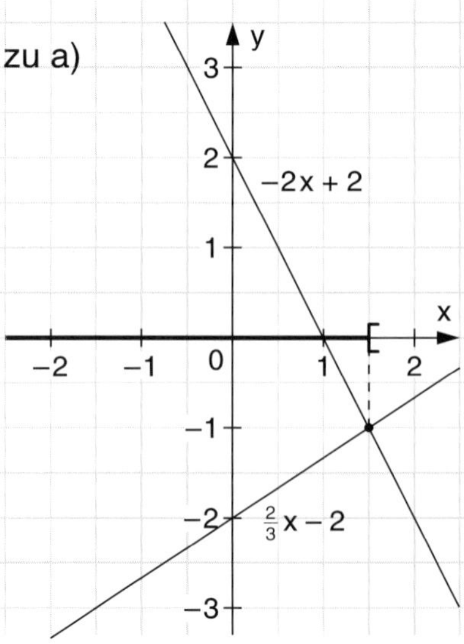

zu b)

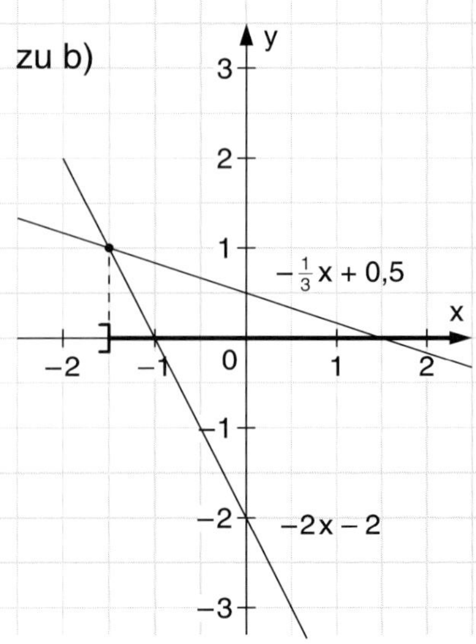

Glückliche Ungleichungen – ungleiches Glück

Spiel für 2 Personen

Spielregel:
Spieler A schreibt einen Term der Form $ax + b$ mit $a, b \in \mathbb{Q}$ in die Spalte „linker Term“ der Tabelle. Ebenso verfährt Spieler B mit der Spalte „rechter Term“. Nun tippt Spieler A auf eine Zahl, von der er hofft, dass sie in der Lösungsmenge der anschließend zu bestimmenden Ungleichung enthalten ist und trägt diese Zahl in die Spalte „Tipp“ ein. Anschließend wirft er eine Münze. Wirft er „Kopf“, darf er innerhalb von 30 Sekunden entscheiden, ob das „<“ oder „>“-Zeichen in die 2. Spalte eingetragen wird. Bei „Zahl“ darf dies der andere Spieler entscheiden.
Beide Spieler bestimmen gemeinsam die Lösungsmenge der Ungleichung. Liegt der Tipp von Spieler A in der Lösungsmenge, so erhält dieser einen Punkt, im anderen Fall der andere Spieler.
Das Spiel wird so oft mit vertauschten Rollen wiederholt, bis entweder die Tabelle vollständig ausgefüllt ist oder ein Spieler 10 Punkte hat.

Spieler A: linker Term	Unglei-chungs-zeichen	**Spieler B:** rechter Term	Tipp A	Tipp B	Punkte A	Punkte B

Gesamtpunkte:

Trainingsblatt
Lösen linearer Gleichungssysteme mit dem Einsetzungsverfahren

Löse die linearen Gleichungssysteme jeweils mit dem Einsetzungsverfahren. Gehe zunehmend selbstständiger vor.

1. (I) $7x + y = 25$
(II) $10x + 3y = -2$

aus (I): $y =$ ______ (einsetzen)

in (II): $10x + 3(\quad) =$

$\Rightarrow$

$\Rightarrow$

$\Rightarrow \quad x =$ (einsetzen)

in (I): $7\cdot(\quad) + y = 25$

$\Rightarrow \quad y =$

Lösung: $(x|y) = (\quad|\quad)$

2. (I) $2a = 3b + 5$
(II) $17 - 2a = b$

(einsetzen)

in (I): $2a = 3\cdot(\quad) + 5$

$\Rightarrow$

$\Rightarrow$

$\Rightarrow \quad a =$

in (I) oder (II):

Lösung: $(a|b) = (\quad|\quad)$

3. (I) $x = 7y + 2$
(II) $28 - 5x = y$

Lösung: $(x|y) = (\quad|\quad)$

4. (I) $11x = 8y + 3$
(II) $25x - y = 3$

Lösung: $(x|y) = (\quad|\quad)$

5. (I) $-24e - f = 18$
(II) $3f + 16e = 2$

Lösung: $(e|f) = (\quad|\quad)$

6. (I) $x + 12z = 1$
(II) $2x - 18z = 5$

Lösung: $(x|z) = (\quad|\quad)$

Trainingsblatt
Lösen linearer Gleichungssysteme mit dem Einsetzungsverfahren

Löse die linearen Gleichungssysteme jeweils mit dem Einsetzungsverfahren. Gehe zunehmend selbstständiger vor.

1. (I) $7x + y = 25$
(II) $10x + 3y = -2$

aus (I): $y = 25 - 7x$ (einsetzen)

in (II): $10x + 3(25 - 7x) = -2$
$\Rightarrow 10x + 75 - 21x = -2 \quad | -75$
$\Rightarrow -11x = -77 \quad | :(-11)$
$\Rightarrow x = 7$ (einsetzen)

in (I): $7 \cdot (\quad) + y = 25$
$\Rightarrow y = 25 - 49 = -24$

Lösung: $(x|y) = (7 \,|\, -24)$

2. (I) $2a = 3b + 5$
(II) $17 - 2a = b$ (einsetzen)

in (I): $2a = 3(17 - 2a) + 5$
$\Rightarrow 2a = 51 - 6a + 5 \quad | +6a$
$\Rightarrow 8a = 56 \quad | :8$
$\Rightarrow a = 7$

in (II): $17 - 2 \cdot 7 = b$
$\Rightarrow b = 17 - 14 = 3$

Lösung: $(a|b) = (7 \,|\, 3)$

3. (I) $x = 7y + 2$
(II) $28 - 5x = y$

in (II): $28 - 5(7y + 2) = y$
$\Rightarrow 28 - 35y - 10 = y \quad | +35y$
$\Rightarrow 18 = 36y \quad | :36$
$\Rightarrow y = 0{,}5$

in (I): $x = 7 \cdot 0{,}5 + 2 = 3{,}5 + 2 = 5{,}5$

Lösung: $(x|y) = (5{,}5 \,|\, 0{,}5)$

4. (I) $11x = 8y + 3$
(II) $25x - y = 3$

aus (II): $25x - 3 = y \quad = (\text{IIa})$

in (I): $11x = 8(25x - 3) + 3$
$\Rightarrow 11x = 200x - 24 + 3 \quad | -200x$
$\Rightarrow -189x = -21 \quad | :(-189)$
$\Rightarrow x = \frac{1}{9}$

in (IIa): $y = \frac{25}{9} - 3 = -\frac{2}{9}$

Lösung: $(x|y) = \left(\frac{1}{9} \,\middle|\, -\frac{2}{9}\right)$

5. (I) $-24e - f = 18$
(II) $3f + 16e = 2$

aus (I): $-24e - 18 = f \quad (= \text{Ia})$

in (II): $3(-24e - 18) + 16e = 2$
$\Rightarrow -72e - 54 + 16e = 2 \quad | +54$
$\Rightarrow -56e = 56 \quad | :(-56)$
$\Rightarrow e = -1$

in (Ia): $f = -24 \cdot (-1) - 18 = 24 - 18 = 6$

Lösung: $(e|f) = (-1 \,|\, 6)$

6. (I) $x + 12z = 1$
(II) $2x - 18z = 5$

aus (I): $x = 1 - 12z \quad (= \text{Ia})$

in (II): $2(1 - 12z) - 18z = 5$
$\Rightarrow 2 - 24z - 18z = 5 \quad | -2$
$\Rightarrow -42z = 3 \quad | :(-42)$
$\Rightarrow z = -\frac{1}{14}$

in (Ia): $x = 1 - 12 \cdot \left(-\frac{1}{14}\right) = 1 + \frac{12}{14} = 1\frac{6}{7}$

Lösung: $(x|z) = \left(1\frac{6}{7} \,\middle|\, -\frac{1}{14}\right)$

Zaubertrick: Wie viele Münzen in meiner Hand?

Der Zauberer nimmt seinen Geldbeutel und leert den Inhalt des Münzfaches auf den Tisch. Er behauptet, hellseherische Fähigkeiten zu haben und lässt sich mit einem Zaubertuch die Augen verbinden. Eine Schülerin oder ein Schüler kommt zum Zauberer und befolgt dessen Anweisungen.

Anweisungen des Zauberers:
Verteile die Münzen beliebig in deine rechte und linke Hand und merke dir genau die Anzahl der Münzen in jeder der beiden Hände. Schließe die Hände zu Fäusten und nimm die Arme nach oben.
Multipliziere die Anzahl der rechts gehaltenen Münzen mit 4, die der links gehaltenen mit 5. Addiere die beiden Ergebnisse und nenne mir dieses Ergebnis so, dass alle hier im Raum deine Zahl hören können.

Dann verkündet der Zauberer zum Erstaunen aller, wie viele Münzen sich in welcher Hand befinden.

1. Stelle die Anweisungen des Zauberers mit deinem Nachbarn nach. Dieser nennt dir zunächst die Gesamtzahl M der Münzen, die du dann in die linke und rechte Hand aufteilst.

Gesamtzahl M: ______ Münzen in der linken Hand: ______ Münzen in der rechten Hand: ______

Befolge nun die Anweisungen des Zauberers. Ergebnis E: ______

2. Um dem Trick auf die Spur zu kommen, kannst du geeignete Gleichungen aufstellen:

a) Für die unbekannte Anzahl von Münzen in der linken bzw. rechten Hand setze x bzw. y. Formuliere geeignete Gleichungen, in denen du die Abhängigkeiten der Variablen x und y vom Wert M bzw. E ausdrückst.

(I) ____________________

(II) ____________________

b) Löse das Gleichungssystem so auf, dass eine der Variablen x bzw. y nur noch von M und E abhängig ist.

3. Erkläre, wie der Zauberer mit dem Ergebnis aus Aufgabe 2 umgehen muss, um auf die Aufteilung der Münzen in den Händen zu kommen.

Zaubertrick: Wie viele Münzen in meiner Hand?

Der Zauberer nimmt seinen Geldbeutel und leert den Inhalt des Münzfaches auf den Tisch. Er behauptet, hellseherische Fähigkeiten zu haben und lässt sich mit einem Zaubertuch die Augen verbinden.
Eine Schülerin oder ein Schüler kommt zum Zauberer und befolgt dessen Anweisungen.

Anweisungen des Zauberers:
Verteile die Münzen beliebig in deine rechte und linke Hand und merke dir genau die Anzahl der Münzen in jeder der beiden Hände. Schließe die Hände zu Fäusten und nimm die Arme nach oben.
Multipliziere die Anzahl der rechts gehaltenen Münzen mit 4, die der links gehaltenen mit 5. Addiere die beiden Ergebnisse und nenne mir dieses Ergebnis so, dass alle hier im Raum deine Zahl hören können.

Dann verkündet der Zauberer zum Erstaunen aller, wie viele Münzen sich in welcher Hand befinden.

1. Stelle die Anweisungen des Zauberers mit deinem Nachbarn nach. Dieser nennt dir zunächst die Gesamtzahl M der Münzen, die du dann in die linke und rechte Hand aufteilst.

Gesamtzahl M: z.B. 13 Münzen in der linken Hand: z.B. 2 Münzen in der rechten Hand: z.B. 11

Befolge nun die Anweisungen des Zauberers. $11 \cdot 4 + 2 \cdot 5 = 54$ Ergebnis E: 54

2. Um dem Trick auf die Spur zu kommen, kannst du geeignete Gleichungen aufstellen:

a) Für die unbekannte Anzahl von Münzen in der linken bzw. rechten Hand setze x bzw. y. Formuliere geeignete Gleichungen, in denen du die Abhängigkeiten der Variablen x und y vom Wert M bzw. E ausdrückst.
(I) $x + y = M$
(II) $4y + 5x = E$

b) Löse das Gleichungssystem so auf, dass eine der Variablen x bzw. y nur noch von M und E abhängig ist.

(I) $x + y = M \Rightarrow x = M - y$ x in (II): $4y + 5(M - y) = E$
(II) $4y + 5x = E$ $\Rightarrow -y + 5M = E$
$\Rightarrow y = 5M - E$

(oder: aus (I): $y = M - x$; y in (II): $5x + 4(M - x) = E$
$\Rightarrow x + 4M = E$
$\Rightarrow x = E - 4M$)

3. Erkläre, wie der Zauberer mit dem Ergebnis aus Aufgabe 2 umgehen muss, um auf die Aufteilung der Münzen in den Händen zu kommen.

Um herauszufinden, wie viele Münzen in der rechten (linken) Hand sind, muss der Zauberer die ihm bekannte Anzahl M der Münzen im Geldbeutel mit 5 multiplizieren und davon das genannte Ergebnis E subtrahieren (die Anzahl M der Münzen im Geldbeutel mit 4 multiplizieren und vom genannten Ergebnis E subtrahieren). Die Anzahl der Münzen in der anderen Hand bekommt man, indem man von der Gesamtzahl M die Anzahl der Münzen in der rechten (linken) Hand subtrahiert.

Trainingsblatt
Lösen von linearen Gleichungssystemen; Additionsverfahren

1. Löse die Gleichungssysteme mit Hilfe des Additionsverfahrens.

a) (I) $2x - 3y = 2$
(II) $\frac{1}{2}x + 3y = 3$

(I)+(II): $\Rightarrow x =$

einsetzen

in (I): $2 \cdot \quad - 3y = 2$
$\Rightarrow \quad =$
$\Rightarrow \quad y =$

Lösung: $(x|y) =$

b) (I) $10c + 12d = 94$ $| \cdot 2$
(II) $18c - 24d = 78$
(Ia)

(Ia)+(II): $\Rightarrow c =$

einsetzen

in (I):

Lösung: $(c|d) =$

c) (I) $12x - 5y = 3$
(II) $7x - 5y = 3$

Lösung: $(x|y) =$

d) (I) $11x - 3z = 8$
(II) $33x + 8z = -10$

Lösung: $(x|z) =$

2. Löse die Gleichungssysteme mit einem Verfahren deiner Wahl.

a) (I) $2x + 5y = 9$
(II) $y - 3x = 12$

Lösung: $(x|y) =$

b) (I) $-1{,}25x - 0{,}2y = 0{,}4$
(II) $18{,}5x + 0{,}4y = 3{,}2$

Lösung: $(x|y) =$

c) (I) $\frac{2}{3}a - \frac{3}{8}b = \frac{4}{3}$
(II) $5a - \frac{3}{8}b = -3$

Lösung: $(a|b) =$

d) (I) $11x + 5y = 38$
(II) $2x = 6y$

Lösung: $(x|y) =$

Trainingsblatt
Lösen von linearen Gleichungssystemen; Additionsverfahren

1. Löse die Gleichungssysteme mit Hilfe des Additionsverfahrens.

a)
(I) $2x - 3y = 2$
(II) $\frac{1}{2}x + 3y = 3$

(I)+(II): $2{,}5x = 5 \Rightarrow x = 2$ (einsetzen)
in (I): $2 \cdot 2 - 3y = 2 \quad | -4$
$\Rightarrow -3y = -2 \quad | :(-3)$
$\Rightarrow y = \frac{2}{3}$
Lösung: $(x|y) = \left(2\middle|\frac{2}{3}\right)$

b)
(I) $10c + 12d = 94 \quad | \cdot 2$
(II) $18c - 24d = 78$
(Ia) $20c + 24d = 188$

(Ia)+(II): $38c = 266 \Rightarrow c = 7$ (einsetzen)
in (I): $10 \cdot 7 + 12y = 94 \quad | -70$
$\Rightarrow 12y = 24 \Rightarrow y = 2$
Lösung: $(c|d) = (7|2)$

c)
(I) $12x - 5y = 3$
(II) $7x - 5y = 3 \quad | \cdot (-1)$
(IIa) $-7x + 5y = -3$

(I)+(IIa): $5x = 0 \Rightarrow x = 0$
in (II): $-5y = 3$
$\Rightarrow y = -\frac{3}{5}$
Lösung: $(x|y) = \left(0\middle|-\frac{3}{5}\right)$

d)
(I) $11x - 3z = 8 \quad | \cdot (-3)$
(II) $33x + 8z = -10$
(Ia) $-33x + 9z = -24$

(Ia)+(II): $17z = -34 \Rightarrow z = -2$
in (I): $11x + 6 = 8 \quad | -6; :11$
$\Rightarrow x = \frac{2}{11}$
Lösung: $(x|z) = \left(\frac{2}{11}\middle|-2\right)$

2. Löse die Gleichungssysteme mit einem Verfahren deiner Wahl.

a)
(I) $2x + 5y = 9$
(II) $y - 3x = 12 \Rightarrow y = 12 + 3x$ (IIa)

in (I): $2x + 5(12 + 3x) = 9$
$\Rightarrow 2x + 60 + 15x = 9 \quad | -60$
$\Rightarrow 17x = -51 \quad | :17$
$\Rightarrow x = -3$
in (IIa): $y = 12 - 9 = 3$
Lösung: $(x|y) = (-3|3)$

c)
(I) $\frac{2}{3}a - \frac{3}{8}b = \frac{4}{3}$
(II) $5a - \frac{3}{8}b = -3$

(II)–(I): $\frac{13}{3}a = -\frac{13}{3} \Rightarrow a = -1$
in (II): $-5 - \frac{3}{8}b = -3 \quad | +5$
$\Rightarrow -\frac{3}{8}b = 2$
$\Rightarrow b = -\frac{16}{3}$
Lösung: $(a|b) = \left(-1\middle|-5\frac{1}{3}\right)$

b)
(I) $-1{,}25x - 0{,}2y = 0{,}4 \quad | \cdot 2$
(II) $18{,}5x + 0{,}4y = 3{,}2$
(Ia) $-2{,}5x - 0{,}4y = 0{,}8$

(Ia)+(II): $16x = 4 \Rightarrow x = \frac{1}{4}$
in (I): $-\frac{5}{16} - 0{,}2y = 0{,}4$
$\Rightarrow -0{,}2y = \frac{4}{10} + \frac{5}{16} = \frac{32 + 25}{80} = \frac{57}{80}$
$\Rightarrow y = -\frac{57}{16} = -3\frac{9}{16}$
Lösung: $(x|y) = \left(\frac{1}{4}\middle|-3\frac{9}{16}\right)$

d)
(I) $11x + 5y = 38$
(II) $2x = 6y \Rightarrow x = 3y$ (IIa)

in (I): $11 \cdot 3y + 5y = 38$
$\Rightarrow 38y = 38$
$\Rightarrow y = 1$
in (IIa): $x = 3 \cdot 1 = 3$
Lösung: $(x|y) = (3|1)$

Bearbeitet dieses Arbeitsblatt im Dreier-Team. Jeder löst pro Raketenstufe eine Aufgabe. Bevor ihr die nächste Stufe zündet (bearbeitet), sucht eure Lösung auf dem Lösungsblatt und korrigiert gegebenenfalls eure Rechnung.

Stufe 5

13

(I) $\frac{1}{3}y - \frac{4}{3}x = 2$

(II) $\frac{5}{7}y + \frac{5}{6}x = 3$

14

(I) $\frac{1}{9}c + \frac{1}{8}d = \frac{1}{7}$

(II) $\frac{1}{6}d - \frac{1}{5}c = \frac{1}{4}$

15

(I) $\frac{3}{8}u + \frac{4}{9}v = \frac{3}{10}$

(II) $\frac{2}{7}u - \frac{1}{6}v = \frac{6}{5}$

Stufe 4

10

(I) $3y = 2 - 7x$

(II) $9 = 15y - 3x$

11

(I) $21u - 5v = 3$

(II) $2u = -10v$

12

(I) $22r - 44s = 222$

(II) $11r - 22s = 444$

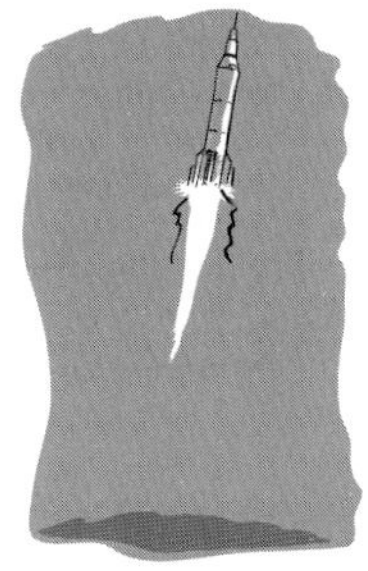

Stufe 3

7

(I) $3x - 5y = 21$

(II) $-6x + 15y = 13$

8

(I) $2q - p = 11$

(II) $-8q - 7p = 17$

9

(I) $2u + 12v = 0$

(II) $20u - 4v = 3$

Stufe 2

4

(I) $x + 2y = 9$

(II) $3x + 2y = 5$

5

(I) $7a + 3b = 4$

(II) $-5a + 3b = 2$

6

(I) $5x + 3y = 9$

(II) $3y - 4x = 13$

Stufe 1

1

(I) $x + 2y = 5$

(II) $-x + y = 4$

2

(I) $3x + 4y = 7$

(II) $-3x + 2y = 3$

3

(I) $2x - 5y = -4$

(II) $x + 5y = -1$

Arbeitsblatt/Spiel: Gleichungs-Countdown – Lösungsblatt

In dieser Tabelle ist in jeder Zeile nur eine der Antworten A–U die richtige Lösung. Findet die zutreffende Lösung heraus und notiert unten den zugehörigen Buchstaben.
Zum Lösungswort könnt ihr im Lexikon oder Internet recherchieren.

Tipp: Habt ihr schon eine Probe gemacht?

	A	B	D	E	I	L	N	O	R	U
1	$(-3 \mid 1)$	$(1 \mid -3)$	$(-1 \mid 3)$	$(3 \mid 1)$	$(3 \mid -1)$	$(-3 \mid -1)$	$(1 \mid 3)$	$(-\frac{1}{3} \mid 0)$	$(-1 \mid -3)$	$(\frac{1}{3} \mid 0)$
2	$(\frac{1}{9} \mid \frac{5}{3})$	$(-\frac{1}{9} \mid -\frac{5}{3})$	$(-\frac{1}{8} \mid -\frac{2}{17})$	keine Lösung	$(-\frac{1}{9} \mid \frac{5}{3})$	$(\frac{1}{8} \mid -\frac{2}{17})$	$(\frac{7}{8} \mid \frac{2}{17})$	$(-\frac{1}{6} \mid \frac{17}{18})$	$(-\frac{1}{8} \mid \frac{2}{17})$	$(\frac{1}{9} \mid -\frac{5}{3})$
3	$(-\frac{1}{9} \mid -\frac{5}{3})$	$(\frac{1}{8} \mid -\frac{2}{17})$	$(-\frac{7}{8} \mid -\frac{2}{17})$	$(\frac{7}{8} \mid \frac{2}{17})$	$(\frac{3}{5} \mid \frac{15}{2})$	$(\frac{1}{8} \mid \frac{2}{17})$	$(-\frac{5}{3} \mid \frac{2}{15})$	$(-\frac{3}{5} \mid \frac{15}{2})$	keine Lösung	$(-\frac{7}{8} \mid \frac{2}{17})$
4	$(-2 \mid 0)$	$(-2 \mid -\frac{2}{11})$	keine Lösung	$(2 \mid -\frac{2}{11})$	$(-2 \mid \frac{11}{2})$	$(-2 \mid \frac{2}{11})$	$(2 \mid \frac{11}{2})$	$(2 \mid -\frac{2}{11})$	$(0 \mid -2)$	$(2 \mid \frac{2}{11})$
5	$(\frac{1}{6} \mid -\frac{18}{17})$	$(-\frac{1}{6} \mid \frac{18}{17})$	$(\frac{1}{6} \mid \frac{18}{17})$	$(\frac{1}{6} \mid \frac{17}{18})$	$(-\frac{1}{6} \mid \frac{17}{18})$	$(\frac{1}{9} \mid \frac{17}{18})$	$(-\frac{1}{9} \mid \frac{17}{18})$	$(-\frac{1}{6} \mid -\frac{17}{18})$	$(\frac{1}{9} \mid -\frac{17}{18})$	$(\frac{1}{6} \mid -\frac{17}{18})$
6	$(\frac{3}{22} \mid \frac{3}{110})$	$(-\frac{6}{22} \mid \frac{3}{110})$	$(-\frac{3}{22} \mid \frac{63}{110})$	$(-\frac{3}{22} \mid -\frac{3}{110})$	$(-\frac{3}{22} \mid \frac{3}{110})$	$(-\frac{4}{9} \mid \frac{101}{27})$	$(\frac{3}{22} \mid -\frac{3}{110})$	keine Lösung	$(\frac{4}{9} \mid \frac{101}{27})$	$(-\frac{4}{9} \mid -\frac{101}{27})$
7	keine Lösung	$(\frac{76}{3} \mid 11)$	$(\frac{76}{3} \mid -11)$	$(\frac{1}{8} \mid -\frac{2}{17})$	$(\frac{7}{8} \mid \frac{2}{17})$	$(-\frac{76}{3} \mid 11)$	$(\frac{1}{9} \mid -\frac{5}{3})$	$(-\frac{1}{8} \mid -\frac{2}{17})$	$(14 \mid 17)$	$(-\frac{1}{9} \mid -\frac{5}{3})$
8	$(\frac{60}{11} \mid \frac{30}{11})$	$(\frac{61}{11} \mid -\frac{30}{11})$	$(\frac{60}{11} \mid -\frac{31}{11})$	$(-\frac{61}{11} \mid \frac{30}{11})$	$(\frac{61}{11} \mid \frac{30}{11})$	$(-\frac{60}{11} \mid -\frac{30}{11})$	$(-\frac{60}{11} \mid -\frac{31}{11})$	$(\frac{60}{11} \mid -\frac{30}{11})$	$(\frac{60}{11} \mid -\frac{31}{11})$	keine Lösung
9	$(-\frac{3}{22} \mid \frac{3}{110})$	$(-\frac{8}{62} \mid \frac{4}{123})$	keine Lösung	$(-\frac{8}{62} \mid -\frac{4}{123})$	$(-\frac{4}{9} \mid -\frac{101}{27})$	$(-\frac{6}{22} \mid \frac{3}{110})$	$(\frac{8}{62} \mid \frac{4}{123})$	$(\frac{3}{22} \mid \frac{3}{110})$	$(\frac{9}{62} \mid -\frac{3}{124})$	$(\frac{8}{62} \mid -\frac{4}{123})$
10	$(\frac{1}{38} \mid -\frac{23}{38})$	$(-\frac{1}{6} \mid \frac{17}{18})$	$(\frac{1}{9} \mid -\frac{17}{18})$	$(-\frac{1}{9} \mid \frac{17}{18})$	$(-\frac{1}{38} \mid \frac{23}{38})$	keine Lösung	$(\frac{1}{38} \mid \frac{23}{38})$	$(-\frac{1}{38} \mid -\frac{23}{38})$	$(-\frac{1}{6} \mid -\frac{17}{18})$	$(\frac{1}{9} \mid -\frac{17}{18})$
11	keine Lösung	$(-\frac{3}{22} \mid \frac{3}{110})$	$(-\frac{1}{8} \mid -\frac{2}{17})$	$(-\frac{6}{22} \mid \frac{3}{110})$	$(\frac{4}{9} \mid \frac{101}{27})$	$(-\frac{4}{9} \mid -\frac{101}{27})$	$(-\frac{3}{22} \mid -\frac{3}{110})$	$(\frac{3}{22} \mid -\frac{3}{110})$	$(-\frac{3}{22} \mid \frac{63}{110})$	$(\frac{3}{5} \mid \frac{15}{2})$
12	$(-\frac{6}{22} \mid \frac{3}{110})$	$(\frac{3}{5} \mid \frac{15}{2})$	$(-\frac{3}{5} \mid \frac{15}{2})$	$(\frac{1}{8} \mid \frac{2}{17})$	$(3 \mid 1)$	$(-\frac{1}{9} \mid -\frac{5}{3})$	$(\frac{4}{9} \mid -\frac{101}{27})$	$(-\frac{1}{6} \mid -\frac{17}{18})$	$(-\frac{1}{8} \mid -\frac{2}{17})$	keine Lösung
13	$(-\frac{8}{62} \mid -\frac{4}{123})$	$(-\frac{4}{9} \mid -\frac{101}{27})$	$(-\frac{54}{155} \mid -\frac{714}{155})$	$(-\frac{60}{11} \mid -\frac{31}{11})$	$(\frac{54}{155} \mid \frac{714}{155})$	$(-\frac{54}{155} \mid \frac{714}{155})$	$(-\frac{3}{5} \mid \frac{15}{2})$	$(\frac{60}{11} \mid \frac{31}{11})$	$(\frac{1}{38} \mid \frac{23}{38})$	$(\frac{1}{8} \mid \frac{2}{17})$
14	$(\frac{76}{3} \mid -11)$	$(-\frac{76}{3} \mid -11)$	$(\frac{61}{11} \mid \frac{30}{11})$	keine Lösung	$(-\frac{61}{11} \mid \frac{30}{11})$	$(-\frac{225}{1316} \mid \frac{426}{329})$	$(-\frac{76}{3} \mid 11)$	$(-\frac{61}{11} \mid -\frac{30}{11})$	$(\frac{54}{155} \mid \frac{714}{155})$	$(\frac{61}{11} \mid -\frac{30}{11})$
15	$(\frac{1}{8} \mid -\frac{2}{17})$	$(-\frac{7}{8} \mid -\frac{2}{17})$	$(\frac{1}{6} \mid \frac{17}{18})$	$(\frac{54}{155} \mid \frac{714}{155})$	$(\frac{588}{191} \mid -\frac{1836}{955})$	$(\frac{1}{6} \mid \frac{18}{17})$	keine Lösung	$(\frac{1}{9} \mid -\frac{17}{18})$	$(\frac{1}{6} \mid -\frac{17}{18})$	$(-\frac{4}{9} \mid \frac{101}{27})$

Lösungswort:

1	2	3	4	5	6	7	8	9	10	11	12	13	14	15

$y = 4$
$y = -3{,}5$
$2x - y = -1$
$x - y = 0$
$x + y = 4$
$2x + y = 9$
$x - y = 3$
$x + 2y = 0$

Spiel für 2 Personen

Spielmaterial:
Acht ausgeschnittene Karten mit linearen Gleichungen (nebenstehend), Stift, Papier

Spielregel:
Die Karten werden verdeckt aufgelegt. Jeder Spieler zieht zwei Karten, schreibt beide Gleichungen als lineares Gleichungssystem, löst es und sucht den erhaltenen Schnittpunkt der zugehörigen Graphen auf der Punkteliste.
Die neben diesem Schnittpunkt stehende Punktezahl verbucht der Spieler für sich.
Wurde falsch gerechnet, gibt es keinen Punkt.

Danach nimmt sich jeder Spieler wieder zwei Karten und geht genauso vor.

Sind die acht Karten bearbeitet und ist somit der Kartenvorrat zu Ende, wird neu gemischt und eine neue Runde beginnt.
Zieht man zufällig ein Kartenpaar ein weiteres Mal, dürfen die Punkte wiederum gutgeschrieben werden.

Wer zuerst 25 Punkte hat, hat gewonnen.

Punkteliste:

Schnittpunkt	Punkte
(0|4)	2
(1,5|4)	2
(2,5|4)	2
(4|4)	2
(7|4)	2
(−3,5|−3,5)	2
(−0,5|−3,5)	2
(7|−3,5)	2
(7,5|−3,5)	2
(0|0)	2
(3|3)	2
(5,25|−3,5)	3
(−2,25|−3,5)	3
(2|2)	3
(3,5|0,5)	3
(4|1)	3
(2|5)	3
(2|−1)	3
(5|−1)	3
(−1|−1)	3
(6|−3)	3
(8|−4)	3
(−4|−7)	3
(−0,4|0,2)	3
(1|3)	3
(−8|4)	3
keine Lösung	3

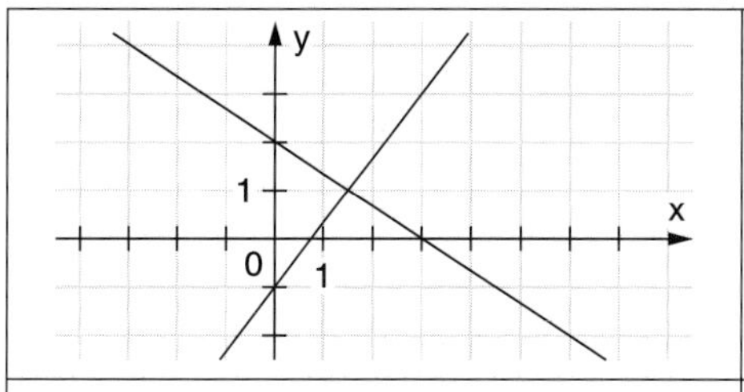

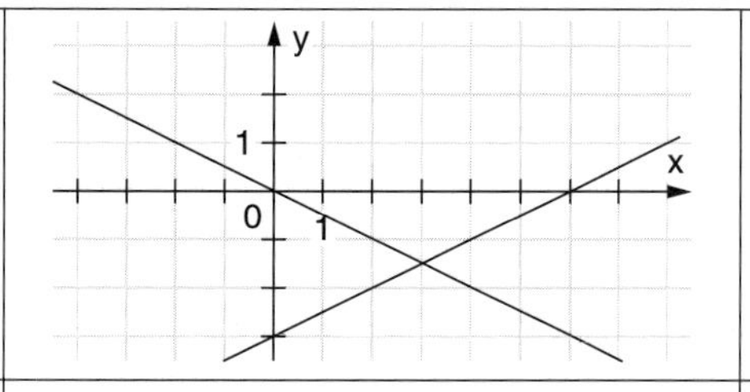

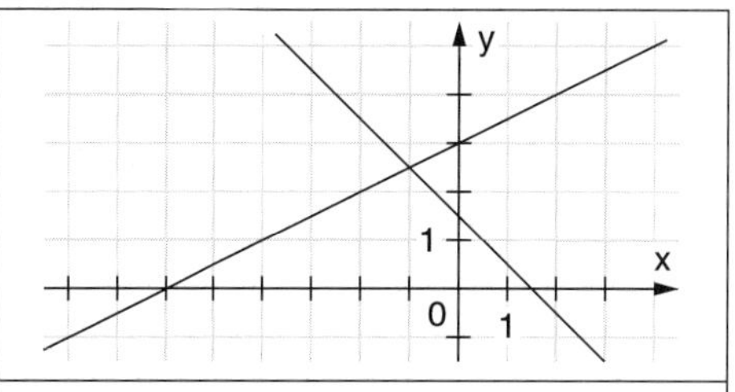

x	−1,5	0	1,5	3	4,5
y	3	2	1	0	−1

x	−1,5	0	1,5	3	4,5
y	−3	−1	1	3	5

x	−2	0	2	3	5
y	1	0	−1	−1,5	−2,5

x	−2	0	2	3	5
y	−4	−3	−2	−1,5	−0,5

x	−3	−2	−1	0	1
y	1,5	2	2,5	3	3,5

x	−3	−2	−1	0	1
y	4,5	3,5	2,5	1,5	0,5

$\frac{2}{3}x + y = 2$

$\frac{4}{3}x - y = 1$

$x + 2y = 0$

$x - 2y = 6$

$x - 2y = -6$

$x + y = 1,5$

Lösung des Gleichungssystems: (1,5|1)

Lösung des Gleichungssystems: (3|−1,5)

Lösung des Gleichungssystems: (−1|2,5)

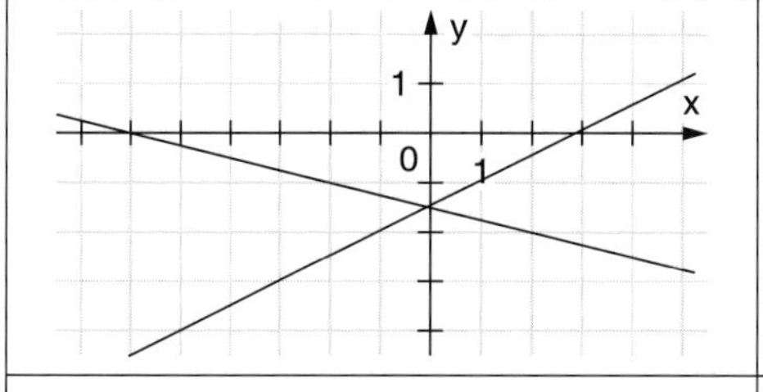

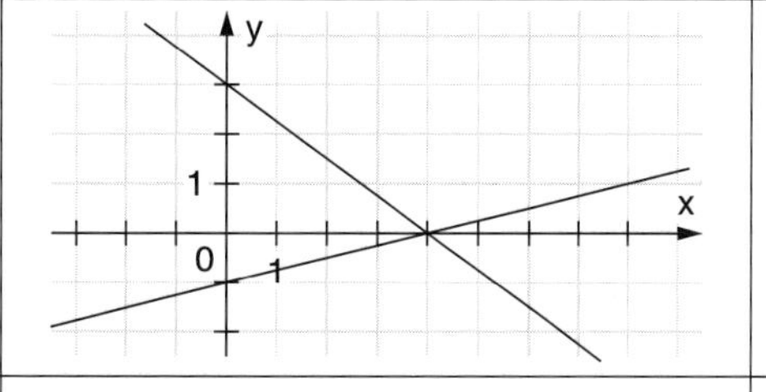

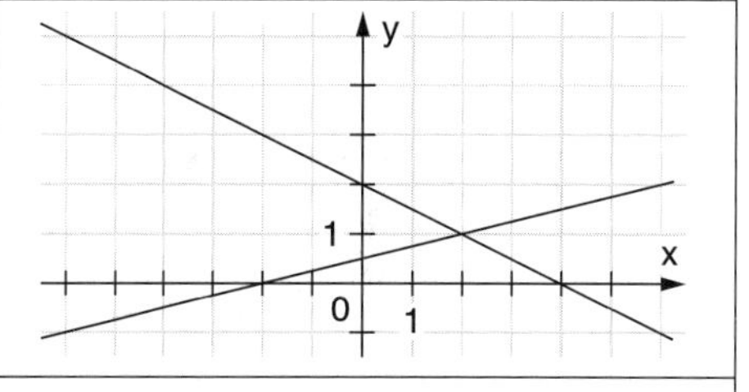

x	−4	−2	0	2	4
y	−0,5	−1	−1,5	−2	−2,5

x	−4	−2	0	2	4
y	−3,5	−2,5	−1,5	−0,5	0,5

x	0	2	4	6	8
y	3	1,5	0	−1,5	−3

x	0	2	4	6	8
y	−1	−0,5	0	0,5	1

x	−4	−2	0	2	4
y	4	3	2	1	0

x	4	−2	0	2	4
y	−0,5	0	0,5	1	1,5

$\frac{1}{2}x + 2y = -3$

$x - 2y = 3$

$\frac{3}{4}x + y = 3$

$-\frac{1}{4}x + y = -1$

$x + 2y = 4$

$-\frac{1}{4}x + y = 0,5$

Lösung des Gleichungssystems: (0|−1,5)

Lösung des Gleichungssystems: (4|0)

Lösung des Gleichungssystems: (2|1)

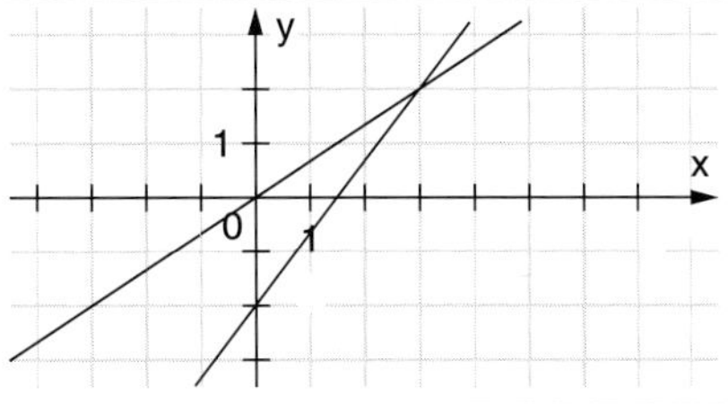

x	−1	0	1	2	3
y	$-\frac{2}{3}$	0	$\frac{2}{3}$	$1\frac{1}{3}$	2

x	−1	0	1	2	3
y	$-3\frac{1}{3}$	−2	$-\frac{2}{3}$	$\frac{2}{3}$	2

$$x - \frac{3}{2}y = 0$$

$$\frac{4}{3}x - y = 2$$

Lösung des Gleichungssystems: (3|2)

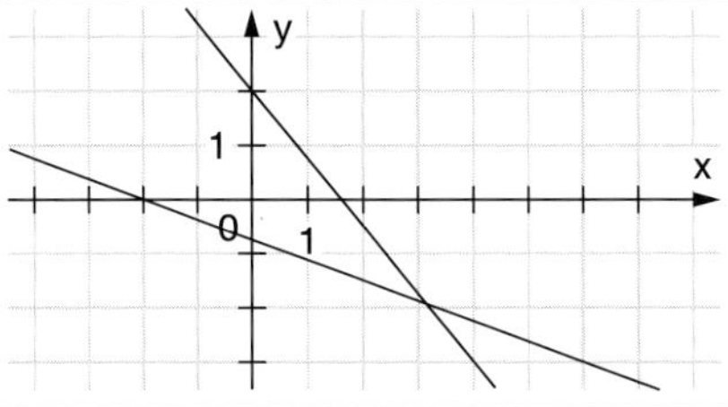

x	−2	0	2	4	6
y	0	−1	−2	−3	−4

x	−2	0	2	4	6
y	4,5	2	−0,5	−3	−5,5

$$\frac{1}{2}x + y = -1$$

$$\frac{5}{4}x + y = 2$$

Lösung des Gleichungssystems: (4|−3)

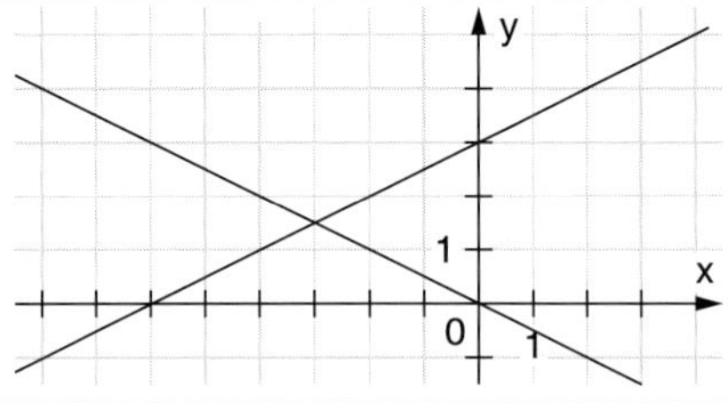

x	−6	−4	−3	−2	0
y	0	1	1,5	2	3

x	−6	−4	−3	−2	0
y	3	2	1,5	1	0

$$x - 2y = -6$$

$$x + 2y = 0$$

Lösung des Gleichungssystems: (−3|1,5)

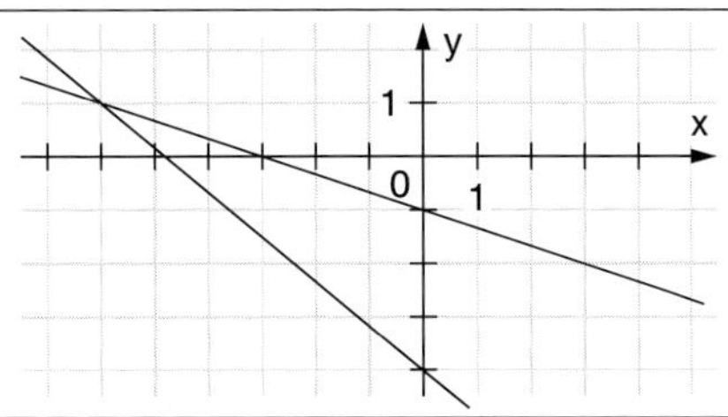

x	−6	−4	−3	0	1
y	1	$\frac{1}{3}$	0	−1	$-\frac{4}{3}$

x	−6	−4	−3	0	1
y	1	$-\frac{2}{3}$	−1,5	−4	$-4\frac{5}{6}$

$$x + 3y = -3$$

$$\frac{5}{2}x + 3y = -12$$

Lösung des Gleichungssystems: (−6|1)

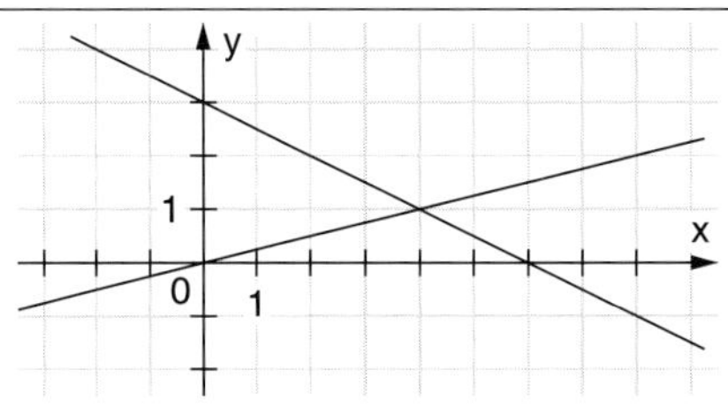

x	0	1	2	4	5
y	3	2,5	2	1	0,5

x	0	1	2	4	5
y	0	0,25	0,5	1	1,25

$$\frac{1}{2}x + y = 3$$

$$-x + 4y = 0$$

Lösung des Gleichungssystems: (4|1)

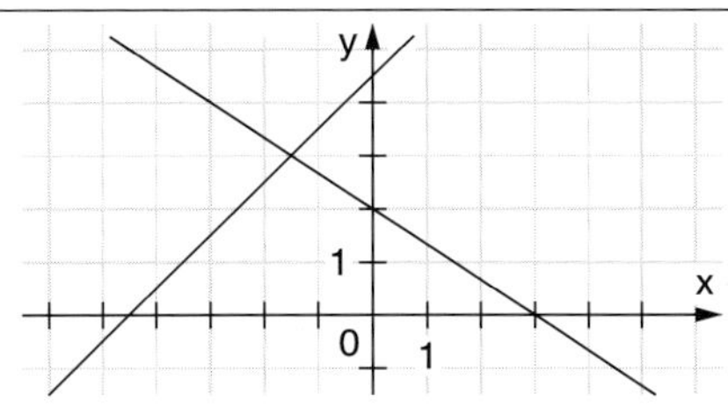

x	−4,5	−3	−1,5	0	1,5
y	0	1,5	3	4,5	6

x	−4,5	−3	−1,5	0	1,5
y	5	4	3	2	1

$$-x + y = 4,5$$

$$2x + 3y = 6$$

Lösung des Gleichungssystems: (−1,5|3)

Lineare Gleichungssysteme in Anwendungssituationen

Stelle zu jeder Aufgabe ein lineares Gleichungssystem auf und löse es. Gehe in vier Schritten vor.

Ein gleichschenkliges Dreieck hat den Umfang U = 33,2 cm. Jeder Schenkel ist 4 cm länger als die Basis. Berechne die Länge der Basis und der Schenkel.

1. Variablen einführen:
   Länge der Basis in cm: ____
   Länge eines Schenkels in cm: ____
2. Gleichungen aufstellen:
   (I)
   (II)
3. Gleichungssystem lösen:
4. Ergebnis prüfen und formulieren:
   U = ✔
   Die Basis ist ____ cm und ein Schenkel ist ____ cm lang.

Eine Jugendherberge hat 35 Zimmer und darin Platz für 145 Jugendliche. Es gibt nur Dreibett- und Fünfbettzimmer. Wie viele Zimmer von jeder Sorte gibt es in dieser Jugendherberge?

1. Variablen einführen:
2. Gleichungen aufstellen:
3. Gleichungssystem lösen:
4. Ergebnis prüfen und formulieren:

Die Kosten für eine Taxifahrt setzen sich aus der Grundgebühr und den Kosten für gefahrene Kilometer zusammen. Ein Fahrgast zahlt für eine 9 km lange Taxifahrt 11,90 €. Die Rückfahrt ist wegen einer Umleitung 15 km lang und kostet 18,50 €. Berechne die Kosten für 1 km und die Grundgebühr.

1.
2.
3.
4.

Ein Vater war vor 6 Jahren siebenmal so alt wie damals sein Sohn. In 4 Jahren wird der Vater dreimal so alt sein wie dann zu diesem Zeitpunkt sein Sohn sein wird. Berechne, wie alt jetzt Vater und Sohn sind.

Trainingsblatt
Lineare Gleichungssysteme in Anwendungssituationen

Stelle zu jeder Aufgabe ein lineares Gleichungssystem auf und löse es. Gehe in vier Schritten vor.

Ein gleichschenkliges Dreieck hat den Umfang U = 33,2 cm. Jeder Schenkel ist 4 cm länger als die Basis. Berechne die Länge der Basis und der Schenkel.

1. Variablen einführen:
Länge der Basis in cm: x
Länge eines Schenkels in cm: y

2. Gleichungen aufstellen:
(I) $x + 2y = 33{,}2$
(II) $x + 4 = y$

3. Gleichungssystem lösen:
y in (I): $x + 2\,(x + 4) = 33{,}2$
$x + 2x + 8 = 33{,}2 \quad |-8$
$3x = 25{,}2$
$\Rightarrow x = 8{,}4;\ y = 12{,}4$

4. Ergebnis prüfen und formulieren:
$U = 8{,}4\,cm + 2 \cdot 12{,}4\,cm = 33{,}2\,cm$ ✔
Die Basis ist 8,4 cm und ein Schenkel ist 12,4 cm lang.

Eine Jugendherberge hat 35 Zimmer und darin Platz für 145 Jugendliche. Es gibt nur Dreibett- und Fünfbettzimmer. Wie viele Zimmer von jeder Sorte gibt es in dieser Jugendherberge?

1. Variablen einführen:
Anzahl der Dreibettzimmer: x
Anzahl der Fünfbettzimmer: y

2. Gleichungen aufstellen:
(I) $x + y = 35 \quad (\Rightarrow x = 35 - y)$
(II) $3x + 5y = 145$

3. Gleichungssystem lösen:
x in (II): $3(35 - y) + 5y = 145$
$105 - 3y + 5y = 145 \quad |-105$
$2y = 40 \Rightarrow y = 20$
$\Rightarrow x = 35 - 20 = 15$

4. Ergebnis prüfen und formulieren:
Gesamtplätze: $15 \cdot 3 + 20 \cdot 5 = 145$ ✔
Es gibt 15 Dreibett- und 20 Fünfbettzimmer.

Die Kosten für eine Taxifahrt setzen sich aus der Grundgebühr und den Kosten für gefahrene Kilometer zusammen. Ein Fahrgast zahlt für eine 9 km lange Taxifahrt 11,90 €. Die Rückfahrt ist wegen einer Umleitung 15 km lang und kostet 18,50 €. Berechne die Kosten für 1 km und die Grundgebühr.

1. Grundgebühr in €: g
Preis pro km in €: k

2. (I) $g + 9k = 11{,}9$
(II) $g + 15k = 18{,}5$

3. (II) – (I): $6k = 6{,}6 \Rightarrow k = 1{,}1$
k in (I): $g + 9 \cdot 1{,}1 = 11{,}9$
$g + 9{,}9 = 11{,}9 \Rightarrow g = 2$

4. Kosten Hinfahrt: $2\,€ + 9 \cdot 1{,}10\,€ = 11{,}90\,€$ ✔
Kosten Rückfahrt: $2\,€ + 15 \cdot 1{,}10\,€ = 18{,}50\,€$ ✔
Die Grundgebühr beträgt 2 € und die Kosten für 1 km betragen 1,10 €.

Ein Vater war vor 6 Jahren siebenmal so alt wie damals sein Sohn. In 4 Jahren wird der Vater dreimal so alt sein wie dann zu diesem Zeitpunkt sein Sohn sein wird. Berechne, wie alt jetzt Vater und Sohn sind.

1. Alter des Vaters jetzt: x
Alter des Sohns jetzt: y

2. (I) $x - 6 = 7 \cdot (y - 6)$
(II) $x + 4 = 3 \cdot (y + 4)$

3. aus (I): $x - 6 = 7y - 42 \Rightarrow x = 7y - 36$
x in (II): $7y - 36 + 4 = 3y + 12 \quad |-3y + 32$
$4y = 44 \Rightarrow y = 11$
$\Rightarrow x = 77 - 36 = 41$

4. $41 - 6 = 7 \cdot (11 - 6)$ ✔; $41 + 4 = 3 \cdot (11 + 4)$ ✔
Der Vater ist jetzt 41 Jahre und der Sohn 11 Jahre alt.

Logical: Familienstammbaum

Oma Irene und Opa Hans sind wie jeden Dienstag beim Stammtisch. Oma Irene möchte Frau Berger, die neu in die Gruppe gekommen ist, erklären, wie der Stammbaum ihrer Familie aussieht. Hier ist ihre Erklärung. Kannst du den Stammbaum mit Altersangaben aufzeichnen? Benutze die Aussagen von Oma Irene in einer geschickten Reihenfolge.

(1) Vor 52 Jahren war Opa Hans gerade mal $\frac{1}{3}$ so alt, wie ich heute bin.

(2) Marie ist die Schwester von Sara. Marie wird in 7 Jahren 1,5-mal so alt sein wie jetzt.

(3) Katrin, Nicole und Yvonne sind Schwestern. Von diesen drei ist die jüngste 3 Jahre jünger und die älteste 5 Jahre älter als die mittlere. Zusammen sind sie 32 Jahre alt. Katrin ist das jüngste und Yvonne das älteste Kind.

(4) Opa Hans und ich haben drei Kinder Davon haben zwei ebenfalls drei Kinder und das andere Kind hat nur zwei Kinder.

(5) Unser Sohn Jürgen ist zwei Jahre älter als unsere Tochter Birgit, die zwei Kinder hat.

(6) Opa Hans ist so alt wie die Kinder von Birgit und Jürgen zusammen alt sind.

(7) Franz und Thomas sind unsere Schwiegersöhne. Die beiden sind zusammen genau so alt wie Jürgen und Evi zusammen. Franz ist mit Renate verheiratet und drei Jahre älter als seine Frau.

(8) Sara ist eine Tochter von meiner ältesten Tochter. Die beiden sind zusammen 57 Jahre alt. Die Mutter ist doppelt so alt wie Sara.

(9) Anton ist der Bruder von Pia. Anton und seine Mutter Evi sind zusammen 53 Jahre alt. In 17 Jahren wird die Mutter genau doppelt so alt sein wie dann Anton.

(10) Renate und Birgit sind Geschwister und insgesamt sechs Jahre jünger als ihr Bruder.

(11) Pia und Gabi sind Kinder von unserem Sohn. Der Altersunterschied zwischen diesen beiden Enkelkindern beträgt 4 Jahre. Vor 10 Jahren waren sie zusammen 10 Jahre alt. Pia ist die ältere Tochter.

(12) Unsere älteste Tochter hat weniger Kinder als die jüngere Schwester.

Logical: Familienstammbaum

Mit Hilfe der Aussage (4) lässt sich das Gerüst des Stammbaums zeichnen. Durch Ausnutzen der anderen Aussagen lassen sich alle Namen in den Stammbaum eintragen.

Für das Alter der Personen werden die Anfangsbuchstaben ihrer Namen als Variablen gewählt:

a: Anton	g: Gabi	k: Katrin	r: Renate
b: Birgit	h: Hans	m: Marie	s: Sara
e: Evi	i: Irene	n: Nicole	t: Thomas
f: Franz	j: Jürgen	p: Pia	y: Yvonne

Ihr Alter kann z.B. in dieser Reihenfolge geschickt berechnet werden:

(11) (I) $p - 10 + g - 10 = 10$ p aus (II) in (I): $g + 4 + g - 20 = 10 \Rightarrow 2g = 26 \Rightarrow$ $\mathbf{g = 13}$
(II) $p - 4 = g$ $p = g + 4 = 13 + 4 \Rightarrow$ $\mathbf{p = 17}$

(9) (I) $a + e = 53$ e aus (I) in (II): $53 - a + 17 = 2(a + 17) \Rightarrow 70 - a = 2a + 34 \Rightarrow$ $\mathbf{a = 12}$
(II) $e + 17 = 2(a + 17)$ $e = 53 - a = 53 - 12 \Rightarrow$ $\mathbf{e = 41}$

(2) (I) $m + 7 = 1{,}5m \Rightarrow$ $\mathbf{m = 14}$

(8) (I) $s + b = 57$ b aus (II) in (I): $s + 2s = 57 \Rightarrow 3s = 57 \Rightarrow$ $\mathbf{s = 19}$
(II) $b = 2s$ $b = 2s = 2 \cdot 19 \Rightarrow$ $\mathbf{b = 38}$

(3) $(n - 3) + n + (n + 5) = 32 \Rightarrow 3n = 30 \Rightarrow$ $\mathbf{n = 10}$
$y = n + 5 = 10 + 5 \Rightarrow$ $\mathbf{y = 15}$
$k = n - 3 = 10 - 3 \Rightarrow$ $\mathbf{k = 7}$

(5) $j - 2 = b,\ b = 38 \Rightarrow$ $\mathbf{j = 40}$

(10) $(j - b) + (j - r) = 6 \Rightarrow 2j - b - 6 = r;\ j = 40,\ b = 38 \Rightarrow$ $\mathbf{r = 36}$

(7) (I) $f + t = j + e;\ j = 40,\ e = 41,$ also $f + t = 81$ (Ia)
(II) $f - 3 = r;\ r = 36$ also $f - 3 = 36 \Rightarrow$ $\mathbf{f = 39}$; f in (Ia): $39 + t = 81 \Rightarrow$ $\mathbf{t = 42}$

(6) $h = m + s + p + g + a;\ m = 14,\ s = 19,\ p = 17,\ g = 13,\ a = 12 \Rightarrow$ $\mathbf{h = 75}$

(1) $3(h - 52) = i;\ h = 75 \Rightarrow i = 3 \cdot (75 - 52) \Rightarrow$ $\mathbf{i = 69}$

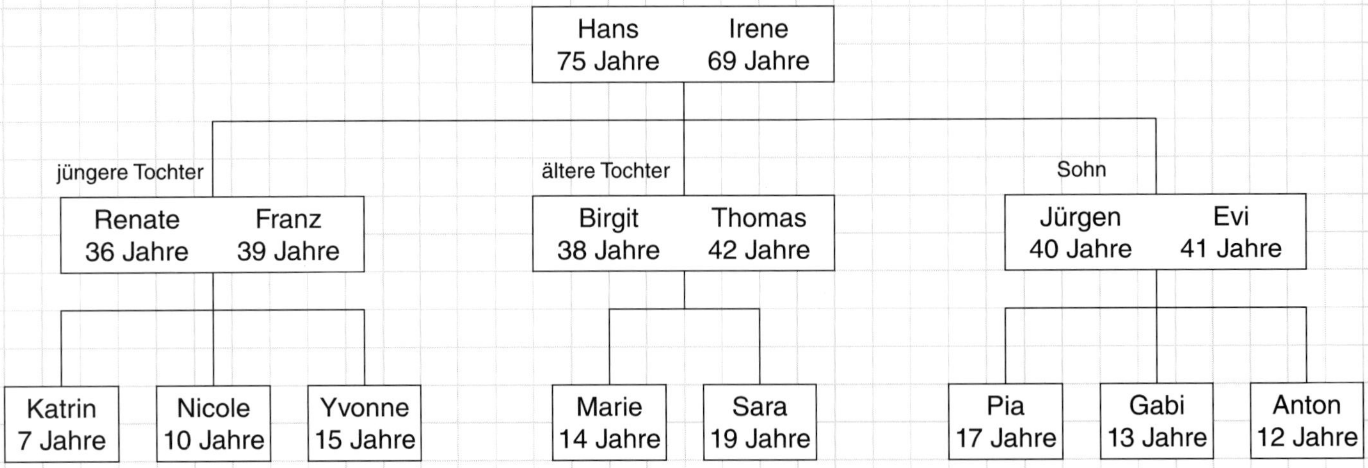

Beim Galton-Brett rollen Kugeln zufällig durch das schräg gestellte Brett.

1. Zeichne in die fünf Galton-Bretter alle Wege ein, die eine Kugel nehmen könnte, um in die jeweils markierten Behälter zu gelangen. Gib jeweils die Anzahl der Wege an.

a)

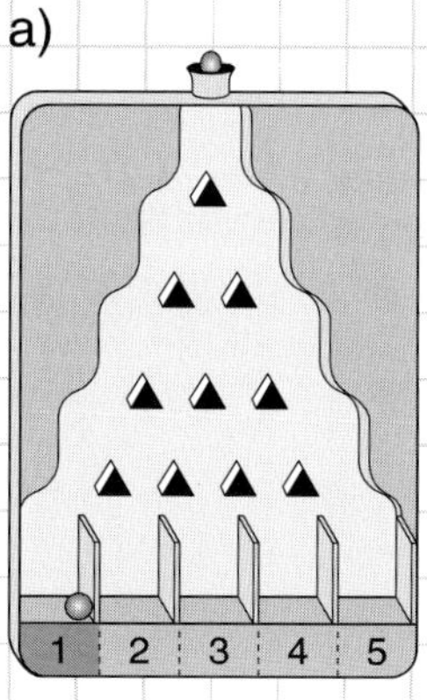

Anzahl der Wege: ______

b)

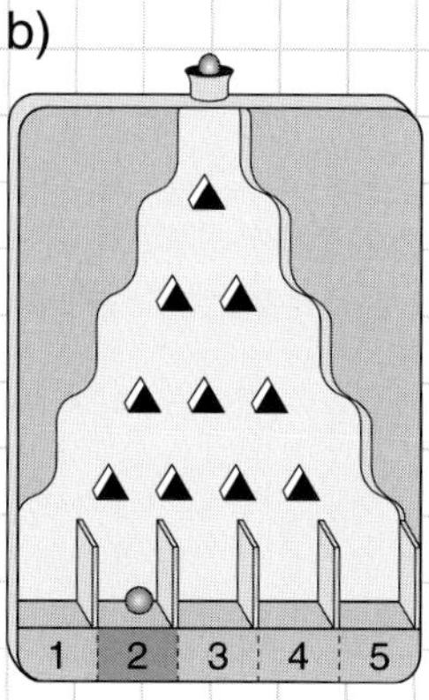

Anzahl der Wege: ______

c)

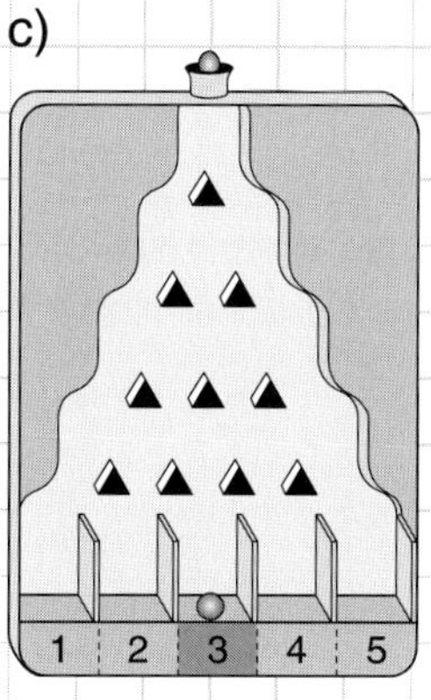

Anzahl der Wege: ______

d)

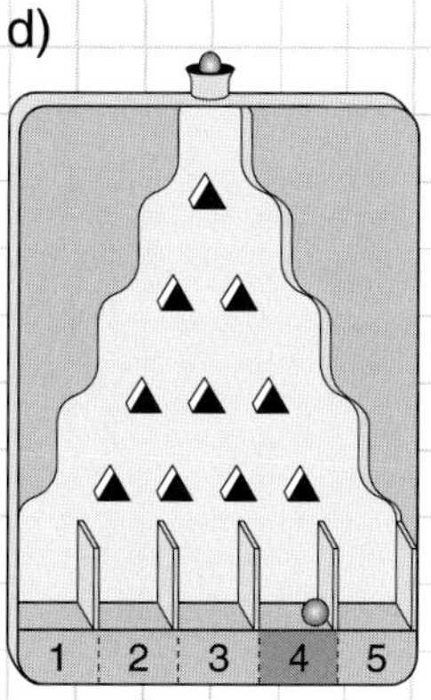

Anzahl der Wege: ______

e)

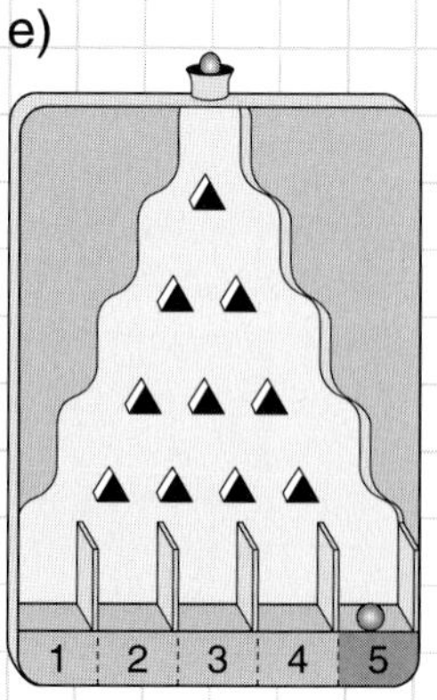

Anzahl der Wege: ______

2. Gib eine Ergebnismenge Ω_1 an, für den Fall, dass man daran interessiert ist, in welchen Behälter die Kugel fällt: Ω_1 = ______________________

Wie viele Elemente besitzt Ω_1? ______

3. Gib eine Ergebnismenge Ω_2 an, für den Fall, dass man daran interessiert ist, welchen Weg die Kugel nimmt (l = links; r = rechts): Ω_2 = ______________________

____

Wie viele Elemente besitzt Ω_2? ______

4. a) Zeichne zur Ergebnismenge Ω_2 einen geeigneten Baum.

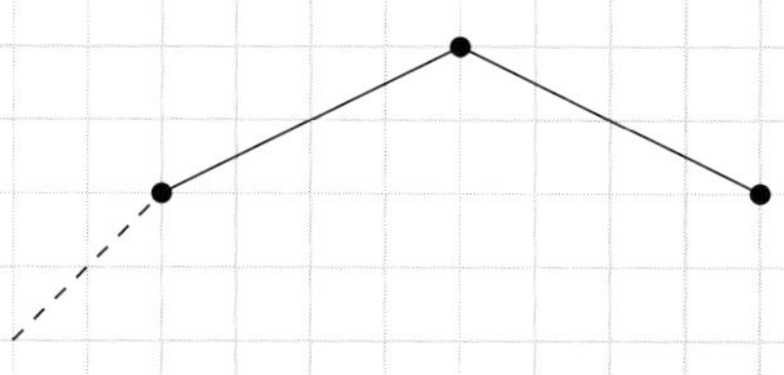

b) Auf wie viele Arten lässt sich in der folgenden Figur der Name Galton lesen? ______

G

A A

L L L

T T T T

O O O O O

N N N N N N

Arbeitsblatt: Galton-Brett

Beim Galton-Brett rollen Kugeln zufällig durch das schräg gestellte Brett.

1. Zeichne in die fünf Galton-Bretter alle Wege ein, die eine Kugel nehmen könnte, um in die jeweils markierten Behälter zu gelangen. Gib jeweils die Anzahl der Wege an.

a)

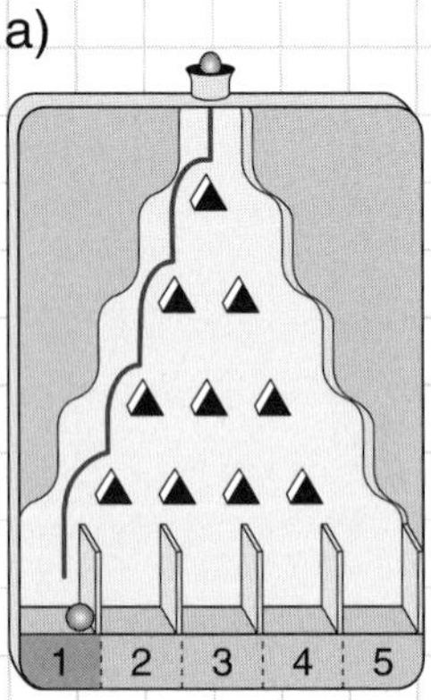

Anzahl der Wege: 1

b)

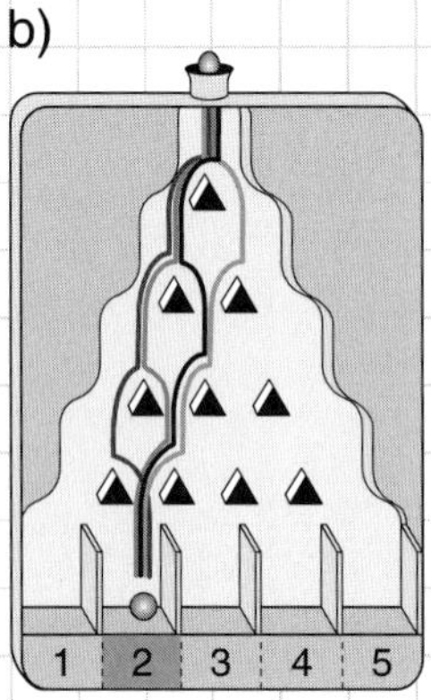

Anzahl der Wege: 4

c)

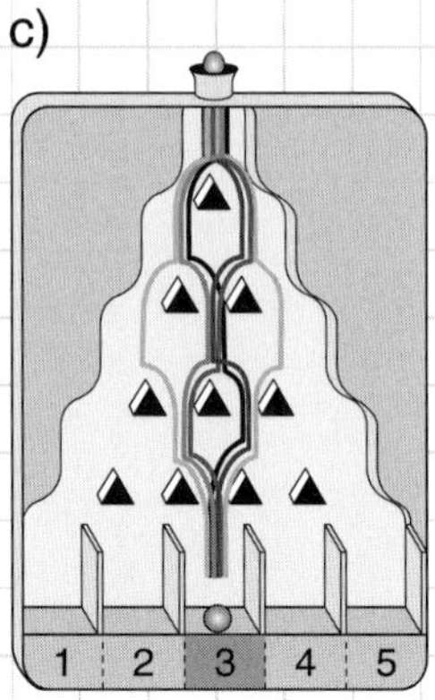

Anzahl der Wege: 6

d)

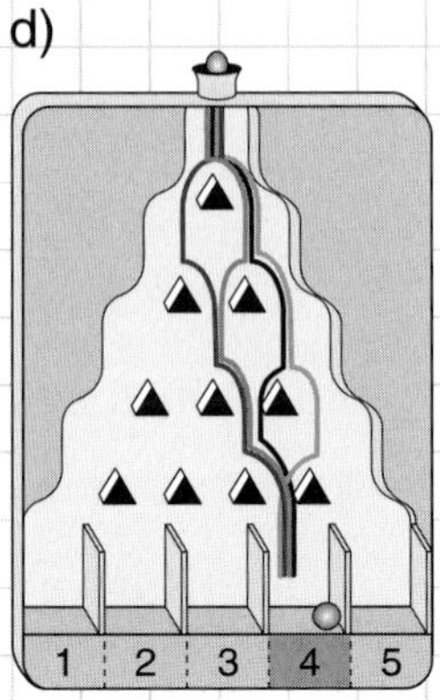

Anzahl der Wege: 4

e)

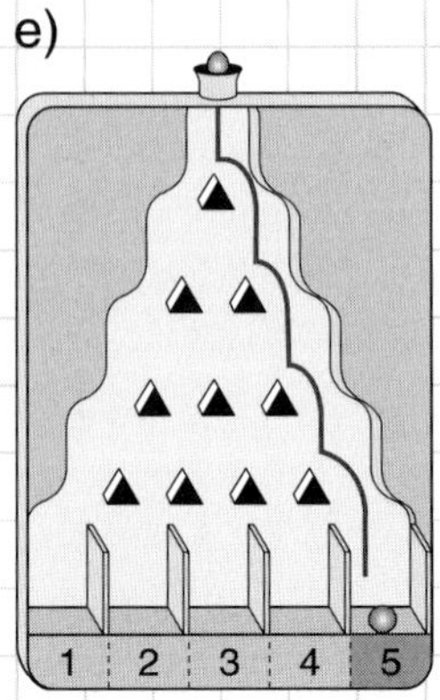

Anzahl der Wege: 1

2. Gib eine Ergebnismenge Ω_1 an, für den Fall, dass man daran interessiert ist, in welchen Behälter die Kugel fällt: $\Omega_1 = \{1; 2; 3; 4; 5\}$

Wie viele Elemente besitzt Ω_1? 5

3. Gib eine Ergebnismenge Ω_2 an, für den Fall, dass man daran interessiert ist, welchen Weg die Kugel nimmt
(l = links; r = rechts): Ω_2 = {(llll); (lllr); (llrl); (lrll); (rlll); (llrr); (lrlr); (lrrl);

(rllr); (rlrl); (rrll); (lrrr); (rlrr); (rrlr); (rrrl); (rrrr)}

Wie viele Elemente besitzt Ω_2? 16

4. a) Zeichne zur Ergebnismenge Ω_2 einen geeigneten Baum.

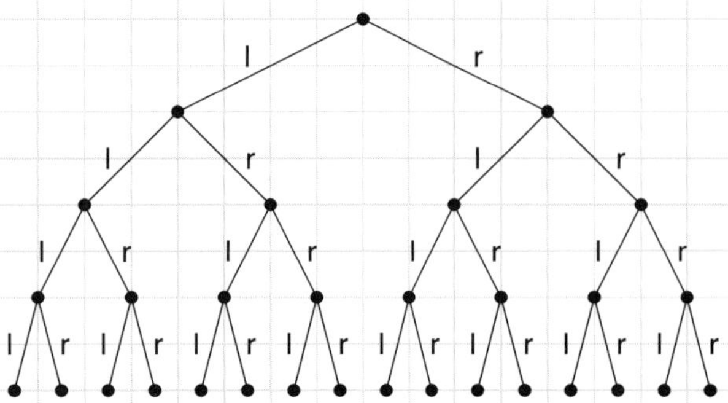

b) Auf wie viele Arten lässt sich in der folgenden Figur der Name Galton lesen? 32
(zum linken Baum jeweils noch eine Verzweigung links/rechts dazu)

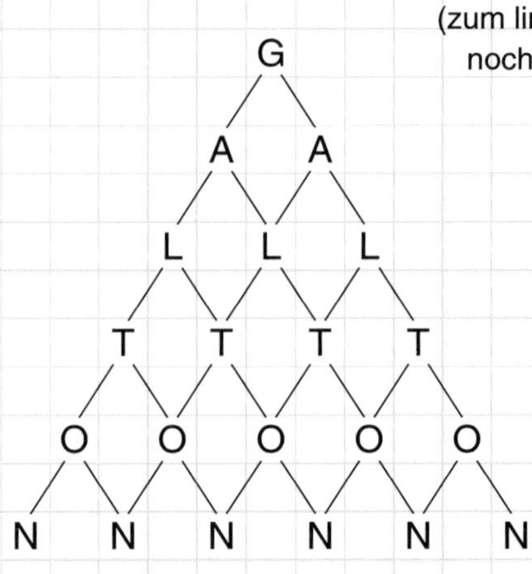

Trainingsblatt:
Ergebnismenge und Ereignisse

1. Zu den folgenden Zufallsexperimenten ist jeweils eine Ergebnismenge angegeben. Formuliere zuerst die Fragestellung, für welches Merkmal man sich interessiert. Gib dann die genannten Ergebnisse in aufzählender Form an. Setze anschließend in die Leerkästchen das richtige mathematische Symbol $\in$ (ist ein Element von), $\notin$ (ist kein Element von), $\subset$ (ist Teilmenge von), $\not\subset$ (ist keine Teilmenge von).

a)

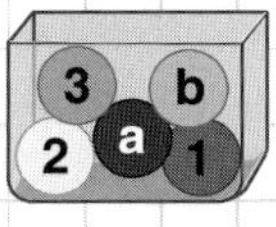

Eine Kugel wird aus der Urne gezogen.
$\Omega = \{1; 2; 3; a; b\}$; Fragestellung für diese Ergebnismenge: ______________________

C: Die Kugel ist mit einem Buchstaben beschriftet; C = ______________________

a □ C ; b □ $\overline{C}$; C □ Ω ; 3 □ $\Omega \setminus C$; {2; 3} □ $\overline{C}$; {3} □ Ω

b)

Eine Münze wird zweimal hintereinander geworfen. $\Omega = \{ww; wz; zw; zz\}$;
Fragestellung für
diese Ergebnismenge: ______________________

D: Keiner der Würfe zeigt Wappen; D = ______________________

$\Omega \setminus D$ □ D ; ww □ $\overline{D}$; zz □ $\overline{D}$; {zz; ww} □ $\overline{D}$; zw □ D

2.

Ein Würfel wird einmal geworfen. Man interessiert sich für die geworfene Augenzahl. Gib eine geeignete Ergebnismenge an: Ω = ______________

a) Beschreibe die folgenden Ereignisse in aufzählender Form.

G: Gerade Zahl; G = __________ H: Augenzahl ist mindestens 3; H = __________

J: Augenzahl ist teilbar durch 3; J = __________

b) Welche der folgenden Aussagen sind wahr, welche falsch?

	wahr	falsch
Wenn H eintritt, tritt auch J ein.	□	□
Wenn J eintritt, dann tritt auch H ein.	□	□
Wenn G eintritt und auch J eintritt, dann ist die geworfene Augenzahl 6.	□	□
H und $\overline{H}$ können nicht gleichzeitig eintreten.	□	□

c) Sei nun K das Ereignis, dass G oder J eintritt, und L das Ereignis, dass G eintritt, aber nicht J. Welches Mengenbild passt zu K, welches zu L?

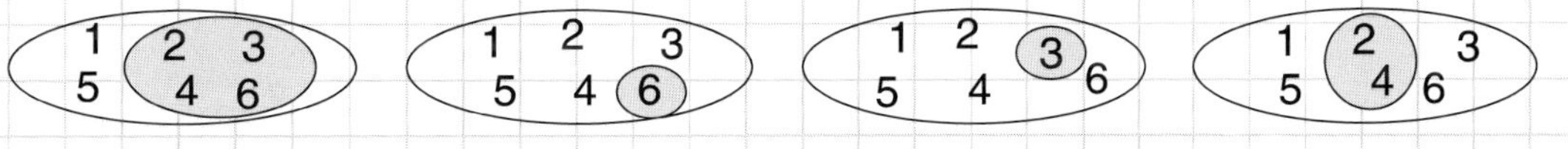

3.

Das Glücksrad wird gedreht. Gib folgende Ereignisse in einer beschreibenden Form an.
Beispiel: A = {3; 9}; graues Feld mit durch 3 teilbarer Zahl

B = {6} ______________________ C = {3; 5} ______________________

D = {4; 8} ______________________ E = {6; 8; 10} ______________________

4. In der Mensa wird zum Mittagessen Tomatensuppe, Pizza, Salat und Eis angeboten.
Von jedem Gericht darf höchstens eine Portion gewählt werden. Gib alle möglichen Ergebnisse an.

____

Trainingsblatt: Ergebnismenge und Ereignisse

LÖSUNG

1. Zu den folgenden Zufallsexperimenten ist jeweils eine Ergebnismenge angegeben. Formuliere zuerst die Fragestellung, für welches Merkmal man sich interessiert. Gib dann die genannten Ergebnisse in aufzählender Form an. Setze anschließend in die Leerkästchen das richtige mathematische Symbol $\in$ (ist ein Element von), $\notin$ (ist kein Element von), $\subset$ (ist Teilmenge von), $\not\subset$ (ist keine Teilmenge von).

a) 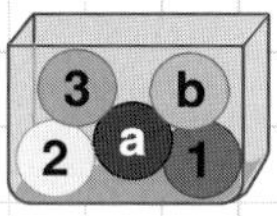

Eine Kugel wird aus der Urne gezogen.
$\Omega = \{1; 2; 3; a; b\}$; Fragestellung für diese Ergebnismenge: Welche Aufschrift hat die Kugel?

C: Die Kugel ist mit einem Buchstaben beschriftet; C = {a; b}

$a \in C$; $b \notin \overline{C}$; $C \subset \Omega$; $3 \in \Omega\backslash C$; $\{2; 3\} \subset \overline{C}$; $\{3\} \subset \Omega$

b) 

Eine Münze wird zweimal hintereinander geworfen. $\Omega = \{ww; wz; zw; zz\}$; Fragestellung für diese Ergebnismenge: Welche Seite zeigt der 1. Münzwurf, welche der 2. Münzwurf?

D: Keiner der Würfe zeigt Wappen; D = {zz}

$\Omega\backslash D \not\subset D$; $ww \in \overline{D}$; $zz \notin \overline{D}$; $\{zz; ww\} \not\subset \overline{D}$; $zw \notin D$

2. 

Ein Würfel wird einmal geworfen. Man interessiert sich für die geworfene Augenzahl. Gib eine geeignete Ergebnismenge an: $\Omega = \{1; 2; 3; 4; 5; 6\}$

a) Beschreibe die folgenden Ereignisse in aufzählender Form.

G: Gerade Zahl; G = {2; 4; 6} H: Augenzahl ist mindestens 3; H = {3; 4; 5; 6}

J: Augenzahl ist teilbar durch 3; J = {3; 6}

b) Welche der folgenden Aussagen sind wahr, welche falsch?

	wahr	falsch
Wenn H eintritt, tritt auch J ein.	☐	☒
Wenn J eintritt, dann tritt auch H ein.	☒	☐
Wenn G eintritt und auch J eintritt, dann ist die geworfene Augenzahl 6.	☒	☐
H und $\overline{H}$ können nicht gleichzeitig eintreten.	☒	☐

c) Sei nun K das Ereignis, dass G oder J eintritt, und L das Ereignis, dass G eintritt, aber nicht J. Welches Mengenbild passt zu K, welches zu L?

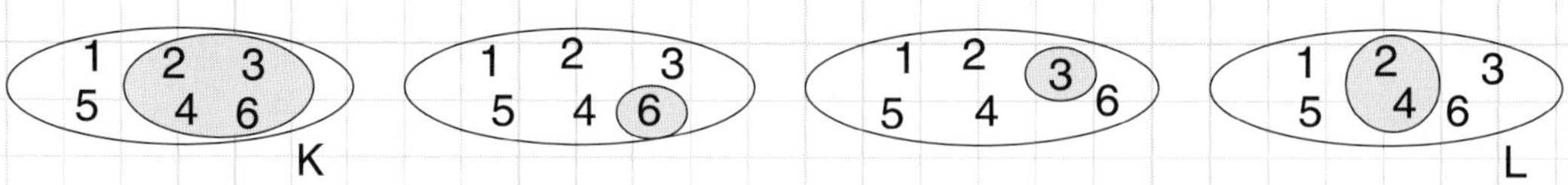

3. 

Das Glücksrad wird gedreht. Gib folgende Ereignisse in einer beschreibenden Form an.
Beispiel: A = {3; 9}; graues Feld mit durch 3 teilbarer Zahl

B = {6} gerade Zahl, teilbar durch 3 C = {3; 5} graues Feld mit Primzahl

D = {4; 8} durch 4 teilbare Zahl auf weißem Feld E = {6; 8; 10} gerade Zahl größer als 4

4. In der Mensa wird zum Mittagessen Tomatensuppe, Pizza, Salat und Eis angeboten.
Von jedem Gericht darf höchstens eine Portion gewählt werden. Gib alle möglichen Ergebnisse an.

{}; {t}; {p}; {s}; {e}; {t; p}; {t; s}; {t; e}; {p; s}; {p; e}; {s; e}; {t; p; s}; {t; p; e}; {t; s; e}; {p; s; e}; {t; p; s; e}

Arbeitsblatt: Werfen mit zwei Laplace-Würfeln

Du würfelst mit einem roten und einem blauen Würfel.

1. Gib eine geeignete Ergebnismenge Ω an: Ω = ____________________

2. Wie viele Elemente hat die Ergebnismenge? $|\Omega|$ = ________

3. Welches Wurfergebnis liefert die Augensumme 2? Trage diese Augensumme an geeigneter Stelle in die Tabelle ein. Welche Wurfergebnisse liefern die Augensumme 3? Trage ebenfalls in die Tabelle ein. Fahre so fort, bis du zum Würfelpaar gelangt bist, das zur Augensumme 12 führt.

rot / blau	⚀	⚁	⚂	⚃	⚄	⚅
⚀						
⚁						
⚂						
⚃						
⚄						
⚅						

Was fällt dir auf?

____

____

____

____

____

4. Bestimme für jede Augensumme S die Anzahl der günstigen Ergebnisse und berechne die Wahrscheinlichkeit für das Auftreten dieser Augensumme.

S	2	3	4	5	6	7	8	9	10	11	12
Anzahl der günstigen Ergebnisse für S											
P(S)											

5. Berechne die Wahrscheinlichkeiten für die folgenden Ereignisse:

A: Augenzahl ist größer als 6. ____________________

B: Augensumme ist mindestens 5. ____________________

C: Augensumme ist durch 3 teilbar. ____________________

D: Augensumme ist größer 5, aber höchstens 8. ____________________

E: Ein Würfel zeigt die 4 und die Augensumme ist höchstens 6. ____________________

F: Augensumme ist prim, aber kein Würfel zeigt eine 6. ____________________

Arbeitsblatt: Werfen mit zwei Laplace-Würfeln

Du würfelst mit einem roten und einem blauen Würfel.

1. Gib eine geeignete Ergebnismenge Ω an: $\Omega = \{(1; 1); (1; 2); (1; 3); \ldots; (1; 6); (2; 1); \ldots; (2; 6); (3; 1); \ldots; (6; 6)\}$

2. Wie viele Elemente hat die Ergebnismenge? $|\Omega| = 36$

3. Welches Wurfergebnis liefert die Augensumme 2? Trage diese Augensumme an geeigneter Stelle in die Tabelle ein. Welche Wurfergebnisse liefern die Augensumme 3? Trage ebenfalls in die Tabelle ein. Fahre so fort, bis du zum Würfelpaar gelangt bist, das zur Augensumme 12 führt.

blau \ rot	⚀	⚁	⚂	⚃	⚄	⚅
⚀	2	3	4	5	6	7
⚁	3	4	5	6	7	8
⚂	4	5	6	7	8	9
⚃	5	6	7	8	9	10
⚄	6	7	8	9	10	11
⚅	7	8	9	10	11	12

Was fällt dir auf?

mögliche Antworten:

– Die Tabelle ist symmetrisch zu einer Diagonalen.

– Die gleichen Augensummen stehen diagonal von links unten nach rechts oben.

– Die Augensumme 7 kommt am häufigsten vor.

4. Bestimme für jede Augensumme S die Anzahl der günstigen Ergebnisse und berechne die Wahrscheinlichkeit für das Auftreten dieser Augensumme.

S	2	3	4	5	6	7	8	9	10	11	12
Anzahl der günstigen Ergebnisse für S	1	2	3	4	5	6	5	4	3	2	1
P(S)	$\frac{1}{36}$	$\frac{2}{36} = \frac{1}{18}$	$\frac{3}{36} = \frac{1}{12}$	$\frac{4}{36} = \frac{1}{9}$	$\frac{5}{36}$	$\frac{6}{36} = \frac{1}{6}$	$\frac{5}{36}$	$\frac{4}{36} = \frac{1}{9}$	$\frac{3}{36} = \frac{1}{12}$	$\frac{2}{36} = \frac{1}{18}$	$\frac{1}{36}$

5. Berechne die Wahrscheinlichkeiten für die folgenden Ereignisse:

A: Augenzahl ist größer als 6. $P(A) = \frac{21}{36} = \frac{7}{12} \cong 58{,}3\,\%$

B: Augensumme ist mindestens 5. $P(B) = \frac{30}{36} = \frac{5}{6} \cong 83{,}3\,\%$

C: Augensumme ist durch 3 teilbar. $P(C) = \frac{12}{36} = \frac{1}{3} \cong 33{,}3\,\%$

D: Augensumme ist größer 5, aber höchstens 8. $P(D) = \frac{16}{36} = \frac{4}{9} \cong 44{,}4\,\%$

E: Ein Würfel zeigt die 4 und die Augensumme ist höchstens 6. $P(E) = \frac{4}{36} = \frac{1}{9} \cong 11{,}1\,\%$

F: Augensumme ist prim, aber kein Würfel zeigt eine 6. $P(F) = \frac{11}{36} \cong 30{,}6\,\%$

Trainingsblatt:
Laplace-Wahrscheinlichkeiten – Mensch ärgere dich nicht!

Betrachte die abgebildete Spielsituation.

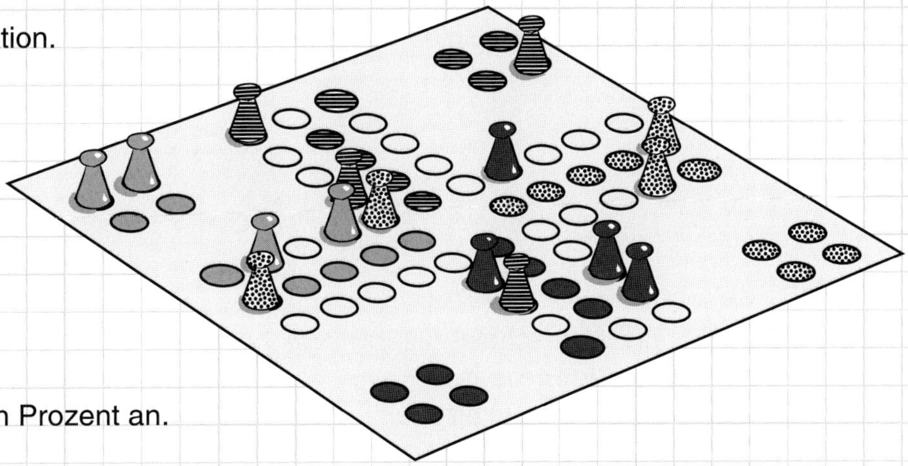

Wie groß ist die Wahrscheinlichkeit für folgende Ereignisse?
Gib diese Wahrscheinlichkeit auch in Prozent an.

A: Der Spieler mit den grauen Spielfiguren kommt bei seinem nächsten Wurf mit seiner dritten Spielfigur ins Spiel.

$P(A) = \frac{|A|}{|\Omega|} =$ ____________________

B: Der Spieler mit den schwarzen Spielfiguren kommt bei seinem nächsten Wurf mit seiner vierten Spielfigur ins Spiel.

$P(B) =$ ____________________

C: Der Spieler mit den schwarzen Spielfiguren kann bei seinem nächsten Wurf eine gepunktete Spielfigur hinauswerfen.

____

D: Der Spieler mit den schwarzen Spielfiguren kann bei seinem nächsten Wurf mit einer seiner Spielfiguren in ein Zielfeld kommen.

____

E: Der Spieler mit den grauen Spielfiguren kann bei seinem nächsten Wurf eine gestreifte Spielfigur hinauswerfen.

____

F: Der Spieler mit den gepunkteten Spielfiguren kann bei seinem nächsten Wurf eine andere Spielfigur hinauswerfen.

____

G: Der Spieler mit den gepunkteten Spielfiguren kann bei seinem nächsten Wurf vorrücken.

____

Lösungen:

Werden die Spielfiguren mit den Lösungen entsprechend den Aufgaben in die richtige Reihenfolge gesetzt, so ergibt sich ein Lösungswort:

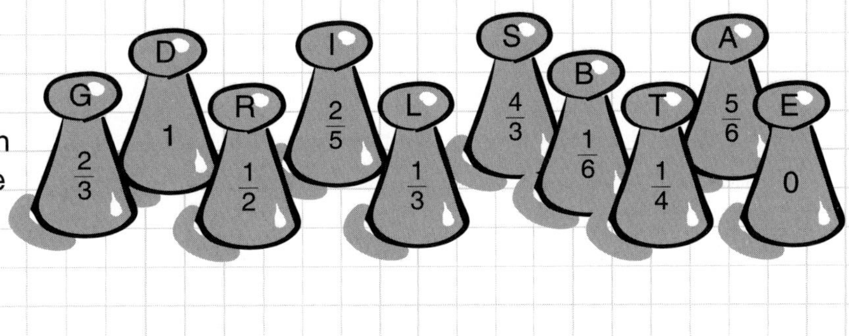

Lösungswort: ____________________

Trainingsblatt:
Laplace-Wahrscheinlichkeiten – Mensch ärgere dich nicht!

Betrachte die abgebildete Spielsituation.

Wie groß ist die Wahrscheinlichkeit für folgende Ereignisse?
Gib diese Wahrscheinlichkeit auch in Prozent an.

A: Der Spieler mit den grauen Spielfiguren kommt bei seinem nächsten Wurf mit seiner dritten Spielfigur ins Spiel.

$P(A) = \frac{|A|}{|\Omega|} = \frac{1}{6} \approx 16{,}67\,\%$

B: Der Spieler mit den schwarzen Spielfiguren kommt bei seinem nächsten Wurf mit seiner vierten Spielfigur ins Spiel.

$P(B) = \frac{|B|}{|\Omega|} = \frac{0}{6} \approx 0\,\%$

C: Der Spieler mit den schwarzen Spielfiguren kann bei seinem nächsten Wurf eine gepunktete Spielfigur hinauswerfen.

$P(C) = \frac{|C|}{|\Omega|} = \frac{2}{6} = \frac{1}{3} \approx 33{,}3\,\%$

D: Der Spieler mit den schwarzen Spielfiguren kann bei seinem nächsten Wurf mit einer seiner Spielfiguren in ein Zielfeld kommen.

$P(D) = \frac{|D|}{|\Omega|} = \frac{4}{6} = \frac{2}{3} \approx 66{,}7\,\%$

E: Der Spieler mit den grauen Spielfiguren kann bei seinem nächsten Wurf eine gestreifte Spielfigur hinauswerfen.

$P(E) = \frac{|E|}{|\Omega|} = \frac{3}{6} = \frac{1}{2} = 50\,\%$

F: Der Spieler mit den gepunkteten Spielfiguren kann bei seinem nächsten Wurf eine andere Spielfigur hinauswerfen.

$P(F) = \frac{|F|}{|\Omega|} = \frac{5}{6} \approx 83{,}3\,\%$

G: Der Spieler mit den gepunkteten Spielfiguren kann bei seinem nächsten Wurf vorrücken.

$P(G) = \frac{|G|}{|\Omega|} = \frac{6}{6} = 1 = 100\,\%$

Lösungen:

Werden die Spielfiguren mit den Lösungen entsprechend den Aufgaben in die richtige Reihenfolge gesetzt, so ergibt sich ein Lösungswort:

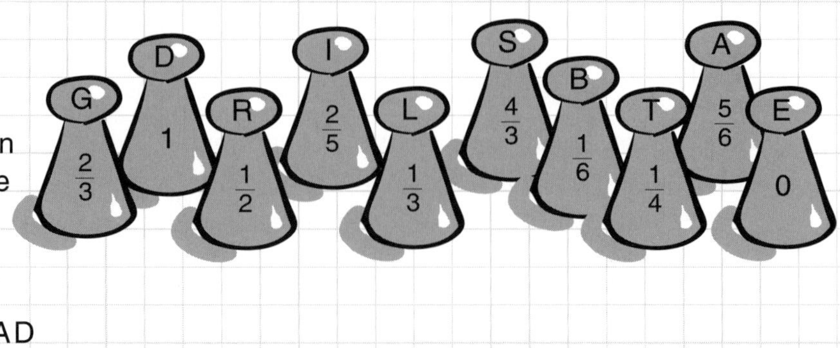

Lösungswort: BELGRAD

Pierre Simon Laplace (1749–1827) wuchs in der französischen Normandie auf. Eigentlich sollte er Priester werden. Aber das Theologiestudium setzte damals ein allgemeines fächerübergreifendes Grundstudium voraus, während dessen Laplace seine Liebe zur Mathematik entdeckte. Von d'Alembert (1717–1783), dem damals berühmtesten Mathematiker Frankreichs gefördert, wurde Laplace bereits mit 24 Jahren in die Pariser Akademie der Wissenschaften aufgenommen. Das Hauptinteressse von Laplace galt zwei Gebieten, der Himmelsmechanik und der Theorie der Wahrscheinlichkeit.

Bis zum Mittelalter war man der Auffassung, der Bereich des Zufälligen sei menschlicher Erkenntnis nicht zugänglich. Eine Wissenschaft vom Zufall – das schien widersinnig zu sein.
Aber Glücksspieler hatten schon immer eine Ahnung davon, dass nicht alle Zufälle gleich zufällig sind. Probleme des Glücksspiels waren es auch, die für die Entwicklung der Wahrscheinlichkeitsrechnung den Anstoß gaben.

D'Alembert beschäftigte sich z. B. mit folgendem Problem:
Wie groß ist die Wahrscheinlichkeit, bei zweimaligem Münzwurf wenigstens einmal Kopf zu werfen? Hierzu betrachtete d'Alembert folgende Ergebnisse:
- Kopf schon beim 1. Wurf, so dass ein 2. Wurf unnötig ist.
- Wappen beim 1. Wurf und Kopf beim 2. Wurf.
- Wappen beim 1. Wurf und beim 2. Wurf.

Er folgerte hieraus $\frac{2}{3}$ für die gesuchte Wahrscheinlichkeit.

Gesucht: Wenigstens einmal Kopf

Dieses Ergebnis widerspricht jedoch der Erfahrung beim vielfach durchgeführten Experiment und veranlasste Laplace, in seinem 1812 erschienenen Werk „Théorie analytique des Probabilités" zu schreiben: Die richtige Einschätzung der verschiedenen Fälle sei „einer der heikelsten Punkte der Theorie des Zufalls". Laplace entwickelte nun den folgenden Begriff der Wahrscheinlichkeit:

**Die Theorie des Zufalls ermittelt die gesuchte Wahrscheinlichkeit eines Ereignisses durch Zurückführen auf eine gewisse Anzahl gleich möglicher Fälle, d.h. solcher, über deren Existenz wir in gleicher Weise unschlüssig sind, und durch Bestimmung der dem Ereignis günstigen Fälle.
Das Verhältnis dieser Zahl zu der aller möglichen Fälle ist das Maß dieser Wahrscheinlichkeit, die also nichts anderes als ein Bruch ist, dessen Zähler die Zahl der günstigen Fälle und dessen Nenner die Zahl aller möglichen Fälle ist.**

Diese klassische Definition der **Laplace-Wahrscheinlichkeit** wird heute so formuliert:

Für Zufallsexperimente, bei denen alle Ergebnisse gleich wahrscheinlich sind (Laplace-Annahme), gilt:

Die Wahrscheinlichkeit P(A) eines Ereignisses A erhält man, indem man die Anzahl der für A günstigen Ergebnisse durch die Gesamtzahl der möglichen Ergebnisse dividiert:

$$P(A) = \frac{\text{Anzahl der für A günstigen Ergebnisse}}{\text{Anzahl der möglichen Ergebnisse}} = \frac{|A|}{|\Omega|}$$

Aus dieser durchaus sinnvollen Definition ergeben sich jedoch auch Probleme:
- Die Definition setzt Ergebnisse bzw. Fälle von gleicher Wahrscheinlichkeit voraus. In der Wirklichkeit begegnet man dagegen häufig anderen Situationen: Es ist z. B. nicht gleich wahrscheinlich, ob ein Mädchen oder ein Junge geboren wird.
- Die Gleichwahrscheinlichkeit ist eine bloße Annahme, kann also nicht sicher aus dem Sachverhalt abgeleitet werden: Wenn man z. B. 60-mal würfelt und dabei 10-mal die 6 wirft, kann nicht ausgeschlossen werden, dass der Würfel doch gefälscht ist und nur zufällig in $\frac{1}{6}$ aller Fälle die 6 aufgetreten ist.

1. Bei den folgenden Termen sind 7 Paare mit jeweils gleichem Wert zu finden. Verbinde diese.

8 4 $8 \cdot 7$ $\frac{4!}{3!}$ $6 \cdot 5 \cdot 4$ $\frac{8!}{5!}$ $2!$ $\frac{8!}{6!}$ $8 \cdot 7 \cdot 6 \cdot 5$ $8!:4!$ $8 \cdot 7 \cdot 6$ $8!$ $\frac{8!}{7!}$ $8 \cdot 7!$ $\frac{6!}{3!}$

2. Zeichne zu jeder Teilaufgabe zuerst einen passenden Ergebnisbaum in dein Heft. Ermittle dann mit Hilfe des Zählprinzips die jeweilige Anzahl der Möglichkeiten.

a) Bernd hat vier Pullover, eine schwarze und eine blaue Jeans und zwei Paar Schuhe. Wie viele Möglichkeiten hat er, seine Kleidung zusammenzustellen?

b) Das Gasthaus „Zur Post“ bietet auf seiner Speisekarte zwei verschiedene Vorspeisen, fünf Hauptgerichte und zwei Nachspeisen an. Wie viele Menüs kann der Gast zusammenstellen?

c) Eine Privatbahn-AG besitzt zwei Loks und vier Waggons. Wie viele Möglichkeiten hat die Bahn, einen Zug mit Lok an der Zugspitze und zwei Waggons zusammenzustellen?

d) Drei Ruderer fahren in einem Zweierboot mit Steuermann („Wassertaxi“). Nach der Pause soll der Steuermann wechseln. Wie viele Sitzordnungen sind dann möglich?

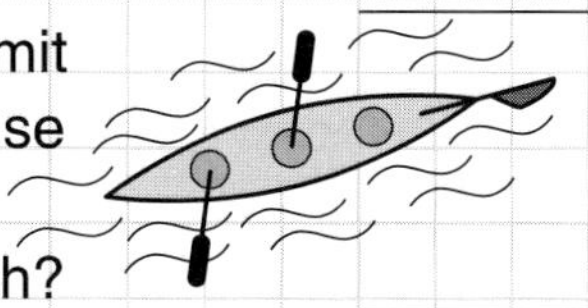

e) Aus weißen und roten Bauklötzen werden vier Steine ausgewählt und zu einem Turm zusammengesetzt. Wie viele verschiedene Türme sind möglich?

f) Bei einem Abfahrtslauf kämpfen vier Skifahrer um die Gold-, Silber- und Bronzemedaille. Wie viele Möglichkeiten gibt es für die Medaillenverteilung?

3.

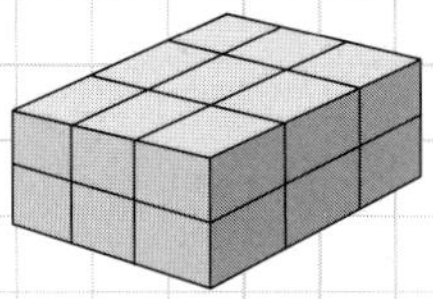

Der abgebildete Quader ist 3 cm lang, 3 cm breit und 2 cm hoch. Er wird in ein blaues Farbbad eingetaucht und anschließend in gleich große Würfel mit Kantenlänge 1 cm zersägt. Diese werden in eine Urne gelegt. Paul zieht einen Würfel aus der Urne.

Wie groß ist die Wahrscheinlichkeit, dass Paul

a) einen Würfel mit drei blauen Seitenflächen zieht?

b) einen Würfel mit zwei blauen Seitenflächen zieht?

c) einen Würfel mit einer blauen Seitenfläche zieht?

4.

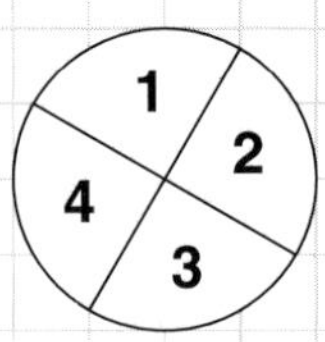

Ein Bierdeckel wird wie in der Figur in vier gleiche Teile zerlegt und mit den Zahlen 1 bis 4 im Uhrzeigersinn beschriftet. Anschließend werden die Teile umgedreht, gemischt und wieder zu einem Kreis zusammengefügt. Wie groß ist die Wahrscheinlichkeit, dass die vier Zahlen nach dem Aufdecken wieder in der richtigen Reihenfolge im Uhrzeigersinn nebeneinander liegen?

1. Bei den folgenden Termen sind 7 Paare mit jeweils gleichem Wert zu finden. Verbinde diese.

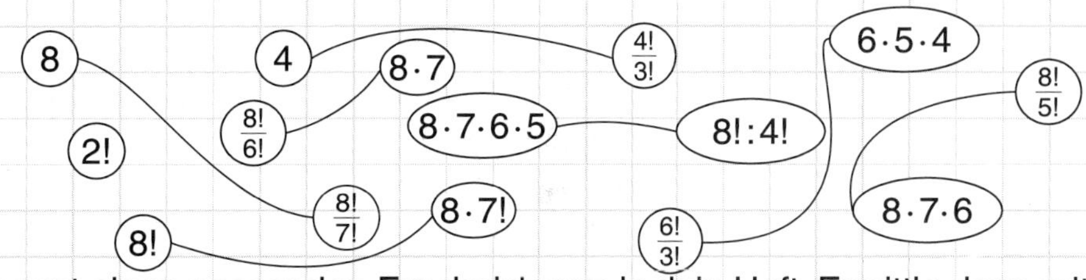

2. Zeichne zu jeder Teilaufgabe zuerst einen passenden Ergebnisbaum in dein Heft. Ermittle dann mit Hilfe des Zählprinzips die jeweilige Anzahl der Möglichkeiten.

a)
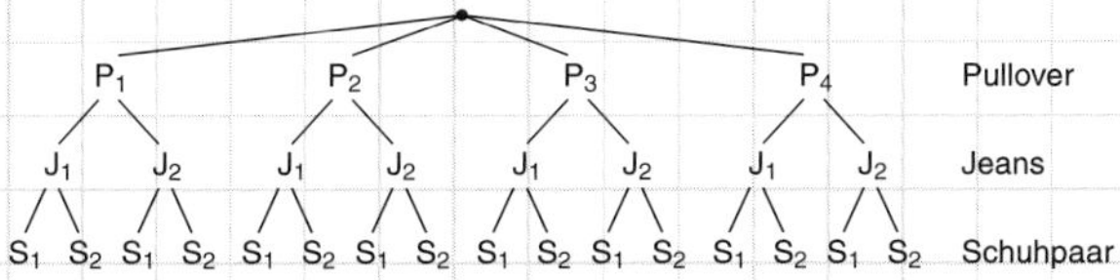

$4 \cdot 2 \cdot 2 = 16$ Möglichkeiten

b)
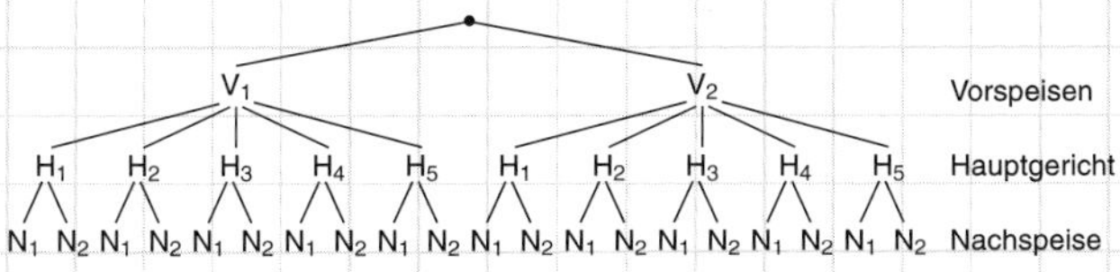

$2 \cdot 5 \cdot 2 = 20$ Möglichkeiten

c)
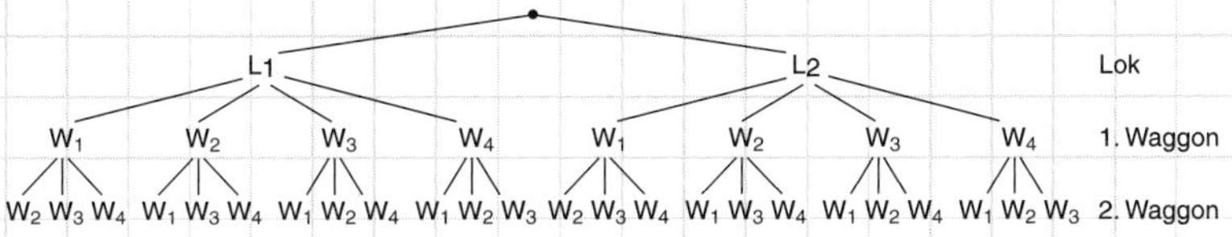

$2 \cdot 4 \cdot 3 = 24$ Möglichkeiten

d)
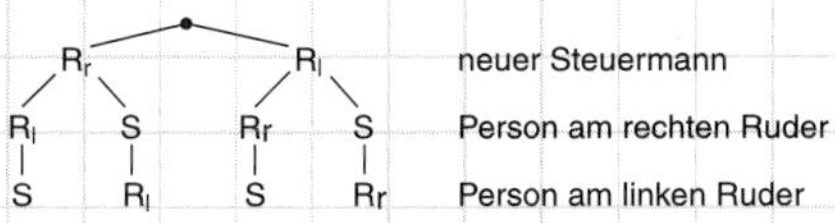

$2 \cdot 2 \cdot 1 = 4$ Möglichkeiten

e)
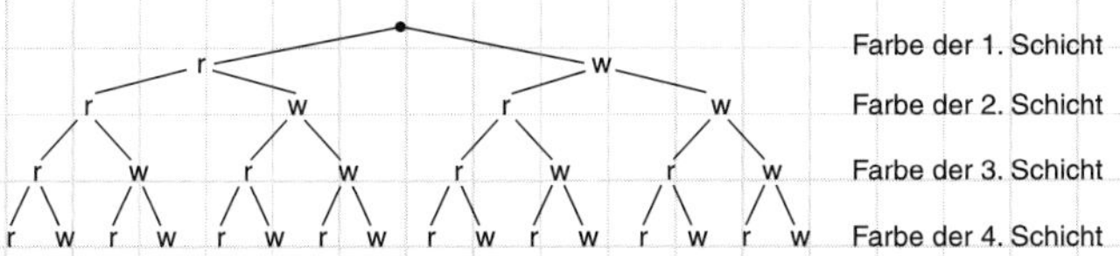

$2 \cdot 2 \cdot 2 \cdot 2 = 16$ Möglichkeiten

f)
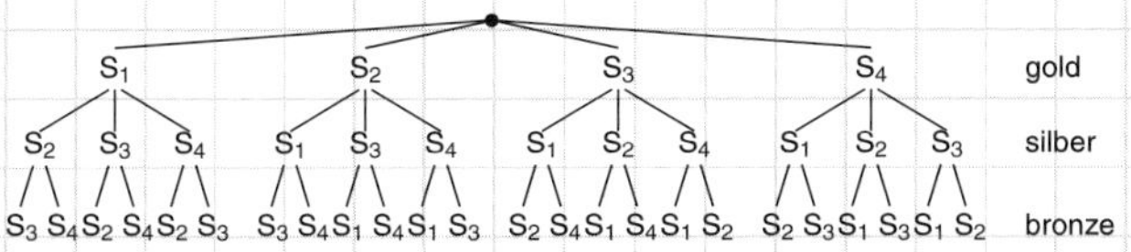

$4 \cdot 3 \cdot 2 = 24$ Möglichkeiten

3.
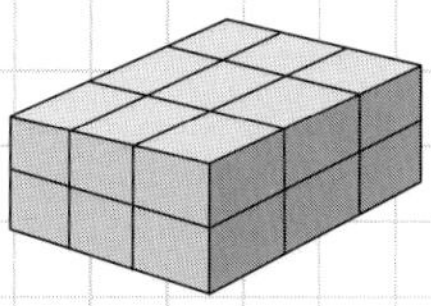

Der abgebildete Quader ist 3 cm lang, 3 cm breit und 2 cm hoch. Er wird in ein blaues Farbbad eingetaucht und anschließend in gleich große Würfel mit Kantenlänge 1 cm zersägt. Diese werden in eine Urne gelegt. Paul zieht einen Würfel aus der Urne.

Wie groß ist die Wahrscheinlichkeit, dass Paul

a) einen Würfel mit drei blauen Seitenflächen zieht?

P (drei Seiten blau) $= \frac{8}{18} = \frac{4}{9} \approx 44{,}4\,\%$

b) einen Würfel mit zwei blauen Seitenflächen zieht?

P (zwei Seiten blau) $= \frac{8}{18} = \frac{4}{9} \approx 44{,}4\,\%$

c) einen Würfel mit einer blauen Seitenfläche zieht?

P (eine Seite blau) $= \frac{2}{18} = \frac{1}{9} \approx 11{,}1\,\%$

4.
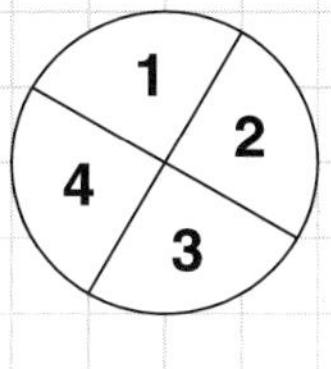

Ein Bierdeckel wird wie in der Figur in vier gleiche Teile zerlegt und mit den Zahlen 1 bis 4 im Uhrzeigersinn beschriftet. Anschließend werden die Teile umgedreht, gemischt und wieder zu einem Kreis zusammengefügt. Wie groß ist die Wahrscheinlichkeit, dass die vier Zahlen nach dem Aufdecken wieder in der richtigen Reihenfolge im Uhrzeigersinn nebeneinander liegen?

P („Uhrzeigersinn") $= \frac{4}{4 \cdot 3 \cdot 2 \cdot 1} = \frac{1}{6} \approx 16{,}7\,\%$

Spiel für 2 bis 4 Personen

Spielvorbereitung: Die unten abgebildeten Spielkarten werden zerschnitten, gemischt und verdeckt auf einen Stapel gelegt.

Spielregel: Der erste Spieler deckt die drei obersten Karten auf. Auf jeder Karte ist eine Aufgabe verzeichnet, deren Lösung eine Wahrscheinlichkeit ist. Der Schüler muss nun versuchen, diejenige Karte zu bestimmen, deren Aufgabenlösung die höchste Wahrscheinlichkeit ergibt. Gelingt ihm das, kann er diese Karte behalten. Die beiden anderen Karten werden wieder unter den Stapel gelegt. In gleicher Weise können die anderen Spieler reihum versuchen, Karten zu sammeln.

Spielziel: Wenn nur noch zwei Karten auf dem Stapel liegen, endet das Spiel. Gewonnen hat der Spieler mit den meisten Punkten.

Wie groß ist die Wahrscheinlichkeit, dass man mit einem Würfel eine gerade Zahl würfelt? __________ 2 Punkte	Wie groß ist die Wahrscheinlichkeit, dass man mit einem Würfel eine „6“ würfelt? __________ 7 Punkte	Wie groß ist die Wahrscheinlichkeit, dass man mit einem Würfel eine Zahl größer als 4 würfelt? __________ 4 Punkte
Wie groß ist die Wahrscheinlichkeit, dass man mit einem Würfel eine „1” oder „6“ würfelt? __________ 3 Punkte	Wie groß ist die Wahrscheinlichkeit, dass man mit zwei Würfeln einen Pasch würfelt? __________ 8 Punkte	Wie groß ist die Wahrscheinlichkeit, dass man eine schwarze Kugel zieht? 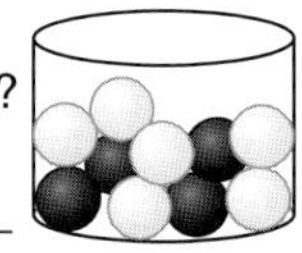 __________ 3 Punkte
Wie groß ist die Wahrscheinlichkeit, dass man eine schwarze Kugel zieht? 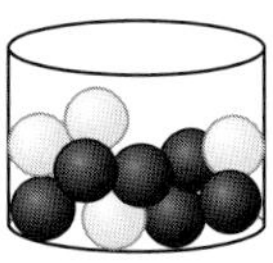 __________ 5 Punkte	Wie groß ist die Wahrscheinlichkeit, dass man keine schwarze Kugel zieht? 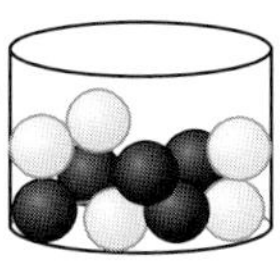 __________ 6 Punkte	Wie groß ist die Wahrscheinlichkeit, dass man eine weiße Kugel zieht?  __________ 4 Punkte
Wie groß ist die Wahrscheinlichkeit, dass die Kugel in Topf A fällt?  __________ 9 Punkte	Wie groß ist die Wahrscheinlichkeit, dass die Kugel in Topf A oder B fällt? 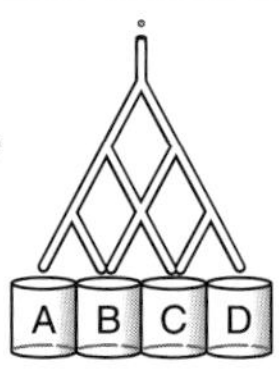 __________ 10 Punkte	Wie groß ist die Wahrscheinlichkeit, dass die Kugel in Topf C fällt?  __________ 8 Punkte
Wie groß ist die Wahrscheinlichkeit, dass das Glücksrad „0“ zeigt? 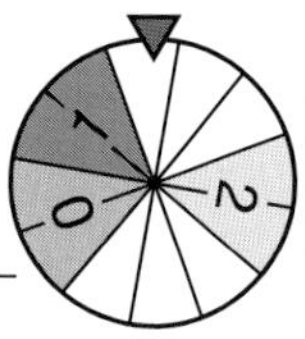 __________ 6 Punkte	Wie groß ist die Wahrscheinlichkeit, dass das Glücksrad „1“ zeigt? 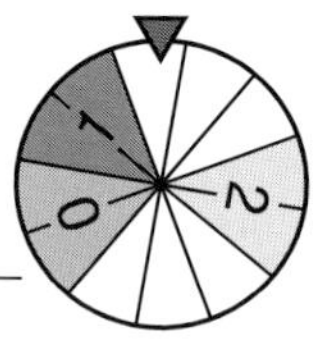 __________ 7 Punkte	Wie groß ist die Wahrscheinlichkeit, dass das Glücksrad „2“ zeigt? 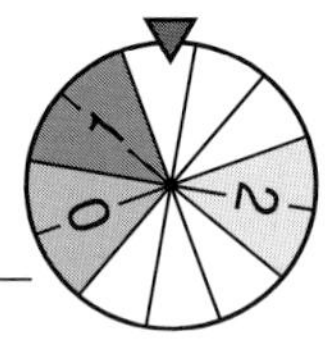 __________ 2 Punkte
Wie groß ist die Wahrscheinlichkeit, dass das Glücksrad „0“ oder „1“ zeigt? 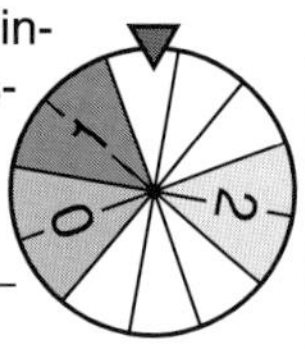 __________ 4 Punkte	Wie groß ist die Wahrscheinlichkeit, dass der Kreisel auf „schwarz“ fällt? 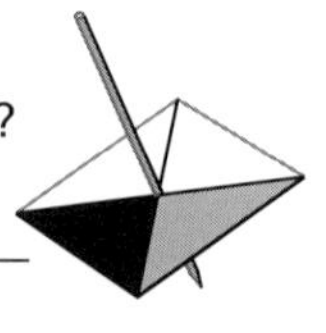 __________ 5 Punkte	Wie groß ist die Wahrscheinlichkeit, dass der Kreisel auf „grau“ fällt? 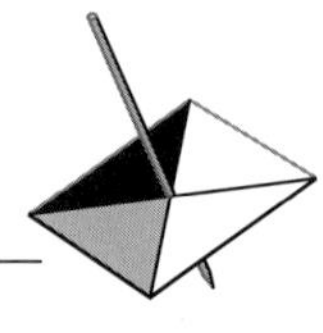 __________ 3 Punkte
Wie groß ist die Wahrscheinlichkeit, dass der Kreisel auf „weiß“ fällt? 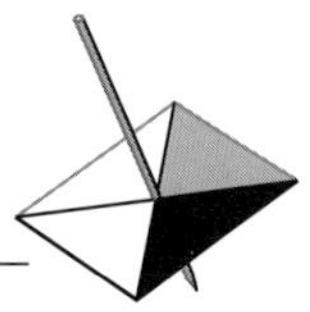 __________ 3 Punkte	Wie groß ist die Wahrscheinlichkeit, dass man aus einem Schafkopfblatt mit 32 Karten „blind“ eine Herzkarte zieht? __________ 5 Punkte	Wie groß ist die Wahrscheinlichkeit, dass man aus einem Schafkopfblatt mit 32 Karten „blind“ einen König zieht? __________ 9 Punkte

Spiel für 3 bis 6 Personen

Spielmaterial: Ein Würfel,
für jeden Mitspieler eine Spielfigur,
Spielplan und Indizienkarten (Kopiervorlagen, auf festes Papier kopiert, evtl. foliert)

Spielvorbereitung: Die Indizienkarten werden gemischt und verdeckt auf die 5 Indizienkartenfelder gestapelt.
Die Spielfiguren werden auf das Eingangsfeld der Villa gestellt.
Jeder Spieler wählt sich einen Indizienkartenkoffer aus.

Spielziel: In Villa Term ist eingebrochen worden. Um Spuren zu sichern, sind mehrere Kriminalinspektoren (Spielfiguren der Mitspieler) zur Villa geeilt. Sie sollen die einzelnen Räume aufsuchen, um dort Indizien zu finden, die Hinweise auf die Einbruchwerkzeuge (gesuchte Bruchterme) geben können. Ehrgeizig und nur auf den eigenen Erfolg bedacht versucht jeder Kriminalinspektor, möglichst viele Indizien auszuwerten und in seinen Indizienkoffer zu sammeln.

Spielregeln: Reihum würfelt jeder Spieler und zieht entsprechend der gewürfelten Augenzahl auf dem quadratischen Parkett der Villa. Hierbei dürfen keine Würfelaugen verfallen. Kann dabei ein Indizienfeld (I) betreten werden, so nimmt der Spieler eine Indizienkarte aus dem betreffenden Zimmer zu seinen Handkarten. Steht „Offenes Geheimnis" auf der Karte, so muss sie im Flur aufgedeckt auf den Stapel „Offene Geheimnisse" abgelegt werden. Man darf nicht zweimal hintereinander Indizienkarten aus demselben Zimmer aufnehmen.
Endet der Zug des Kriminalinspektors auf einem Feld, das schon von einem Kollegen besetzt ist, so darf er dessen Handkarten ansehen und sich eine Karte davon aussuchen. Er muss ihm jedoch dafür eine von seinen eigenen Handkarten geben. Anschließend wird der Kollege auf dem Spielfeld um 3 Felder beliebig verschoben.
Kann nun der Kriminalinspektor mit mindestens 3 Indizienkarten einen Bruchterm identifizieren (d. h., er nennt einen Bruchterm, der alle geforderten Eigenschaften erfüllt), so darf er die benutzten Indizienkarten in seinen Indizienkartenkoffer ablegen. Hierbei darf der Spieler, falls möglich, auch die oberste Karte der „offenen Geheimnisse" verwenden.
Ist der genannte Bruchterm falsch, so werden die benutzten Indizienkarten wieder verdeckt unter beliebige Indizienkartenstapel verteilt.
Jetzt ist der nächste Kriminalinspektor an der Reihe.

Spielende: Das Spiel endet, wenn alle Indizienkartenstapel in den Zimmern leer sind.
Es gewinnt der Spieler mit den meisten Karten in seinem Koffer.

Ein()Bruch in Villa Term – Spielfeld

auf DIN A3 vergrößern

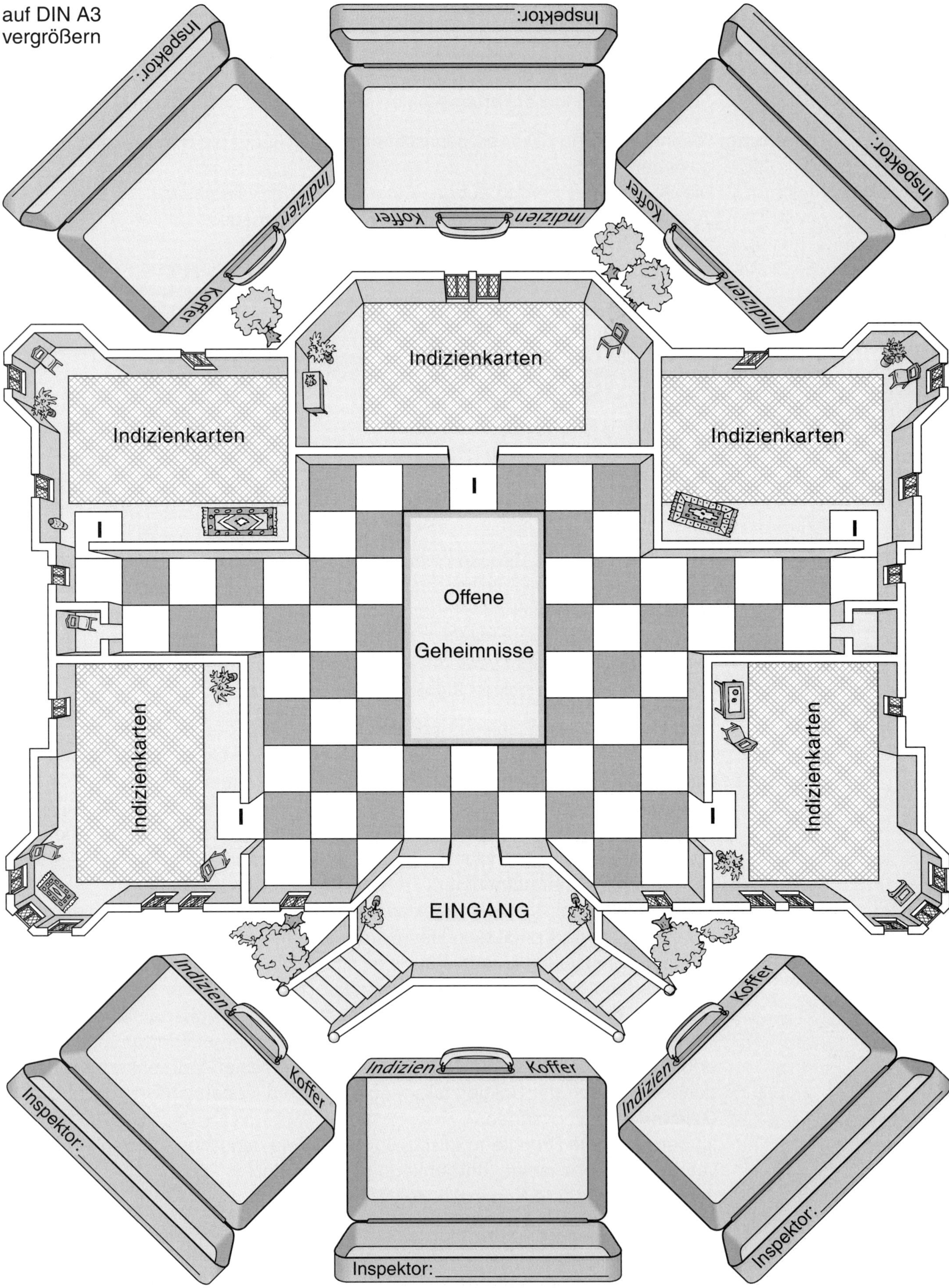

Offenes Geheimnis Der Graph schneidet die y-Achse im Punkt P(0|3).	**Offenes Geheimnis** Alle Punkte des Graphen liegen oberhalb der x-Achse.	**Offenes Geheimnis** Der Graph des Bruchterms ist achsensymmetrisch zur y-Achse.	**Offenes Geheimnis** Der Bruchterm hat eine waagrechte Asymptote bei y = 3.
Offenes Geheimnis Der Graph schneidet die x-Achse im Punkt P(−3|0).	**Offenes Geheimnis** Alle Punkte des Graphen liegen unterhalb der x-Achse.	**Offenes Geheimnis** Im Zähler des Bruchterms lässt sich 2 ausklammern.	**Offenes Geheimnis** Der Term ist für x = 5 nicht definiert.
Indiz Setzt man eine Zahl größer als 3 für die Variable ein, so hat der Bruchterm einen positiven Wert, der größer als 0,5 ist.	**Indiz** Setzt man eine negative Zahl für die Variable ein, so hat der Bruchterm einen positiven Wert.	**Indiz** Setzt man 2 für die Variable ein, so hat der Term den Wert 4.	**Indiz** Der Graph des Bruchterms ist punktsymmetrisch zum Punkt (2|3).
Indiz Die x-Achse ist keine Asymptote.	**Indiz** Setzt man eine positive Zahl für die Variable ein, so hat der Bruchterm einen negativen Wert.	**Indiz** Der Graph des Terms besitzt eine Nullstelle bei x = − 2.	**Indiz** Der Graph des Bruchterms ist achsensymmetrisch.
Indiz Der Graph hat genau zwei Nullstellen.	**Indiz** Setzt man −2 für die Variable ein, so hat der Bruchterm den Wert −4.	**Indiz** Der Graph des Terms besitzt keine Nullstellen.	**Indiz** Der Graph des Bruchterms ist punktsymmetrisch.

Indiz Der Graph ist nicht punktsymmetrisch im Ursprung.	**Indiz** Der Bruchterm lässt sich kürzen durch (x – 2).	**Indiz** Der Graph hat genau eine Nullstelle.	**Indiz** Den Bruchterm lässt sich kürzen durch (x – 5).
Indiz Der Bruchterm ist kürzbar durch (x – 5).	**Indiz** Der Graph des Bruchterms besitzt zwei senkrechte Asymptoten.	**Indiz** Die Punkte S(1|3) und T(4|3) liegen auf dem Graphen des Bruchterms.	**Indiz** Der Graph des Bruchterms besitzt nur eine senkrechte Asymptote.
Indiz Multipliziert man den Bruchterm mit (2x – 1), so erhält man eine lineare Funktion mit Steigung 4.	**Indiz** Der Graph des Bruchterms besitzt zwei senkrechte Asymptoten.	**Indiz** Die Punkte A(– 1|1) und B(1|–1) liegen auf dem Graphen des Bruchterms.	**Indiz** Multipliziert man den Bruchterm mit (x – 2), so erhält man eine lineare Funktion mit Steigung 3.
Indiz Der Punkt P(2|3) liegt auf dem Graphen des Bruchterms.	**Indiz** Der Graph des Bruchterms besitzt keine senkrechte Asymptote.	**Indiz** Die Punkte C(1|2) und D(–1|0) liegen auf dem Graphen des Bruchterms.	**Indiz** Beide Achsen sind Asymptoten.
Indiz Die y-Achse ist keine Asymptote.	**Indiz** Der Graph des Bruchterms besitzt keine waagrechte Asymptote.	**Indiz** Die Punkte P(–2|–1) und Q(2|–1) liegen auf dem Graphen des Bruchterms.	**Indiz** Der Graph besitzt keine senkrechte Asymptoten.

1. Kürze so weit möglich.

a) $\frac{-27x^2 + 2x^2}{x^4} =$ ______

b) $\frac{-27efg + 3ef}{6ef^2} =$ ______

c) $\frac{(-2x)\cdot(-7yx)}{x^2y} =$ ______

d) $\frac{5(2x+4)\cdot 3(9-x^2)}{10(x^2-9)\cdot(x+2)} =$ ______

2. Jede „Bruchbude" steht für einen Bruchterm. Ergänze so, dass innerhalb jeder Bruchbude äquivalente Terme stehen. Gib im Fundament auch die größtmögliche gemeinsame Definitionsmenge an.

a)

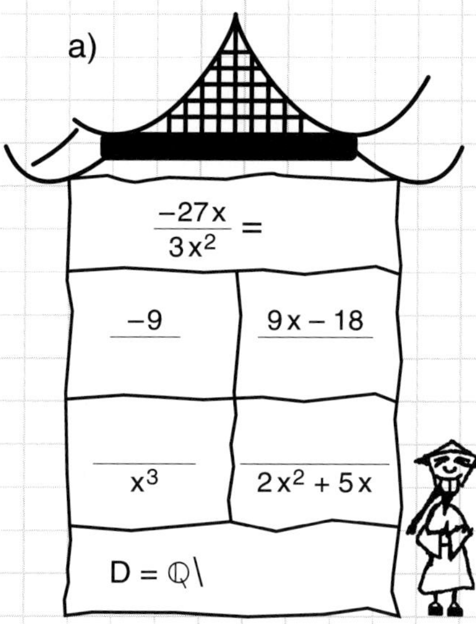

b)

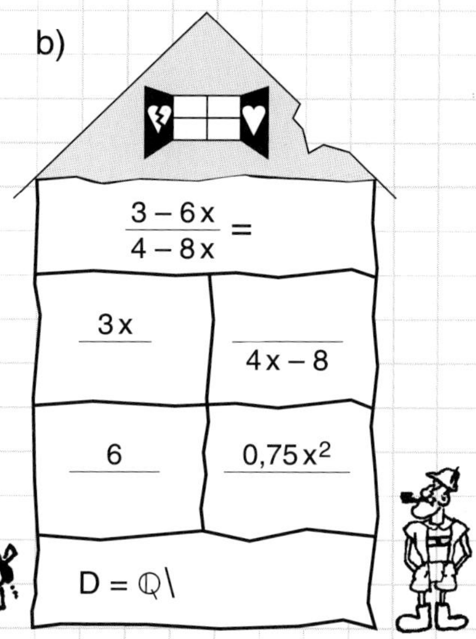

c)

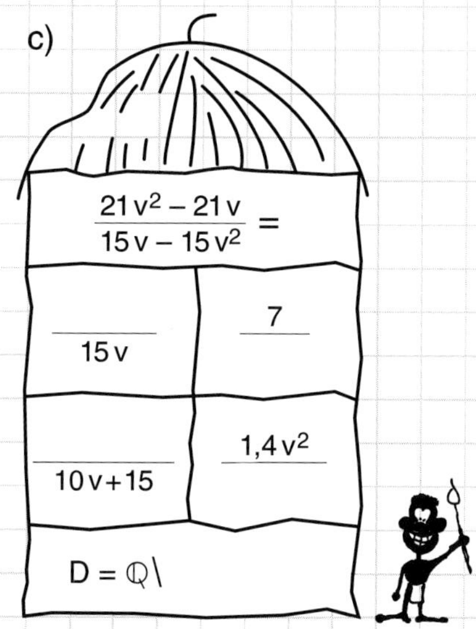

3. Berechne und vereinfache möglichst weit.

a) $\frac{a^2}{b^2c} + c =$ ______

b) $\frac{a^2}{b^2c} \cdot c =$ ______

c) $\frac{a^2}{b^2c} - c =$ ______

d) $\frac{a^2}{b^2c} : c =$ ______

e) $\left(-\frac{48ef}{80z}\right)\cdot\left(-\frac{12z}{20ef^2}\right) =$ ______

f) $4:\left[\frac{2c}{c-f} - \frac{3f}{3(f-c)}\right] =$ ______

______

g) $\frac{2}{3a} - \frac{3a-1}{3a^2-a} =$ ______

4. Setze einen passenden Term ein.

a) $\frac{7b}{a^2} - \square = \frac{7b^2-3a^2}{a^2b}$

b) $\frac{4r}{25s} \cdot \square = \frac{5}{4s}$

c) $4 : \frac{4y-16}{8-\square} = -2$

d) $\square \cdot 2x = 2(x+4)$

e) $\frac{5(2a-b)}{9} : \square = \frac{25}{9}$

f) $\left(\frac{2}{5x} + \frac{3}{5x}\right) - \square = x$

Trainingsblatt
Rechnen mit Bruchtermen

1. Kürze so weit möglich.

a) $\frac{-27x^2+2x^2}{x^4} = \frac{x^2(-27+2)}{x^4} = \frac{-25}{x^2}$

b) $\frac{-27efg+3ef}{6ef^2} = \frac{3ef(-9g+1)}{6ef^2} = \frac{-9g+1}{2f}$

c) $\frac{(-2x)\cdot(-7yx)}{x^2y} = \frac{-2\cdot(-7)}{1} = 14$

d) $\frac{5(2x+4)\cdot 3(9-x^2)}{10(x^2-9)\cdot(x+2)} = \frac{-5\cdot 3\cdot(2\cdot(x+2))\cdot(x^2-9)}{10(x^2-9)\cdot(x+2)} = \frac{-5\cdot 3\cdot 2}{10} = -3$

2. Jede „Bruchbude" steht für einen Bruchterm. Ergänze so, dass innerhalb jeder Bruchbude äquivalente Terme stehen. Gib im Fundament auch die größtmögliche gemeinsame Definitionsmenge an.

a)

$\frac{-27x}{3x^2} = \frac{-9}{x}$

$\frac{-9}{x}$	$\frac{9x-18}{x(2-x)}$
$\frac{-9x^2}{x^3}$	$\frac{-9(2x+5)}{2x^2+5x}$

$D = \mathbb{Q}\setminus\{0; 2; -2{,}5\}$

b)

$\frac{3-6x}{4-8x} = \frac{3}{4}$

$\frac{3x}{4x}$	$\frac{3x-6}{4x-8}$
$\frac{6}{8}$	$\frac{0{,}75x^2}{x^2}$

$D = \mathbb{Q}\setminus\{0{,}5; 0; 2\}$

c)

$\frac{21v^2-21v}{15v-15v^2} =$

$\frac{-21v}{15v}$	$\frac{7}{-5}$
$\frac{-14v-21}{10v+15}$	$\frac{1{,}4v^2}{-v^2}$

$D = \mathbb{Q}\setminus\{-1{,}5; 0; 1\}$

3. Berechne und vereinfache möglichst weit.

a) $\frac{a^2}{b^2c} + c = \frac{a^2+b^2c^2}{b^2c}$

b) $\frac{a^2}{b^2c}\cdot c = \frac{a^2}{b^2}$

c) $\frac{a^2}{b^2c} - c = \frac{a^2-b^2c^2}{b^2c}$

d) $\frac{a^2}{b^2c} : c = \frac{a^2}{b^2c^2}$

e) $\left(-\frac{48ef}{80z}\right)\cdot\left(-\frac{12z}{20ef^2}\right) = \frac{3ef\cdot 3z}{5z\cdot 5ef^2} = \frac{9}{25f}$

f) $4:\left[\frac{2c}{c-f} - \frac{3f}{3(f-c)}\right] = 4:\left[\frac{-6c}{3(f-c)} - \frac{3f}{3(f-c)}\right] = 4:\frac{-6c-3f}{3(f-c)} = \frac{4[3(f-c)]}{-6c-3f}$

$= \frac{4\cdot 3(f-c)}{3(-2c-f)} = \frac{4(f-c)}{-2c-f} = -\frac{4(f-c)}{2c+f}$

g) $\frac{2}{3a} - \frac{3a-1}{3a^2-a} = \frac{2}{3a} - \frac{3a-1}{a(3a-1)} = \frac{2}{3a} - \frac{1}{a} = \frac{2-3}{3a} = \frac{-1}{3a}$

4. Setze einen passenden Term ein.

a) $\frac{7b}{a^2} - \boxed{\frac{3}{b}} = \frac{7b^2-3a^2}{a^2b}$

b) $\frac{4r}{25s}\cdot\boxed{\frac{125}{16r}} = \frac{5}{4s}$

c) $4:\frac{4y-16}{8-\boxed{2y}} = -2$

d) $\boxed{\frac{2(x+4)}{2x}}\cdot 2x = 2(x+4)$

e) $\frac{5(2a-b)}{9} : \boxed{\frac{2a-b}{5}} = \frac{25}{9}$

f) $\left(\frac{2}{5x} + \frac{3}{5x}\right) - \boxed{\frac{1-x^2}{x}} = x$

Dominoschlange: Bruchterme

Die Dominokarten entlang der dicken Linien ausschneiden.

$\frac{3x-5y}{x-1{,}8y}$	$\frac{a}{b}$	$\frac{1}{20}y$	$\frac{b-2}{2-b}$	-4	$\frac{15x-25y}{5x-9y}$
$\frac{1+x^2}{x}$	$\frac{-12a+4ab}{(3-b)a}$	$\frac{a^3}{a^2b}$	$\frac{6}{a}+\frac{a}{12}$	-1	$\frac{1}{a}+\frac{a}{b}$
1	$\frac{x}{2y}$	$\frac{15x+21y}{6a+9b}$	$\frac{x+3}{x+1}-\frac{4}{2x+2}$	$\frac{m(6b^2+7)}{10ab^2}$	$\frac{3x}{a}-\frac{a}{3x}$
$\frac{72+a^2}{12a}$	$\frac{ax+y}{a+n}+\frac{nx-y}{n+a}$	$\frac{9x^2-a^2}{3ax}$	$\frac{3a}{7b}$	$4a$	$\frac{15x-25y}{5x-10y}$
$\frac{m(6a+7)}{10a^2}$	$\frac{1}{a}+\frac{1}{a^2}$	$\frac{2x^2}{4xy}$	$\frac{3m}{5a}+\frac{7m}{10a^2}$	$\frac{36a^3b}{84a^2b^2}$	$\frac{1}{x}+x$
$\frac{b+a^2}{ab}$	$\frac{5x+7y}{2a+3b}$	$\frac{1}{x}$	$\frac{3a^2b}{14ab^2}$	$\frac{3x-5y}{x-2y}$	$\frac{x}{2y}+\frac{5x}{13y}$
$\frac{1+2y}{y}$	$\frac{x^3+x}{(x+x^3)x}$	$\frac{1}{3}$	$\frac{ax+bx}{2x}$	$\frac{x}{2}$	$\frac{x-4y}{3x+y}$
$\frac{18a^3b}{84a^2b^2}$	$\frac{3m}{5a}+\frac{7m}{10ab^2}$	$-\frac{1}{y}$	$\frac{6a+12ab}{3a}$	$\frac{1+a}{a^2}$	$\frac{2a^3+a^3}{3a^3-4a^4}$
x	$\frac{1}{9y}:\frac{1}{3y}$	$\frac{4x-16y}{12x+4y}$	$\frac{0{,}02xy}{0{,}4x}$	$2+4b$	$\frac{128a^2}{32a}$
$\frac{a+b}{2}$	$\frac{3x^2}{6x}$	$\frac{3}{3-4a}$	$\frac{3}{y}-\frac{4}{y}$	$\frac{23x}{26y}$	$\frac{1}{y}+2$

Trainingsblatt
Potenzen mit negativen Exponenten

1. Schreibe als Dezimalbruch und als gekürzten Bruch.

a) $5 \cdot 10^{-4} =$ b) $2^{-4} =$

c) $-0{,}4^{-2} =$ d) $0{,}065 \cdot 10^{-3} =$

2. Ordne die Potenzen der Größe nach. Beginne mit dem kleinsten Wert.

a) 4^5 -4^5 4^6 4^{-3} $\left(\frac{1}{25}\right)^{-2}$ $(-4)^6$ $(-4)^{-3}$ $0{,}25^{-2}$ $\left(\frac{2}{3}\right)^{-3}$

< < < < < < < <

b) 5^3 5^{-1} 5^0 5^{-3} $0{,}2^{-2}$ $0{,}4^3$ 5^4 -5^3 $0{,}4^{-3}$ -3^3 -3^{-5}

< < < < < < < < < <

3. Schreibe die Taschenrechneranzeige als Bruch und als Dezimalzahl.

a) $5.151^{-11} =$

b) $2.4386^{-09} =$

c) $8^{-03} =$

d) $-3.2^{-04} =$

e) $-5.12^{\;11} =$

4. Was steht im Kopf des Drachens?

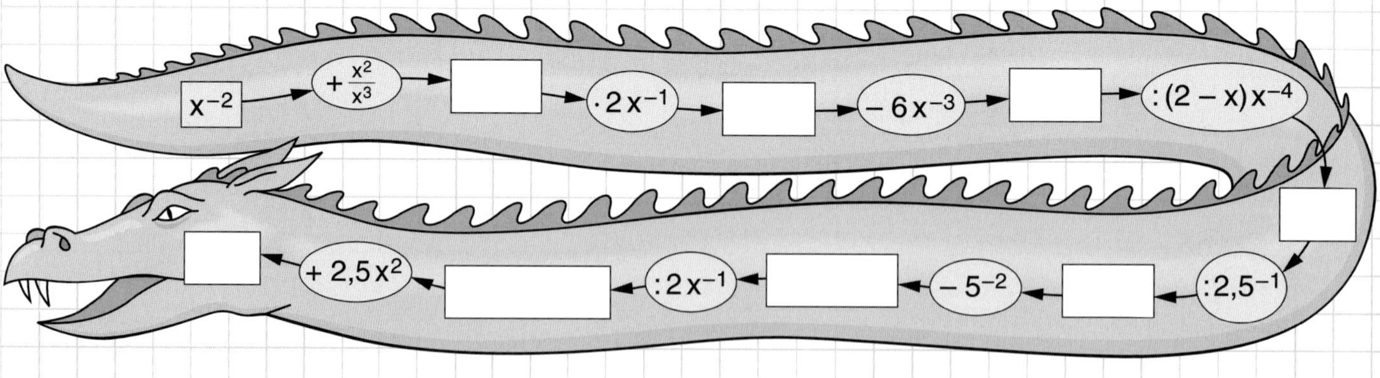

5. Setze einen passenden Term ein:

a) $a^{2-n} :$ ☐ $= a^{n-1}$ b) $z^{-3+k} \cdot$ ☐ $= z^{2k+1}$ c) $x^{-2} +$ ☐ $= x^{-3}$

Trainingsblatt
Potenzen mit negativen Exponenten

1. Schreibe als Dezimalbruch und als gekürzten Bruch.

a) $5 \cdot 10^{-4} = 0{,}0005 = \frac{5}{10\,000} = \frac{1}{2000}$

b) $2^{-4} = \frac{1}{16} = \frac{625}{10\,000} = 0{,}0625$

c) $-0{,}4^{-2} = -\frac{1}{\left(\frac{4}{10}\right)^2} = -\frac{100}{16} = -\frac{25}{4} = -\frac{625}{100} = -6{,}25$

d) $0{,}065 \cdot 10^{-3} = 0{,}000\,065 = \frac{65}{1\,000\,000} = \frac{13}{200\,000}$

2. Ordne die Potenzen der Größe nach. Beginne mit dem kleinsten Wert.

a) 4^5 | -4^5 | 4^6 | 4^{-3} | $\left(\frac{1}{25}\right)^{-2}$ | $(-4)^6$ | $(-4)^{-3}$ | $0{,}25^{-2}$ | $\left(\frac{2}{3}\right)^{-3}$

$-4^5 < (-4)^{-3} < 4^{-3} < \left(\frac{2}{3}\right)^{-3} < 0{,}25^{-2} < \left(\frac{1}{25}\right)^{-2} < 4^5 < 4^6 \leqslant (-4)^6$

b) 5^3 | 5^{-1} | 5^0 | 5^{-3} | $0{,}2^{-2}$ | $0{,}4^3$ | 5^4 | -5^3 | $0{,}4^{-3}$ | -3^3 | -3^{-5}

$-5^3 < -3^3 < -3^{-5} < 5^{-3} < 0{,}4^3 < 5^{-1} < 5^0 < 0{,}4^{-3} < 0{,}2^{-2} < 5^3 < 5^4$

3. Schreibe die Taschenrechneranzeige als Bruch und als Dezimalzahl.

a) 5.151⁻¹¹ $= 5{,}151 \cdot 10^{-11} = \frac{5151}{100\,000\,000\,000\,000} = 0{,}000\,000\,000\,051\,51$

b) 2.4386⁻⁰⁹ $= 2{,}4386 \cdot 10^{-9} = \frac{24\,386}{10\,000\,000\,000\,000} = 0{,}000\,000\,002\,438\,6$

c) 8⁻⁰³ $= 8 \cdot 10^{-3} = \frac{8}{1000} = 0{,}008$

d) -3.2⁻⁰⁴ $= -3{,}2 \cdot 10^{-4} = -\frac{32}{100\,000} = -0{,}000\,32$

e) -5.12 ¹¹ $= -5{,}12 \cdot 10^{11} = -\frac{51\,200\,000\,000\,000}{100} = -512\,000\,000\,000$

4. Was steht im Kopf des Drachens?

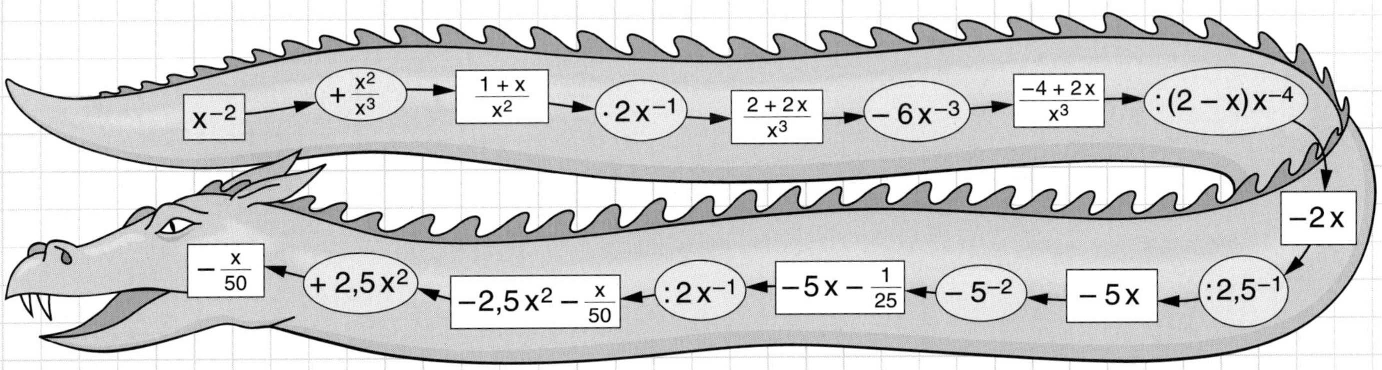

5. Setze einen passenden Term ein:

a) $a^{2-n} :$ $\boxed{a^{3-2n}}$ $= a^{n-1}$

b) $z^{-3+k} \cdot$ $\boxed{z^{4+k}}$ $= z^{2k+1}$

c) $x^{-2} +$ $\boxed{\frac{1-x}{x^3}}$ $= x^{-3}$

Trainingsblatt
Gebrochen rationale Funktionsterme

Ergänze die Tabelle.	Definitionsmenge	Gleichungen der Asymptoten	Skizze des Graphen mit Asymptoten	Schnittpunkt der Funktion mit:
f: $x \mapsto \frac{1}{x}$			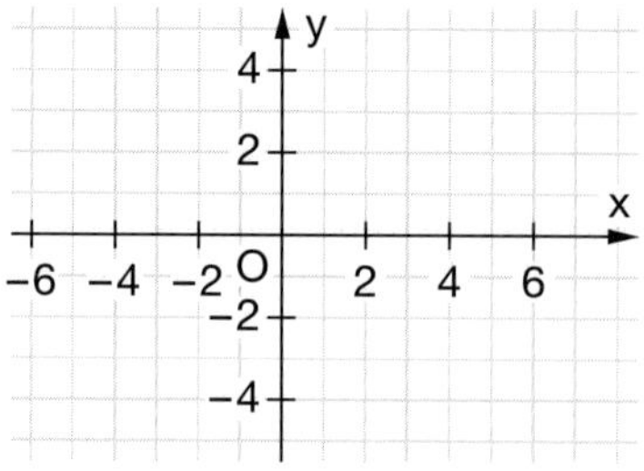	g: $x \mapsto 4$
f: $x \mapsto \frac{1}{x-2}$			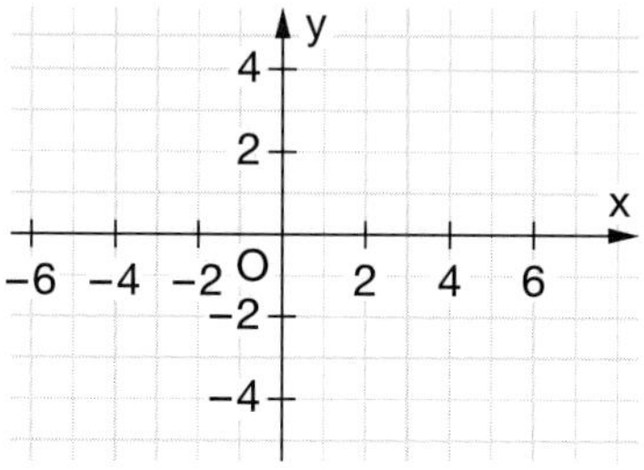	g: $x \mapsto \frac{1}{2x-1}$
f: $x \mapsto \frac{1}{x+2}$			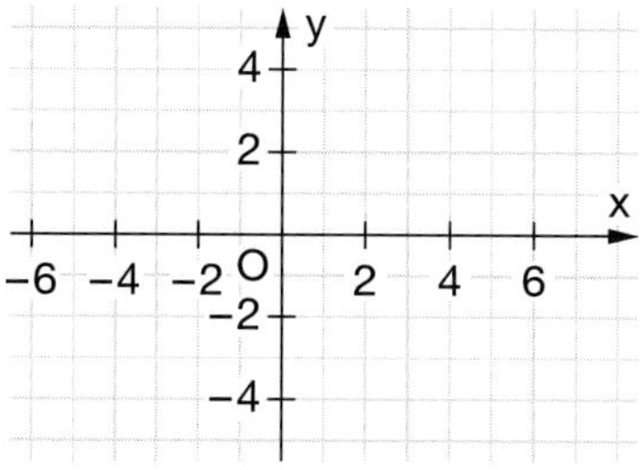	g: $x \mapsto \frac{x}{x^2+4}$
f: $x \mapsto \frac{1-2x}{x}$			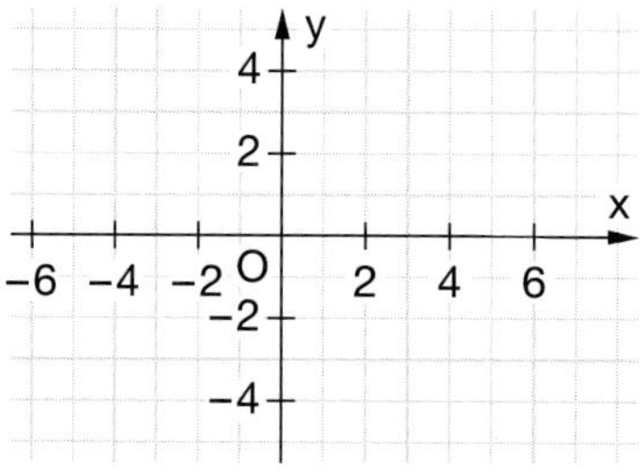	g: $x \mapsto x-2$
f: $x \mapsto \frac{1+2x}{x}$			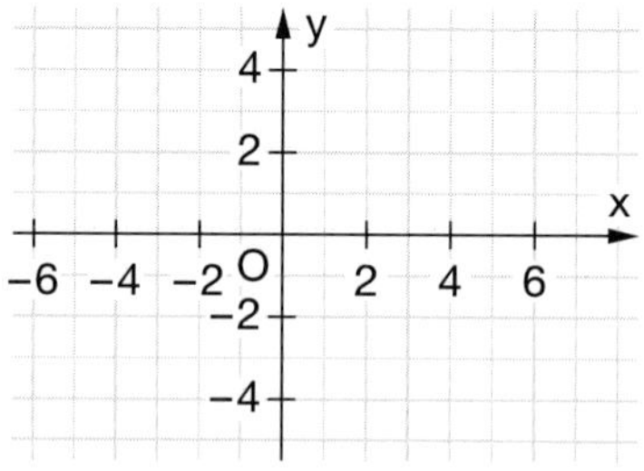	g: $x \mapsto \frac{4x}{1+2x}$
f: $x \mapsto \frac{-2x+6}{(x-3)^2}$			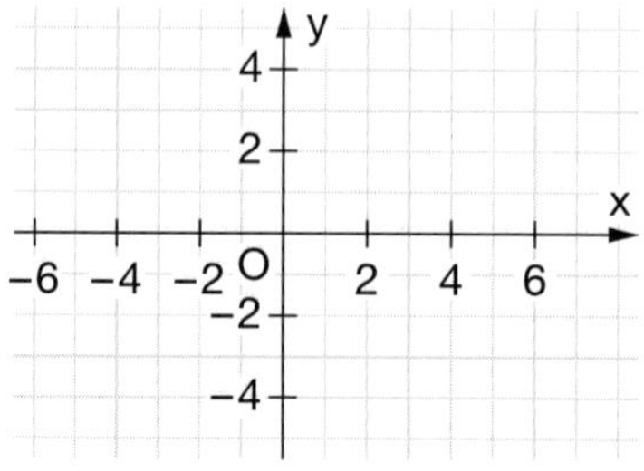	g: $x \mapsto \frac{1}{x}$

Trainingsblatt
Gebrochen rationale Funktionsterme

Ergänze die Tabelle.	Definitionsmenge	Gleichungen der Asymptoten	Skizze des Graphen mit Asymptoten	Schnittpunkt der Funktion mit:
f: $x \mapsto \frac{1}{x}$	$D = \mathbb{Q}\setminus\{0\}$	$y = 0$ $x = 0$	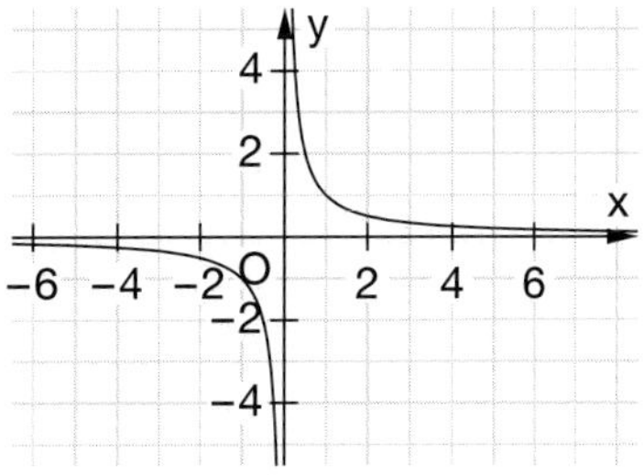	g: $x \mapsto 4$ $\frac{1}{x} = 4 \Rightarrow x = \frac{1}{4}$ $S\left(\frac{1}{4}\middle\vert 4\right)$
f: $x \mapsto \frac{1}{x-2}$	$D = \mathbb{Q}\setminus\{2\}$	$y = 0$ $x = 2$	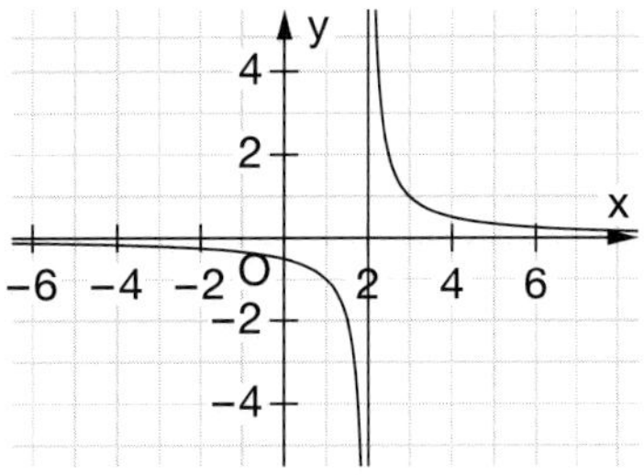	g: $x \mapsto \frac{1}{2x-1}$ $\frac{1}{x-2} = \frac{1}{2x-1}$ $2x - 1 = x - 2$ $\Rightarrow \quad x = -1$ $S\left(-1\middle\vert -\frac{1}{3}\right)$
f: $x \mapsto \frac{1}{x+2}$	$D = \mathbb{Q}\setminus\{-2\}$	$y = 0$ $x = -2$	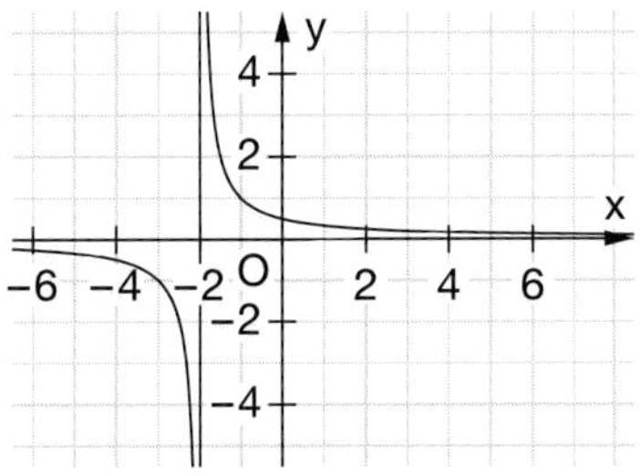	g: $x \mapsto \frac{x}{x^2+4}$ $\frac{1}{x+2} = \frac{x}{x^2+4}$ $x^2 + 4 = x^2 + 2x$ $\Rightarrow \quad 2 = x$ $S\left(2\middle\vert \frac{1}{4}\right)$
f: $x \mapsto \frac{1-2x}{x}$ $= \frac{1}{x} - 2$	$D = \mathbb{Q}\setminus\{0\}$	$y = -2$ $x = 0$	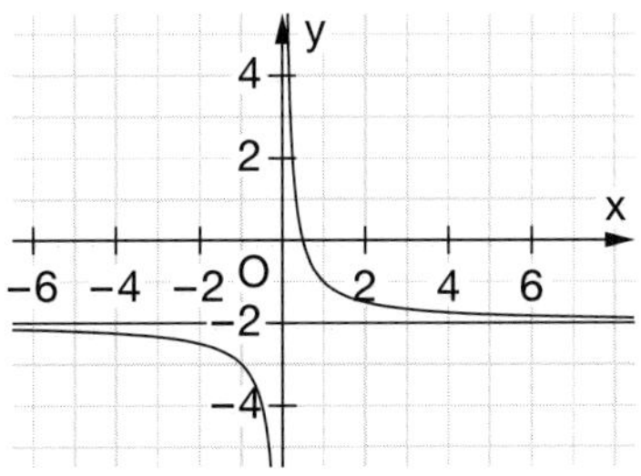	g: $x \mapsto x - 2$ $\frac{1-2x}{x} = x - 2$ $1 - 2x = x^2 - 2x$ $\Rightarrow \quad 1 = x^2$ $S_1(-1\vert -3)$ $S_2(1\vert -1)$
f: $x \mapsto \frac{1+2x}{x}$ $= \frac{1}{x} + 2$	$D = \mathbb{Q}\setminus\{0\}$	$y = 2$ $x = 0$	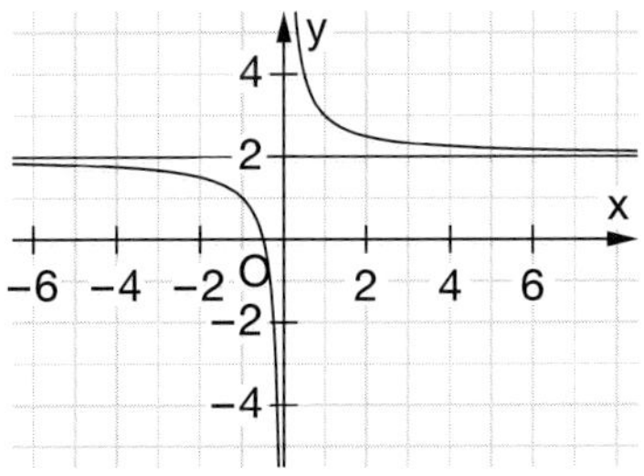	g: $x \mapsto \frac{4x}{1+2x}$ $\frac{1+2x}{x} = \frac{4x}{1+2x}$ $1 + 2x + 2x + 4x^2 = 4x^2$ $\Rightarrow \quad x = -\frac{1}{4} \quad S\left(-\frac{1}{4}\middle\vert 2\right)$
f: $x \mapsto \frac{-2x+6}{(x-3)^2}$ $= \frac{-2}{x-3}$	$D = \mathbb{Q}\setminus\{3\}$	$y = 0$ $x = 3$	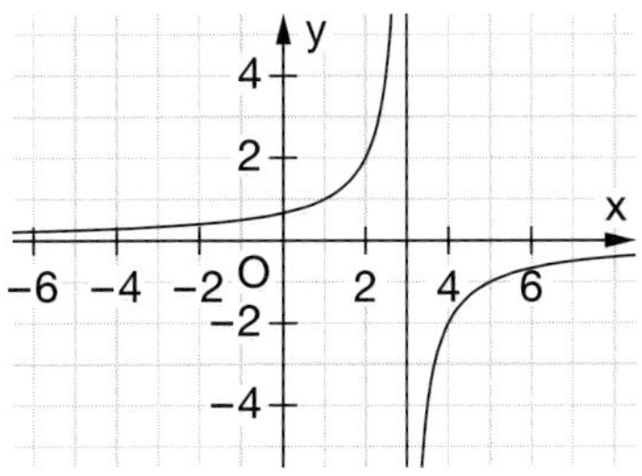	g: $x \mapsto \frac{1}{x}$ $\frac{-2}{x-3} = \frac{1}{x}$ $-2x = x - 3$ $\Rightarrow \quad x = 1 \quad S(1\vert 1)$

Arbeitsblatt: Schulaufgabe mit Fehlern

1. Diese Schulaufgabe weist eine Reihe von Fehlern auf. Kennzeichne und beschreibe diese Fehler möglichst genau.

Klasse 8c   3. Schulaufgabe/Blatt 1   Name: Karl Valentin   Note: ________

Aufgabe 1 Bestimme die Definitionsmenge und die Lösungsmenge.

a) $-\frac{21}{x}-\frac{4}{x}=2$

$$-\frac{21}{x}-\frac{4}{x}=2 \quad |\cdot x$$
$$21-4=2$$
$$L=\{\ \}$$

b) $\frac{5}{2x}-\frac{1}{4}=\frac{1}{x}$ $D=\mathbb{Q}\setminus\{0\}$

$$\frac{5}{2x}-\frac{1}{4}=\frac{1}{x} \quad |\cdot 4x$$
$$20-4x=4x \quad |+4x$$
$$20=8x$$
$$x=2{,}5$$
$$L=\{2{,}5\}$$

c) $\frac{3x-0{,}5}{1{,}2x-0{,}2}=\frac{5x-10}{2x-4}$ $D=\mathbb{Q}\setminus\{2\}$

$$\frac{3x-0{,}5}{1{,}2x-0{,}2}=\frac{5(x-2)}{2(x-2)} \quad \text{kürzen}$$
$$\frac{3-0{,}5}{1{,}2-0{,}2}=\frac{5}{2}$$
$$\frac{2{,}5}{1}=2{,}5$$
$$L=\mathbb{Q}$$

Aufgabe 2 Löse die Gleichung.

a) $\frac{2x-3}{2x+4}=\frac{7+3x}{3x}$

$$\frac{3x\cdot 2x-3}{3x\cdot 2x+4}=\frac{7+3x\cdot 2x+4}{3x\cdot 2x+4}$$
$$3x\cdot 2x-3=7+3x\cdot 2x+4$$
$$6x^2-3=7+6x^2+4 \quad |-6x^2+7$$
$$4=18$$
$$L=\{\ \}$$

b) $\frac{2}{x+2}+\frac{1}{2x-6}-\frac{5}{6x-18}=0$

$$\frac{[2\cdot(x-3)\cdot 6]+[1\cdot(x+2)\cdot 3]-[5\cdot(x+2)]}{(x+2)\cdot(x-3)\cdot 6}=0$$
$$(x-3)\cdot 12+3(x+2)-5(x+2)=0$$
$$10x-40=0$$
$$x=4$$
$$L=\{4\}$$

c) $\frac{5}{2x-1}-\frac{8x-3}{2x-1}=1$ $D=\mathbb{Q}\setminus\{\frac{1}{2}\}$

$$\frac{5-8x-3}{2x-1}=1 \quad |\cdot(2x-1)$$
$$2-8x=2x-1 \quad |(-2-2x)$$
$$-10x=-1 \quad |:-10$$
$$x=0{,}1\in D$$
$$L=\{0{,}1\}$$

Aufgabe 3 Bestimme den Schnittpunkt des Graphen mit der x-Achse.

a) f: $x\mapsto\frac{(x-2)(x+3)}{2-x}$

$$(x-2)(x+3)=0$$
$$x=2 \text{ oder } x=-3$$
$$S_1(2|0);\ S_2(-3|0)$$

b) f: $x\mapsto\frac{4}{x+2}$

$$x+2=0 \quad |-2$$
$$x=-2$$
$$S(-2|0)$$

c) f: $x\mapsto\frac{2}{2x}+\frac{1}{2x+1}$

$$\frac{2(2x+1)+2x}{2x(2x+1)}=0 \quad \text{kürzen}$$
$$\frac{2+2x}{2x}=0$$
$$2+2x=0 \Rightarrow x=-1$$
$$S(-1|0)$$

2. Schreibe für Karl Valentin die richtigen Lösungsmengen bzw. Schnittpunkte in die Tabelle.

1a)	1b)	1c)	2a)	2b)	2c)	3a)	3b)	3c)

Arbeitsblatt: Schulaufgabe mit Fehlern

1. Diese Schulaufgabe weist eine Reihe von Fehlern auf. Kennzeichne und beschreibe diese Fehler möglichst genau.

Klasse 8c 3. Schulaufgabe/Blatt 1 Name: Karl Valentin Note: ________

Aufgabe 1 Bestimme die Definitionsmenge und die Lösungsmenge.

a) $-\frac{21}{x} - \frac{4}{x} = 2$

$-\frac{21}{x} - \frac{4}{x} = 2 \quad | \cdot x$

f $21 - 4 = 2$ f

$L = \{\ \}$

Vorzeichen bei 21 fehlt; rechter Term: 2x

Definitionsmenge $D = \mathbb{Q}\backslash\{0\}$ fehlt

b) $\frac{5}{2x} - \frac{1}{4} = \frac{1}{x}$ $\quad D = \mathbb{Q}\backslash\{0\}$

$\frac{5}{2x} - \frac{1}{4} = \frac{1}{x} \quad | \cdot 4x$

~~$20 - 4x = 4x$~~ $| + 4x$ f

$20 = 8x$

$x = 2{,}5$

$L = \{2{,}5\}$

richtig wäre: $10 - x = 4$

c) $\frac{3x - 0{,}5}{1{,}2x - 0{,}2} = \frac{5x - 10}{2x - 4}$ $\quad$ f $D = \mathbb{Q}\backslash\{2\}$ $\quad D = \mathbb{Q}\backslash\{\frac{1}{6}; 2\}$

$\frac{3x - 0{,}5}{1{,}2x - 0{,}2} = \frac{5(x-2)}{2(x-2)}$ $\quad$ kürzen

f ~~$\frac{3 - 0{,}5}{1{,}2 - 0{,}2}$~~ $= \frac{5}{2}$

$\frac{2{,}5}{1} = 2{,}5$

~~$L = \mathbb{Q}$~~ $D = \mathbb{Q}\backslash\{\frac{1}{6}; 2\}$

linker Term falsch gekürzt

Aufgabe 2 Löse die Gleichung.

a) $\frac{2x - 3}{2x + 4} = \frac{7 + 3x}{3x}$

f $\frac{3x \cdot 2x - 3}{3x \cdot 2x + 4} = \frac{7 + 3x \cdot 2x + 4}{3x \cdot 2x + 4}$ f

$3x \cdot 2x - 3 = 7 + 3x \cdot 2x + 4$

$6x^2 - 3 = 7 + 6x^2 + 4 \quad | -6x^2 + 7$

$4 = 18$

$L = \{\ \}$

Bei der ersten Umformung sind die Klammern vergessen worden, daher Folgefehler

b) $\frac{2}{x + 2} + \frac{1}{2x - 6} - \frac{5}{6x - 18} = 0$

$\frac{[2 \cdot (x-3) \cdot 6] + [1 \cdot (x+2) \cdot 3] - [5 \cdot (x+2)]}{(x+2) \cdot (x-3) \cdot 6} = 0$

$(x - 3) \cdot 12 + 3(x + 2) - 5(x + 2) = 0$

$10x - 40 = 0$

$x = 4$

$L = \{4\}$ ✓

c) $\frac{5}{2x - 1} - \frac{8x - 3}{2x - 1} = 1$ $\quad D = \mathbb{Q}\backslash\{\frac{1}{2}\}$

f richtig: $-(-3) = +3$

$\frac{5 - 8x - 3}{2x - 1} = 1 \quad | \cdot (2x - 1)$

$2 - 8x = 2x - 1 \quad | (-2 - 2x)$

$-10x = $ ~~-1~~ f $\quad | : -10$

$x = 0{,}1 \in D$ $\quad$ richtig: -3

$L = \{0{,}1\}$

Aufgabe 3 Bestimme den Schnittpunkt des Graphen mit der x-Achse.

a) f: $x \mapsto \frac{(x - 2)(x + 3)}{2 - x}$

$(x - 2)(x + 3) = 0$

$x = 2$ oder $x = -3$

~~$S_1(2|0)$~~; $S_2(-3|0)$

f für 2 ist der Funktionsterm nicht definiert.

b) f: $x \mapsto \frac{4}{x + 2}$

$x + 2 \overset{f}{=} 0 \quad | -2$

$x = -2$

$S(-2|0)$

falscher Ansatz; wenn der Nenner null wird, strebt f gegen unendlich.

c) f: $x \mapsto \frac{2}{2x} + \frac{1}{2x + 1}$ $\quad$ kürzen

$\frac{2(2x + 1) + 2x}{2x(2x + 1)} = 0$

f $(2x + 1)$ kann so nicht gekürzt werden, da 2. Summand im Zähler unberücksichtigt blieb.

f $\frac{2 + \cancel{2x}}{\cancel{2x}} = 0$

$2 + 2x = 0 \Rightarrow x = -1$

$S(-1|0)$

2. Schreibe für Karl Valentin die richtigen Lösungsmengen bzw. Schnittpunkte in die Tabelle.

1a)	1b)	1c)	2a)	2b)	2c)	3a)	3b)	3c)
$L = \{-12{,}5\}$	$L = \{6\}$	$L = \mathbb{Q}\backslash\{\frac{1}{6}; 2\}$	$L = \{\frac{4}{5}\}$	$L = \{4\}$	$L = \{\frac{9}{10}\}$	$S = (-3\|0)$	-	$S\{-\frac{1}{3}\|0\}$

Ping-Pong mit Bruchgleichungen

Das Blatt zur Tischtennisplatte falten.

Spielregel: Löst die Gleichungen und spielt euch die Lösungen durch Zurufen z. B. „Herz ist 3“ zu. Mit einem scharfen Blick ins Netz kann der Gegner entscheiden, ob die zugerufene Lösung richtig sein kann. Er übernimmt das Spiel, mit der Gleichung, in die er die zugerufene Lösung einsetzen kann.

AUFSCHLAG

$$\frac{1}{\text{♞}} = \frac{1}{2\cdot\text{♞} - 5}$$

$$\frac{6\cdot\text{✂}}{\text{☎}\cdot\text{✂} - 3} = \frac{6\cdot\text{✂} - 3}{\text{☎}\cdot\text{✂}}$$

$$\frac{7}{2\cdot(\text{🐘} - 3)} + \frac{\text{⚅}\cdot 5}{3\cdot\text{🐘} + 2} = \frac{15}{2\cdot(2 + 3\cdot\text{🐘})}$$

$$\frac{13}{2\cdot\text{♜} - \text{♛}} = \frac{11}{\text{♜} + \text{♛}}$$

$$\frac{24\cdot\text{✤} - 1}{1 - 2\cdot\text{♥}\cdot\text{✤}} = -\frac{\text{♥}}{30}$$

$$\frac{1}{\text{☺} + 1} + \frac{3}{\text{☺} - 1} = \frac{2\cdot\text{❄} + 1}{\text{☺}^2 - 1}$$

18	L = { }	9	2,2	$L = \mathbb{Q}\setminus\{\frac{1}{12}\}$	7	0,25	14,5	9	3

$\frac{1}{6}$	13	$\frac{3}{13}$	5	7	8	6	4	$\frac{1}{4}$	0,75

$$7{,}2\cdot\text{✤} = \frac{90\cdot\text{✤} - \text{♛}}{10\cdot\text{♛} - 20}$$

$$\frac{\text{☺} - 2}{\text{⚅}} - \frac{6}{\text{⚅}} + \frac{\text{☺}}{7} = \frac{1{,}2}{\text{⚅}}$$

$$\frac{38}{8\cdot\text{♥} - 11} = \frac{2}{(\text{♥} + \text{♞}) - 16}$$

$$\frac{2\cdot\text{❄} + 1}{13\cdot\text{✂}}\cdot\frac{2}{\text{❄}} = \frac{5}{2\cdot\text{❄}}\cdot\frac{13\cdot\text{✂} + 2\cdot\text{❄}}{4}$$

$$\frac{5\cdot\text{☎} + 7}{\text{♜}\cdot\text{☎} + 0{,}5\cdot\text{♜}} = \frac{\text{♜} - 1}{\text{♜} + 2}$$

$$\frac{8}{3}\cdot\frac{1}{3\cdot\text{☛} - \text{🐘}} + \frac{1}{3}\cdot\frac{22}{2\cdot\text{🐘} - 6\cdot\text{☛}} = \frac{1}{\text{🐘} - 3\cdot\text{☛}}$$

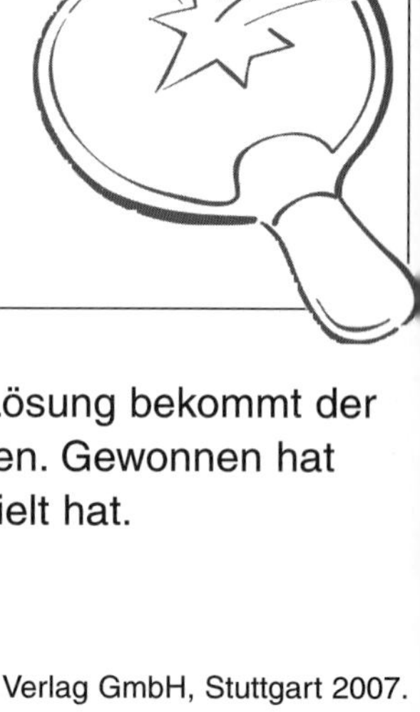

Spielauswertung: Für jede richtige Lösung erhält man einen Punkt. Bei falscher Lösung bekommt der Gegner einen Punkt und der Spieler muss erneut versuchen, die Gleichung zu lösen. Gewonnen hat der Spieler, der nach dem Lösen aller Gleichungen den höchsten Punktestand erzielt hat.

Arbeitsblatt: Zentrische Streckung

1. Strecke die Figur vom Streckzentrum Z aus mit dem angegebenen Streckfaktor k.
Gib für alle Figuren auch den Flächeninhalt an.

a) $k = \frac{2}{3}$

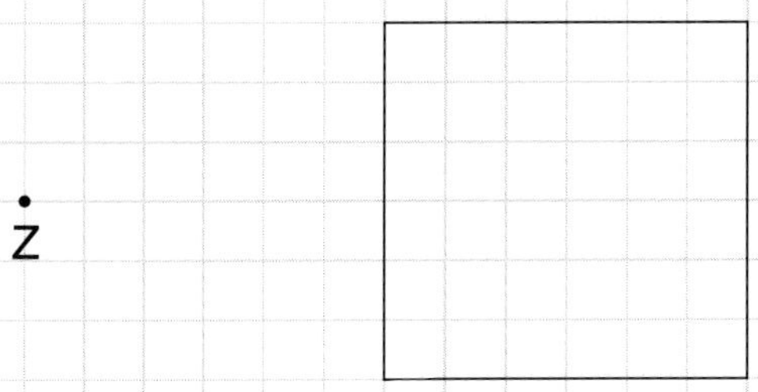

b) $k = \frac{6}{5}$

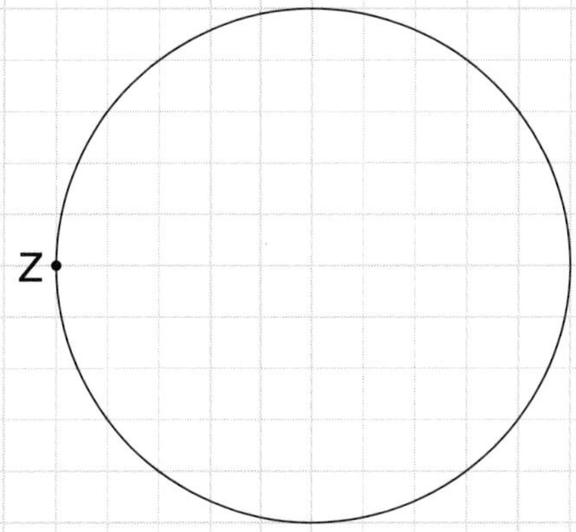

Flächeninhalt: ________ ________ ________ ________

c) $k = \frac{1}{2}$ und $k = 1{,}5$

Flächeninhalt: ________ ________ ________

2. Vervollständige die Tabelle:

	a)	b)	c)	d)	e)	f)
Originallänge	40 cm	96 m		72 cm	1,2 km	
Originalflächeninhalt	250 cm^2		1,8 m^2	3,5 dm^2	24 000 m^2	
Streckfaktor	$\frac{2}{5}$		$\frac{4}{3}$		0,625	$\frac{30}{9}$
Bildlänge		8 m	16 dm	4,8 m		12 m
Bildflächeninhalt		12 m^2				15 m^2

Arbeitsblatt: Zentrische Streckung

1. Strecke die Figur vom Streckzentrum Z aus mit dem angegebenen Streckfaktor k.
Gib für alle Figuren auch den Flächeninhalt an.

a) $k = \frac{2}{3}$

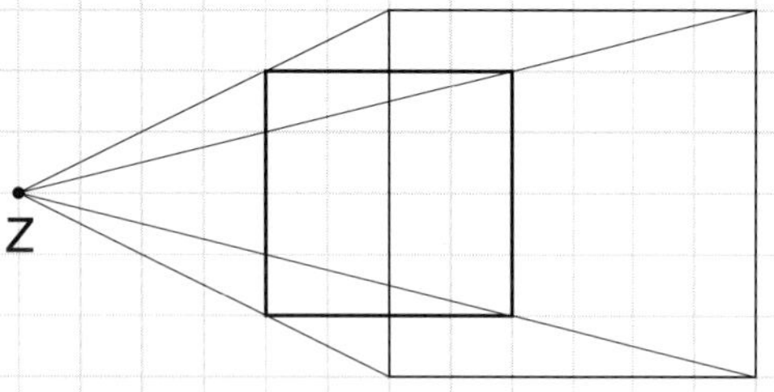

b) $k = \frac{6}{5}$

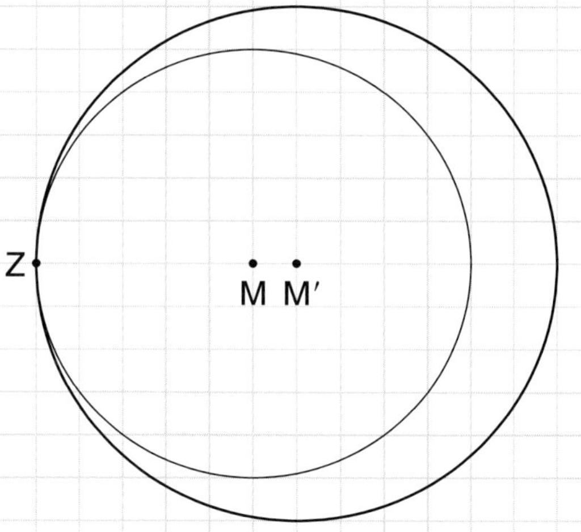

Flächeninhalt: 4 cm² 9 cm² ≈ 19,6 cm² ≈ 18,2 cm²

c) $k = \frac{1}{2}$ und $k = 1{,}5$

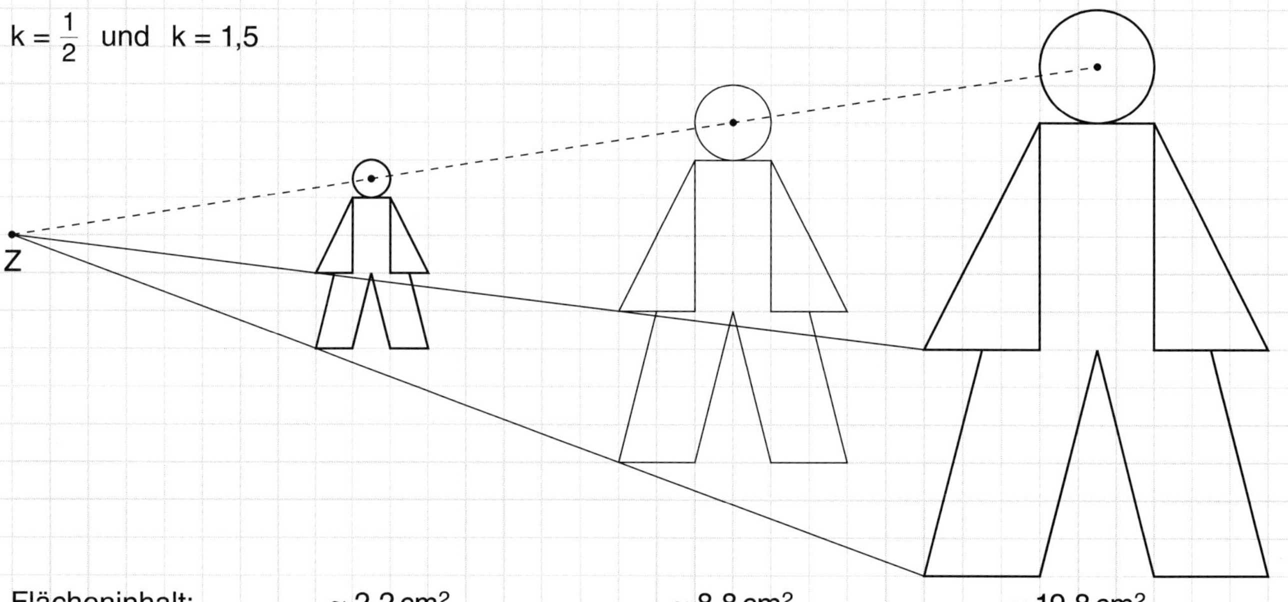

Flächeninhalt: ≈ 2,2 cm² ≈ 8,8 cm² ≈ 19,8 cm²

2. Vervollständige die Tabelle:

	a)	b)	c)	d)	e)	f)
Originallänge	40 cm	96 m	**12 dm**	72 cm	1,2 km	**3,6 m**
Originalflächeninhalt	250 cm²	**1728 m²**	1,8 m²	3,5 dm²	24 000 m²	**1,35 m²**
Streckfaktor	$\frac{2}{5}$	$\mathbf{\frac{1}{12}}$	$\frac{4}{3}$	$\mathbf{\frac{20}{3}}$	0,625	$\frac{30}{9}$
Bildlänge	**16 cm**	8 m	16 dm	4,8 m	**750 m**	12 m
Bildflächeninhalt	**40 cm²**	12 m²	**3,2 m²**	**155 $\mathbf{\frac{5}{9}}$ dm²**	**9375 m²**	15 m²

Bastelvorlage für einen Storchschnabel

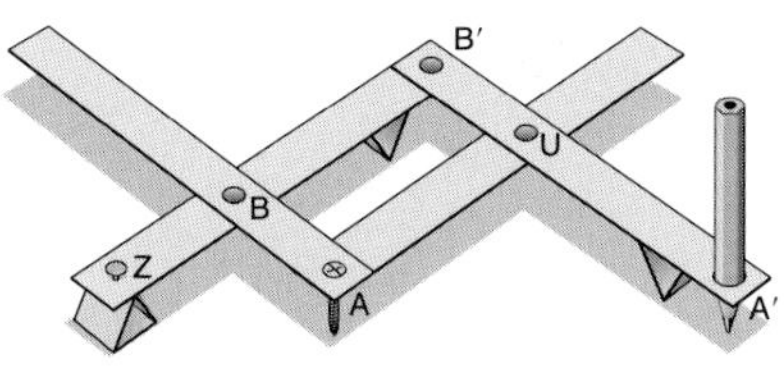

Der Storchschnabel ist eine Erfindung von Christoph Scheiner. Als er sich 1603 in Dillingen aufhielt, erzählte ihm ein Maler von einem Gerät, mit dem er nicht nur jedes Bild genau abzeichnen, sondern sogar vergrößern oder verkleinern könne. Da sich der Künstler weigerte, das Gerät zu zeigen, fand Scheiner selbst eine Lösung. Er baute ein Zeichengerät aus vier Holzstäben und nannte es Pantograph. Das Wort kommt aus dem Griechischen und bedeutet *Alleszeichner*.

Material: – fester Karton und Klebstoff
– drei Rundkopfklammern und möglichst eine Lochzange
– eine etwa 2 cm lange Spanplattenschraube als Fahrstift
– ein etwa 2 cm langer Nagel als Befestigungsstift
– ein (möglichst kurzer) spitzer Bleistift oder ein Fineliner als Zeichenstift

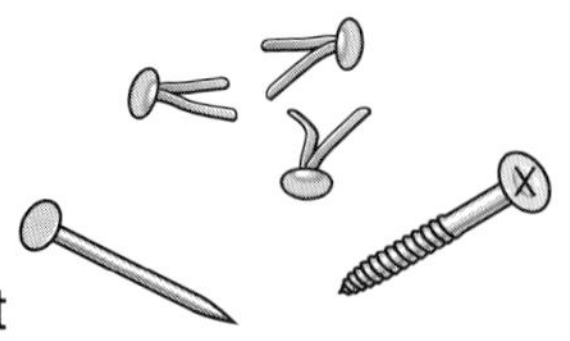

So geht man vor:
1. Die Vorlage (4 lange, 3 kurze Streifen) auf Karton kleben und ausschneiden.
2. An den Punkten B, B′ und U je ein Loch für die Rundkopfklammern machen (z. B. mit einer Lochzange).
3. Die Streifen bei B, B′ und U mit Rundkopfklammern zusammenfügen.
4. Die Streifen in den Punkten A aufeinanderlegen und die Spanplattenschraube hindurchbohren; man erhält ein bewegliches Parallelogramm AUB′B.
5. Die Streifen für die Abstandhalter an den gestrichelten Linien knicken und die dunklen Flächen aufeinander kleben; es entstehen stabile dreieckige Abstandhalter.
6. Einen Abstandhalter klebt man (mit der Spitze nach unten) unter den Streifen 1 nahe bei Punkt B′ und einen Abstandhalter unter den Streifen 4 nahe A′.
7. Der Nagel wird durch den Punkt Z von Streifen 1 und die Spitze des 3. Abstandhalters senkrecht nach unten gestochen und dieser Abstandhalter mit einem Klebeband auf einer Unterlage (Karton) befestigt.
8. In A′ ein Loch bohren, in das der Zeichenstift passt, und fertig ist der Pantograph!

Variante: Durch Versetzen der Löcher B und U können auch andere Vergrößerungsmaßstäbe verwirklicht werden.

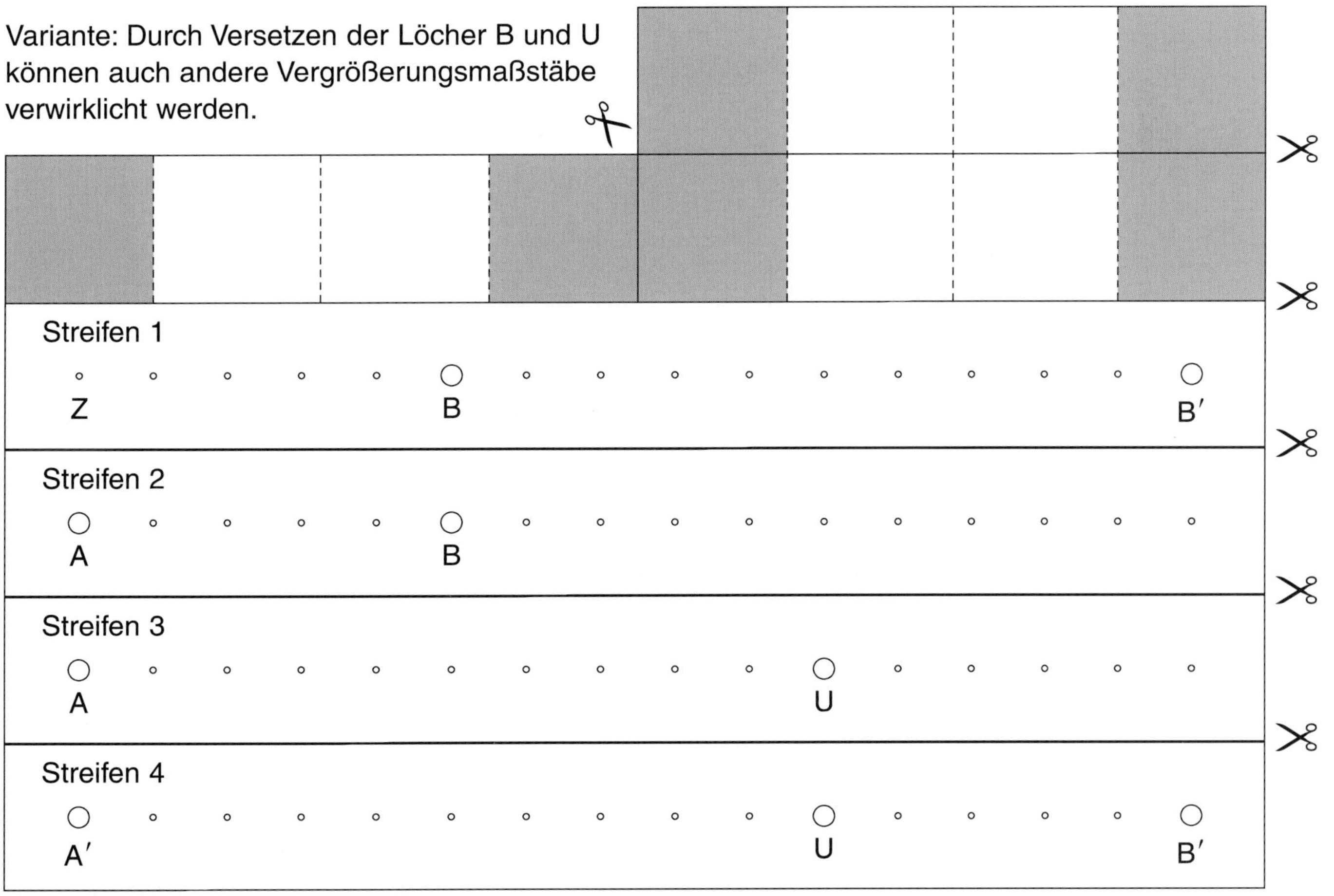

Simulation eines Storchschnabels mit einem DGS

Ein Storchschnabel (Pantograph) besteht aus vier Stäben, die in den Punkten A, B, B′ und U drehbar so befestigt sind, dass das Viereck AUB′B ein Parallelogramm bildet. Der Storchschnabel ist zudem meist so zusammengefügt, dass der Punkt A′ auf der Halbgeraden [ZA liegt. Deshalb erfüllt er zusätzlich die Bedingungen: $\overline{ZB'} = \overline{B'A'}$, $\overline{ZB} = \overline{BA}$ und $\overline{AU} = \overline{UA'}$.

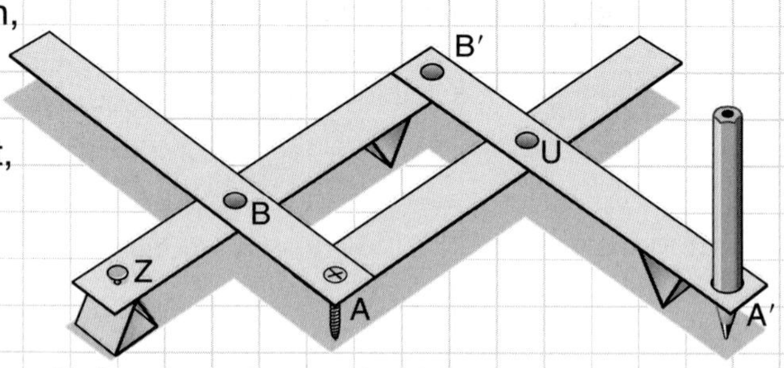

Der Storchschnabel ist ein Werkzeug, mit dem Figuren zentrisch gestreckt werden können. Dieses Werkzeug soll nun mit einem DGS simuliert werden.

1. Konstruiere zuerst mit Zirkel und Lineal zu dem Originalpunkt A und dem vorgegebenen Zentrum Z die Punkte B, B′, U und A′, die der Storchschnabel für $\overline{ZB'} = 7\,\text{cm}$ und $\overline{ZB} = 2\,\text{cm}$ einnimmt. Halte deine Konstruktionsschritte im Konstruktionsplan für das DGS fest.

Z • A •

Konstruktionsplan für das DGS:

2. a) Simuliere nun mit einem DGS anhand deines Konstruktionsplanes einen Storchschnabel für $\overline{ZB'} = 10\,\text{cm}$ und $\overline{ZB} = 3\,\text{cm}$.

b) Damit alles übersichtlicher wird, verstecke die Hilfskreise und Hilfsgeraden.

c) Alle Strecken sollen so wie auf dem Bild sichtbar sein. Verbinde gegebenenfalls zwei Punkte durch eine Strecke.

d) Weise dem Punkt A′ noch die Eigenschaft „Spur anzeigen“ zu.

e) Bewege den Punkt A.

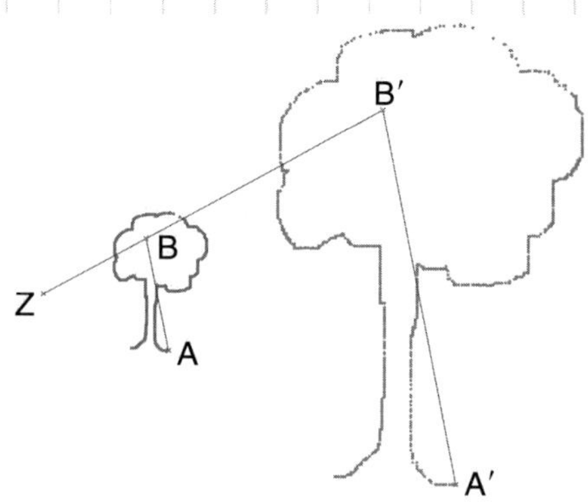

3. Was musst du verändern, wenn du eine große Figur verkleinern willst?

Trainingsblatt
Strahlensatz

1. Berechne die Länge des Sees.

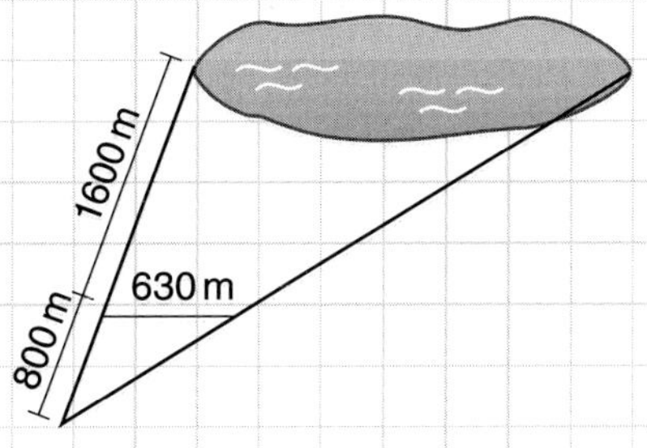

2. Berechne die Höhe des Turmes.

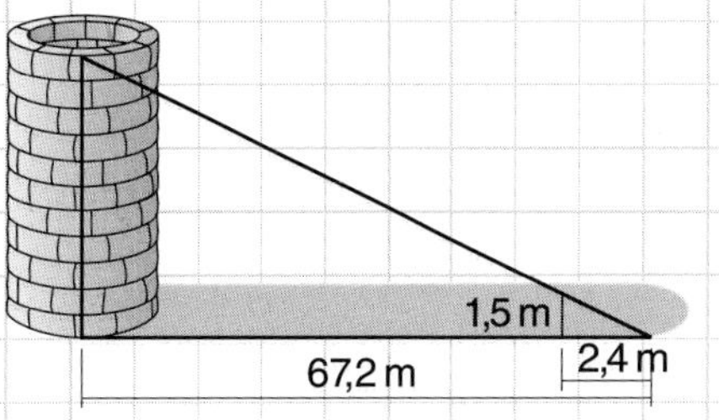

3. Wie hoch ist der Dachboden?

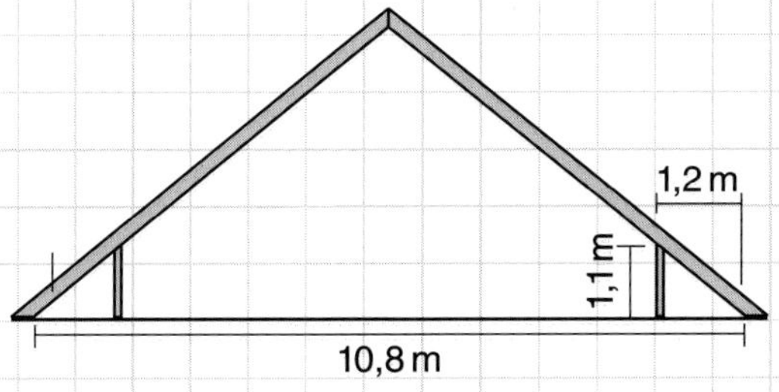

4. Welche Höhe erreicht die Trittleiter?

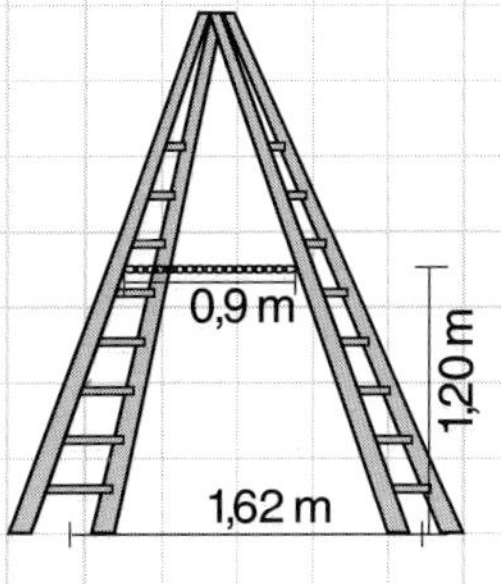

5. Bestimme die Breite des Flusses.

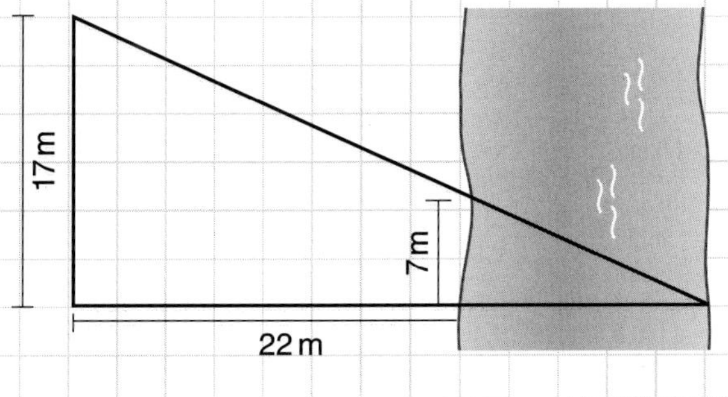

6. Welche Strecke (horizontal gemessen) legt das Fahrzeug zurück?

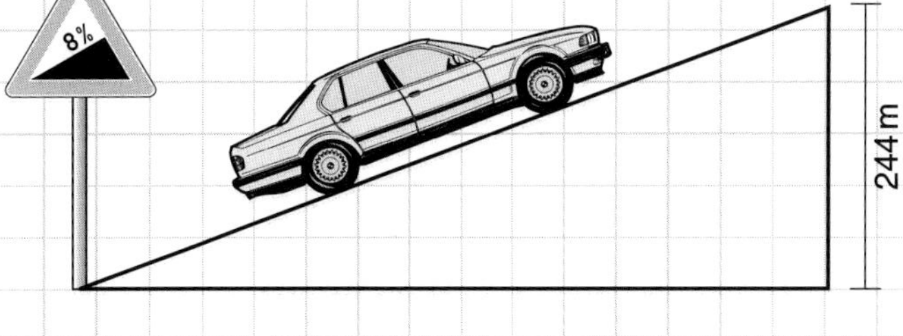

LÖSUNG

1. Berechne die Länge des Sees.

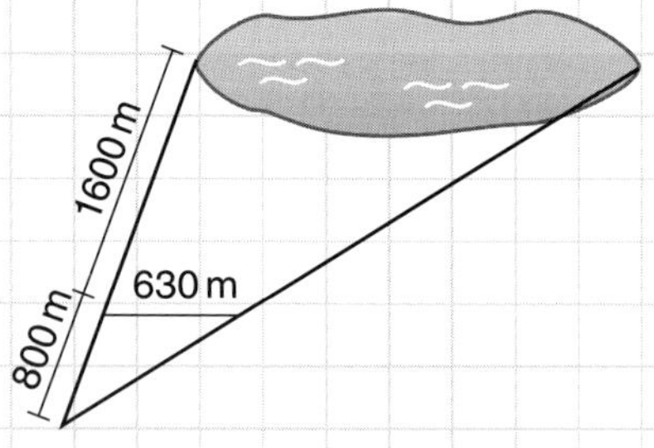

$$\frac{l}{630\,\text{m}} = \frac{1600\,\text{m} + 800\,\text{m}}{800\,\text{m}}$$

$\Rightarrow \quad l = 3 \cdot 630\,\text{m} = 1{,}89\,\text{km}$

2. Berechne die Höhe des Turmes.

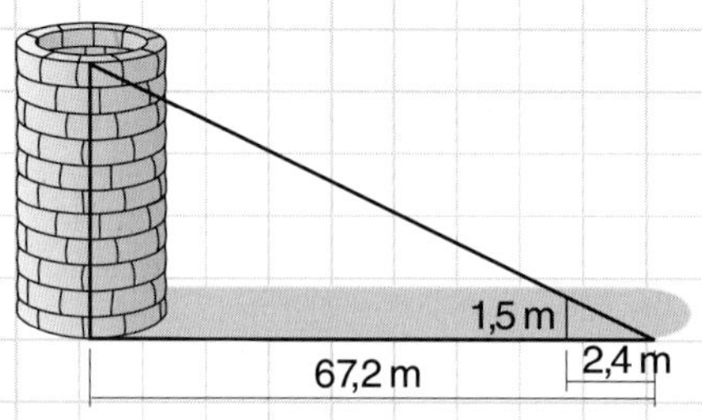

$$\frac{h}{1{,}5\,\text{m}} = \frac{67{,}2\,\text{m}}{2{,}4\,\text{m}}$$

$\Rightarrow \quad h = 28 \cdot 1{,}5\,\text{m} = 42\,\text{m}$

3. Wie hoch ist der Dachboden?

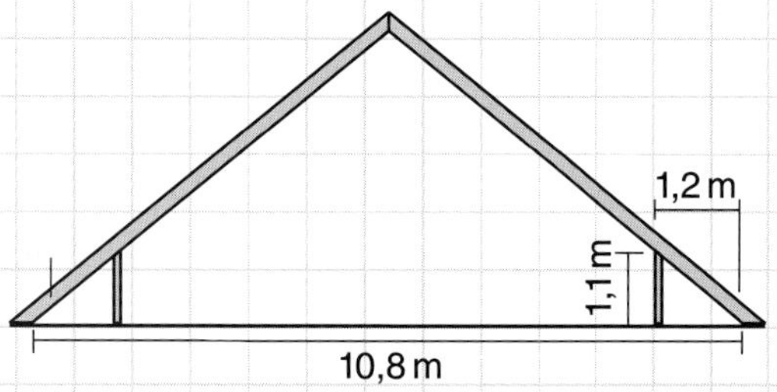

$$\frac{h}{1{,}1\,\text{m}} = \frac{5{,}4\,\text{m}}{1{,}2\,\text{m}}$$

$\Rightarrow \quad h = \frac{9}{2} \cdot 1{,}1\,\text{m} = 4{,}95\,\text{m}$

4. Welche Höhe erreicht die Trittleiter?

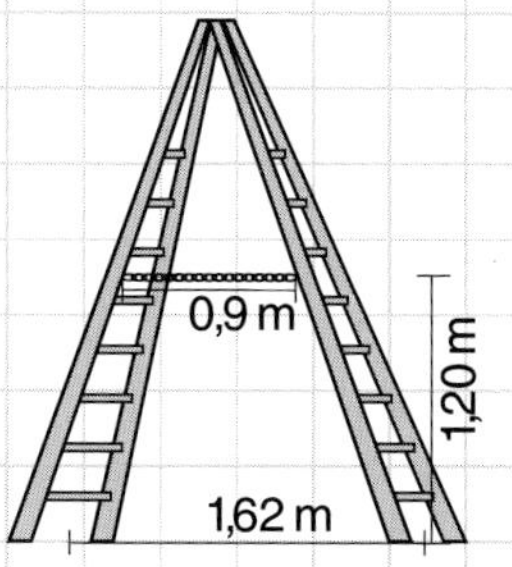

$$\frac{h}{h - 1{,}2\,\text{m}} = \frac{1{,}62\,\text{m}}{0{,}9\,\text{m}}$$

$\Rightarrow \quad 0{,}9\,\text{m} \cdot h = 1{,}62\,\text{m} \cdot h - 1{,}944\,\text{m}^2$

$\Rightarrow \quad 1{,}944\,\text{m}^2 = 0{,}72\,\text{m} \cdot h \quad \Rightarrow \quad h = 2{,}7\,\text{m}$

5. Bestimme die Breite des Flusses.

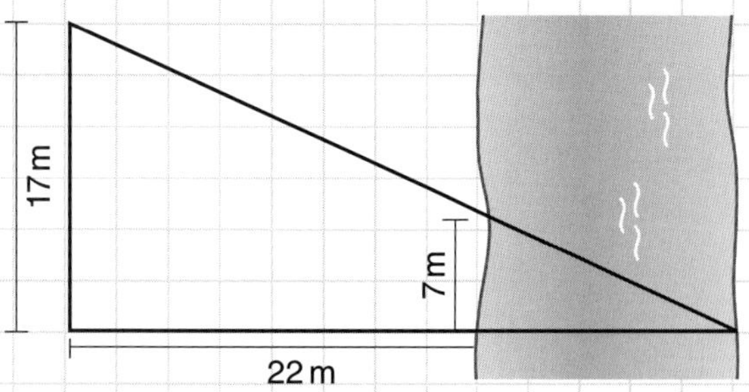

$$\frac{x + 22\,\text{m}}{x} = \frac{17\,\text{m}}{7\,\text{m}}$$

$\Rightarrow \quad 7\,\text{m} \cdot x + 154\,\text{m}^2 = 17\,\text{m} \cdot x$

$\Rightarrow \quad 154\,\text{m}^2 = 10\,\text{m} \cdot x \quad \Rightarrow \quad x = 15{,}4\,\text{m}$

6. Welche Strecke (horizontal gemessen) legt das Fahrzeug zurück?

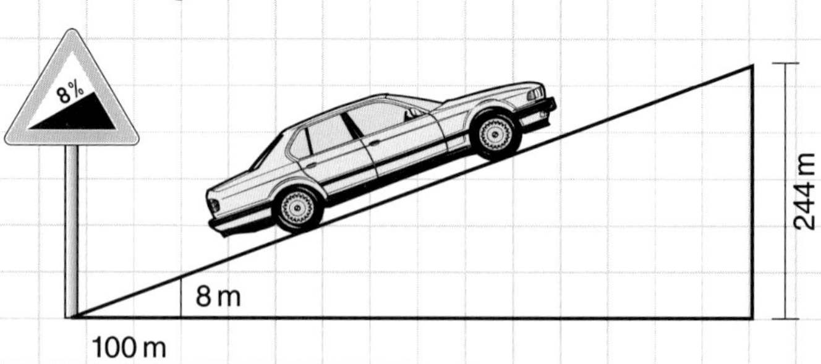

$$\frac{x}{100\,\text{m}} = \frac{244\,\text{m}}{8\,\text{m}}$$

$\Rightarrow \quad x = \frac{244}{8} \cdot 100\,\text{m} = 3{,}05\,\text{km}$

Arbeitsblatt/Spiel: Im Strahlen-Dschungel

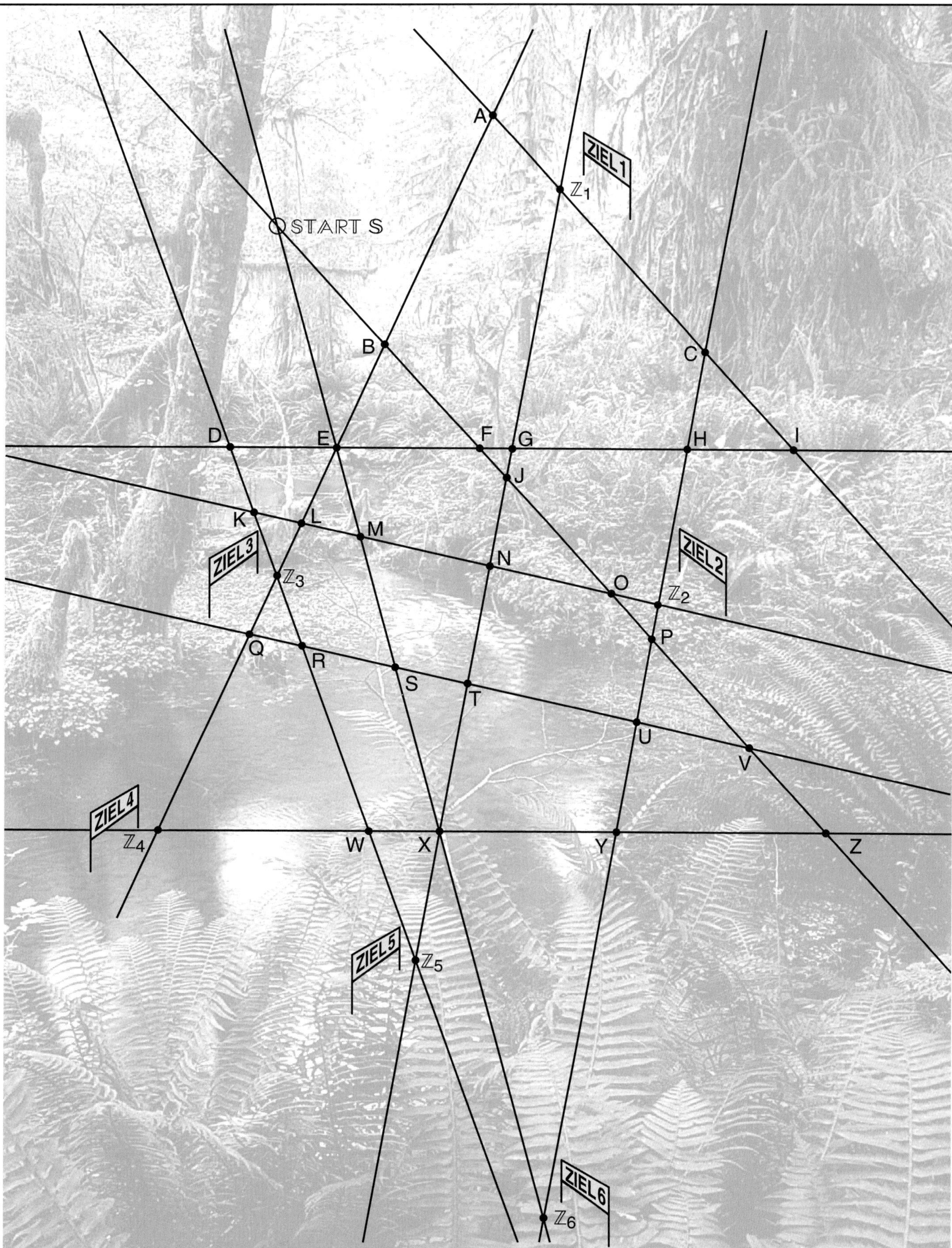

Im Strahlen-Dschungel verlaufen folgende Geraden parallel: AI || BZ ; GX || CY ; KO || QV und DI || WZ.

Arbeitsblatt: Im Strahlen-Dschungel

Beginne mit dem Startpunkt als Zentrum einer Strahlensatzfigur und bestimme möglichst viele Seitenverhältnisse.
Wähle dann einen der vier anderen Schnittpunkte dieser Strahlensatzfigur als neues Zentrum.
Finde so möglichst kurze Wege zu Strahlensatzfiguren, in denen die Zielpunkte $\mathbb{Z}_1$ bis $\mathbb{Z}_6$ vorkommen.

Beispiel:

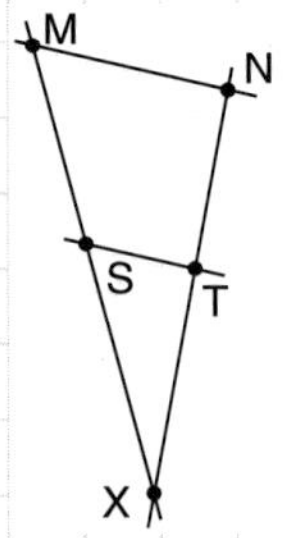

Zentrum X

$$\frac{\overline{XS}}{\overline{XM}} = \frac{\overline{XT}}{\overline{XN}} = \frac{\overline{ST}}{\overline{MN}}$$

$$\frac{\overline{SM}}{\overline{XM}} = \frac{\overline{TN}}{\overline{XN}}$$

$$\frac{\overline{XS}}{\overline{SM}} = \frac{\overline{XT}}{\overline{TN}}$$

Wähle als neues Zentrum z. B. M.

Welche Zielpunkte sind nicht erreichbar?

Zentrum	Strahlensatzfigur	Seitenverhältnisse
$\mathbb{S}$	$\mathbb{S}$EXZF	$\frac{\overline{\mathbb{S}E}}{\overline{\mathbb{S}X}} =$

Zu den Zielpunkten ________ führt kein Weg.

Arbeitsblatt/Spiel: Strahlensatz – Im Strahlen-Dschungel (Spielregel)

Zentrum	Strahlensatzfigur	Seitenverhältnisse (Beispiele; Umformungen davon sind möglich)
$\mathbb{S}$	$\mathbb{S}$EXZF	$\frac{\overline{\mathbb{S}E}}{\overline{\mathbb{S}X}} = \frac{\overline{EF}}{\overline{XZ}} = \frac{\overline{\mathbb{S}F}}{\overline{\mathbb{S}Z}}$; $\frac{\overline{\mathbb{S}E}}{\overline{EX}} = \frac{\overline{\mathbb{S}F}}{\overline{FZ}}$
F	FJPHG	$\frac{\overline{FJ}}{\overline{FP}} = \frac{\overline{GJ}}{\overline{HP}} = \frac{\overline{FG}}{\overline{FH}}$; $\frac{\overline{FJ}}{\overline{JP}} = \frac{\overline{FG}}{\overline{GH}}$
G	GFJ$\mathbb{Z}_1$I	$\frac{\overline{FG}}{\overline{FI}} = \frac{\overline{JG}}{\overline{J\mathbb{Z}_1}}$; $\frac{\overline{FG}}{\overline{GI}} = \frac{\overline{FJ}}{\overline{\mathbb{Z}_1 I}} = \frac{\overline{JG}}{\overline{G\mathbb{Z}_1}}$; Ziel $\mathbb{Z}_1$ erreicht.
$\mathbb{S}$	$\mathbb{S}$MSVO	$\frac{\overline{\mathbb{S}M}}{\overline{\mathbb{S}S}} = \frac{\overline{MO}}{\overline{SV}} = \frac{\overline{\mathbb{S}O}}{\overline{\mathbb{S}V}}$; $\frac{\overline{\mathbb{S}M}}{\overline{MS}} = \frac{\overline{\mathbb{S}O}}{\overline{OV}}$
O	OJN$\mathbb{Z}_2$P	$\frac{\overline{JO}}{\overline{JP}} = \frac{\overline{NO}}{\overline{N\mathbb{Z}_2}}$; $\frac{\overline{JO}}{\overline{OP}} = \frac{\overline{JN}}{\overline{\mathbb{Z}_2 P}} = \frac{\overline{NO}}{\overline{O\mathbb{Z}_2}}$; Ziel $\mathbb{Z}_2$ erreicht.
$\mathbb{S}$	$\mathbb{S}$EXZF	wie oben
E	EFIAB	$\frac{\overline{EF}}{\overline{EI}} = \frac{\overline{BF}}{\overline{AI}} = \frac{\overline{EB}}{\overline{EA}}$; $\frac{\overline{EF}}{\overline{FI}} = \frac{\overline{EB}}{\overline{BA}}$
B	BE$\mathbb{Z}_4$ZF	$\frac{\overline{BE}}{\overline{B\mathbb{Z}_4}} = \frac{\overline{EF}}{\overline{\mathbb{Z}_4 Z}} = \frac{\overline{BF}}{\overline{BZ}}$; $\frac{\overline{BE}}{\overline{E\mathbb{Z}_4}} = \frac{\overline{BF}}{\overline{FZ}}$; Ziel $\mathbb{Z}_4$ erreicht.
$\mathbb{S}$	$\mathbb{S}$X$\mathbb{Z}_6$PJ	$\frac{\overline{\mathbb{S}X}}{\overline{\mathbb{S}\mathbb{Z}_6}} = \frac{\overline{JX}}{\overline{P\mathbb{Z}_6}} = \frac{\overline{\mathbb{S}J}}{\overline{\mathbb{S}P}}$; $\frac{\overline{\mathbb{S}X}}{\overline{X\mathbb{Z}_6}} = \frac{\overline{\mathbb{S}J}}{\overline{JP}}$; Ziel $\mathbb{Z}_6$ erreicht.

Zu den Zielpunkten $\mathbb{Z}_3$ und $\mathbb{Z}_5$ führt kein Weg.

Variante:
Spiel: Im Strahlen-Dschungel

Spiel für 2 Personen

Spielmaterial:
5 Spielfiguren (für beide Spieler gemeinsam), 1 Würfel, Papier und Stift zur Punktewertung

Spielregel:
Zu Beginn stehen alle 5 Figuren am Start. Abwechselnd gehen nun die Spieler wie folgt vor:

Ein Spieler würfelt und darf pro gewürfeltem Auge eine Figur auf einer Geraden beliebig weit zu einem Schnittpunkt bewegen. Für die Augenzahl 2 könnten also z. B. zwei Figuren auf B und F oder eine Figur über B nach A bewegt werden. Die Augenzahl muss nicht vollständig ausgenutzt werden.

Bilden die fünf Spielfiguren nun eine Strahlensatzfigur, so nennt der Spieler ein Streckenverhältnis in dieser Figur und notiert dieses. Für die korrekte Nennung gibt es einen Punkt. Es darf jedoch jedes Streckenverhältnis im Verlauf des Spiels nur einmal genannt werden. Danach darf der Spieler eine der Spielfiguren noch auf einer Geraden verschieben und der andere Spieler ist an der Reihe.
Ergab sich keine Strahlensatzfigur, ist sogleich der nächste Spieler an der Reihe.

Kann ein Spieler mit den fünf Spielfiguren eine Strahlensatzfigur bilden, so dass eine der Figuren auf einem Ziel steht, so erhält der Spieler zusätzlich zwei Punkte.

Spielende:
Das Spiel endet, nachdem eine vorher vereinbarte Zahl von Zielen (z. B. 3 Ziele) erreicht wurde.

Wettspiel: Das (Puzzleteil) sieht dir ähnlich!

Je zwei Spieler treten gegenseitig zum Wettkampf an. Sie berechnen die Seitenlängen und Flächeninhalte der Puzzleteile. Wer zuerst die Kontrollsumme 100 cm² richtig errechnet, ist Sieger.
Es werden die rechts abgebildeten Bezeichnungen benutzt.

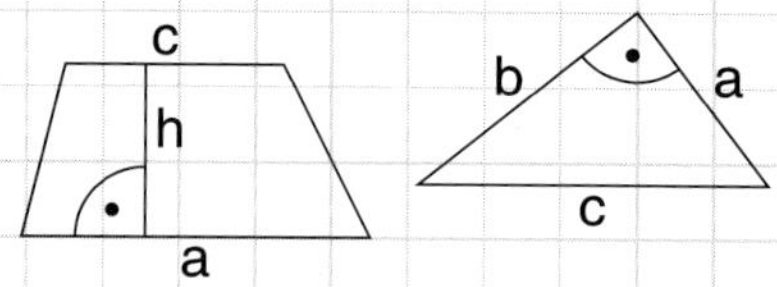

Puzzleteil	a	b bzw. h	c	A
$\triangle_1$	6	8	10	
$\triangle_2$				
$\triangle_3$				
$\triangle_4$				
$\triangle_5$				
⏢$_1$				
⏢$_2$				
⏢$_3$				
Kontrollsumme Spiel 1:				

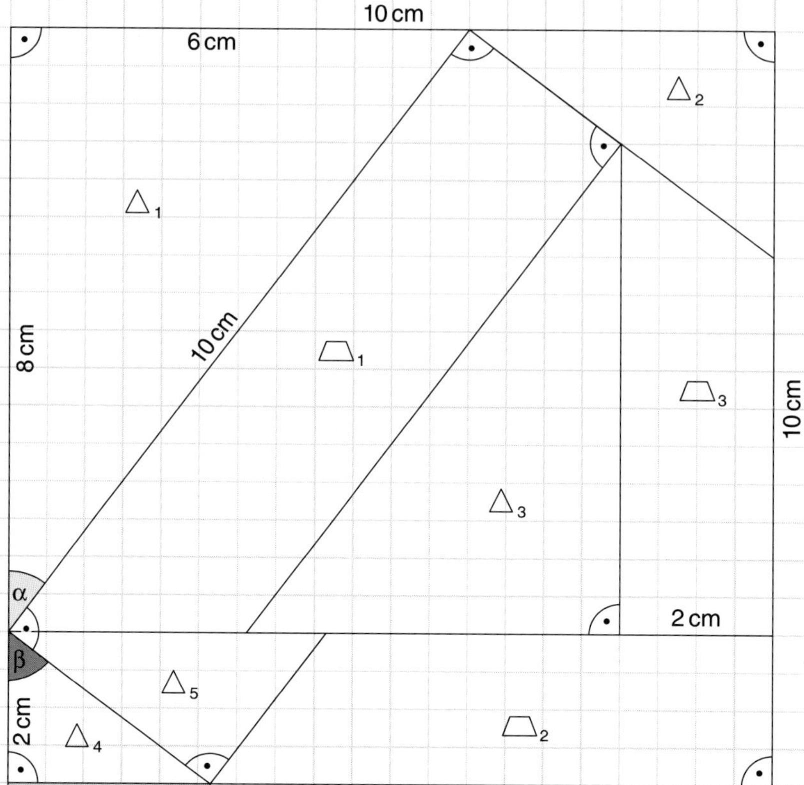

Spiel 1

Spiel 2

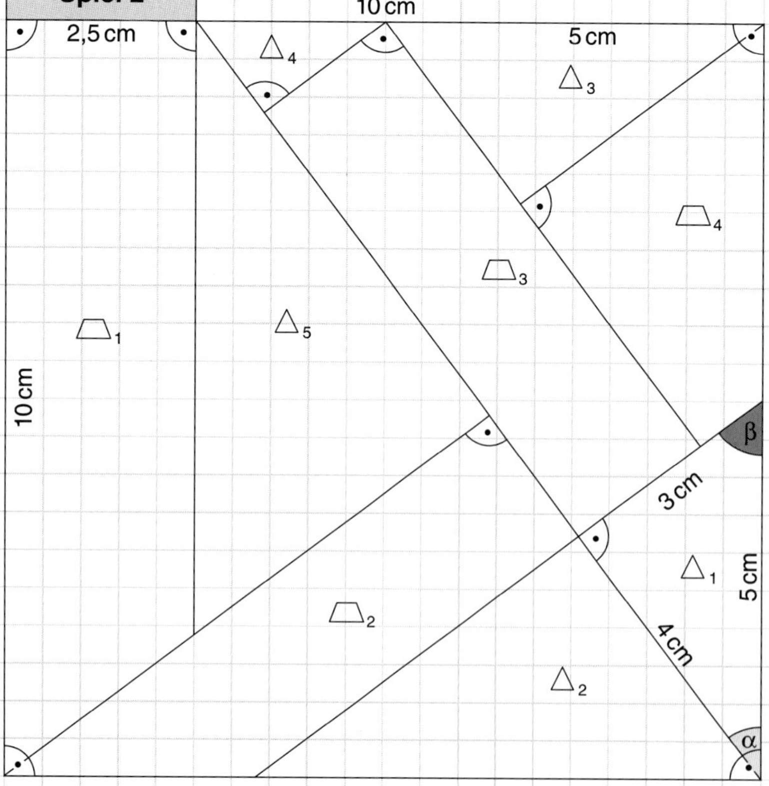

Puzzleteil	a	b bzw. h	c	A
$\triangle_1$	3	4	5	
$\triangle_2$				
$\triangle_3$				
$\triangle_4$				
$\triangle_5$				
⏢$_1$				
⏢$_2$				
⏢$_3$				
⏢$_4$				
Kontrollsumme Spiel 2:				

Wettspiel: Das (Puzzleteil) sieht dir ähnlich!

Je zwei Spieler treten gegenseitig zum Wettkampf an. Sie berechnen die Seitenlängen und Flächeninhalte der Puzzleteile. Wer zuerst die Kontrollsumme 100 cm² richtig errechnet, ist Sieger.
Es werden die rechts abgebildeten Bezeichnungen benutzt.

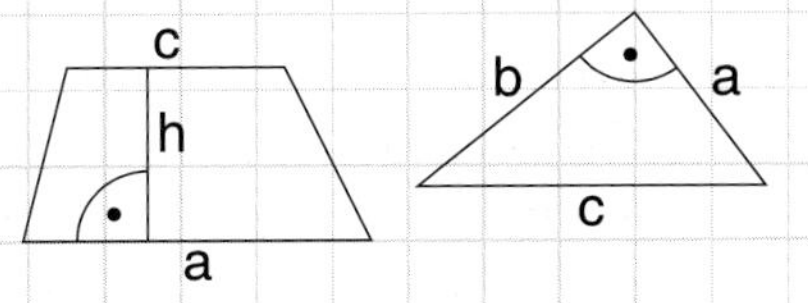

Puzzle-teil	a	b bzw. h	c	A
$\triangle_1$	6	8	10	24
$\triangle_2$	3	4	5	6
$\triangle_3$	$4\frac{7}{8}$	$6\frac{1}{2}$	$8\frac{1}{8}$	$15\frac{27}{32}$
$\triangle_4$	2	$\frac{8}{3}$	$\frac{10}{3}$	$\frac{8}{3}$
$\triangle_5$	$\frac{5}{2}$	$\frac{10}{3}$	$4\frac{1}{6}$	$4\frac{1}{6}$
⏢$_1$	$8\frac{1}{8}$	$\frac{5}{2}$	10	$22\frac{21}{32}$
⏢$_2$	$7\frac{1}{3}$	2	$5\frac{5}{6}$	$13\frac{1}{6}$
⏢$_3$	$6\frac{1}{2}$	2	5	$11\frac{1}{2}$
Kontrollsumme Spiel 1:				100

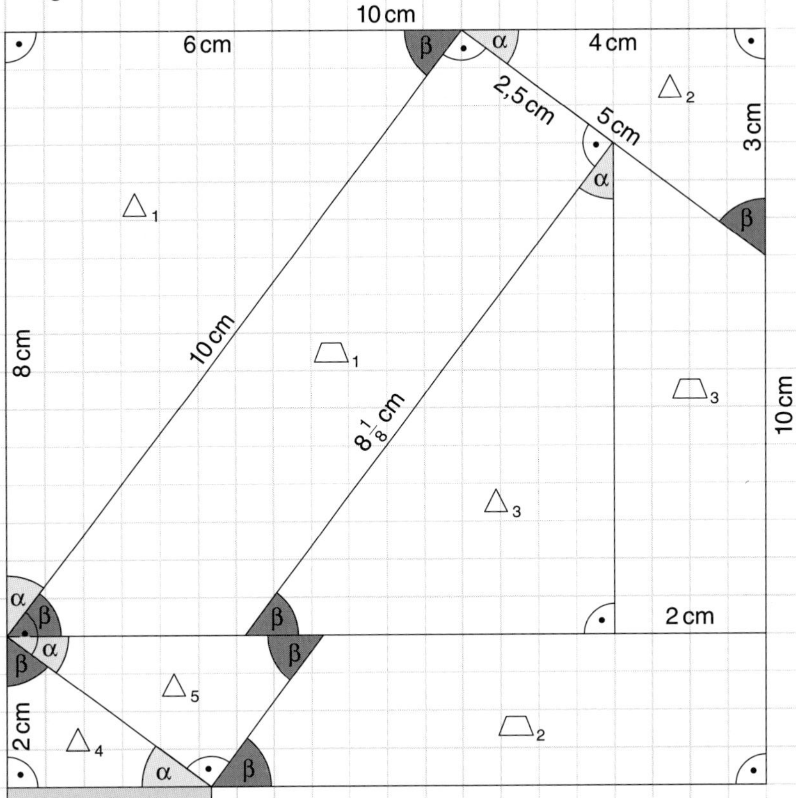

Spiel 1

Spiel 2

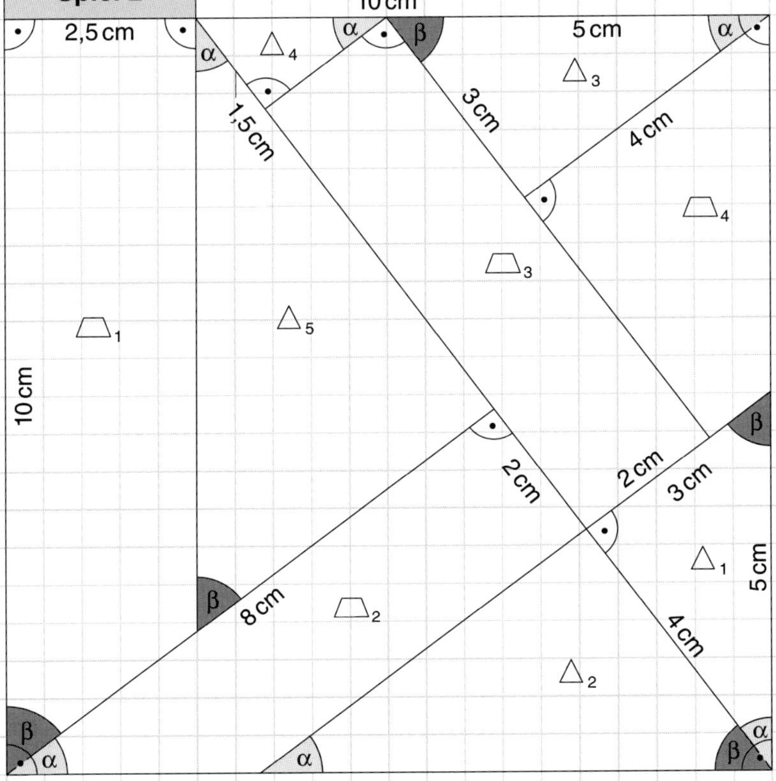

Puzzle-teil	a	b bzw. h	c	A
$\triangle_1$	3	4	5	6
$\triangle_2$	4	$\frac{16}{3}$	$\frac{20}{3}$	$\frac{32}{3}$
$\triangle_3$	3	4	5	6
$\triangle_4$	1,5	2	2,5	1,5
$\triangle_5$	$4\frac{7}{8}$	$6\frac{1}{2}$	$8\frac{1}{8}$	$15\frac{27}{32}$
⏢$_1$	10	2,5	$8\frac{1}{8}$	$22\frac{21}{32}$
⏢$_2$	$\frac{16}{3}$	2	8	$13\frac{1}{3}$
⏢$_3$	7	2	7	14
⏢$_4$	1	4	4	10
Kontrollsumme Spiel 2:				100

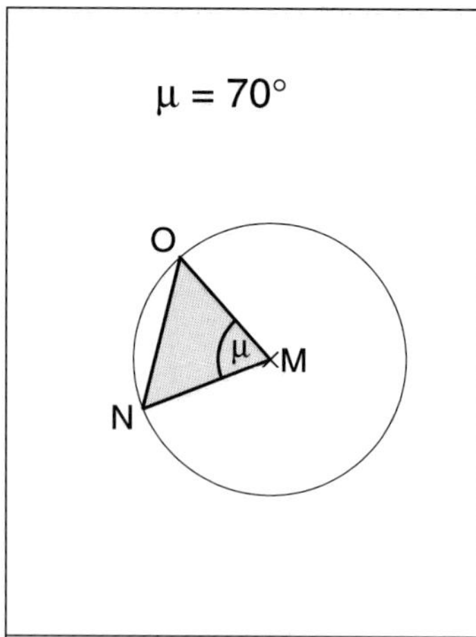
μ = 70°
O
μ
M
N

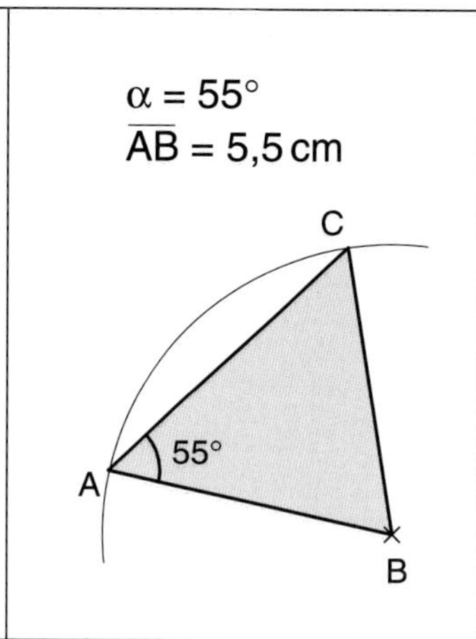
α = 55°
AB = 5,5 cm
C
55°
A
B

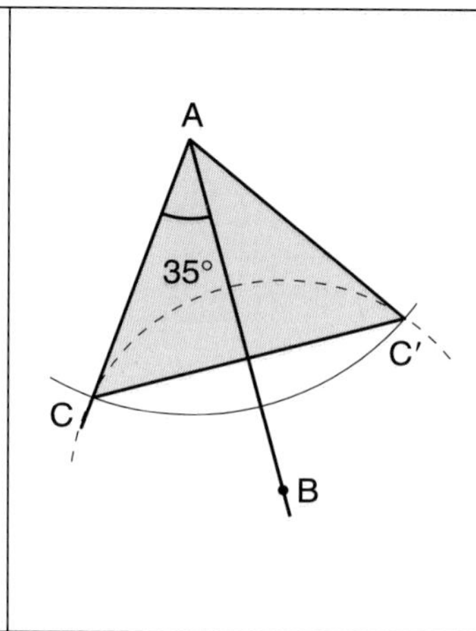
A
35°
C'
C
B

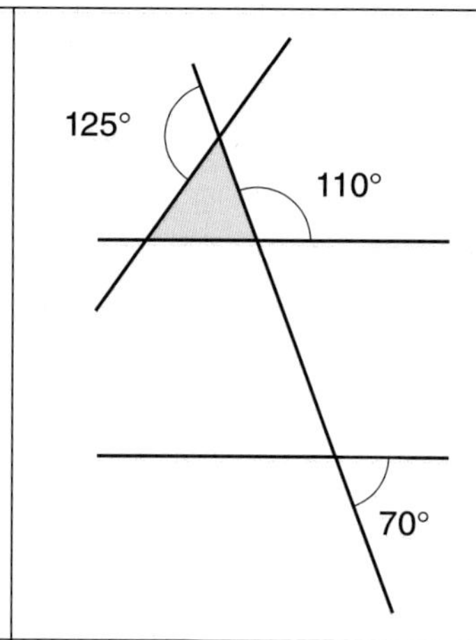
125°
110°
70°

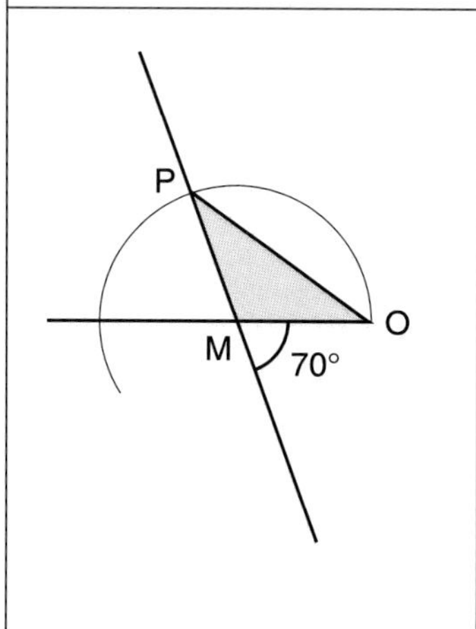
P
M
70°
O

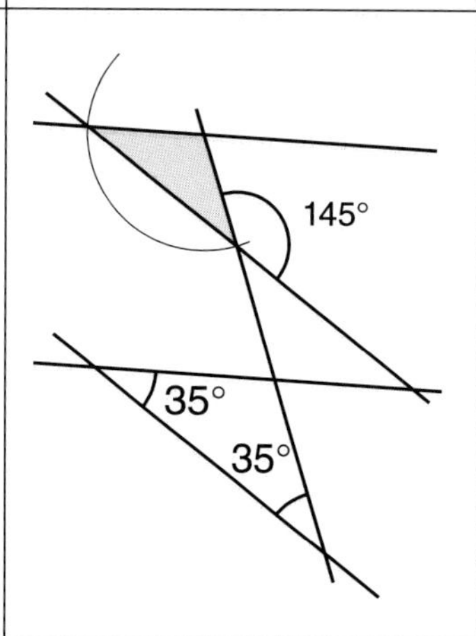
145°
35°
35°

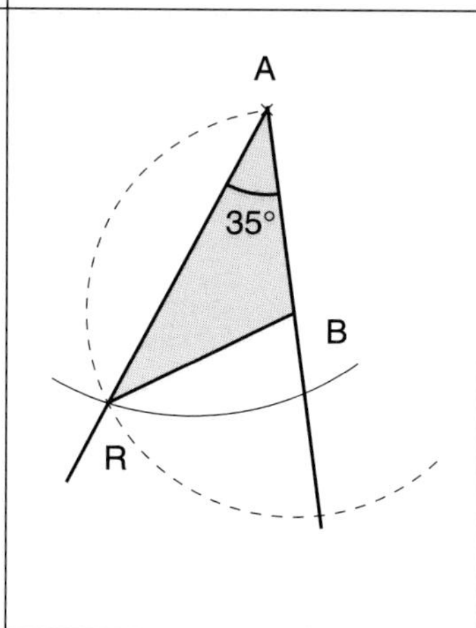
A
35°
B
R

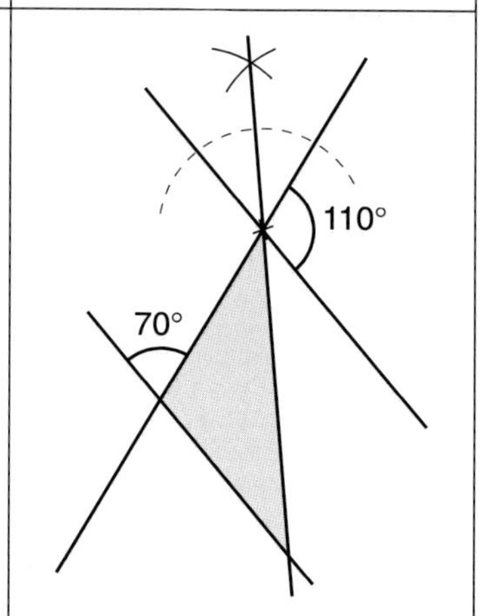
110°
70°

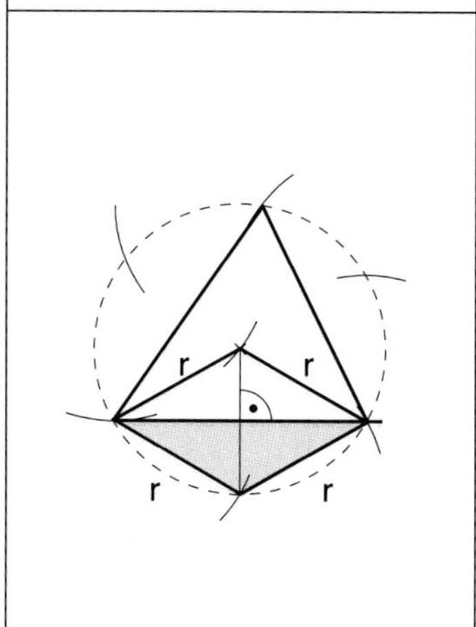
r
r
r
r

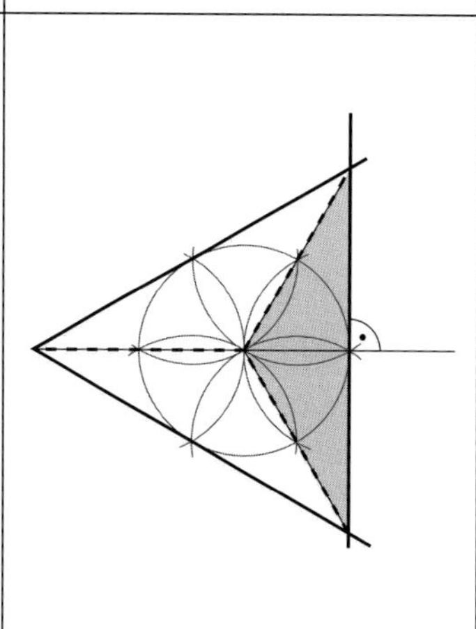

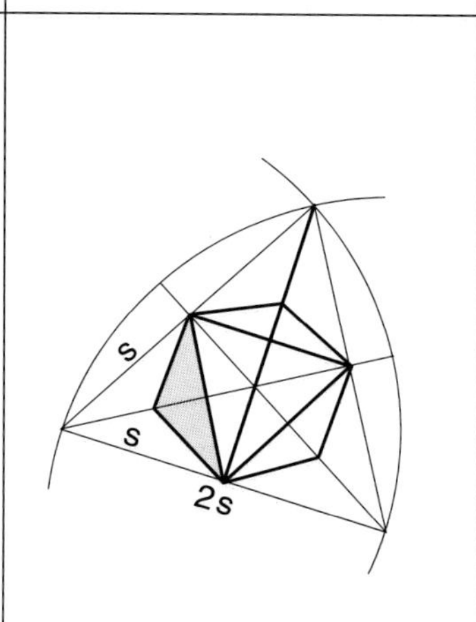
s
s
2s

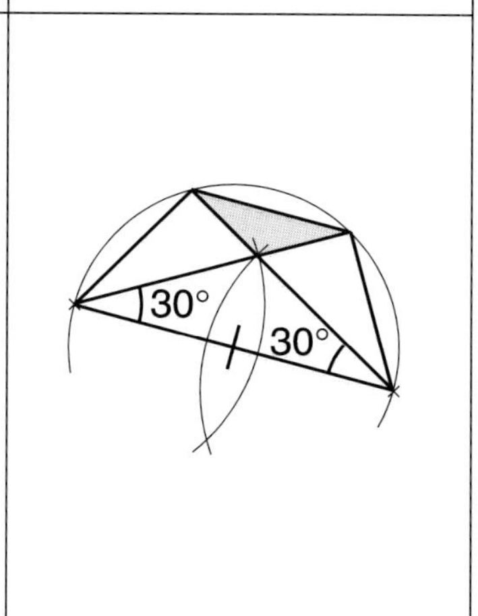
30°
30°

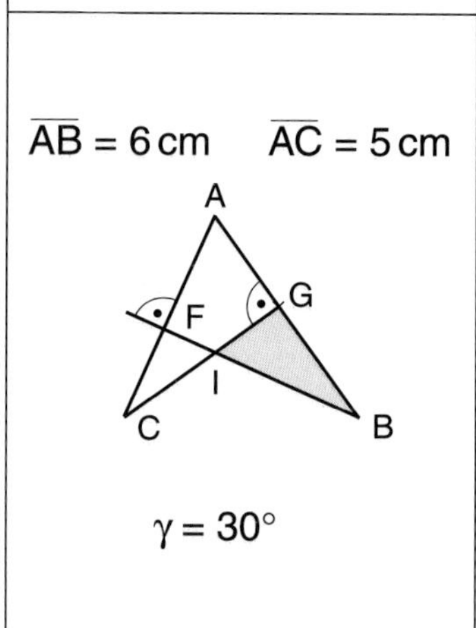
AB = 6 cm
AC = 5 cm
A
F
G
I
C
B
γ = 30°

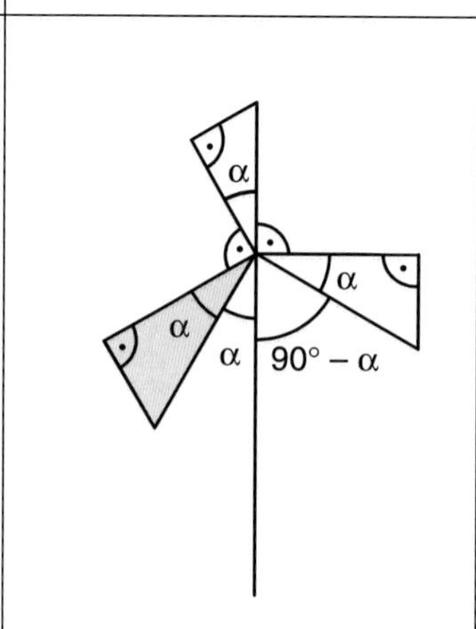
α
α
α
α
90° − α

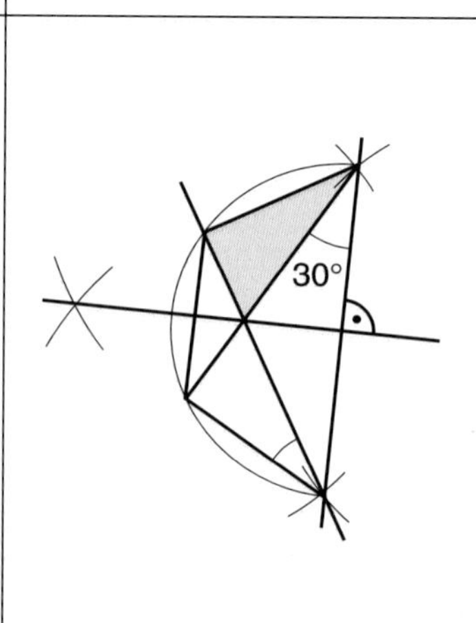
30°

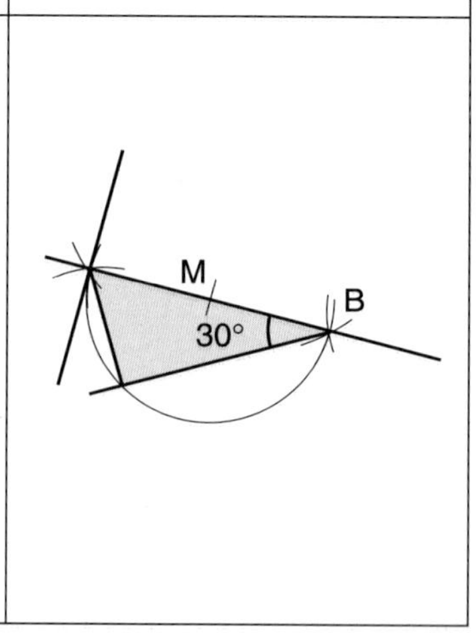
M
B
30°

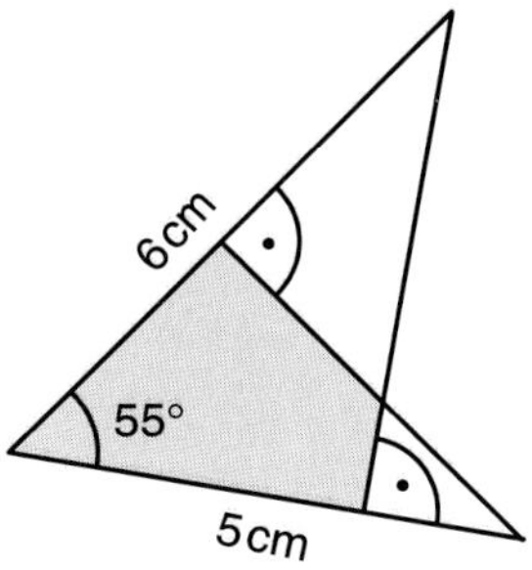

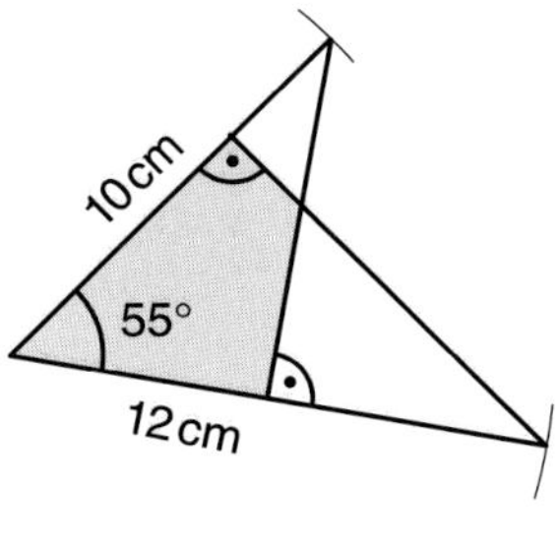

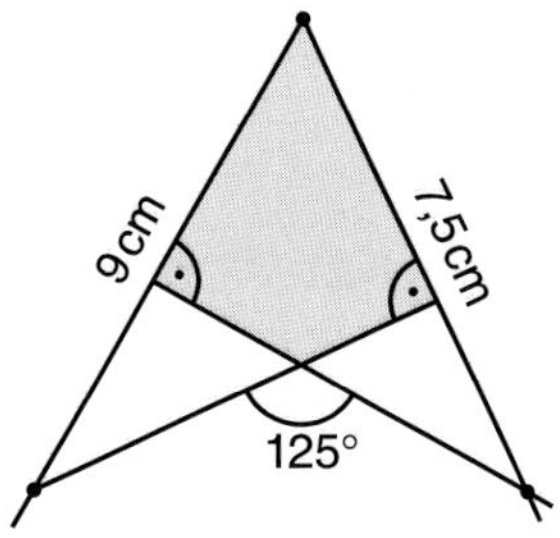

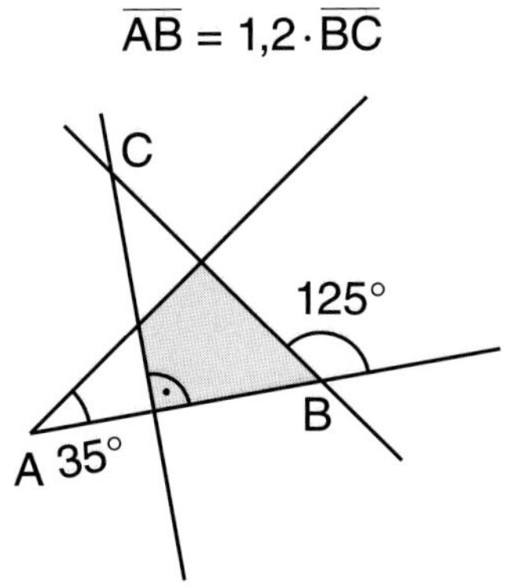

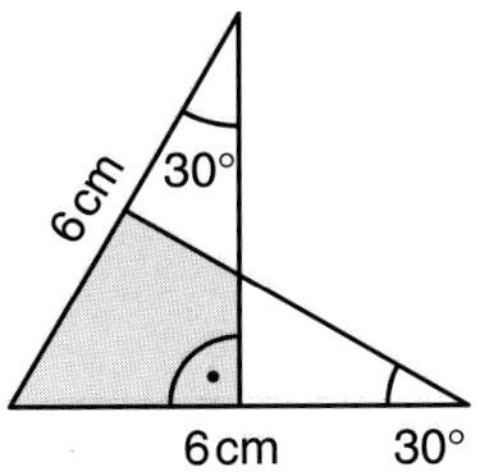

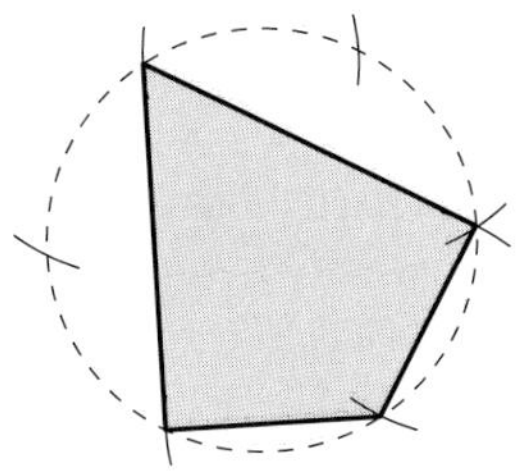

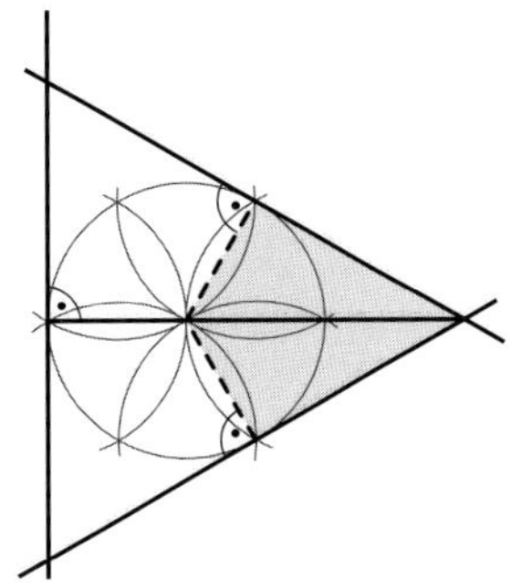

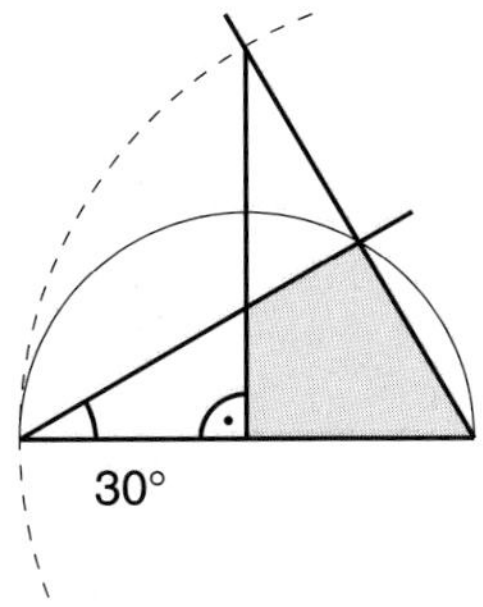

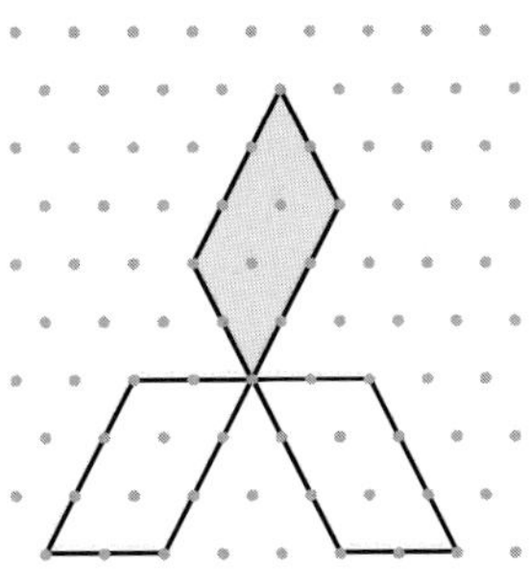

Die Ecken kongruenter gleichseitiger Dreiecke rastern die Zeichenfläche.

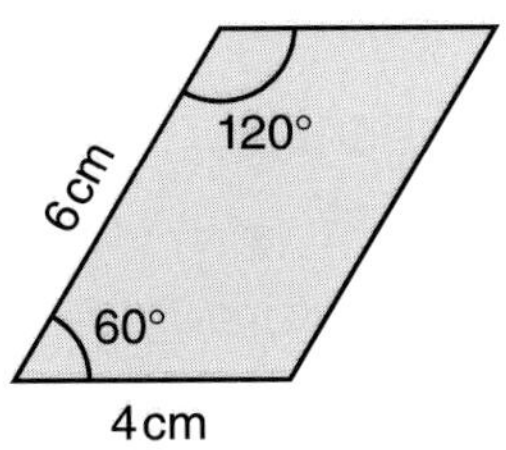

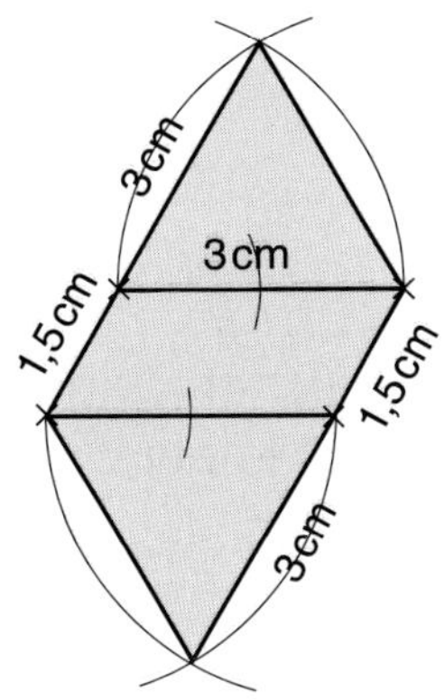

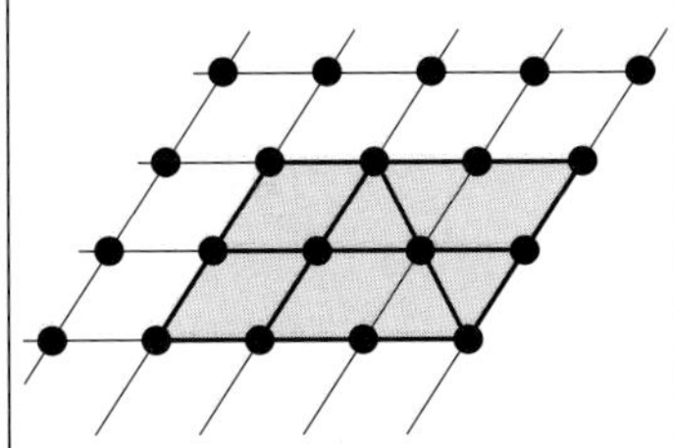

Die Ecken kongruenter gleichseitiger Dreiecke rastern die Zeichenfläche.

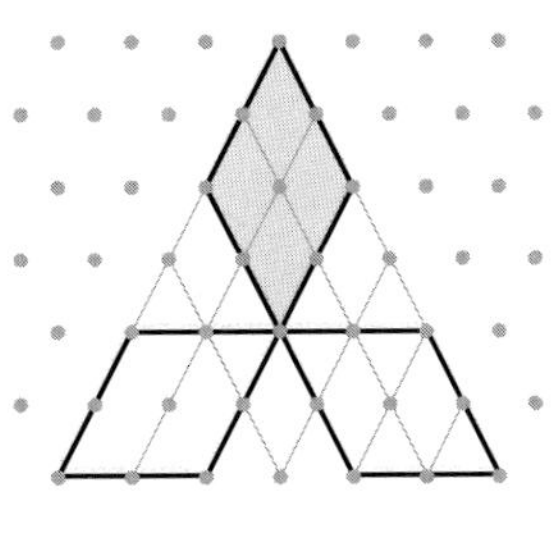

Die Ecken kongruenter gleichseitiger Dreiecke rastern die Zeichenfläche.

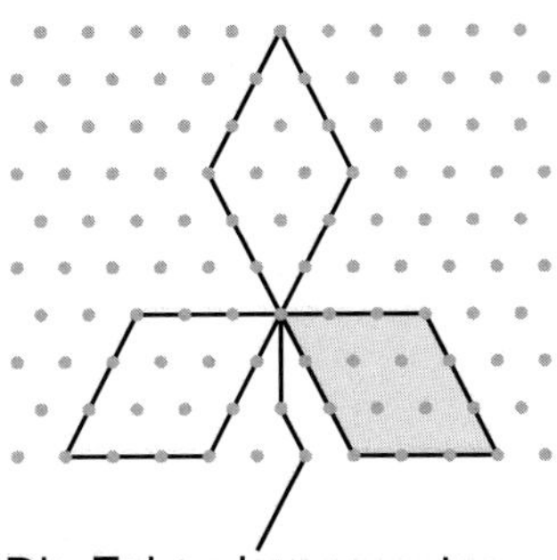

Die Ecken kongruenter gleichseitiger Dreiecke rastern die Zeichenfläche.

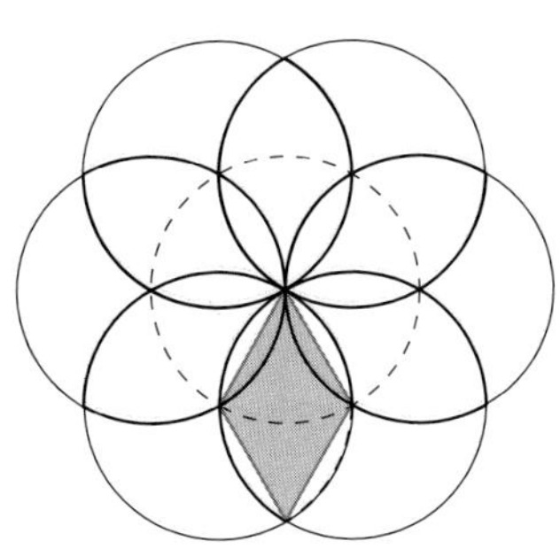

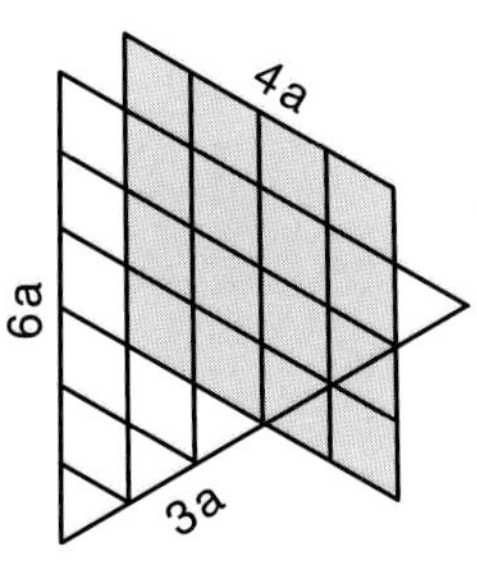

Die graue Strategiekarte (oben) kann die Strategiekarte „Aufstellen und Lösen einer Gleichung“ (aus dem Lösungen-und-Materialien-Band 7) ersetzen.

Strategie: Aufstellen und Lösen von Gleichungen

Überlege, welche Größe(n) als Variable(n) zu wählen ist (sind) und stelle eine geeignete Gleichung (ein geeignetes Gleichungssystem) auf. Das Lösen der Gleichung(en) führt dann zu einer Lösung des Problems.

Aufgabe:
In einem gleichschenkligen Dreieck von 9,1 dm Umfang ist ein Schenkel doppelt so lang wie ein Drittel der Basis. Berechne die Längen der Seiten.

Lösung mit einem linearen Gleichungssystem:

1. Variablen einführen: Länge eines Schenkels: s
   Länge der Basis: b

2. Gleichung aufstellen: (I) $2s + b = 9{,}1$
   (II) $\frac{s}{2} = \frac{b}{3}$

3. Gleichungssystem lösen: aus (II): $s = \frac{2}{3}b$
   in (I): $2 \cdot \frac{2}{3}b + b = 9{,}1$
   $\frac{7}{3}b = 9{,}1 \Rightarrow b = 3{,}9$
   $s = \frac{2}{3} \cdot 3{,}9 = 2{,}6$

4. Probe: $2 \cdot 2{,}6\,\text{dm} + 3{,}9\,\text{dm} = 9{,}1\,\text{dm}$ ✓
   Antwort: Die Schenkel sind 2,6 dm und die Basis ist 3,9 dm lang.

Der Karteikasten kann mit selbst gestalteten Aufgabenkarten ergänzt werden, die hinter die entsprechende Strategiekarte einsortiert werden. Auch aus dem Buch z. B. S. 54, 67, 76 f., 97, 123, 156 ff. können Aufgaben übernommen werden.

Strategie: Betrachten des Gegenteils

Häufig ist es einfacher, das Gegenteil einer Aussage zu betrachten.

Aufgabe:
In einem Sportstudio schießt ein Gast auf eine Torwand. Bei einmaligem Schießen trifft er mit 60 % Wahrscheinlichkeit. Wie groß ist die Wahrscheinlichkeit, dass der Gast bei 6 Versuchen mindestens einmal trifft?

Lösung durch Betrachten des Gegenereignisses:

A: Der Studiogast trifft bei 6 Versuchen mindestens einmal.
$\overline{A}$: Der Studiogast trifft bei 6 Versuchen keinmal.

$P(A) = 1 - P(\overline{A}) = 1 - 0{,}4^6 \approx 0{,}9959$

Antwort: Der Studiogast trifft mit einer Wahrscheinlichkeit von etwa 99,59 %.

Sortiere diese Aufgabenkarte hinter die Strategiekarte **„Strategie: Invarianzprinzip"** (aus dem Lösungen-und-Materialien-Band 6) ein.

Aufgabe:
Berechne die Breite b des Flusses aus den gegebenen Größen.

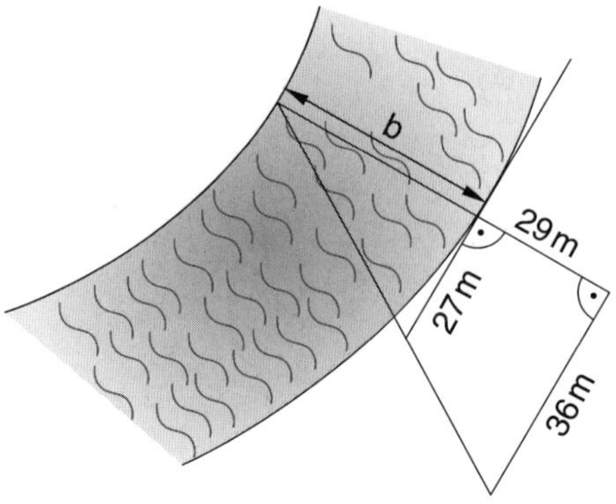

Lösung mit dem Invarianzprinzip:
(konstante Streckenverhältnisse beim Strahlensatz)

$$\frac{36\,m}{27\,m} = \frac{29\,m + b}{b}$$

$$\Rightarrow \frac{4}{3} = \frac{29\,m + b}{b}$$

$$\Rightarrow 4b = 87\,m + 3b \Rightarrow b = 87\,m$$

Antwort: Der Fluss ist 87 m breit.

Sortiere diese Aufgabenkarte hinter die Strategiekarte **„Strategie: Veranschaulichen durch eine Skizze oder Zeichnung"** (aus dem Lösungen-und-Materialien-Band 6) ein.

Aufgabe:
In einer Urne sind 4 weiße, 3 schwarze und 1 grüne Kugel.
Gib die Ergebnismenge für zweimaliges Ziehen ohne Zurücklegen an.

Lösung mit einem Baumdiagramm:

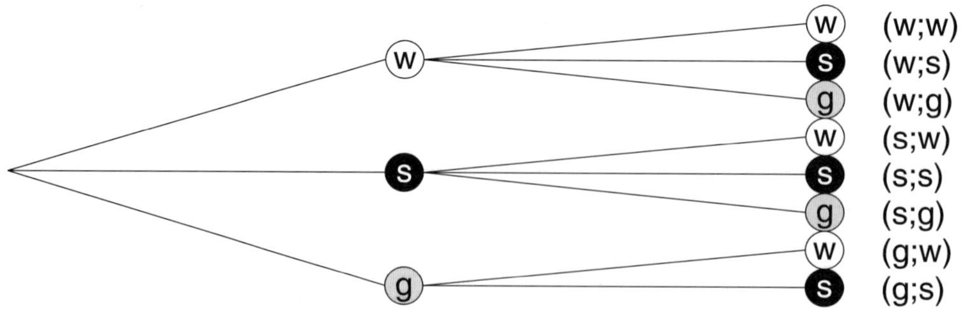

Antwort: $\Omega = \{(w;w), (w;s), (w;g), (s;w), (s;s), (s;g), (g;w), (g;s)\}$